Johann Wolfgang von Goethe

Philosophische und naturwissenschaftliche Schriften

Elibron Classics
www.elibron.com

Elibron Classics series.

ISBN 0-543-89345-6 (paperback)
ISBN 0-543-89344-8 (hardcover)

INHALT

INSTRUKTION FÜR DEN BERGBEFLISSENEN J. K. W. VOIGT

Auf einer mineralogischen Reise durch das Herzogtum Weimar wäre der Ettersberg zuerst zu besteigen, seine oberen Lagen zuerst zu betrachten und alsdenn herunterwärts sowohl nach Zimmern und Hopfgarten zu als auch herüber bis an die Ilm, was von Lagen zu entdecken sein möchte, zu untersuchen, in was für Ordnung sie aufeinander folgen und in welcher Höhe gewisse Arten von Versteinerungen, besonders der Bufonites, stehen.

Die Erfurter Bemühungen nach Steinkohlen bei Hopfgarten sind zu untersuchen und nach denen in dem hiesigen Territorio ehemals gleichfalls darnach auf dem Ettersberg geschehenen Bemühungen sich zu erkundigen.

Bei Besichtigung der übrigen Hügel des Landes, wo der Krötenstein immer wieder vorkommt, wäre drauf zu sehen, ob die Lagen mit denen auf dem Ettersberg in der Waage liegen.

Den Lauf der Ilm, weil er die Gebürge am tiefsten entblößt, sorgfältig durchzugehen.

Den Ötternischen Steinbruch anzusehen und überall sich umzutun, ob nicht etwa sonst noch irgendwo ein dergleichen Stein sich zu Tage zeiget.

Die Lagen des Berkischen Sandsteins zu betrachten, das Tuffsteinlager bei Weimar, die zusammengebackenen Steine zu bemerken, wo sie verschiedentlich vorkommen, was sich von Gneis und Granit zeigen sollte, gleichfalls zu notieren, auf die Spuren von Alabaster und Frauenglas, besonders bei Kleinbrembach, achtzuhaben, auf die in dem alten Verzeichnis meistens mit ungeschickten Namen angegebene und schlecht beschriebene Steinarten zu merken, nicht weniger die Erdarten in Betrachtung zu ziehen und alles, was sowohl bloß der Wißbegierde wegen des Zusammenhangs der mannigfaltigen Gegenden angenehm ist als auch was besonders die Mineralogie näher betrifft und wo etwa zum Bauen oder sonstigen Gebrauch nützliche Steine vorkommen können, deutlich auseinanderzusetzen.

In Eisenach auf ebensolche Weise zu verfahren und besonders das Stedtfelder Werk und den Ruhlaer Mineralbrunnen und alle Gebürgarten, sie seien Fels oder Flöz, zu beobachten.

Steinkohlenwerk zu Fischbach und Kreuzburg.

Das Werk zu Kupfersuhl.

Den Anfang des Thüringer Waldes.

Den Inselsberg.

[ÜBER DEN GRANIT]

Der Granit war in den ältsten Zeiten schon eine merkwürdige Steinart und ist es zu den unsrigen noch mehr geworden. Die Alten kannten ihn nicht unter diesem Namen. Sie nannten ihn Syenit von Syene, einem Orte an den Grenzen von Äthiopien. Die ungeheuren Massen dieses Steines flößten Gedanken zu ungeheuren Werken den Ägyptiern ein. Ihre Könige richteten der Sonne zu Ehren Spitzsäulen aus ihm, und von seiner rotgesprengten Farbe erhielte er in der Folge den Namen des Feurigbunten. Noch sind die Sphinxe, die Memnonsbilder, die ungeheuren Säulen die Bewunderung der Reisenden, und noch am heutigen Tage hebt der ohnmächtige Herr von Rom die Trümmer eines alten Obelisken in die Höhe, die seine allgewaltige Vorfahren aus einem fremden Weltteile ganz herüberbrachten.

Die Neuern gaben dieser Gesteinart den Namen, den sie jetzt trägt, von ihrem körnichten Ansehen, und sie mußte in unsern Tagen erst einige Augenblicke der Erniedrigung dulden, ehe sie sich zu dem Ansehen, in dem sie nun bei allen Naturkündigern steht, emporhob. Die ungeheuren Massen jener Spitzsäulen und die wunderbare Abwechselung ihres Kornes verleiteten einen italienischen Naturforscher zu glauben, daß sie von den Ägyptiern durch Kunst aus einer flüssigen Masse zusammengehäuft seien.

Aber diese Meinung verwehte geschwind, und die Würde dieses Gesteins wurde von vielen trefflich beobachtenden Reisenden endlich befestigt. Jeder Weg in unbekannte Gebürge bestätigte die alte Erfahrung, daß das Höchste und das Tiefste Granit sei, daß diese Steinart, die man nun näher kennen und von andern unterscheiden lernte, die Grundfeste unserer Erde sei, worauf sich alle übrigen mannigfaltigen Gebürge hinaufgebildet. In den innersten Eingeweiden der Erde ruht sie unerschüttert, ihre hohe Rücken steigen empor, deren Gipfel nie das alles umgebende Wasser erreichte. So viel wissen wir von diesem Gesteine und wenig mehr. Aus bekannten Bestandteilen auf eine geheimnisreiche Weise zusammengesetzt, erlaubt es ebensowenig, seinen Ursprung aus Feuer wie aus Wasser herzuleiten. Höchst mannigfaltig in der größten Einfalt, wechselt seine Mischung ins Unzählige ab. Die Lage und das Verhältnis seiner Teile, seine Dauer, seine Farbe ändert sich mit jedem Gebürge, und die Massen eines jeden Gebürges sind oft von Schritt zu Schritte wieder in sich unterschieden und im ganzen doch wieder immer einander gleich. Und so wird jeder, der den Reiz kennt, den natürliche Geheimnisse für den Menschen haben, sich nicht wundern, daß ich den Kreis der Beobachtungen, den ich sonst betreten, verlassen und mich mit einer recht leidenschaftlichen Neigung in diesen gewandt habe. Ich fürchte den Vorwurf nicht, daß es ein Geist des Widerspruches sein müsse, der mich von Betrachtung und Schilderung des menschlichen Herzens, des jüngsten, mannigfaltigsten, beweglichsten, veränderlichsten, erschütterlichsten Teiles der Schöpfung, zu der Beobachtung des ältesten, festesten, tiefsten, unerschütterlichsten Sohnes der Natur geführt hat. Denn man wird mir gerne zugeben, daß alle natürlichen Dinge in einem genauen Zusammenhange stehen, daß der forschende Geist sich nicht gerne von etwas Erreichbarem ausschließen läßt. Ja man gönne mir, der ich durch die Abwechselungen der menschlichen Gesinnungen, durch die schnellen Bewegungen derselben in mir selbst und in andern manches gelitten habe und leide, die erhabene Ruhe, die jene einsame stumme Nähe der großen, leise sprechenden Natur gewährt, und wer davon eine Ahndung hat, folge mir.

Mit diesen Gesinnungen nähere ich mich euch, ihr ältesten, würdigsten Denkmäler der Zeit. Auf einem hohen nackten Gipfel sitzend und eine weite Gegend überschauend, kann ich mir sagen: Hier ruhst du unmittelbar auf einem Grunde, der bis zu den tiefsten Orten der Erde hinreicht, keine neuere Schicht, keine aufgehäufte zusammengeschwemmte Trümmer haben sich zwischen dich und den festen Boden der Urwelt gelegt, du gehst nicht wie in jenen fruchtbaren schönen Tälern über ein anhaltendes Grab, diese Gipfel haben nichts Lebendiges erzeugt und nichts Lebendiges verschlungen, sie sind vor allem Leben und über alles Leben. In diesem Augenblicke, da die innern anziehenden und bewegenden Kräfte der Erde gleichsam unmittelbar auf mich wirken, da die Einflüsse des Himmels mich näher umschweben, werde ich zu höheren Betrachtungen der Natur hinaufgestimmt, und wie der Menschengeist alles belebt, so wird auch ein Gleichnis in mir rege, dessen Erhabenheit ich nicht widerstehen kann. So einsam, sage ich zu mir selber, indem ich diesen ganz nackten Gipfel hinabsehe und kaum in der Ferne am Fuße ein geringwachsendes Moos erblicke, so einsam, sage ich, wird es dem Menschen zumute, der nur den ältsten, ersten, tiefsten Gefühlen der Wahrheit seine Seele eröffnen will. Ja er kann zu sich sagen: hier auf dem ältesten, ewigen Altare, der unmittelbar auf die Tiefe der Schöpfung gebaut ist, bring ich dem Wesen aller Wesen ein Opfer. Ich fühle die ersten, festesten Anfänge unsers Daseins, ich überschaue die Welt, ihre schrofferen und gelinderen Täler und ihre fernen fruchtbaren Weiden, meine Seele wird über sich selbst und über alles erhaben und sehnt sich nach dem nähern Himmel. Aber bald ruft die brennende Sonne Durst und Hunger, seine menschlichen Bedürfnisse, zurück. Er sieht sich nach jenen Tälern um, über die sich sein Geist schon hinausschwang, er beneidet die Bewohner jener fruchtbaren quellreichen Ebnen, die auf dem Schutte und Trümmern von Irrtümern und Meinungen ihre glücklichen Wohnungen aufgeschlagen haben, den Staub ihrer Voreltern aufkratzen und das geringe Bedürfnis ihrer Tage in einem engen Kreise ruhig befriedigen. Vorbereitet durch diese Gedanken, dringt die Seele in die vergangene Jahrhunderte hinauf, sie vergegenwärtigt sich alle Erfahrungen sorgfältiger Beobachter, alle Vermutungen feuriger Geister. Diese Klippe, sage ich zu mir selber, stand schroffer, zackiger, höher in die Wolken, da dieser Gipfel noch als eine meerumfloßne Insel in den alten Wassern dastand; um sie sauste der Geist, der über den Wogen brütete, und in ihrem weiten Schoße die höheren Berge aus den Trümmern des Urgebürges und aus ihren Trümmern und den Resten der eigenen Bewohner die späteren und ferneren Berge sich bildeten. Schon fängt das Moos zuerst sich zu erzeugen an, schon bewegen sich seltner die schaligen Bewohner des Meeres, es senkt sich das Wasser, die höhern Berge werden grün, es fängt alles an, von Leben zu wimmeln. — —

Aber bald setzen sich diesem Leben neue Szenen der Zerstörungen entgegen. In der Ferne heben sich tobende Vulkane in die Höhe, sie scheinen der Welt den Untergang zu drohen, jedoch unerschüttert bleibt die Grundfeste, auf der ich noch sicher ruhe, indes die Bewohner der fernen Ufer und Inseln unter dem untreuen Boden begraben werden. Ich kehre von jeder schweifenden Betrachtung zurück und sehe die Felsen selbst an, deren Gegenwart meine Seele erhebt und sicher macht. Ich sehe ihre Masse, von verworrnen Rissen durchschnitten, hier gerade, dort gelehnt in die Höhe stehen, bald scharf übereinandergebaut, bald in unförmlichen Klumpen wie übereinandergeworfen, und fast möchte ich bei dem ersten Anblicke ausrufen, hier ist nichts in seiner ersten, alten Lage, hier ist alles Trümmer, Unordnung und Zerstörung. Eben diese Meinung werden wir finden, wenn wir von dem lebendigen Anschauen dieser Gebürge uns in die Studierstube zurücke ziehen und die Bücher unserer Vorfahren aufschlagen. Hier heißt es bald, das Urgebürge sei durchaus ganz, als wenn es aus einem Stücke gegossen wäre, bald, es sei durch Flözklüfte in Lager und Bänke getrennt, die durch eine große Anzahl Gänge nach allen Richtungen durchschnitten werden; bald, es sei dieses Gestein keine Schichten, sondern in ganzen Massen, die ohne das geringste Regelmäßige abwechselnd getrennt seien; ein anderer Beobachter will dagegen bald starke Schichten, bald wieder Verwirrung angetroffen haben. Wie vereinigen wir alle diese Widersprüche und finden einen Leitfaden zu ferneren Beobachtungen?

Dies ist es, was ich zu tun mir gegenwärtig vorsetze, und sollte ich auch nicht so glücklich sein, wie ich wünsche und hoffe, so werden doch meine Bemühungen andern Gelegenheit geben weiterzugehen; denn bei Beobachtungen sind selbst die Irrtümer nützlich, indem sie aufmerksam machen und dem Scharfsichtigen Gelegenheit geben, sich zu üben. Nur möchte eine Warnung hier nicht überflüssig sein, mehr für Ausländer, wenn diese Schrift zu ihnen kommen sollte, als für Deutsche: diese Gesteinart von andern wohl unterscheiden zu lernen. Noch verwechseln die Italiener eine Lava mit dem klein-körnichten Granit und die Franzosen den Gneis, den sie blättrichten Granit oder Granit der zweiten Ordnung nennen, ja sogar wir Deutsche, die wir sonst in dergleichen Dingen so gewissenhaft sind, haben noch vor kurzem das Toteliegende, eine zusammengebackene Steinart aus Quarz und Hornsteinarten und meist unter den Schieferflözen, ferner die graue Wacke des Harzes, ein jüngeres Gemisch von Quarz und Schieferteilen, mit dem Granit verwechselt.

[DIE NATUR]

Fragment

Natur! Wir sind von ihr umgeben und umschlungen — unvermögend, aus ihr herauszutreten, und unvermögend, tiefer in sie hineinzukommen. Ungebeten und ungewarnt nimmt sie uns in den Kreislauf ihres Tanzes auf und treibt sich mit uns fort, bis wir ermüdet sind und ihrem Arme entfallen.

Sie schafft ewig neue Gestalten; was da ist, war noch nie, was war, kommt nicht wieder. — Alles ist neu und doch immer das Alte.

Wir leben mitten in ihr und sind ihr fremde. Sie spricht unaufhörlich mit uns und verrät uns ihr Geheimnis nicht. Wir wirken beständig auf sie und haben doch keine Gewalt über sie.

Sie scheint alles auf Individualität angelegt zu haben und macht sich nichts aus den Individuen. Sie baut immer und zerstört immer, und ihre Werkstätte ist unzugänglich.

Sie lebt in lauter Kindern, und die Mutter, wo ist sie? — Sie ist die einzige Künstlerin: aus dem simpelsten Stoffe zu den größten Kontrasten; ohne Schein der Anstrengung zu der größten Vollendung — zur genausten Bestimmtheit immer mit etwas Weichem überzogen. Jedes ihrer Werke hat ein eigenes Wesen, jede ihrer Erscheinungen den isoliertesten Begriff, und doch macht alles eins aus.

Sie spielt ein Schauspiel: ob sie es selbst sieht, wissen wir nicht, und doch spielt sie's für uns, die wir in der Ecke stehen.

Es ist ein ewiges Leben, Werden und Bewegen in ihr, und doch rückt sie nicht weiter. Sie verwandelt sich ewig und ist kein Moment Stillestehen in ihr. Fürs Bleiben hat sie keinen Begriff, und ihren Fluch hat sie ans Stillestehen gehängt. Sie ist fest. Ihr Tritt ist gemessen, ihre Ausnahmen selten, ihre Gesetze unwandelbar.

Gedacht hat sie und sinnt beständig; aber nicht als ein Mensch, sondern als Natur. Sie hat sich einen eigenen allumfassenden Sinn vorbehalten, den ihr niemand abmerken kann.

Die Menschen sind all in ihr und sie in allen. Mit allen treibt sie ein freundliches Spiel und freut sich, je mehr man ihr abgewinnt. Sie treibt's mit vielen so im verborgenen, daß sie's zu Ende spielt, ehe sie's merken.

Auch das Unnatürlichste ist Natur. Wer sie nicht allenthalben sieht, sieht sie nirgendwo recht.

Sie liebet sich selber und haftet ewig mit Augen und Herzen ohne Zahl an sich selbst. Sie hat sich auseinander gesetzt, um sich selbst zu genießen. Immer läßt sie neue Genießer erwachsen, unersättlich sich mitzuteilen.

Sie freut sich an der Illusion. Wer diese in sich und andern zerstört, den straft sie als der strengste Tyrann. Wer ihr zutraulich folgt, den drückt sie wie ein Kind an ihr Herz.

Ihre Kinder sind ohne Zahl. Keinem ist sie überall karg, aber sie hat Lieblinge, an die sie viel verschwendet und denen sie viel aufopfert. Ans Große hat sie ihren Schutz geknüpft.

Sie spritzt ihre Geschöpfe aus dem Nichts hervor und sagt ihnen nicht, woher sie kommen und wohin sie gehen. Sie sollen nur laufen. Die Bahn kennt sie.

Sie hat wenige Triebfedern, aber nie abgenutzte, immer wirksam, immer mannigfaltig.

Ihr Schauspiel ist immer neu, weil sie immer neue Zuschauer schafft. Leben ist ihre schönste Erfindung, und der Tod ist ihr Kunstgriff, viel Leben zu haben.

Sie hüllt den Menschen in Dumpfheit ein und spornt ihn ewig zum Lichte. Sie macht ihn abhängig zur Erde, träg und schwer und schüttelt ihn immer wieder auf.

Sie gibt Bedürfnisse, weil sie Bewegung liebt. Wunder, daß sie alle diese Bewegung mit so wenigem erreichte. Jedes Bedürfnis ist Wohltat. Schnell befriedigt, schnell wieder erwachsend. Gibt sie eins mehr, so ist's ein neuer Quell der Lust. Aber sie kommt bald ins Gleichgewicht.

Sie setzt alle Augenblicke zum längesten Lauf an und ist alle Augenblicke am Ziele.

Sie ist die Eitelkeit selbst; aber nicht für uns, denen sie sich zur größten Wichtigkeit gemacht hat.

Sie läßt jedes Kind an sich künsteln, jeden Toren über sie richten, tausend stumpf über sie hingehen und nichts sehen und hat an allen ihre Freude und findet bei allen ihre Rechnung.

Man gehorcht ihren Gesetzen, auch wenn man ihnen widerstrebt, man wirkt mit ihr, auch wenn man gegen sie wirken will.

Sie macht alles, was sie gibt, zur Wohltat, denn sie macht es erst unentbehrlich. Sie säumet, daß man sie verlange, sie eilet, daß man sie nicht satt werde.

Sie hat keine Sprache noch Rede, aber sie schafft Zungen und Herzen, durch die sie fühlt und spricht.

Ihre Krone ist die Liebe. Nur durch sie kommt man ihr nahe. Sie macht Klüfte zwischen allen Wesen, und alles will sich verschlingen. Sie hat alles isolieret, um alles zusammenzuziehen. Durch ein paar Züge aus dem Becher der Liebe hält sie für ein Leben voll Mühe schadlos.

Sie ist alles. Sie belohnt sich selbst und bestraft sich selbst, erfreut und quält sich selbst. Sie ist rauh und gelinde, lieblich und schröcklich, kraftlos und allgewaltig. Alles ist immer da in ihr. Vergangenheit und Zukunft kennt sie nicht. Gegenwart ist ihr Ewigkeit. Sie ist gütig. Ich preise sie mit allen ihren Werken. Sie ist weise und still. Man reißt ihr keine Erklärung vom Leibe, trutzt ihr kein Geschenk ab, das sie nicht freiwillig gibt. Sie ist listig, aber zu gutem Ziele, und am besten ist's, ihre List nicht zu merken.

Sie ist ganz und doch immer unvollendet. So, wie sie's treibt, kann sie's immer treiben.

Jedem erscheint sie in einer eigenen Gestalt. Sie verbirgt sich in tausend Namen und Termen und ist immer dieselbe.

Sie hat mich hereingestellt, sie wird mich auch herausführen. Ich vertraue mich ihr. Sie mag mit mir schalten. Sie wird ihr Werk nicht hassen. Ich sprach nicht von ihr. Nein, was wahr ist und was falsch ist, alles hat sie gesprochen. Alles ist ihre Schuld, alles ist ihr Verdienst.

[ERLÄUTERUNG ZU DEM APHORISTISCHEN AUFSATZ „DIE NATUR"]

Jener Aufsatz ist mir vor kurzem aus der brieflichen Verlassenschaft der ewig verehrten Herzogin Anna Amalia mitgeteilt worden; er ist von einer wohlbekannten Hand geschrieben, deren ich mich in den achtziger Jahren in meinen Geschäften zu bedienen pflegte.

Daß ich diese Betrachtungen verfaßt, kann ich mich faktisch zwar nicht erinnern, allein sie stimmen mit den Vorstellungen wohl überein, zu denen sich mein Geist damals ausgebildet hatte. Ich möchte die Stufe damaliger Einsicht einen Komparativ nennen, der seine Richtung gegen einen noch nicht erreichten Superlativ zu äußern gedrängt ist. Man sieht die Neigung zu einer Art von Pantheismus, indem den Welterscheinungen ein unerforschliches, unbedingtes, humoristisches, sich selbst widersprechendes Wesen zum Grunde gedacht ist, und mag als Spiel, dem es bitterer Ernst ist, gar wohl gelten.

Die Erfüllung aber, die ihm fehlt, ist die Anschauung der zwei großen Triebräder aller Natur: der Begriff von *Polarität* und von *Steigerung,* jene der Materie, insofern wir sie materiell, diese ihr dagegen, insofern wir sie geistig denken, angehörig; jene ist in immerwährendem Anziehen und Abstoßen, diese in immerstrebendem Aufsteigen. Weil aber die Materie nie ohne Geist, der Geist nie ohne Materie existiert und wirksam sein kann, so vermag auch die Materie sich zu steigern, so wie sich's der Geist nicht nehmen läßt, anzuziehen und abzustoßen; wie derjenige nur allein zu denken vermag, der genugsam getrennt hat, um zu verbinden, genugsam verbunden hat, um wieder trennen zu mögen.

In jenen Jahren, wohin gedachter Aufsatz fallen möchte, war ich hauptsächlich mit vergleichender Anatomie beschäftigt und gab mir, 1786, unsägliche Mühe, bei anderen an meiner Überzeugung: *dem Menschen dürfe der Zwischenknochen nicht abgesprochen werden,* Teilnahme zu erregen. Die Wichtigkeit dieser Behauptung wollten selbst sehr gute Köpfe nicht einsehen, die Richtigkeit leugneten die besten Beobachter, und ich mußte, wie in so vielen andern Dingen, im stillen meinen Weg für mich fortgehen.

Die Versatilität der Natur im Pflanzenreiche verfolgte ich unablässig, und es glückte mir Anno 1788 in Sizilien, die Metamorphose der Pflanzen, so im Anschauen wie im Begriff, zu gewinnen. Die Metamorphose des Tierreichs lag nahe dran, und im Jahre 1790 offenbarte sich mir in Venedig der Ursprung des Schädels aus Wirbelknochen; ich verfolgte nun eifriger die Konstruktion des Typus, diktierte das Schema im Jahre 1795 an Max Jacobi in Jena und hatte bald die Freude, von deutschen Naturforschern mich in diesem Fache abgelöst zu sehen.

Vergegenwärtigt man sich die hohe Ausführung, durch welche die sämtlichen Naturerscheinungen nach und nach vor dem menschlichen Geiste verkettet worden, und liest alsdann obigen Aufsatz, von dem wir ausgingen, nochmals mit Bedacht, so wird man nicht ohne Lächeln jenen Komparativ, wie ich ihn nannte, mit dem Superlativ, mit dem hier abgeschlossen wird, vergleichen und eines funfzigjährigen Fortschreitens sich erfreuen.

Weimar, 24. Mai 1828

[STUDIE NACH SPINOZA]

Der Begriff vom Dasein und der Vollkommenheit ist ein

und ebenderselbe; wenn wir diesen Begriff so weit verfolgen, als es uns möglich ist, so sagen wir, daß wir uns das Unendliche denken.

Das Unendliche aber oder die vollständige Existenz kann von uns nicht gedacht werden.

Wir können nur Dinge denken, die entweder beschränkt sind oder die sich unsre Seele beschränkt. Wir haben also insofern einen Begriff vom Unendlichen, als wir uns denken können, daß es eine vollständige Existenz gebe, welche außer der Fassungskraft eines beschränkten Geistes ist.

Man kann nicht sagen, daß das Unendliche Teile habe.

Alle beschränkte Existenzen sind im Unendlichen, sind aber keine Teile des Unendlichen, sie nehmen vielmehr teil a n der Unendlichkeit.

Wir können uns nicht denken, daß etwas Beschränktes durch sich selbst existiere, und doch existiert alles wirklich durch sich selbst, obgleich die Zustände so verkettet sind, daß einer aus dem andern sich entwickeln muß und es also scheint, daß ein Ding vom andern hervorgebracht werde, welches aber nicht ist, sondern ein lebendiges Wesen gibt dem andern Anlaß, zu sein, und nötigt es, in einem bestimmten Zustand zu existieren.

Jedes existierende Ding hat also sein Dasein in sich, und so auch die Übereinstimmung, nach der es existiert.

Das Messen eines Dings ist eine grobe Handlung, die auf lebendige Körper nicht anders als höchst unvollkommen angewendet werden kann.

Ein lebendig existierendes Ding kann durch nichts gemessen werden, was außer ihm ist, sondern wenn es ja geschehen sollte, müßte es den Maßstab selbst dazu hergeben; dieser aber ist höchst geistig und kann durch die Sinne nicht gefunden werden; schon beim Zirkel läßt sich das Maß des Diameters nicht auf die Peripherie anwenden. So hat man den Menschen mechanisch messen wollen, die Maler haben den Kopf als den vornehmsten Teil zu der Einheit des Maßes genommen, es läßt sich aber doch dasselbe nicht ohne sehr kleine und unaussprechliche Brüche auf die übrigen Glieder anwenden.

In jedem lebendigen Wesen sind das, was wir Teile nennen, dergestalt unzertrennlich vom Ganzen, daß sie nur in und mit demselben begriffen werden können, und es können weder die Teile zum Maß des Ganzen noch das Ganze zum Maß der Teile angewendet werden, und so nimmt, wie wir oben gesagt haben, ein eingeschränktes lebendiges Wesen teil an der Unendlichkeit, oder, vielmehr, es hat etwas Unendliches in sich, wenn wir nicht lieber sagen wollen, daß wir den Begriff der Existenz und der Vollkommenheit des eingeschränktesten lebendigen Wesens nicht ganz fassen können und es also ebenso wie das ungeheure Ganze, in dem alle Existenzen begriffen sind, für unendlich erklären müssen.

Der Dinge, die wir gewahr werden, ist eine ungeheure Menge, die Verhältnisse derselben, die unsre Seele ergreifen kann, sind äußerst mannigfaltig. Seelen, die eine innre Kraft haben, sich auszubreiten, fangen an zu ordnen, um sich die Erkenntnis zu erleichtern, fangen an zu fügen und zu verbinden, um zum Genuß zu gelangen.

Wir müssen also alle Existenz und Vollkommenheit in unsre Seele dergestalt beschränken, daß sie unsrer Natur und unsrer Art zu denken und zu empfinden angemessen werden; dann sagen wir erst, daß wir eine Sache begreifen oder sie genießen.

Wird die Seele ein Verhältnis gleichsam im Keime gewahr, dessen Harmonie, wenn sie ganz entwickelt wäre, sie nicht ganz auf einmal überschauen oder empfinden könnte, so nennen wir diesen Eindruck erhaben, und es ist der herrlichste, der einer menschlichen Seele zuteile werden kann.

Wenn wir ein Verhältnis erblicken, welches in seiner ganzen Entfaltung zu überschauen oder zu ergreifen das Maß unsrer Seele eben hinreicht, dann nennen wir den Eindruck groß.

Wir haben oben gesagt, daß alle lebendig existierende Dinge ihr Verhältnis in sich haben; den Eindruck also, den sie sowohl einzeln als in Verbindung mit andern auf uns machen, wenn er nur aus ihrem vollständigen Dasein entspringt, nennen wir wahr, und wenn dieses Dasein teils auf eine solche Weise beschränkt ist, daß wir es leicht fassen können, und in einem solchen Verhältnis zu unsrer Natur stehet, daß wir es gern ergreifen mögen, nennen wir den Gegenstand schön.

Ein Gleiches geschieht, wenn sich Menschen nach ihrer Fähigkeit ein Ganzes, es sei so reich oder arm, als es wolle, von dem Zusammenhange der Dinge gebildet und nunmehr den Kreis zugeschlossen haben. Sie werden dasjenige, was sie am bequemsten denken, worin sie einen Genuß finden können, für das Gewisseste und Sicherste halten, ja man wird meistenteils bemerken, daß sie andere, welche sich nicht so leicht beruhigen und mehr Verhältnisse göttlicher und menschlicher Dinge aufzusuchen und zu erkennen streben, mit einem zufriedenen Mitleid ansehen und bei jeder Gelegenheit bescheiden trotzig merken lassen, daß sie im Wahren eine Sicherheit gefunden, welche über allen Beweis und Verstand erhaben sei. Sie können nicht genug ihre innere beneidenswerte Ruhe und Freude rühmen und diese Glückseligkeit einem jeden als das letzte Ziel andeuten. Da sie aber weder klar zu entdecken imstande sind, auf welchem Weg sie zu dieser Überzeugung gelangen, noch was eigentlich der Grund derselbigen sei, sondern bloß von Gewißheit als Gewißheit sprechen, so bleibt auch dem Lehrbegierigen wenig Trost bei ihnen, indem er immer hören muß, das Gemüt müsse immer einfältiger und einfältiger werden, sich nur auf einen Punkt hin richten, sich aller mannigfaltigen verwirrenden Verhältnisse entschlagen, und nur alsdenn könne man aber auch um desto sicherer in einem Zustande sein Glück finden, der ein freiwilliges Geschenk und eine besondere Gabe Gottes sei.

Nun möchten wir zwar nach unsrer Art zu denken diese Beschränkung keine Gabe nennen, weil ein Mangel nicht als eine Gabe angesehen werden kann, wohl aber möchten wir es als eine Gnade der Natur ansehen, daß sie, da der Mensch nur meist zu unvollständigen Begriffen zu gelangen imstande ist, sie ihn doch mit einer solchen Zufriedenheit [in] seiner Enge versorgt hat.

NATURLEHRE

Neapel, den 10. Januar 178 —

Wenn ich in diesem schönen Lande, selbst mitten im Winter, eines heitern Himmels, einer schönen Erde, einer fortgesetzten Vegetation genieße, so freut es mich, daß meine Freunde in Norden durch andere Naturerscheinungen wenigstens einigermaßen schadlos gehalten werden.

Sie rühmen mir, teurer Freund, die Schönheit Ihrer gefrornen Fensterscheiben und können mir nicht genug ausdrükken, wie diese vorübergehende Erscheinungen sich bei strenger anhaltender Kälte, und bei dem Zuflusse von mancherlei Dünsten, zu Blättern, Zweigen, Ranken, ja sogar zu Rosen bilden. Sie schicken mir einige Zeichnungen, die mich an das Schönste, was ich in dieser Art gesehen, erinnern und durch die besondere Zierlichkeit der Gestalten in Verwunderung setzen. Nur scheinen

Sie mir diesen Würkungen der Natur zuviel Wert zu geben; Sie möchten gern diese Kristallisationen zum Range der Vegetabilien erheben. Das, was Sie für Ihre Meinung anführen, ist sinnreich genug, und wer würde leugnen, daß alle existierende Dinge unter sich Verhältnisse haben.

Aber erlauben Sie mir zu bemerken, daß diese Art, zu betrachten und aus den Betrachtungen zu folgern, für uns Menschen gefährlich ist.

Wir sollten, dünkt mich, immer mehr beobachten, worin sich die Dinge, zu deren Erkenntnis wir gelangen mögen, voneinander unterscheiden, als wodurch sie einander gleichen. Das Unterscheiden ist schwerer, mühsamer als das Ähnlichfinden, und wenn man recht gut unterschieden hat, so vergleichen sich alsdann die Gegenstände von selbst. Fängt man damit an, die Sachen gleich oder ähnlich zu finden, so kommt man leicht in den Fall, seiner Hypothese oder seiner Vorstellungsart zulieb Bestimmungen zu übersehen, wodurch sich die Dinge sehr voneinander unterscheiden.

Verzeihen Sie mir, wenn ich in einen dogmatischen Ton falle, und nehmen Sie den Ernst in einer ernstlichen Sache gut auf.

Das Leben, das in allen existierenden Dingen wirkt, können wir uns weder in seinem Umfange noch in allen seinen Arten und Weisen, durch welche es sich offenbart, auf einmal denken.

Es bleibt also einem Geiste, der dahin gerichtet ist, nichts übrig, als eben diese Arten und Weisen, so genau, als es ihm möglich ist, kennenzulernen. Er sieht wohl ein, daß er alle zusammen einem einzigen Begriffe, dem Begriff vom Leben im weitsten Sinne, unterzuordnen hat: aber eben desto sorgfältiger wird er die Gegenstände voneinander sondern, in welchen sich die Art zu sein und zu leben verschieden zeigt. Er wird mit Strenge, ja mit Pedantismus, darauf halten, daß die großen eingeschlagenen Merkpfähle nicht verrückt werden, welche, wenn sie auch nur willkürlich eingeschlagen waren, ihm doch dazu helfen müssen, das Land zu messen und auf das genaueste zu kennen. Er wird die drei großen, in die Augen fallenden Gipfel, Kristallisation, Vegetation und animalische Organisation, niemals einander zu nähern suchen, vielmehr wird er nur ihre Zwischenräume genau zu kennen trachten und mit großem Interesse an den Punkten verweilen, wo die verschiedenen Reiche zusammenzutreffen und ineinander überzugehen scheinen.

Dieses letzte mag wohl Ihr besonderer Fall sein, werter Freund, und ich darf Sie deswegen nicht tadeln, weil ich mich selbst in diesen Gegenden oft aufgehalten und noch gern darin verweile. Nur mag ich nicht gerne zugeben, daß man zwei Berge, welche durch ein Tal verbunden werden, für *einen* Berg halte und dafür ausgebe. Denn ebenso ist es in natürlichen Dingen: die Gipfel der Reiche der Natur sind entschieden voneinander getrennt und aufs deutlichste zu unterscheiden. Ein Salz ist kein Baum, ein Baum kein Tier; hier können wir die Pfähle feststekken, wo uns die Natur den Platz selbst angewiesen hat. Wir können sodann nur desto sichrer von diesen Höhen in ihre gemeinschaftliche Täler heruntersteigen und auch diese recht genau durchsuchen und durchforschen.

So hab ich nichts dagegen, mein Freund, wenn Sie diese Beobachtungen, worauf Sie die Winterzierde Ihrer Fenster aufmerksam gemacht, weiter und genauer fortsetzen; geben Sie acht, wo Kristallisationen sich einer Ramifikation nähern, und Sie werden finden, daß es gewöhnlich dann geschieht, wenn sich ein Phlogiston zu den Salzen mischt. Sie werden als denn durch Hülfe kleiner chymischer Versuche angenehme Erfahrungen sammeln. Sie werden von den gefrornen Erscheinungen nach und nach bis zur künstlichen Verfertigung der Dendriten übergehen und alsdann mich selbst überraschen und belehren, wenn Sie mir den Punkt genau anzeigen, wo Sie auf diesem Wege das ganz nahe verwandt scheinende Moos zu erhaschen das Glück hatten.

Übrigens lassen Sie uns für alle Kunstwörter einen gleichen Respekt haben! Jedes zeigt von der Bemühung des Menschengeistes, etwas Unbegreifliches zu begreifen. Lassen Sie uns die Worte Aggregation, Kristallisation, Epigenese, Evolution nach unsrer Bequemlichkeit brauchen, je nachdem eins oder das andere zu unsrer Beobachtung am besten zu passen scheint.

Da wir nicht mit wenig viel tun können, so muß es uns nicht verdrießen, mit vielem wenig zu tun; und wenn der Mensch die ganze Natur nicht einmal in einem dunkeln Gefühl umfassen kann, so kann er doch vieles in ihr erkennen und wissen.

Die Wissenschaft ist eigentlich das Vorrecht des Menschen; und wenn er durch sie immer wieder auf den großen Begriff geleitet wird, daß das alle nur ein harmonisches Eins und er doch auch wieder ein harmonisches Eins sei: so wird dieser große Begriff weit reicher und voller in ihm stehen, als wenn er in einem bequemen Mystizismus ruhte, der seine Armut gern in einer respektablen Dunkelheit verbirgt.

Antwort

Ein lauer Wind hatte schon unsere reizende Wintergärten aufgelöst, als Ihr Brief ankam, der uns beinahe der Freuden, welche wir im Andenken der zierlichen Erscheinungen empfanden, gleichfalls beraubt hätte. Verzeihen Sie, wenn wir anfangs in Ihrem Schreiben den Übermut eines Reichen zu sehen glaubten, wenn es uns schien, als wüßte der Glückliche im Genuß der schönsten Szenen der Natur das Vergnügen entfernter Freunde an den mittlern und geringern Produktionen der Natur nicht zart genug zu schätzen.

Bei dieser Gelegenheit habe ich recht empfunden, wieviel vorteilhafter es sei, sich über wissenschaftliche Gegenstände mündlich als schriftlich zu unterhalten. In der Entfernung und bei schriftlicher Kommunikation glaubt man oft anders zu denken als der zweite, und man denkt ebenso; man glaubt überein zu denken und denkt verschieden. Im Gespräche löst sich ein solches Mißverständnis leicht auf, schriftlich fängt es an zu stocken, und leider sehen wir, daß oft kluge und verständige Männer, wenn einmal ihre Abweichungen voneinander gedruckt sind, sich fast nie wieder zusammenfinden können.

Glücklicherweise sind wir nicht in diesem Fall, und ich schreibe diesen Brief eilig, um Ihnen zu sagen, daß wir übereinstimmender denken, als Sie zu glauben scheinen, und ich mich nur vielleicht in meinem ersten Brief zu kurz und unbestimmt ausgedruckt habe, daher Sie denn auf den Argwohn gekommen sein mögen, als wichen wir von dem rechten Wege der Betrachtung und der Wissenschaft ab.

Wir müssen Ihnen leider zugeben, daß es eine ganz andere Empfindung sei, durch einen Orangenwald in vollem und daurenden Genusse zu spazieren als hinter einer Fensterscheibe augenblicklichen und vergänglichen Wirkungen der Natur aufzulauern. Auch haben wir nie unsere durchsichtigen Eisflächen zum Range der Hesperischen Gärten erheben wollen.

Allein dem anschauenden Auge ist es eine sonderbare Erscheinung, daß, wenn. bei strengem Froste sich Dünste an eine Fensterscheibe legen, sie sich daselbst zuerst in kleinen Wasserkügelchen sammlen, die bald, von der am Rande befindlichen größern Kälte zusammengedrängt, sich näher zu verbinden suchen. Manche schießen alsdann sogleich in sternförmige oder andere Gestalten an, manche bilden sich zu langen Fäden oder Schnüren, an deren beiden Seiten sich nach und nach neue Fäden und Schnüre ansetzen, bis zuletzt eine förmliche pflanzen- oder baumähnliche Gestalt entstehet.

Gewiß ist es, wie Sie selbst bemerken, daß das Phlogiston hier keine geringe Rolle spielt. An Orten, wo sich mehrere unreine und phlogistische Dünste versammeln, breiten sich diese Gestalten in zusammenhängenden Formen stets weiter auseinander; es bilden sich in der Mitte gleichsam Stiele und Stämme; aus den tiefen Hohlungen eines Fensterrahmens scheinen sie Nahrung herbeizuschaffen und breiten sich daselbst in wurzelähnlichen Ramifikationen aus.

Wenn auch hier die Einbildungskraft dem äußeren Sinne in manchem zu Hülfe käme, so ist doch nicht zu leugnen, daß diese Gestalten, welche sich, von außen veranlaßt, auf einer Fläche bilden, große Ähnlichkeit, wenigstens in der Erscheinung, mit den Vegetationen haben, welche sich von innen heraus nach allen Seiten zu bilden die Kraft besitzen.

Gerne wollen wir also jene Gipfel und Merkpfähle stehen lassen, aber um desto mehr wird es uns erlaubt sein, wenn wir streng geschieden und abgesondert haben, auch wieder einmal zu vergleichen.

Wenn beim Trennen und Absondern großer Ernst und große Genauigkeit nötig ist und es zum Besten der Wissenschaft sehr rätlich sein möchte, das einmal Abgetrennte und Gesonderte in Lehrbüchern gleichsam wie in Archiven stehenzulassen: so scheint es mir hingegen nicht nachteilig zu sein, wenn man sich im Vergleichen mehr Willkür erlaubt. Sie gönnen verschiedenen Kunstwörtern gleiche Rechte! auf gleiche Weise lassen Sie mir den verschiedenen Seelenkräften das Wort reden. Wie es gut ist, keine Seelenkraft vom Gebrauch des gemeinen Lebens auszuschließen, so sollte man, dünkt mich, auch jede zu Ausbreitung einer Wissenschaft mitwürken lassen.

Einbildungskraft und Witz, welche, abgesondert betrachtet und auf zerstreute Gegenstände angewandt, einer Wissenschaft mehr gefährlich als nützlich sein möchten, sind doch selbst die Hauptwerkzeuge, womit das Genie weiter reicht, als gewöhnlich die Menschen zu reichen vermögen. Wenn es also Männer gibt, die recht genaue Beobachtungen machen, andere, welche das Bekannte ordnen und bestimmen, und wir es mit den Arbeiten dieser Männer sehr genau nehmen müssen, weil sie selbst ein sehr ernsthaftes Pensum übernommen haben: so wollen wir es mit der dritten Klasse desto leichter nehmen, zu welcher sich vorerst Ihre Freunde bekennen, die Ihnen zusammen einen herzlichen Gruß entbieten. Leben Sie wohl, und bleiben Sie versichert, daß es uns gleichfalls ernst um die Wissenschaft ist, die Ihnen am Herzen liegt; und wenn Sie uns recht gute Beobachtungen zurückbringen, so werden Sie unsre Versuche, das Neue mit dem uns Bekannten zu verbinden, gewiß nicht mißdeuten, und wir werden, wenn unsre Gemütsart uns gar zu weit verleiten sollte, gern auf einen Wink merken, der uns in Zeiten erinnert.

DEM MENSCHEN WIE DEN TIEREN IST EIN ZWISCHENKNOCHEN DER OBERN KINNLADE ZUZUSCHREIBEN

Einige Versuche osteologischer Zeichnungen sind hier in der Absicht zusammengeheftet worden, um Kennern und Freunden vergleichender Zergliederungskunde eine kleine Entdekkung vorzulegen, die ich glaube gemacht zu haben.

Bei Tierschädeln fällt es gar leicht in die Augen, daß die obere Kinnlade aus mehr als einem Paar Knochen bestehet. Ihr vorderer Teil wird durch sehr sichtbare Nähte und Harmonien mit dem hinteren Teile verbunden und macht ein Paar besondere Knochen aus.

Dieser vorderen Abteilung der oberen Kinnlade ist der Name Os intermaxillare gegeben worden. Die Alten kannten schon diesen Knochen[1], und neuerdings ist er besonders merkwürdig geworden, da man ihn als ein Unterscheidungszeichen zwischen dem Affen und Menschen angegeben. Man hat ihn jenem Geschlechte zugeschrieben, diesem abgeleugnet[2], und wenn in natürlichen Dingen nicht der Augenschein überwiese, so würde ich schüchtern sein aufzutreten und zu sagen, daß sich diese Kno-

[1] Galenus, „Lib. de ossibus", cap. III.

[2] Campers „Sämtliche kleinere Schriften", herausgegeben von Herbell. Ersten Bandes zweites Stück, S. 93 u. 94. Blumenbach, „De varietate generis humani nativa", pag. 33.

chenabteilung gleichfalls bei dem Menschen finde.

Ich will mich so kurz als möglich fassen, weil durch bloßes Anschauen und Vergleichen mehrerer Schädel eine ohnedies sehr einfache Behauptung geschwinde beurteilet werden kann.

Der Knochen, von welchem ich rede, hat seinen Namen daher erhalten, daß er sich zwischen die beiden Hauptknochen der oberen Kinnlade hineinschiebt. Er ist selbst aus zwei Stücken zusammengesetzt, die in der Mitte des Gesichtes aneinanderstoßen.

Er ist bei verschiedenen Tieren von sehr verschiedener Gestalt und verändert, je nachdem er sich vorwärts streckt oder sich zurücke zieht, sehr merklich die Bildung. Sein vorderster, breitester und stärkster Teil, dem ich den Namen des Körpers gegeben, ist nach der Art des Futters eingerichtet, das die Natur dem Tiere bestimmt hat, denn es muß seine Speise mit diesem Teile zuerst anfassen, ergreifen, abrupfen, abnagen, zerschneiden, sie auf eine oder andere Weise sich zueignen; deswegen ist er bald flach und mit Knorpeln versehen, bald mit stumpfern oder schärferen Schneidezähnen gewaffnet oder erhält eine andere der Nahrung gemäße Gestalt.

Durch einen Fortsatz an der Seite verbindet er sich aufwärts mit der obern Kinnlade, dem Nasenknochen und manchmal mit dem Stirnbeine.

Inwärts von dem ersten Schneidezahn oder von dem Orte aus, den er einnehmen sollte, begibt sich ein Stachel oder eine Spina hinterwärts, legt sich auf den Gaumenfortsatz der oberen Kinnlade an und bildet selbst eine Rinne, worin der untere und vordere Teil des Vomers oder Pflugscharbeins sich einschiebt. Durch diese Spina, den Seitenteil des Körpers dieses Zwischenknochens und den vorderen Teil des Gaumenfortsatzes der obern Kinnlade werden die Kanäle (Canales incisivi oder nasopalatini) gebildet, durch welche kleine Blutgefäße und Nervenzweige des zweiten Astes des fünften Paares gehen.

Deutlich zeigen sich diese drei Teile mit *einem* Blicke an einem Pferdeschädel auf der ersten Tafel [I].

A. Corpus.

B. Apophysis maxillaris.

C. Apophysis palatina.

An diesen Hauptteilen sind wieder viele Unterabteilungen zu bemerken und zu beschreiben. Eine lateinische Terminologie, die ich mit Beihülfe des Herrn Hofrat Loders verfertiget habe und hier beilege, wird dabei zum Leitfaden dienen können. Es hatte solche viele Schwierigkeiten, wenn sie auf alle Tiere passen sollte. Da bei dem einen gewisse Teile sich sehr zurückziehen, zusammenfließen und bei andern gar verschwinden: so wird auch gewiß, wenn man mehr ins Feinere gehen wollte, diese Tafel noch manche Verbesserung zulassen.

Os intermaxillare.

A. Corpus.

a. Superficies anterior.

1. Margo superior in quo Spina nasalis.

2. Margo inferior seu alveolaris.

3. Angulus inferior exterior corporis.

b. Superficies posterior, qua Os intermaxillare iungitur Apophysi palatinae Ossis maxillaris superioris.

c. Superficies lateralis exterior, qua Os intermaxillare iungitur Ossi maxillari superiori.

d. Superficies lateralis interior, qua alterum Os intermaxillare iungitur alteri.

e. Superficies superior.

Margo anterior, in quo Spina nasalis. vid. l.

4. Margo posterior sive Ora superior canalis nasopalatini.

f. Superficies inferior.

5. Pars alveolaris.

6. Pars palatina.

7. Ora inferior canalis naso-palatini.

B. Apophysis maxillaris.

g. Superficies anterior.

h. Superficies lateralis interna.

8. Eminentia linearis.

i. Superficies lateralis externa.

k. Margo exterior.

l. Margo interior.

m. Margo posterior.

n. Angulus apophyseos maxillaris.

C. Apophysis palatina.

o. Extremitas anterior.

p. Extremitas posterior.

q. Superficies superior.

r. Superficies inferior.

s. Superficies lateralis interna.

t. Superficies lateralis externa.

Die Buchstaben und Zahlen, durch welche auf vorstehender Tafel die Teile bezeichnet werden, sind bei den Umrissen und einigen Figuren gleichfalls angebracht. Vielleicht wird es hier und da nicht sogleich in die Augen fallen, warum man diese und jene Einteilung festgesetzt und eine oder die andere Benennung gewählt hat. Es ist nichts ohne Ursache geschehen, und wenn man mehrere Schädel durchsieht und vergleicht, so wird die Schwierigkeit, deren ich oben schon gedacht, noch mehr auffallen.

Ich gehe nun zu einer kurzen Anzeige der Tafeln. Übereinstimmung und Deutlichkeit der Figuren wird mich einer weitläuftigen Beschreibung überheben, welche ohnedies Personen, die mit solchen Gegenständen bekannt sind, nur unnötig und verdrießlich sein würde. Am meisten wünschte ich, daß meine Leser Gelegenheit haben möchten, die Schädel selbst dabei zur Hand zu nehmen.

Die II. Tafel stellt den vorderen Teil der oberen Kinnlade des Ochsen von oben vor, ziemlich in natürlicher Größe, dessen flacher und breiter Körper keine Schneidezähne enthält.

Die III. Tafel das Os intermaxillare des Pferdes, und zwar n. 1. um ein Drittel, n. 2. und 3. zur Hälfte verkleinert.

Tab. IV ist die Superficies lateralis interior ossis intermaxillaris eines Pferdes, an dem der vordere Schneidezahn ausgefallen war und der nachschießende Zahn noch in dem hohlen Körper des Ossis intermaxillaris liegt.

Tab. V ist ein Fuchsschädel von dreien Seiten. Die Canales naso-palatini sind hier länglich und schon besser geschlossen wie beim Ochsen und Pferde.

Tab. VI. Das Os intermaxillare des Löwen von oben und unten. Man bemerke besonders bei n. 1. die Sutur, welche Apophysin palatinam maxillae superioris von dem Ossi intermaxillari trennt.

Tab. VII. Superficies lateralis interior des Ossis intermaxillaris eines jungen Trichechus rosmarus, größerer Deutlichkeit wegen mit roter Farbe angelegt, zugleich mit dem größten Teile der Maxillae superioris.

Tab. VIII. zeigt einen Affenschädel von vorn und von unten. Man sehe bei n. 2., wie die Sutur aus den Canalibus incisivis herauskommt, gegen den Hundszahn zuläuft, sich an seiner Alveole vorwärts wegschleicht und zwischen dem nächsten Schneidezahne und dem Hundszahne, ganz nah an diesem letzteren, durchgeht und die beiden Alveolen trennt.

Tab. IX [Tafel II, Fig. 1] und X [Tafel II, Fig. 2] sind diese Teile eines Menschenschädels.

Am sichtbarsten fällt das Os intermaxillare vom Menschen bei n. 1. in die Augen. Man sieht ganz deutlich die Sutur, die das Os intermaxillare von der Apophysi palatina maxillae superioris trennt. Sie kommt aus den Canalibus incisivis heraus, deren untere Öffnung in ein gemeinschaftliches Loch zusammenfließt, das den Namen des Foraminis incisivi oder palatini anterioris oder gustativi führt, und verliert sich zwischen dem Hunds- und zweiten Schneidezahn.

Bei n. 2. ist es schon etwas schwerer zu bemerken, wie dieselbe Sutur sich in dem Nasengrunde zeigt. Es ist diese Zeichnung nicht die glücklichste; allein an den meisten Schädeln, besonders jüngeren, kann man solche sehr deutlich sehen.

Jene erste Sutur hatte schon Vesalius bemerkt[3] und in seinen Figuren deutlich angegeben. Er sagt, sie reiche bis an die vordere Seite der Hundszähne, dringe aber nirgends so tief durch, daß man dafür halten könne, der obere Kinnladenknochen werde dadurch in zwei geteilt. Er weist, um den Galen zu erklären, der seine Beschreibung bloß nach einem Tiere gemacht hatte, auf die erste Figur pag. 46, wo er dem menschlichen Schädel einen Hundeschädel beigefügt hat, um den an dem Tiere gleichsam deutlicher ausgeprägten Revers der Medaille dem Leser vor Augen zu legen. Die zweite Sutur, die sich im Nasengrunde zeigt, aus den Canalibus naso-palatinis herauskommt und bis in die Gegend der Conchae inferioris verfolgt werden kann, hat er nicht bemerkt. Hingegen finden sich beide in der großen Osteologie des Albins auf der Tafel I mit dem Buchstaben M bezeichnet. Er nennt sie Suturas maxillae superiori proprias.

In Cheseldens „Osteographia“ finden sie sich nicht, auch in John Hunters „Natural History of the Human Teeth“ ist keine Spur davon zu sehen; und dennoch sind sie an einem jeden Schädel mehr oder weniger sichtbar und, wenn man aufmerksam

---

[3] Vesalius, „De humani corporis fabrica“ (Basil. 1558), libr. I, cap. IX, fig. II, pag. 48, 52. 53.

beobachtet, ganz und gar nicht zu verkennen.

Tab. X [Tafel III und IV] ist ein halber Oberkiefer eines gesprengten Menschenschädels, und zwar dessen inwendige Seite, durch welche beide Hälften miteinander verbunden werden. Es fehlten an dem Knochen, wornach er gezeichnet worden, zwei Vorderzähne, der Hunds- und erste Backenzahn. Ich habe sie nicht wollen supplieren lassen, besonders da das Fehlende hier von keiner Bedeutung war, vielmehr kann man das Os intermaxillare ganz frei sehen. Auf der Pictura lineari habe ich, was ohnstreirig Os intermaxillare ist, mit Rot getuscht. Man kann die Sutur von den Alveolen des Schneide- und Hundezahnes bis durch die Kanäle verfolgen. Jenseits der Spinae oder Apophysi palatinae, die hier eine Art von Kamm macht, kommt sie wieder hervor und ist bis an die Eminentiam linearem sichtbar, wo sich die Concha inferior anlegt.

Ich habe in der Pictura lineari ein rotes Sternchen dahin gezeichnet.

Man halte diese Tafel gegen Tab. VII, und man wird es bewundernswürdig finden, wie die Gestalt des Ossis intermaxillaris eines solchen Ungeheuers, wie der Trichechus rosmarus ist, lehren muß, denselben Knochen am Menschen zu erkennen und zu erklären. Auch Tab. VI, n. l., gegen Tab. IX, n. l. gehalten, zeigt dieselbe Sutur beim Löwen wie beim Menschen auf das deutlichste. Ich sage nichts vom Affen, weil bei diesem die Übereinstimmung zu auffallend ist.

Es wird also wohl kein Zweifel übrigbleiben, daß diese Knochenabteilung sich sowohl bei Menschen als Tieren findet, ob wir gleich nur einen Teil der Grenzen dieses Knochens an unserm Geschlechte genau bestimmen können, da die übrigen verwachsen und mit der oberen Kinnlade auf das genaueste verbunden sind. So zeigt sich an den äußeren Teilen der Gesichtsknochen nicht die mindeste Sutur oder Harmonie, wodurch man auf die Mutmaßung kommen könnte, daß dieser Knochen bei dem Menschen getrennt sei.

Die Ursache scheint mir hauptsächlich darinne zu liegen. Dieser Knochen, der bei Tieren so außerordentlich vorgeschoben ist, zieht sich bei dem Menschen in ein sehr kleines Maß zurück. Man nehme den Schädel eines Kindes oder Embryonen vor sich, so wird man sehen, wie die keimenden Zähne einen solchen Drang an diesen Teilen verursachen und die Beinhäutchen so spannen, daß die Natur alle Kräfte anwenden muß, um diese Teile auf das innigste zu verweben. Man halte einen Tierschädel dagegen, wo die Schneidezähne so weit vorwärtsgerückt sind und der Drang sowohl gegeneinander als gegen den Hundszahn nicht so stark ist. Inwendig in der Nasenhöhle verhält es sich ebenso. Man kann, wie schon oben bemerkt, die Sutur des Ossis intermaxillaris aus den Canalibus incisivis bis dahin verfolgen, wo die Ossa turbinata oder Conchae inferiores sich anlegen. Hier wirkt also der Trieb des Wachstums dreier verschiedenen Knochen gegeneinander und verbindet sie genauer.

Ich bin überzeugt, daß denjenigen, die diese Wissenschaft tiefer durchschauen, dieser Punkt noch erklärbarer sein wird. Ich habe verschiedene Fälle, wo dieser Knochen auch bei Tieren zum Teil oder ganz verwachsen ist, bemerken können, und es wird sich vielleicht in der Folge mehr darüber sagen lassen. Auch gibt es mehrere Fälle, daß Knochen, die sich bei erwachsenen Tieren leicht trennen lassen, schon bei Kindern nicht mehr abgesondert werden können.

Die Tafeln, die ich beifüge, sind meistens nur die ersten Versucharbeiten eines jungen Künstlers, der sich unter dem Arbeiten gebessert hat. Es ist eigentlich nur die dritte und siebente Tafel völlig nach der Camperischen Methode gearbeitet; doch habe ich nachher das Os intermaxillare verschiedener Tiere nach selbiger auf das bestimmteste zeichnen lassen; und sollte ein solcher Beitrag zur vergleichenden Knochenlehre den Kennern interessant sein, so wäre ich nicht abgeneigt, eine Folge dieser Abbildungen in Kupfer stechen zu lassen.

Bei den Cetaceis, Amphibien, Vögeln, Fischen habe ich diesen Knochen teils auch entdeckt, teils seine Spuren gefunden.

Die außerordentliche Mannigfaltigkeit, in der er sich an den verschiedenen Geschöpfen zeigt, verdient wirklich eine ausführliche Betrachtung und wird auch selbst Personen auffallend sein, die an dieser so dürr scheinenden Wissenschaft sonst kein Interesse finden.

Man könnte alsdann mehr ins einzelne gehen und bei genauer stufenweiser Vergleichung mehrerer Tiere vom Einfachsten auf das Zusammengesetztere, vom Kleinen und Eingeengten auf das Ungeheuere und Ausgedehnte fortschreiten.

Welch eine Kluft zwischen dem Os intermaxillare der Schildkröte und des Elefanten, und doch läßt sich eine Reihe

Formen dazwischenstellen, die beide verbindet. Das, was an ganzen Körpern niemand leugnet, könnte man hier an einem kleinen Teile zeigen.

Man mag die lebendigen Wirkungen der Natur im ganzen und großen übersehen, oder man mag die Überbleibsel ihrer entflohenen Geister zergliedern: sie bleibt immer gleich, immer mehr bewundernswürdig.

Auch würde die Naturgeschichte einige Bestimmungen dadurch erhalten. Da es ein Hauptkennzeichen unseres Knochens ist, daß er die Schneidezähne enthält: so müssen umgekehrt auch die Zähne, die in denselben eingefügt sind, als Schneidezähne gelten. Dem Trichechus rosmarus und dem Kamele hat man sie bisher abgesprochen, und ich müßte mich sehr irren, wenn man nicht jenem vier und diesem zwei zueignen könnte.

Und so beschließe ich diesen kleinen Versuch mit dem Wunsche, daß er Kennern und Freunden der Naturlehre nicht mißfallen und mir Gelegenheit verschaffen möge, näher mit ihnen verbunden, in dieser reizenden Wissenschaft, soviel es die Umstände erlauben, weitere Fortschritte zu tun.

VERSUCH ÜBER DIE GESTALT DER TIERE

Vorerinnerung

Obgleich der Titel dieser kleinen Abhandlung einen Versuch über die Gestalt der Tiere überhaupt verspricht, so wird sie sich doch vorzüglich mit den vollkommensten, den Säugetieren, beschäftigen. Und auch diese besonders in osteologischer Rücksicht betrachten und sich nur insofern auf die übrigen nächsten Tierklassen und auf die weicheren Teile des Gebäudes verbreiten, insofern es zur Aufklärung gewisser Erfahrungen und Folgerungen nötig sein sollte. Das übrige behält sich der Verfasser für die Zukunft vor.

Tafel I
Pferdeschädel, obere Kinnlade von unten gesehen
Tuschzeichnung von J. Chr. W. Waitz

Tafel II
Menschenschädel
obere Kinnlade von unten (Fig.1) und von oben gesehen (Fig.2)
Tuschzeichnung von J. Chr. W. Waitz

Tafel III
Menschenschädel (gesprengt),
obere Kinnlade von der inneren Seite
Tuschzeichnung von J. Chr. W. Waitz
Tafel IV
Menschenschädel (gesprengt),
obere Kinnlade von der inneren Seite im Umriß,
das Os intermaxillare ausgetuscht
Federzeichnung von J. Chr. W. Waitz

1

Bemühungen der vergleichenden Anatomie und Hindernisse, welche dieser Wissenschaft entgegenstehen

Die Ähnlichkeit der vierfüßigen Tiere untereinander konnte von jeher auch der oberflächlichsten Betrachtung nicht entgehen. Auf die Ähnlichkeit der Tiere mit dem Menschen wurde man wahrscheinlich zuerst durch das Anschauen der Affen aufmerksam gemacht. Daß die übrigen vierfüßigen Tiere in allen ihren Hauptteilen mit dem Menschen übereinkommen, war nur durch eine genauere wissenschaftliche Untersuchung festzusetzen möglich, deren Bemühungen zuletzt noch viel weiter entfernt scheinende Gestalten aus dem Weltmeere in diese Verwandtschaft herbeizogen.

Wieviel in der letzten Hälfte dieses Jahrhunderts die Naturwissenschaft durch Beschreiben, Zergliedern und Ordnen gewonnen, ist, ich darf wohl sagen, allgemein bekannt. Wie manches in derselben noch zu tun sei, wie manche Hindernisse einer ganz genauen Bearbeitung entgegenstehen, wird demjenigen bald bekannt, der sie mit gewissenhafter Genauigkeit bearbeitet.

Es war natürlich, daß die Zergliederer, welche sich mit dem Bau des Menschen eine Zeitlang ausschließlich beschäftigten, die Teile des menschlichen Körpers, wie sie ihnen sichtbar wurden, benannten, beschrieben und an und vor sich ohne weitere Verhältnisse nach außen betrachteten. Ebenso natürlich war es, daß diejenigen, welche sich mit der Behandlung der Tiere beschäftigten, Reiter, Jäger, Fleischer, denen verschiedenen Teilen der Tiere jeder für sich Namen beilegten, welche auf keine Weise das Verhältnis der Tiere untereinander, noch weniger das Verhältnis der Tiere zu den Menschen ausforschten, vielmehr durch falsche Vergleichung zu Irrtümern Gelegenheit gaben. So nennt z. B. der Reiter denjenigen Teil des Pferdevorderfußes, wo der Carpus das Gelenk zwischen der Ulna und dem Metacarpus machet, *das Knie,* den Knochen des Metacarpus selbst *das Schienbein.*

Nun ist zwar durch die Bemühungen so vieler eifriger Beobachter, welche vorzüglich die Tieranatomie oder auch nur selbige gelegentlich neben der menschlichen behandelt, die Terminologie der tierischen Teile, soviel es sich wollte tun lassen, auf die Terminologie der menschlichen Teile reduziert worden, und es möchte wohl die Base der vergleichenden Anatomie auf immer festgestellt worden sein. Allein es sei uns erlaubt, hier einige Bemerkungen über die Hindernisse zu machen, welche noch Überbleibsel der alten empirischen Behandlungsart zu sein scheinen und die der Wissenschaft eben jetzt am beschwerlichsten im Wege stehen, da sie ihrer Vollendung näher und näher rücket.

Man hat bisher, wie oben schon erwähnt worden, bald die Tiere untereinander, bald die Tiere mit dem Menschen, bald den Menschen mit den Tieren verglichen, man hat also mit dem Tertio comparationis immer gewechselt und dadurch oft den Faden der Beobachtung verloren. Ferner mußte, da die Methode des Tierzergliederers mit der Methode des Menschenzergliederers nicht völlig übereinstimmen kann, eine Art Schwanken in der Methode der vergleichenden Anatomie entstehen, welches, wie mich dünkt, noch bis jetzt nicht hat ins Gleichgewicht gesetzt werden können.

2

Vorschläge, diese Hindernisse aus dem Wege zu räumen

Wie nun aber gegenwärtig bei so vielen trefflichen Vorarbeiten, bei täglich fortgesetzten Bemühungen so vieler einzelner Menschen, ja ganzer Schulen die Wissenschaft auf einmal zur Konsistenz gelanget, ein allgemeiner Leitfaden durch das Labyrinth der Gestalten gegeben, ein allgemeines Fachwerk, worin jede einzelne Beobachtung zum allgemeinen Gebrauch niedergelegt werden könne, aufzubauen wäre, scheint mir der Weg zu sein, wenn ein allgemeiner Typus, ein allgemeines Schema ausgearbeitet und aufgestellt würde, welchem sowohl Menschen als Tiere untergeordnet blieben, mit dem die Klassen, die Geschlechter, die Gattungen verglichen, wornach sie beurteilt würden.

Man würde sich bei Ausarbeitung dieses Typus vor allen unnötigen Neuerungen hüten, man würde die von der menschlichen Gestalt hergenommene Benennungen immer mehr auf die Gestalt der Tiere überzutragen suchen und sich vielleicht nur um weniges von der Methode und Ordnung, wornach bisher die Anatomie des menschlichen Gebäudes vorgetragen worden, entfernen, um nicht empirisch, nach der besondern Bildung eines Geschöpfes das Gebäude der andern zu betrachten und zu beurteilen, sondern eine Methode aufzufinden, wornach vorerst die vollkommensten Tiere rationell betrachtet und vielleicht in der Folge die übrigen Klassen näher erkannt werden können.

Sollte das bisher Gesagte nicht einen jeden gleich von der Notwendigkeit einer solchen Einrichtung überzeugen, so wird folgende Betrachtung vielleicht die Sache einleuchtender machen. Da die Vergleichung so sehr verschiedener Gestalten, als die Säugetiere sind, nicht anders als teilweise geschehen kann, so war es natürlich, daß man bei den verschiedenen Tiergattungen die verschiedenen Teile aufsuchte und sie mit den Teilen der andern verglich. Die meisten durch große Verschiedenheit der Gestalt und Richtung der Teile entstandenen Irrtümer rektifizierten sich nach und nach, nur hat man sich von dem Irrtume, der mehr in dem Ausdrucke als der Sache zu liegen scheint, nicht völlig losmachen können, daß man einigen Tieren gewisse Teile ableugnete, ob man gleich die durch ebendiese Teile hervorgebrachte Gestalt gerne zugab. So wollte man den Menschen das Os intermaxillare beharrlich absprechen, der Elefant sollte kein Tränenbein, keinen Nasenknochen haben, da man doch im Gegenteil, wenn auch alle Suturen verwachsen wären, von der übereinstimmenden Gestalt auf die Konsequenz des Baues hätte schließen sollen.

Wenn wir nun von einer Seite behaupten, daß alle Hauptteile, woraus die Gestalt eines vollkommenen Tieres zusammengesetzt ist, sich bei dem andern Tiere gleichfalls finden müssen, so läßt sich von der andern nicht leugnen, daß gewisse völlig gleichartige Teile besonders gegen die Extremitäten zu in der Zahl variieren; so variiert die Zahl der Rückgratwirbel und Rippen der Schwanzwirbel, die Zahl des Carpus meta-carpus und der Finger des Tarsus metatarsus und der Zehen. Andere Abteilungen, als die der Ulna und des Radius der Tibia und Fibula, verwachsen miteinander und lassen kaum noch Spuren ihrer ursprünglichen Trennung zurück.

Dieses alles würde ein völlig ausgearbeiteter Typus schon bestimmen und festsetzen: inwiefern ein jeder Teil notwendig und immer gegenwärtig sei, ob er sich manchmal nur durch eine wunderbare Gestalt verberge, durch eine Verwachsung der Suturen zufällig verstecke, in verminderter Zahl erscheine, sich bis auf eine kaum zu erkennende Spur verliere, für überwiegend untergeordnet oder gar als aufgehoben betrachtet werden müsse. Ehe wir weitergehen, wird es rätlich sein, den Typus selbst, und zwar vorerst bloß osteologisch herzusetzen.

3

Vorschlag zu einem osteologischen Typus

Ehe ich die Ursachen weiter ausführe, welche mich bewogen, das vorstehende Schema dergestalt zu ordnen, und was für Vorteil ich daraus zu ziehen hoffe, ist es nötig, noch einige Betrachtungen vorauszuschicken. Da die Natur eben dadurch die Gestalten der Tiere so bequem zu verändern scheint, weil die Gestalt aus sehr vielen Teilen zusammengesetzt ist und die bildende Natur dadurch nicht sowohl große Massen gleichsam umzuschmelzen nötig hat, sondern die große Mannigfaltigkeit bewirkt, indem sie auf viele zusammengeordnete Anfänge bald so, bald so ihren Einfluß zeigt, welches, wie wir in dem Folgenden sehen werden, von der größten Bedeutung ist, so wird die größte Aufmerksamkeit derjenigen, welche besonders den osteologischen Typus ausarbeiten, dahin gerichtet sein, daß sie die Knochenabteilungen auf das schärfste und genauste aufsuchen, es mögen solche an einigen Tierarten in ihrem ausgewachsenen Zustande sich deutlich sehen lassen oder bei andern nur an jüngeren Tieren, vielleicht gar nur an Embryonen zu erkennen sein.

Denn ich darf wohl hier schon dasjenige behaupten, wovon ich einen jeden, den diese Wissenschaft wirklich interessiert, durch diese Abhandlung völlig überzeugen möchte, daß der Fortschritt der ganzen Wissenschaft bloß auf diesem Wege schnell zu hoffen sei. Hat sich nicht in anderen Teilen die Zergliederungskunst in die feinsten Bemerkungen ausgebreitet; hat sie nicht schon die Teilbarkeit der Nerven bis ins Unendliche verfolgt; sollten wir nicht den Knochenabteilungen, welche vielleicht einen größeren Einfluß auf die Bildung haben, eine ähnliche Aufmerksamkeit widmen?

Die Methode, wie die Lehre des menschlichen Knochengebäudes bisher vorgetragen worden, ist bloß empirisch und nicht einmal auf die Betrachtung der Gestalt des Menschen, geschweige in Betrachtung auf die Gestalt der übrigen Tiere rationell. Man hat die Knochen, nicht wie sie die Natur sondert, bildet und bestimmt, sondern wie sich solche, ich möchte fast sagen zufällig, in einem gewissen Alter des Menschen untereinander verbinden, angenommen und beschrieben, ein Weg, aus welchem selbst die besten und genausten Bemühungen kaum weiter als zu einer empirischen Nomenklatur führen konnten. Auch sind die daraus entstehenden Unbequemlichkeiten schon in die Augen gefallen, und einige sind schon gehoben. So hat man z. E. das Felsenbein vom Schlafbein mit dem größten Rechte getrennt; dagegen sind Verbindungen ganz heterogener Knochen, wie z. E. des Heiligen- und Kuckucksbeins mit dem Becken, geblieben und werden auch wohl um physiologischer und pathologischer Demonstrationen willen in der Lehre, welche bloß den Menschen betrachtet, künftighin zusammenbleiben, worauf wir aber, die wir uns einen höhern Standpunkt der Erkenntnis aufsuchen, nicht dürfen hindern lassen.

Wie ich nun, an einem jeden einzelnen Teil des vorgeschlagenen Typus, die Ursachen angezeigt, welche mich bewogen, das Knochengebäude des tierischen Körpers nach einer von der bisherigen abweichenden Methode zu betrachten und die Absonderung verschiedener Teile voneinander zu wünschen, und mich dadurch dem Verdachte der Neuerungsucht und dem Anschein einer Kleinigkeitsliebe entzogen zu haben hoffe, so wünsche ich durch nachfolgende allgemeinere Betrachtungen jene Methode noch mehr zu rechtfertigen und ihre Notwendigkeit allgemein überzeugender zu machen. Es ist schon oben im Vorbeigehen gesagt worden, daß es der Natur dadurch leicht, ja man darf sagen allein möglich wäre, so mannigfaltige Gestalten hervorzubringen, daß die Bildung aus so vielen kleinen Teilen bestehe, auf welche sie wirkt, ihre Größe, Lage, Richtung und Verhältnis verändert und dadurch in den Stand gesetzt wird, teils himmelweit verschiedene Bildungen hervorzubringen, teils ganz nahe verwandte Bildungen durch eine ungeheure Kluft gleichsam wieder zu trennen. Geben wir genau auf diese Mannigfaltigkeit acht, so werden wir in den Stand gesetzt, nicht allein die Tiere untereinander, sondern sogar das Tier mit sich selbst zu vergleichen. In dieser bei genauer Betrachtung die größte Bewunderung erregenden Veränderlichkeit der Teile ruht die ganze Gewalt der bildenden Natur.

Dagegen ist die unveränderliche Verbindung der Teile untereinander die Ursache der einem jedem Beobachter in die Augen fallenden Ähnlichkeit der verschiedensten Gestalten.

Um diese beiden Begriffe nicht nur im Allgemeinen hinzustellen, sondern auch ins Besondere anwendbar und anschaulich zu machen, nehmen wir zuerst den Schädel der Tiere vor uns, und hier kann nicht streng genug behauptet und nicht oft genug wiederholt werden, daß die Natur nicht allein diesen Hauptteil des tierischen Gebäudes nach einem und demselben Muster bildet, sondern daß sie auch ihren Zweck bei allen durch einerlei Mittel erreicht, daß die mannigfaltigen Knochenanfänge und die daraus entstehenden Knochenabteilungen an den Schädeln aller Tiere völlig dieselben und überall im Grunde auf einerlei Weise, obgleich in den mannigfaltigsten Modifikationen, gegenwärtig seien. Ein fleißiger und treuer Beobachter kann sich hiervon auf das leichteste und schnellste überzeugen. Am aufmerksamsten wird man hinfort auf die noch nicht verwachsenen, auf die Schädel noch junger und unreifer Tiere werden, und unser oft wiederholter Grundsatz wird endlich keinen Widerspruch mehr zu fürchten haben. Die falschen oder schwankenden Ausdrücke, der Mensch habe kein Os intermaxillare, der Elefant habe kein Tränenbein, der Affe habe auch kein Tränenbein, werden nicht mehr vorkommen. Man wird diese Teile sorgfältig aufsuchen und, weil man gewiß, daß man sie finden müsse, nicht eher ruhen, bis man sie ausgefunden und ihre Gestalt, ihr Verhältnis gegen die übrigen Teile genau bezeichnet.

Selbst wenn man die Konsequenz der Gestalt nur im allgemeinen ansieht, sollte man schon ohne genauere Erfahrung schließen, daß lebendige, einander höchst ähnliche Geschöpft aus einerlei Bildungs-Principio hervorgebracht sein müßten.

Könnte man sich nur einen Augenblick denken, daß der Tränenknochen bei einem Tier fehle, so hieße das ebensoviel als: der Stirnknochen könne sich mit dem Jochbein, das Jochbein mit dem Nasenbein verbinden und wirklich unmittelbar aneinander grenzen, wodurch alle Begriffe von übereinstimmender Bildung aufgehoben würden; wenn dadurch eben, wie vorher erwähnt, daß ein Knochen die seltsamsten und wunderlichsten Gestalten annehmen und dadurch seine Nachbarn zu Annehmung seltener Gestalten determinieren kann, die große Mannigfaltigkeit der Bildungen entstehet, so wird die Bildung dadurch von der andern Seite höchst konsequent, weil kein Knochen seine Nachbarschaft verändern und dadurch wirklich ungeheuere Abweichungen niemals regellos werden können.

Zwar finden sich Fälle, welche diesem allgemeinen Grundsatze zu widersprechen scheinen, die aber eben deswegen unsere ganze Aufmerksamkeit erregen und uns zu weiteren Forschungen Anlaß geben.

Zwei Fälle, welche mir bekannt geworden, will ich hier anzeigen und zu erklären suchen. Durch die Verbindung des Stirnknochens mit der obern Kinnlade in der Gegend der Nasenwurzel wird das Tränenbein von dem Nasenknochen gänzlich getrennt, und es sollte also, wenn der oben festgestellte Grundsatz unumstößlich bleiben sollte, bei keinem Tiere der Tränenknochen sich jemals mit dem Nasenknochen verbinden können. Nun findet sich aber sowohl an dem Schädel eines gemeinen Ochsens als eines Auerochsens, daß das Tränenbein mit dem Nasenbein wirklich verbunden seie. Diesen Widerspruch hebe ich durch folgende Erfahrung: Es ist bekannt, daß die Tiere, welchen die Zähne in der obern Kinnlade fehlen, als Ochsen, Hirsche, Schafe, Ziegen, eine Fontanelle haben, welche von dem Stirnknochen, dem Nasenbein, der obern Kinnlade und dem Tränenbein umgrenzet wird, und wir dürfen sagen: daß diese Fontanelle durch das Unvermögen des Oberkiefers entstehet, sich bis gegen den Stirnknochen fortzusetzen. Diese Fontanelle wird bei dem Ochsen durch ein Os wormianum ausgefüllt, welches in der Folge gewöhnlicher mit dem Tränenbein als mit den übrigen benachbarten Knochen verwächst, wodurch es dem ersten Anblick nach scheinen könnte, als wenn das Tränenbein sich gleichsam als ein Keil zwischen den Stirnknochen und der obern Kinnlade hineinschöbe und den Nasenknochen berühre.

Ich wende mich zu dem zweiten Fall. Die obere Kinnlade und der Nasenknochen berühren einander; man kann besonders bei den reißenden Tieren bemerken, daß der Stirnknochen seinen Processum nasalem sehr spitz und lang vorwärts, das Os intermaxillare seinen oberen Processum auf gleiche Weise rückwärts fortsetze. Wir treffen bei allen Tieren diese beiden gleichsam gegeneinander strebenden spitzen Keile durch die Fläche, welche den Oberkiefer mit dem Nasenknochen verbindet, abgesondert oder in mehr oder weniger Entfernung an. Bei dem Schädel eines Bären hingegen konnt ich bemerken, daß beide Fortsätze nur noch gleichsam die Fäden zwischen den benachbarten Knochen verlängerten und sich mir einer jedoch etwas verwornen Sutur miteinander verbanden. Ich glaube auch hier nicht zu fehlen, wenn ich leugnete, daß diese Knochen einander auch wirklich berührten; sondern sie haben nur die ihnen eingepflanzte Triebkraft soweit als möglich gegeneinander ausgedehnt und sind zuletzt durch einen dritten Knochenpunkt, durch eine Art Os wormianum, zusammen verbunden worden. Es ist dieses ein Punkt, über welchen wir in der Folge nie zuviel und nie scharf genug beobachten können.

Ähnlichkeit der Tiergestalten untereinander.

Ähnlichkeit der Tiergestalt mit der menschlichen.

Die vergleichende Anatomie beschäftigt sich, diese Ähnlichkeit immer mehr aufzusuchen und zu gleicher Zeit den Unterschied genau zu bestimmen, wodurch sie sich alle mehr oder weniger voneinander entfernen.

Es sind in der neuern Zeit in dieser Wissenschaft große Fortschritte geschehen.

Bei fleißiger und genauer Bearbeitung derselben findet sich eine Schwierigkeit, die, wie mir deucht, die Wissenschaft bisher aufgehalten hat.

Da hier von Vergleichen die Rede ist, so fragt sich: soll man die Tiere untereinander, die Tiere mit dem Menschen oder den Menschen mit den Tieren vergleichen. Es ist dieses alles bisher geschehen, je nachdem der Naturforscher eine Absicht bei seinen Untersuchungen hatte, je nachdem er von einem oder dem andern Orte ausging.

Auch hat man ein Längenmaß gelegentlich angenommen und nach diesem die Längen und Breiten der verschiedenen Teile zu bestimmen gesucht.

Alle diese verschiedenen Methoden haben ihre Beschwerlichkeit, und eine jede muß unter gewissen Umständen unzulänglich werden.

Vielleicht ließe sich auf dem Punkte, wo die Wissenschaft gegenwärtig steht, ein Schritt tun, der auf einmal um vieles weiterbrächte.

Es könnte geschehen, wenn man einen Typus ausarbeitete,

der die tierische Natur überhaupt, zuvörderst aber nur, um sich nicht ins Unendliche zu verlieren, die Natur der Säugetiere ausdrückte. Nach welchem Typus sodann alle Tiergeschlechter beschrieben, vor welchem sie verglichen werden könnten.

Wir können den Menschen nicht als das Urbild der Tiere, die Tiere nicht als das Urbild des Menschen ansehen, die Wissenschaft ist weit genug vorwärtsgeruckt, daß wir gegenwärtig die Gestalt finden können, auf welche sich die übrigen Gestalten beziehen lassen.

Es verstehet sich von selbst, daß wir, bei Ausarbeitung dieses Bildes, uns keine unnötige Mühe machen, daß wir alles dasjenige gebrauchen, was schon gegenwärtig da und in Ordnung gebracht ist, daß wir uns der bisher gebrauchten Methode soviel als möglich nähern, um allen Vorwürfen unnötiger Neuerung zu entgehen und von allen Seiten eher Mitwirkung hoffen als Widerstand fürchten zu dürfen.

Die Anatomie des menschlichen Körpers ist so fleißig durchgearbeitet, daß dieselbige billig bei neueren Vergleichungen zum Grunde gelegt worden und immer mehr zum Grund gelegt wird, je mehr man sich überzeugt, daß sich bei den übrigen Säugetieren alle diejenigen Teile finden, woraus der menschliche Körper bestehet. Man hat daher glücklich angefangen, die Terminologie, welche bei den Teilen des Menschen gebraucht wird, auf die Tiergestalten anzuwenden, und man wird wohltun, hierin fortzufahren.

Da die Anatomie, welche uns den menschlichen Körper in seiner Zusammensetzung beschreibt, besonders in den neuern Zeiten bloß den Menschen, wie er ihr vorlag, nahm und ihn um sein selbst willen und nicht in bezug auf andere ihm ähnliche Geschöpfe behandelte, so läßt sich leicht schließen, daß in der Methode dieser Untersuchung und Beschreibung gewisse dem Menschen eigentümliche Eigenschaften werden in Betracht gezogen sein, welche uns eher hindern als fördern, wenn wir uns ein allgemeineres Bild ausarbeiten wollen, welchem der Mensch auch nur wieder untergeordnet ist.

So ist z. E. die Methode, nach welcher die Knochen des menschlichen Hauptes beschrieben werden, bloß zufällig, indem man das als einen besonderen Knochen annimmt und beschreibt, was sich in gewissen Jahren trennen läßt, anstatt nach einer reineren Methode dasjenige als ein besonderer Knochen zu beschreiben wäre, den die Natur wirklich von andern abgesondert hat, weil wir dadurch auf den rechten Weg geführt werden, die Bildung des lebendigen Geschöpfs aus einem höheren Standpunkt zu beobachten.

Diese Absonderungen der Knochen, wovon sich ein Teil bei Kinderschädeln schon bemerken läßt, ist bei Tieren, wegen ihrer weniger zusammengedrängten Gestalt, sichtbarer, ja greifbarer.

Da wir nun, wie oben schon gesagt, uns nur einem höheren Begriffe der Bildung nähern können, wenn wir diejenigen Teile, woraus sie bestehet, genau voneinander trennen: so werden wir also bei Ausarbeitung unseres Typus nicht verschmähen, uns bei der Tiergestalt Rats zu erholen. Wir werden alle Teile genau kennenlernen, ihre Gestalt im einzelnen, ihr Anteil an der Bildung des Ganzen wird uns nicht verborgen bleiben, und wir werden uns nicht irremachen lassen, wenn dieser oder jener Teil bei irgendeiner Klasse oder einem Geschlecht in einem gewissen Alter, unter gewissen Umständen, sich unsern Sinnen entzieht und nur dem Verstande allein sichtbar bleibt. Im Allgemeinen ist es in die Augen fallend und angenommen. Nur ins Besondere hat man noch nicht sich völlig bestimmen und übereinkommen wollen. So wird z. B. das Os intermaxillare als der vordere Teil der oberen Kinnlade, welcher die Schneidezähne enthält, insofern sie dem Tier nicht versagt sind, als abgesonderter Knochen unserer Aufmerksamkeit niemals entgehen, wenn wir auch einen Teil der Suturen, durch welche er mit seinen Nachbarknochen verbunden wird, bei Menschen meistens, oft auch bei Affen, Löwen, Bären und andern Tieren gedrängter Natur in einem gewissen Alter verwachsen finden.

So werden wir das Os temporum und die sogenannte Partem petrosam sorgfältig trennen, wie sie bei mehreren Tieren und gewissermaßen bei Kindern getrennt erscheint, wir werden das flache Schlafbein und den Körper des Knochens, welcher die Gehörwerkzeuge enthält, nicht mehr als einen Knochen denken können, sobald uns nur ihre Verschiedenheit, Gestalt und Bestimmung einmal recht deutlich geworden ist. Wir werden das Hinterhauptsbein, welches aus einem flachen und drei der Gestalt der Wirbelbeinteile sich nähernden Knochen zusammengesetzt ist, und das Os ethmoideum, das auch in mehrere Teile zerfällt, nicht mehr als einzelne ganze, sondern als zusammengesetzte Knochen beschreiben, ja lieber einem jeden Teil einen besondern Namen, eine besondere Bezeichnung geben.

Ich weiß, daß sich hierauf die Einwendung machen läßt, als seie eine solche genaue Abteilung nicht notwendig, da man ohnedies bei der bisherigen Methode solche Zusammensetzungen eines Knochens, den man als eins annimmt, schon nebenher bemerkte, und daß also eine solche Neuerung nur schädliche Verwirrung machen würde.

Hierauf kann ich gegenwärtig nur soviel antworten, daß diese Methode zu dem bisherigen Endzweck hinreichend sein mag, daß sie aber dem Fortschritt der Wissenschaft hinderlich ist. So wird man nicht leugnen, daß wenigstens durch die bisherige Methode die Aufmerksamkeit des Studierenden von diesen Knochenabteilungen eher abgeleitet als auf dieselben hingewiesen werde.

Wenn sich nun in der Folge zeigen wird, daß nur aus der genausten Kenntnis dieser Knochenabteilungen der eigentliche allgemeine Typus ausgearbeitet und zuletzt der geistige Punkt der Vergleichung hervorsteigen kann, so wird hoffentlich die Ursache

Zweites Kapitel

Allgemeine Idee zu einem Typus

Rumpf, Rückgrat, Brustgrat. Länge und Stärke des ersten, Kürze und Weiche des zweiten.

Kopf oberer Teil.

NB. eigentliche Existenzbase des Lebens, unter sich zusammenhängend.

Hülfsmittel des Lebens.

Untere Kinnlade, Arme, Füße.

Drittes Kapitel

Daß die Sorgfalt, womit wir die einzelnen Teile des Knochenbaus aufgesucht haben, nicht eine vergebliche Spitzfindigkeit sei, wird sich gegenwärtig zeigen, wenn wir nähere Betrachtungen anstellen.

Wir dürfen behaupten, daß der Knochenbau aller Säugetiere, um vorerst nicht weiterzugehen, nicht allein im ganzen nach einerlei Muster und Begriff gebildet ist, sondern daß auch die einzelnen Teile in einem jeden Geschöpfe sich befinden und nur oft durch Gestalt, Maß, Richtung, genauere Verbindung mit andern Teilen unserem Auge entrückt und nur unserm Verstande sichtbar bleiben. Alle Teile, ich wiederhole es, sind bei einem jeden Tiere gegenwärtig, nur unsere Bemühung, unser Scharfsinn muß sie aufsuchen und entdecken; aber jener Begriff ist der Ariadneische Faden.

Geben und Entziehen.

Allgemeines Gesetz der Bildung.

DER VERSUCH ALS VERMITTLER VON OBJEKT UND SUBJEKT

Sobald der Mensch die Gegenstände um sich her gewahr wird, betrachtet er sie in bezug auf sich selbst, und mit Recht. Denn es hängt sein ganzes Schicksal davon ab, ob sie ihm gefallen oder mißfallen, ob sie ihn anziehen oder abstoßen, ob sie ihm nutzen oder schaden. Diese ganz natürliche Art, die Sachen anzusehen und zu beurteilen, scheint so leicht zu sein, als sie notwendig ist, und doch ist der Mensch dabei tausend Irrtümern ausgesetzt, die ihn oft beschämen und ihm das Leben verbittern.

Ein weit schwereres Tagewerk übernehmen diejenigen, deren lebhafter Trieb nach Kenntnis die Gegenstände der Natur an sich selbst und in ihren Verhältnissen untereinander zu beobachten strebt: denn sie vermissen bald den Maßstab, der ihnen zu Hülfe kam, wenn sie als Menschen die Dinge in bezug auf *sich* betrachteten. Es fehlt ihnen der Maßstab des Gefallens und Mißfallens, des Anziehens und Abstoßens, des Nutzens und Schadens, diesem sollen sie ganz entsagen, sie sollen als gleichgültige und gleichsam göttliche Wesen suchen und untersuchen, was ist, und nicht, was behagt. So soll den echten Botaniker weder die Schönheit noch die Nutzbarkeit der Pflanzen rühren, er soll ihre Bildung, ihr Verhältnis zu dem übrigen Pflanzenreiche untersuchen; und wie sie alle von der Sonne hervorgelockt und beschienen werden, so soll er mit einem gleichen ruhigen Blicke sie alle ansehen und übersehen und den Maßstab zu dieser Erkenntnis, die Data der Beurteilung nicht aus sich, sondern aus dem Kreise der Dinge nehmen, die er beobachtet.

Sobald wir einen Gegenstand in Beziehung auf sich selbst und in Verhältnis mit andern betrachten und denselben nicht unmittelbar entweder begehren oder verabscheuen, so werden wir mit einer ruhigen Aufmerksamkeit uns bald von ihm, seinen Teilen, seinen Verhältnissen einen ziemlich deutlichen Begriff machen können. Je weiter wir diese Betrachtungen fortsetzen, je mehr wir Gegenstände untereinander verknüpfen, desto mehr üben wir die Beobachtungsgabe, die in uns ist. Wissen wir in Handlungen diese Erkenntnisse auf uns zu beziehen, so verdienen wir klug genannt zu werden. Für einen jeden wohlorganisierten Menschen, der entweder von Natur mäßig ist oder durch die Umstände mäßig eingeschränkt wird, ist die Klugheit keine schwere Sache: denn das Leben weist uns bei jedem Schritte zurecht. Allein wenn der Beobachter ebendiese scharfe Urteilskraft zur Prüfung geheimer Naturverhältnisse anwenden, wenn er in einer Welt, in der er gleichsam allein ist, auf seine eigenen Tritte und Schritte achtgeben, sich vor jeder Übereilung hüten, seinen Zweck stets in Augen haben soll, ohne doch selbst auf dem Wege irgendeinen nützlichen oder schädlichen Umstand unbemerkt vorbeizulassen, wenn er auch da, wo er von niemand so leicht kontrolliert werden kann, sein eigner strengster Beobachter sein und bei seinen eifrigsten Bemühungen immer gegen sich selbst mißtrauisch sein soll, so sieht wohl jeder, wie streng diese Forderungen sind und wie wenig man hoffen kann, sie ganz erfüllt zu sehen, man mag sie nun an andere oder an sich machen. Doch müssen uns diese Schwierigkeiten, ja man darf wohl sagen diese hypothetische Unmöglichkeit, nicht abhalten, das Möglichste zu tun, und wir werden wenigstens am weitsten kommen, wenn wir uns die Mittel im allgemeinen zu vergegenwärtigen suchen, wodurch vorzügliche Menschen die Wissenschaften zu erweitern gewußt haben, wenn wir die Abwege genau bezeichnen, auf welchen sie sich verirrt und auf welchen ihnen manchmal Jahrhunderte eine große Anzahl von Schülern folgten, bis spätere Erfahrungen erst wieder den Beobachter auf den rechten Weg einleiteten.

Daß die Erfahrung, wie in allem, was der Mensch unternimmt, so auch in der Naturlehre, von der ich gegenwärtig vorzüglich spreche, den größten Einfluß habe und haben solle, wird niemand leugnen, so wenig als man den Seelenkräften, in welchen diese Erfahrungen aufgefaßt, zusammengenommen, geordnet und ausgebildet werden, ihre hohe und gleichsam schöpferisch unabhängige Kraft absprechen wird. Allein wie diese Erfahrungen zu machen und wie sie zu nutzen, wie unsere Kräfte auszubilden und zu brauchen, das kann weder so allgemein bekannt noch anerkannt sein.

Sobald Menschen von scharfen frischen Sinnen auf Gegenstände aufmerksam gemacht werden, findet man sie zu Beobachtungen so geneigt als geschickt. Ich habe dieses oft bemerken können, seitdem ich die Lehre des Lichts und der Farben mit Eifer behandele und, wie es zu geschehen pflegt, mich auch mit Personen, denen solche Betrachtungen sonst fremd sind, von dem, was mich soeben sehr interessiert, unterhalte. Sobald ihre Aufmerksamkeit nur rege war, bemerkten sie Phänomene, die ich teils nicht gekannt, teils übersehen hatte, und berichtigten dadurch gar oft eine zu voreilig gefaßte Idee, ja gaben mir Anlaß, schnellere Schritte zu tun und aus der Einschränkung herauszutreten, in welcher uns eine mühsame Untersuchung oft gefangenhält.

Es gilt also auch hier, was bei so vielen andern menschlichen Unternehmungen gilt, daß nur das Interesse mehrerer, auf *einen* Punkt gerichtet, etwas Vorzügliches hervorzubringen imstande sei. Hier wird es offenbar, daß der Neid, welcher andere so gern von der Ehre einer Entdeckung ausschließen möchte, daß die unmäßige Begierde, etwas Entdecktes nur nach seiner Art zu behandeln und auszuarbeiten, dem Forscher selbst das größte Hindernis sei.

Ich habe mich bisher bei der Methode, mit mehreren zu arbeiten, zu wohl befunden, als daß ich nicht solche fortsetzen sollte. Ich weiß genau, wem ich dieses und jenes auf meinem Wege schuldig geworden, und es soll mir eine Freude sein, es künftig öffentlich bekanntzumachen.

Sind uns nun bloß natürliche aufmerksame Menschen soviel zu nützen imstande, wie allgemeiner muß der Nutzen sein, wenn unterrichtete Menschen einander in die Hände arbeiten. Schon ist eine Wissenschaft an und für sich selbst eine so große Masse, daß sie viele Menschen trägt, wenn sie gleich kein Mensch tragen kann. Es läßt sich bemerken, daß die Kenntnisse, gleichsam wie ein eingeschlossenes, aber lebendiges Wasser, sich nach und nach zu einem gewissen Niveau erheben, daß die schönsten Entdeckungen nicht sowohl durch Menschen als durch die Zeit gemacht worden, wie denn eben sehr wichtige Dinge zu gleicher Zeit von zweien oder wohl gar mehreren geübten Denkern gemacht worden. Wenn also wir in jenem ersten Fall der Gesellschaft und den Freunden so vieles schuldig sind, so werden wir in diesem der Welt und dem Jahrhundert noch mehr schuldig, und wir können in beiden Fällen nicht genug anerkennen, wie nötig Mitteilung, Beihülfe, Erinnerung und Widerspruch sei, um uns auf dem rechten Wege zu erhalten und vorwärtszubringen.

Man hat daher in wissenschaftlichen Dingen gerade das Gegenteil von dem zu tun, was der Künstler rätlich findet: denn er tut wohl, sein Kunstwerk nicht öffentlich sehen zu lassen, bis es vollendet ist, weil ihm nicht leicht jemand raten noch Beistand leisten kann; ist es hingegen vollendet, so hat er alsdann den Tadel oder das Lob zu überlegen und zu beherzigen, solches mit seiner Erfahrung zu vereinigen und sich dadurch zu einem neuen Werke auszubilden und vorzubereiten. In wissenschaftlichen Dingen hingegen ist es schon nützlich, jede einzelne Erfahrung, ja Vermutung öffentlich mitzuteilen, und es ist höchst rätlich, ein wissenschaftliches Gebäude nicht eher aufzuführen, bis der Plan dazu und die Materialien allgemein bekannt, beurteilt und ausgewählt sind.

Wenn wir die Erfahrungen, welche vor uns gemacht worden, die wir selbst oder andere zu gleicher Zeit mit uns machen, vorsätzlich wiederholen und die Phänomene, die teils zufällig, teils künstlich entstanden sind, wieder darstellen, so nennen wir dieses einen Versuch.

Der Wert eines Versuchs besteht vorzüglich darin, daß er, er sei nun einfach oder zusammengesetzt, unter gewissen Bedingungen mit einem bekannten Apparat und mit erforderlicher Geschicklichkeit jederzeit wieder hervorgebracht werden könne, sooft sich die bedingten Umstände vereinigen lassen. Wir bewundern mit Recht den menschlichen Verstand, wenn wir auch nur obenhin die Kombinationen ansehen, die er zu diesem Endzwecke gemacht hat, und die Maschinen betrachten, die dazu erfunden worden sind und, man darf wohl sagen, täglich erfunden werden.

So schätzbar aber auch ein jeder Versuch einzeln betrachtet sein mag, so erhält er doch nur seinen Wert durch Vereinigung und Verbindung mit andern. Aber eben zwei Versuche, die miteinander einige Ähnlichkeit haben, zu vereinigen und zu verbinden, gehört mehr Strenge und Aufmerksamkeit, als selbst scharfe Beobachter oft von sich gefordert haben. Es können zwei Phänomene miteinander verwandt sein, aber doch noch lange nicht so nah, als wir glauben. Zwei Versuche können scheinen auseinander zu folgen, wenn zwischen ihnen noch eine große Reihe stehen müßte, um sie in eine recht natürliche Verbindung zu bringen.

Man kann sich daher nicht genug in acht nehmen, aus Versuchen nicht zu geschwind zu folgern: denn beim Übergang von der Erfahrung zum Urteil, von der Erkenntnis zur Anwendung ist es, wo dem Menschen gleichsam wie an einem Passe alle seine inneren Feinde auflauren, Einbildungskraft, Ungeduld, Vorschnelligkeit, Selbstzufriedenheit, Steifheit, Gedankenform, vorgefaßte Meinung, Bequemlichkeit, Leichtsinn, Veränderlichkeit, und wie die ganze Schar mit ihrem Gefolge heißen mag, alle liegen hier im Hinterhalte und überwältigen unversehens sowohl den handelnden Weltmann als auch den stillen, vor allen Leidenschaften gesichert scheinenden Beobachter.

Ich möchte zur Warnung dieser Gefahr, welche größer und näher ist, als man denkt, hier eine Art von Paradoxon aufstellen, um eine lebhaftere Aufmerksamkeit zu erregen. Ich wage nämlich zu behaupten: daß *ein* Versuch, ja mehrere Versuche in Verbindung nichts beweisen, ja daß nichts gefährlicher sei, als irgendeinen Satz unmittelbar durch Versuche bestätigen zu wollen, und daß die größten Irrtümer eben dadurch entstanden sind, daß man die Gefahr und die Unzulänglichkeit dieser Methode nicht eingesehen. Ich muß mich deutlicher erklären, um nicht in den Verdacht zu geraten, als wollte ich nur etwas Sonderbares sagen.

Eine jede Erfahrung, die wir machen, ein jeder Versuch, durch den wir sie wiederholen, ist eigentlich ein isolierter Teil unserer Erkenntnis, durch öftere Wiederholung bringen wir diese isolierte Kenntnis zur Gewißheit. Es können uns zwei Erfahrungen in demselben Fache bekannt werden, sie können nahe verwandt sein, aber noch näher verwandt scheinen, und gewöhnlich sind wir geneigt, sie für näher verwandt zu halten, als sie sind. Es ist dieses der Natur des Menschen gemäß, die Geschichte des menschlichen Verstandes zeigt uns tausend Beispiele, und ich habe an mir selbst bemerkt, daß ich diesen Fehler oft begehe.

Es ist dieser Fehler mit einem andern nahe verwandt, aus dem er auch meistenteils entspringt. Der Mensch erfreut sich nämlich mehr an der Vorstellung als an der Sache, oder wir müssen vielmehr sagen: der Mensch erfreut sich nur einer Sache, insofern er sich dieselbe vorstellt, sie muß in seine Sinnesart passen, und er mag seine Vorstellungsart noch so hoch über die gemeine erheben, noch so sehr reinigen, so bleibt sie doch gewöhnlich nur ein Versuch, viele Gegenstände in ein gewisses faßliches Verhältnis zu bringen, das sie, streng genommen, untereinander nicht haben; daher die Neigung zu Hypothesen, zu Theorien, Terminologien und Systemen, die wir nicht mißbilligen können, weil sie aus der Organisation unsers Wesens notwendig entspringen.

Wenn von einer Seite eine jede Erfahrung, ein jeder Versuch ihrer Natur nach als isoliert anzusehen sind und von der andern Seite die Kraft des menschlichen Geistes alles, was außer ihr ist und was ihr bekannt wird, mit einer Ungeheuern Gewalt zu verbinden strebt, so sieht man die Gefahr leicht ein, welche man läuft, wenn man mit einer gefaßten Idee eine einzelne Erfahrung verbinden oder irgendein Verhältnis, das nicht ganz sinnlich ist, das aber die bildende Kraft des Geistes schon ausgesprochen hat, durch einzelne Versuche beweisen will.

Es entstehen durch eine solche Bemühung meistenteils Theorien und Systeme, die dem Scharfsinn der Verfasser Ehre machen, die aber, wenn sie mehr, als billig ist, Beifall finden, wenn sie sich länger, als recht ist, erhalten, dem Fortschritte des menschlichen Geistes, den sie in gewissem Sinne befördern, sogleich wieder hemmen und schädlich werden.

Man wird bemerken können, daß ein guter Kopf nur desto mehr Kunst anwendet, je weniger Data vor ihm liegen, daß er, gleichsam seine Herrschaft zu zeigen, selbst aus den vorliegenden Datis nur wenige Günstlinge herauswählt, die ihm schmeicheln, daß er die übrigen so zu ordnen versteht, daß sie ihm nicht geradezu widersprechen, und daß er die feindseligen zuletzt so zu verwickeln, zu umspinnen und beiseite zu bringen weiß, daß wirklich nunmehr das Ganze nicht mehr einer freiwirkenden Republik, sondern einem despotischen Hofe ähnlich wird.

Einem Manne, der soviel Verdienst hat, kann es an Verehrern und Schülern nicht fehlen, die ein solches Gewebe historisch kennenlernen und bewundern und, insofern es möglich ist, sich die Vorstellungsart ihres Meisters eigen machen. Oft gewinnt eine solche Lehre dergestalt die Überhand, daß man für frech und verwegen gehalten würde, wenn man an ihr zu zweifeln sich erkühnte. Nur spätere Jahrhunderte würden sich an ein solches Heiligtum wagen, den Gegenstand einer Betrachtung dem gemeinen Menschensinne wieder vindizieren, die Sache etwas leichter nehmen und von dem Stifter einer Sekte das wiederholen, was ein witziger Kopf von einem großen Naturlehrer sagt: er wäre ein großer Mann gewesen, wenn er weniger erfunden hätte.

Es möchte aber nicht genug sein, die Gefahr anzuzeigen und vor derselben zu warnen. Es ist billig, daß man wenigstens seine Meinung eröffne und zu erkennen gebe, wie man selbst einen solchen Abweg zu vermeiden glaubt oder ob man gefunden, wie ihn ein anderer vor uns vermieden habe.

Ich habe vorhin gesagt, daß ich die *unmittelbare Anwendung* eines Versuchs zum Beweis irgendeiner Hypothese für schädlich halte, und habe dadurch zu erkennen gegeben, daß ich eine *mittelbare* Anwendung derselben für nützlich ansehe, und da auf diesen Punkt alles ankömmt, so ist es nötig, sich deutlich zu erklären.

In der lebendigen Natur geschieht nichts, was nicht in einer Verbindung mit dem Ganzen stehe, und wenn uns die Erfahrungen nur isoliert *erscheinen,* wenn wir die Versuche nur als isolierte Fakta anzusehen haben, so wird dadurch nicht gesagt, daß sie isoliert *seien,* es ist nur die Frage: wie finden wir die Verbindung dieser Phänomene, dieser Begebenheiten?

Wir haben oben gesehen, daß diejenigen am ersten dem Irrtume unterworfen waren, welche ein isoliertes Faktum mit ihrer Denk- und Urteilskraft unmittelbar zu verbinden suchten. Dagegen werden wir finden, daß diejenigen am meisten geleistet haben, welche nicht ablassen, alle Seiten und Modifikationen einer einzigen Erfahrung, eines einzigen Versuches nach aller Möglichkeit durchzuforschen und durchzuarbeiten.

Da alles in der Natur, besonders aber die allgemeinern Kräfte und Elemente, in einer ewigen Wirkung und Gegenwirkung sind, so kann man von einem jeden Phänomene sagen, daß es mit unzähligen andern in Verbindung stehe, wie wir von einem freischwebenden leuchtenden Punkte sagen, daß er seine Strahlen nach allen Seiten aussende. Haben wir also einen solchen Versuch gefaßt, eine solche Erfahrung gemacht, so können wir nicht sorgfältig genug untersuchen, was *unmittelbar* an ihn grenzt, was *zunächst* auf ihn folgt. Dieses ist's, worauf wir mehr zu sehen haben als auf das, was sich auf ihn *bezieht.* Die *Vermannigfaltigung eines jeden einzelnen Versuches* ist also die eigentliche Pflicht eines Naturforschers. Er hat gerade die umgekehrte Pflicht eines Schriftstellers, der unterhalten will.

Dieser wird Langeweile erregen, wenn er nichts zu denken übrigläßt, jener muß rastlos arbeiten, als wenn er seinen Nachfolgern nichts zu tun übriglassen wollte, wenn ihn gleich die Disproportion unseres Verstandes zu der Natur der Dinge zeitig genug erinnert, daß kein Mensch Fähigkeiten genug habe, in irgendeiner Sache abzuschließen.

Ich habe in den zwei ersten Stücken meiner optischen Beiträge eine solche Reihe von Versuchen aufzustellen gesucht, die zunächst aneinander grenzen und sich unmittelbar berühren, ja, wenn man sie alle genau kennt und übersieht, gleichsam nur *einen* Versuch ausmachen, nur *eine* Erfahrung unter den mannigfaltigsten Ansichten darstellen.

Eine solche Erfahrung, die aus mehreren andern besteht, ist offenbar von einer *höhern Art.* Sie stellt die Formel vor, unter welcher unzählige einzelne Rechnungsexempel ausgedrückt werden. Auf solche Erfahrungen der höheren Art loszuarbeiten, halt ich für höchste Pflicht des Naturforschers, und dahin weist uns das Exempel der vorzüglichsten Männer, die in diesem Fache gearbeitet haben.

Diese Bedächtlichkeit, nur das Nächste aus Nächste zu reihen oder vielmehr das Nächste aus dem Nächsten zu folgern, haben wir von den Mathematikern zu lernen, und selbst da, wo wir uns keiner Rechnung bedienen, müssen wir immer so zu Werke gehen, als wenn wir dem strengsten Geometer Rechenschaft zu geben schuldig wären.

Denn eigentlich ist es die mathematische Methode, welche wegen ihrer Bedächtlichkeit und Reinheit gleich jeden Sprung in der Assertion offenbart, und ihre Beweise sind eigentlich nur umständliche Ausführungen, daß dasjenige, was in Verbindung vorgebracht wird, schon in seinen einfachen Teilen und in seiner ganzen Folge dagewesen, in seinem ganzen Umfange übersehen und unter allen Bedingungen richtig und unumstößlich erfunden worden. Und so sind ihre Demonstrationen immer mehr *Darlegungen, Rekapitulationen* als *Argumente.* Da ich diesen Unterschied hier mache, so sei es mir erlaubt, einen Rückblick zu tun.

Man sieht den großen Unterschied zwischen einer mathematischen Demonstration, welche die ersten Elemente durch so viele Verbindungen durchführt, und zwischen dem Beweis, den ein kluger Redner aus Argumenten führen könnte. Argumente können ganz isolierte Verhältnisse enthalten und dennoch durch

Witz und Einbildungskraft auf *einen* Punkt zusammengeführt und der Schein eines Rechts oder Unrechts, eines Wahren oder Falschen überraschend genug hervorgebracht werden. Ebenso kann man zugunsten einer Hypothese oder Theorie die einzelnen Versuche gleich Argumenten zusammenstellen und einen Beweis führen, der mehr oder weniger blendet.

Wem es dagegen zu tun ist, mit sich selbst und andern redlich zu Werke zu gehen, der wird auf das sorgfältigste die einzelnen Versuche durcharbeiten und so die Erfahrungen der höheren Art auszubilden suchen. Diese lassen sich durch kurze und faßliche Sätze aussprechen, nebeneinanderstellen, und wie sie nach und nach ausgebildet worden, können sie geordnet und in ein solches Verhältnis gebracht werden, daß sie so gut als mathematische Sätze entweder einzeln oder zusammengenommen unerschütterlich stehen.

Die *Elemente* dieser Erfahrungen der höheren Art, welches viele einzelne Versuche sind, können alsdann von jedem untersucht und geprüft werden, und es ist nicht schwer zu beurteilen, ob die vielen einzelnen Teile durch einen allgemeinen Satz ausgesprochen werden können; denn hier findet keine Willkür statt.

Bei der andern Methode aber, wo wir irgendetwas, das wir behaupten, durch *isolierte Versuche* gleichsam als durch *Argumente* beweisen wollen, wird das Urteil öfters nur *erschlichen,* wenn es nicht gar in Zweifel stehenbleibt. Hat man aber eine Reihe Erfahrungen der höheren Art zusammengebracht, so übe sich alsdann der Verstand, die Einbildungskraft, der Witz an denselben, wie sie nur mögen, es wird nicht schädlich, ja es wird nützlich sein. Jene erste Arbeit kann nicht sorgfältig, emsig, streng, ja pedantisch genug vorgenommen werden; denn sie wird für Welt und Nachwelt unternommen. Aber diese Materialien müssen in Reihen geordnet und niedergelegt sein, nicht auf eine hypothetische Weise zusammengestellt, nicht zu einer systematischen Form verwendet. Es steht alsdenn einem jeden frei, sie nach seiner Art zu verbinden und ein Ganzes daraus zu bilden, das der menschlichen Vorstellungsart überhaupt mehr oder weniger bequem und angenehm sei. Auf diese Weise wird unterschieden, was zu unterscheiden ist, und man kann die Sammlung von Erfahrungen viel schneller und reiner vermehren, als wenn man die späteren Versuche, wie Steine, die nach einem geendigten Bau herbeigeschafft werden, unbenutzt beiseite legen muß.

Die Meinung der vorzüglichsten Männer und ihr Beispiel läßt mich hoffen, daß ich auf dem rechten Wege sei, und ich wünsche, daß mit dieser Erklärung meine Freunde zufrieden sein mögen, die mich manchmal fragen, was denn eigentlich bei meinen optischen Bemühungen meine Absicht sei. Meine Absicht ist, alle Erfahrungen in diesem Fache zu sammeln, alle Versuche selbst anzustellen und sie durch ihre größte Mannigfaltigkeit durchzuführen, wodurch sie denn auch leicht nachzumachen und nicht aus dem Gesichtskreise so vieler Menschen hinausgerückt sind. Sodann die Sätze, in welchen sich die Erfahrungen von der höheren Gattung aussprechen lassen, aufzustellen und abzuwarten, inwiefern sich auch diese unter ein höheres Prinzip rangieren. Sollte indes die Einbildungskraft und der Witz ungeduldig manchmal vorauseilen, so gibt die Verfahrungsart selbst die Richtung des Punktes an, wohin sie wieder zurückzukehren haben.

[BEOBACHTEN UND ORDNEN]

Die Fehler der Beobachter entspringen aus den Eigenschaften des menschlichen Geistes.

Der Mensch kann und soll seine Eigenschaften weder ablegen noch verleugnen.

Aber er kann sie bilden und ihnen eine Richtung geben.

Der Mensch will immer tätig sein.

Ein Phänomen an und vor sich scheint ihm nicht wichtig genug.

Wenn es nicht eigentlich auf ihn wirkt, steht er zwar als Beobachter da, allein er behandelt es schnell als einen Minor.

Eilig sucht er sich einen Major dazu, um so geschwind als möglich eine Konklusion machen zu können.

Er findet dabei einen doppelten Vorteil.

Er ist tätig gewesen, und er hat ein Objekt sich zugeeignet, in sein Ganzes verschlungen oder die Anforderung eines schwachen Interesses beiseite geschafft.

Zum Beobachter gehört natürliche Anlage und zweckmäßige Bildung.

Der Beobachter muß mehr das Ordnen als das Verbinden und Knüpfen lieben.

Wer zur wahren Ordnung geneigt ist, wird, sobald etwas

Fremdes erscheint, das in seine Einrichtung nicht paßt, lieber die ganze Zusammenstellung verändern als das Eine auslassen oder wissentlich falsch stellen.

Wer zum Verknüpfen geneigt ist, wird seine Verbindung nicht gerne auflösen, er wird etwas Neues lieber ignorieren oder künstlich mit dem Alten verbinden.

Die Ordnung ist mehr objektiv.

Die Verknüpfung mehr subjektiv.

Wir lieben das Objekt nicht so sehr als unsere Meinung, wir bilden uns weniger darauf ein und lassen es lieber fahren.

Die erste von allen Eigenschaften ist die Aufmerksamkeit, wodurch das Phänomen sicher wird.

Verwandlung des Phänomens in einen Versuch.

Möglichkeit, dadurch viele Phänomene unter *eine* Rubrik zu bringen.

Ordnung dieser Rubriken.

Subjektives in dieser Ordnung.

Methode der Ordnung.

Besonders bei elementarischen Gegenständen.

Unterschied der Behandlung bestimmter und besonders organischer Körper.

Ordnung die beste, wodurch die Phänomene gleichsam ein großes Phänomen werden, dessen Teile sich aufeinander beziehn.

Terminologie.

Übrige theoretische Handhaben.

Hypothesen.

Gründlichkeit im Beobachten.

Versatilität in der Vorstellungsart.

VERSUCH EINER ALLGEMEINEN VERGLEICHUNGSLEHRE

Wenn eine Wissenschaft zu stocken und, ohnerachtet der Bemühung vieler tätiger Menschen, nicht vom Flecke zu rücken scheint, so läßt sich bemerken, daß die Schuld oft an einer gewissen Vorstellungsart, nach welcher die Gegenstände herkömmlich betrachtet werden, an einer einmal angenommenen Terminologie liege, welchen der große Haufe sich ohne weitere Bedingung unterwirft und nachfolgt und welchen denkende

Menschen selbst sich nur einzeln und nur in einzelnen Fällen schüchtern entziehen.

Von dieser allgemeinen Betrachtung gehe ich gleich zu dem Gegenstande über, welchen wir hier behandeln, um sogleich so deutlich als möglich zu sein und mich von meinem Zwecke nicht zu entfernen.

Die Vorstellungsart, daß ein lebendiges Wesen zu gewissen Zwecken nach außen hervorgebracht und seine Gestalt durch eine absichtliche Urkraft dazu determiniert werde, hat uns in der philosophischen Betrachtung der natürlichen Dinge schon mehrere Jahrhunderte aufgehalten und hält uns noch auf, obgleich einzelne Männer diese Vorstellungsart eifrig bestritten, die Hindernisse, welche sie in den Weg lege, gezeigt haben.

Es kann diese Vorstellungsart für sich fromm, für gewisse Gemüter angenehm, für gewisse Vorstellungsarten unentbehrlich sein, und ich finde es weder rätlich noch möglich, sie im ganzen zu bestreiten. Es ist, wenn man sich so ausdrücken darf, eine triviale Vorstellungsart, die eben deswegen wie alle triviale Dinge trivial ist, weil sie der menschlichen Natur im ganzen bequem und zureichend ist.

Der Mensch ist gewohnt, die Dinge nur in der Maße zu schätzen, als sie ihm nützlich sind, und da er seiner Natur und seiner Lage nach sich für das letzte der Schöpfung halten muß, warum sollte er auch nicht denken, daß er ihr letzter Endzweck sei? Warum soll sich seine Eitelkeit nicht den kleinen Trugschluß erlauben? Weil er die Sachen braucht und brauchen kann, so folget daraus, sie sein hervorgebracht, daß er sie brauche. Warum soll er nicht die Widersprüche, die er findet, lieber auf eine abenteuerliche Weise heben, als von denen Forderungen, in denen er sich einmal befindet, nachlassen? Warum sollte er ein Kraut, das er nicht nutzen kann, nicht Unkraut nennen? da es wirklich nicht an dieser Stelle für ihn existieren sollte. Eher wird er die Entstehung der Distel, die ihm die Arbeit auf seinem Akker sauer macht, dem Fluch eines erzürnten guten Wesens, der Tücke eines schadenfrohen bösen Wesens zuschreiben, als ebendiese Distel für ein Kind der großen allgemeinen Natur zu halten, das ihr ebenso nahe am Herzen liegt als der sorgfältig gebauete und so sehr geschätzte Weizen. Ja es läßt sich bemerken, daß die billigsten Menschen, die sich am meisten zu erheben glauben, wenigstens nur bis dahin gelangen, als wenn doch alles wenigstens mittelbar auf den Menschen rückfließen müsse, wenn nicht noch etwa eine Kraft dieses oder jenes Naturwesens entdeckt würde, wodurch es ihm als Arzenei oder auf irgendeine Weise nützlich würde.

Da er nun ferner an sich und an andern mit Recht diejenigen Handlungen und Wirkungen am meisten schätzt, welche absichtlich und zweckmäßig sind, so folgt daraus, daß er der Natur, von der er ohnmöglich einen größern Begriff als von sich selbst haben kann, auch Absichten und Zwecke zuschreibe.

Glaubt er ferner, daß alles, was existiert, um seinetwillen existiere, alles nur als Werkzeug, als Hülfsmittel seines Daseins existiere, so folgt wie natürlich daraus, daß die Natur auch ebenso absichtlich und zweckmäßig verfahren habe, ihm Werkzeuge zu verschaffen, wie er sie sich selbst verschafft.

So wird der Jäger, der sich eine Büchse bestellt, um das Wild zu erlegen, die mütterliche Vorsorge der Natur nicht genug preisen, daß sie von Anfang her den Hund dazu gebildet, daß er das Wild durch ihn einholen könne. Es kommen noch mehr Ursachen dazu, warum es überhaupt den Menschen unmöglich ist, diese Vorstellungsart fahrenzulassen.

Wie sehr aber ein Naturforscher, derjenige, der über die allgemeinen Dinge weiterdenken will, Ursache habe, sich von dieser Vorstellungsart zu entfernen, können wir an dem bloßen Beispiel der Botanik sehen. Der Botanik als Wissenschaft sind die buntesten und gefülltesten Blumen, die eßbarsten und schönsten Früchte nicht mehr, ja im gewissen Sinne nicht einmal soviel wert als ein verachtetes Unkraut im natürlichen Zustande, als eine trockne unbrauchbare Samenkapsel.

Ein Naturforscher also wird sich nun einmal schon über diesen trivialen Begriff erheben müssen, ja wenn er auch als Mensch jene Vorstellungsart nicht loswerden könnte, wenigstens insofern er ein Naturforscher ist, sie soviel als möglich von sich entfernen.

Diese Betrachtung, welche den Naturforscher im allgemeinen angeht, trifft uns auch hier nur im allgemeinen, eine andere aber, die jedoch unmittelbar aus der vorigen fließt, geht uns schon näher an. Der Mensch, indem er alle Dinge auf sich bezieht, wird dadurch genötigt, allen Dingen eine innere Bestimmung nach außen zu geben, und es wird ihm dieses um so bequemer, da ein jedes Ding, das leben soll, ohne eine vollkommene Organisation gar nicht gedacht werden kann: indem nun diese vollkommene Organisation nach innen zu höchst rein bestimmt und bedingt ist, so muß sie auch nach außen ebenso reine Verhältnisse finden, da sie auch von außen nur unter gewissen Bedingungen und in gewissen Verhältnissen existieren kann. So sehen wir auf der Erde, in dem Wasser, in der Luft die mannigfaltigsten Gestalten der Tiere sich bewegen, und nach dem gemeinsten Begriffe sind diesen Geschöpfen die Organe angeschaffen, damit sie die verschiedenen Bewegungen hervorbringen und die verschiedenen Existenzen erhalten können. Wird uns aber nicht schon die Urkraft der Natur, die Weisheit eines denkenden Wesens, welches wir derselben unterzulegen pflegen, respektabler, wenn wir selbst ihre Kraft bedingt annehmen und einsehen lernen, daß sie ebensogut von außen als nach außen, von innen als nach innen bildet. Der Fisch ist für das Wasser da, scheint mir viel weniger zu sagen als: der Fisch ist in dem Wasser und durch das Wasser da; denn dieses letzte drückt viel deutlicher aus, was in dem erstem nur dunkel verborgen liegt, nämlich: die Existenz eines Geschöpfes, das wir Fisch nennen, sei nur unter der Bedingung eines Elementes, das wir Wasser nennen, möglich, nicht allein um darin zu sein, sondern auch um darin zu werden. Ebendieses gilt von allen übrigen Geschöpfen. Dieses wäre also die erste und allgemeinste Betrachtung von innen nach außen und von außen nach innen, die entschiedene Gestalt ist gleichsam der innere Kern, welcher durch die Determination des äußeren Elementes sich verschieden bildet. Eben dadurch erhält ein Tier seine Zweckmäßigkeit nach außen, weil es von außen so gut als von innen gebildet worden. Und was noch mehr aber natürlich ist, weil das äußere Element die äußere Gestalt eher nach sich als die innere umbilden kann. Wir können dieses am besten bei den Robbenarten sehn, deren Äußeres soviel von der Fischgestalt annimmt, wenn ihr Skelett uns noch das vollkommene vierfüßige Tier darstellt.

Wir treten also weder der Urkraft der Natur noch der Weisheit und Macht eines Schöpfers zu nahe, wenn wir annehmen, daß diese mittelbar zu Werke gehe, jener mittelbar im Anfang der Dinge zu Werke gegangen sei. Ist es nicht dieser großen Kraft anständig, daß sie das Einfache einfach, das Zusammengesetzte zusammengesetzt hervorbringe? Treten wir ihrer Macht zu nahe, wenn wir behaupten, sie habe ohne Wasser keine Fische, ohne Luft keine Vögel, ohne Erde keine übrigen Tiere hervorbringen können, sowenig als sich die Geschöpfe ohne die Bedingung dieser Elemente existierend denken lassen. Gibt es nicht einen schönern Blick in den geheimnisreichern Bau der Bildung? welche, wie nun immer mehr allgemein anerkannt wird, nach einem einzigen Muster gebaut ist, wenn wir, nachdem wir das einzige Muster immer genauer erforscht und erkannt haben, nunmehr fragen und untersuchen, was wirkt ein allgemeines Element unter seinen verschiedenen Bestimmungen auf ebendiese allgemeine Gestalt? Was wirkt die determinierte und determinierende Gestalt diesen Elementen entgegen? Was entsteht durch diese Wirkung für eine Gestalt der festen, der weicheren, der innersten und der äußersten Teile? Was, wie gesagt, die Elemente in allen ihren Modifikationen durch Höhe und Tiefe durch Weltgegenden und Zonen hervorbringen.

Wie vieles ist hier schon vorgearbeitet, wie vieles braucht nur ergriffen und angewandt zu werden, ganz allein auf diesen Wegen.

Und wie würdig ist es der Natur, daß sie sich immer derselben Mittel bedienen muß, um ein Geschöpf hervorzubringen und zu ernähren; so wird man auf ebendiesen Wegen fortschreiten, und wie man nur erst die unorganisierten, undeterminierten Elemente als Vehikel der unorganisierten Wesen angesehen, so wird man sich nunmehr in der Betrachtung erheben und wird die organisierte Welt wieder als einen Zusammenhang von vielen Elementen ansehen. Das ganze Pflanzenreich z. E. wird uns wieder als ein ungeheures Meer erscheinen, welches ebensogut zur bedingten Existenz der Insekten nötig ist als das Weltmeer und die Flüsse zur bedingten Existenz der Fische, und wir werden sehen, daß eine ungeheure Anzahl lebender Geschöpfe in diesem Pflanzenozean geboren und ernährt werde, ja wir werden zuletzt die ganze tierische Welt wieder nur als ein großes Element ansehen, wo ein Geschlecht auf dem andern und durch das andere wo nicht entsteht, doch sich erhält. Wir werden uns gewöhnen, Verhältnisse und Beziehungen nicht als Bestimmungen und Zwecke anzusehen, und dadurch ganz allein in der Kenntnis, wie sich die bildende Natur von allen Seiten und nach allen Seiten äußert, weiterkommen. Und man wird sich durch die Erfahrung überzeugen, wie es bisher der Fortschritt der Wissenschaft bewiesen hat, daß der reellste und ausgebreitetste Nutzen für die Menschen nur das Resultat großer und uneigennütziger Bemühungen sei, welche weder taglöhnermäßig ihren Lohn am Ende der Woche fordern dürfen, aber auch dagegen ein nützliches Resultat für die Menschheit weder am Ende eines Jahres noch Jahrzehents noch Jahrhunderts vorzulegen brauchen.

INWIEFERN DIE IDEE, SCHÖNHEIT SEI VOLLKOMMENHEIT MIT FREIHEIT, AUF ORGANISCHE NATUREN ANGEWENDET WERDEN KÖNNE

Ein organisches Wesen ist so vielseitig an seinem Äußern, in seinem Innern so mannigfaltig und unerschöpflich, daß man nicht genug Standpunkte wählen kann, es zu beschauen, nicht genug Organe an sich selbst ausbilden kann, um es zu zergliedern, ohne es zu töten. Ich versuche die Idee, Schönheit sei Vollkommenheit mit Freiheit, auf organische Naturen anzuwenden.

Die Glieder aller Geschöpfe sind so gebildet, daß sie ihres Daseins genießen, dasselbe erhalten und fortpflanzen können, und in diesem Sinn ist alles Lebendige vollkommen zu nennen. Diesmal wende ich mich sogleich zu den sogenannten vollkommnern Tieren.

Wenn die Gliedmaßen des Tiers dergestalt gebildet sind, daß dieses Geschöpf nur auf eine sehr beschränkte Weise sein Dasein äußern kann, so werden wir dieses Tier häßlich finden: denn durch die Beschränktheit der organischen Natur auf *einen* Zweck wird das Übergewicht eines und des andern Glieds bewirkt, so daß dadurch der willkürliche Gebrauch der übrigen Glieder gehindert werden muß.

Indem ich dieses Tier betrachte, wird meine Aufmerksamkeit auf jene Teile gerichtet, die ein Übergewicht über die übrigen haben, und das Geschöpf kann, da es keine Harmonie hat, mir keinen harmonischen Eindruck geben. So wäre der Maulwurf vollkommen, aber häßlich, weil seine Gestalt ihm nur wenige und beschränkte Handlungen erlaubt und das Übergewicht gewisser Teile ihn ganz unförmlich macht.

Damit also ein Tier nur die notwendigen beschränkten Bedürfnisse ungehindert befriedigen könne, muß es schon vollkommen organisiert sein; allein wenn ihm neben der Befriedigung des Bedürfnisses noch soviel Kraft und Fähigkeit bleibt, willkürliche, gewissermaßen zwecklose Handlungen zu unternehmen, so wird es uns auch äußerlich den Begriff von Schönheit geben.

Wenn ich also sage, dies Tier ist schön, so würde ich mich vergebens bemühen, diese Behauptung durch irgendeine Proportion von Zahl oder Maß beweisen zu wollen. Ich sage vielmehr nur soviel damit: an diesem Tiere stehen die Glieder alle in einem solchen Verhältnis, daß keins das andere an seiner Wirkung hindert, ja daß vielmehr durch ein vollkommenes Gleichgewicht derselbigen Notwendigkeit und Bedürfnis versteckt, vor meinen Augen gänzlich verborgen worden, so daß das Tier nur nach freier Willkür zu handeln und zu wirken scheint. Man erinnere sich eines Pferdes, das man in Freiheit seiner Glieder gebrauchen sehen.

Rücken wir nun zu dem Menschen herauf, so finden wir ihn zuletzt von den Fesseln der Tierheit beinahe entbunden, seine Glieder in einer zarten Sub- und Koordination und mehr als die Glieder irgendeines andern Tieres dem Wollen unterworfen und nicht allein zu allen Arten von Verrichtungen, sondern auch zum geistigen Ausdruck geschickt. Ich tue hier nur einen Blick auf die Gebärdensprache, die bei wohlerzogenen Menschen unterdrückt wird und die nach meiner Meinung den Menschen so gut als die Wortsprache über das Tier erhebt.

Um sich auf diesem Wege den Begriff eines schönen Menschen auszubilden, müssen unzählige Verhältnisse in Betrachtung genommen werden, und es ist freilich ein großer Weg zu machen, bis der hohe Begriff von Freiheit der menschlichen Vollkommenheit, auch im Sinnlichen, die Krone aufsetzen kann.

Ich muß noch eins hierbei bemerken. Wir nennen ein Tier schön, wenn es uns den Begriff gibt, daß es seine Glieder nach Willkür brauchen *könne;* sobald es sie wirklich nach Willkür gebraucht, wird die Idee des Schönen sogleich durch die Empfindung des Artigen, Angenehmen, Leichten, Prächtigen pp. verschlungen. Man sieht also, daß bei der Schönheit *Ruhe* mit *Kraft, Untätigkeit* mit *Vermögen* eigentlich in Anschlag komme.

Ist bei einem Körper oder bei einem Gliede desselben der Gedanke von Kraftäußerung zu nahe mit dem Dasein verknüpft, so scheint der Genius des Schönen uns sogleich zu entfliehen, daher bildeten die Alten selbst ihre Löwen in dem höchsten Grade von Ruhe und Gleichgültigkeit, um unser Gefühl, mit dem wir Schönheit umfassen, auch hier anzulocken.

Ich möchte also wohl sagen: Schön nennen wir ein vollkommen organisiertes Wesen, wenn wir uns bei seinem Anblikke denken können, *daß ihm ein mannigfaltiger freier Gebrauch aller seiner Glieder möglich sei, sobald es wolle,* das höchste

Gefühl der Schönheit ist daher mit dem Gefühl von Zutraun und Hoffnung verknüpft.

Mich sollte dünken, daß ein Versuch über die tierische und menschliche Gestalt auf diesem Wege schöne Ansichten gewähren und interessante Verhältnisse darstellen müsse.

Besonders würde, wie schon oben gedacht, der Begriff von Proportion, den wir immer nur durch Zahl und Maß auszudrükken glauben, dadurch in geistigem Formeln aufgestellt werden, und es ist zu hoffen, daß diese geistigen Formeln zuletzt mit dem Verfahren der größten Künstler zusammentreffen, deren Werke uns übriggeblieben sind, und zugleich die schönen Naturprodukte umschließen werden, die sich von Zeit zu Zeit lebendig bei uns sehen lassen.

Höchst interessant wird alsdann die Betrachtung sein, wie man Charaktere hervorbringen könne, ohne aus dem Kreise der Schönheit zu gehen, wie man Beschränkung und Determination aufs besondere, ohne der Freiheit zu schaden, könne erscheinen lassen.

Eine solche Behandlung müßte, um sich von andern zu unterscheiden und als Vorarbeit für künftige Freunde der Natur und Kunst einen wahren Nutzen zu haben, einen anatomischen, physiologischen Grund haben; allein zur Darstellung eines so mannigfaltigen und so wunderbaren Ganzen hält es sehr schwer, sich die Möglichkeit der Form eines angemessenen Vortrags zu denken.

VORTRÄGE ÜBER DIE DREI ERSTEN KAPITEL DES ENTWURFS EINER ALLGEMEINEN EINLEITUNG IN DIE VERGLEICHENDE ANATOMIE, AUSGEHEND VON DER OSTEOLOGIE

I

Von den Vorteilen der vergleichenden Anatomie und von den Hindernissen, die ihr entgegenstehen

Durch ein genaues Betrachten der Äußerlichkeiten organischer Wesen hat die Naturgeschichte an Ausbreitung und Anordnung nach und nach grenzenlos gewonnen, und es ist nun jedem anheimgegeben, durch Aufmerksamkeit und Anstrengen sich Überblick des Ganzen oder Einsicht in das Besondere zu verschaffen.

Dieser glückliche Erfolg wäre aber nicht möglich gewesen, wenn die Naturforscher sich nicht bemüht hätten, die äußeren Kennzeichen reihenweis aufzustellen, welche den organischen Körpern, nach ihren verschiedenen Klassen und Ordnungen, Gattungen und Arten, irgend zukommen mögen.

So hat Linné die botanische Terminologie musterhaft ausgearbeitet und geordnet dargestellt, daß sie, durch nachfolgende Entdeckungen und Bemühungen, immer vollständiger werden konnte. So haben uns beide Forster die Kennzeichen der Vögel, Fische und Insekten vorgezeichnet und dadurch die Möglichkeit genauer und übereinstimmender Beschreibungen erleichtert.

Man wird aber nicht lange mit Bestimmung der äußern Verhältnisse und Kennzeichen sich beschäftigen, ohne das Bedürfnis zu fühlen, durch Zergliederung mit den organischen Körpern gründlicher bekannt zu werden. Denn wie es zwar löblich ist, die Mineralien, auf den ersten Blick, nach ihren äußern Kennzeichen zu beurteilen und zu ordnen, so muß doch die Chemie zu einer tiefern Kenntnis das Beste beitragen.

Beide Wissenschaften aber, die Zergliederung sowohl als die Chemie, haben für diejenigen, die nicht damit vertraut sind, eher ein widerliches als anlockendes Ansehn. Bei dieser denkt man sich nur Feuer und Kohlen, gewaltsame Trennung und Mischung der Körper, bei jener nur Messer, Zerstückelung, Fäulnis und einen ekelhaften Anblick auf ewig getrennter organischer Teile. Doch so verkennt man beide wissenschaftliche Beschäftigungen. Beide üben den Geist auf mancherlei Art, und wenn die eine, nachdem sie getrennt hat, wirklich wieder verbinden, ja durch diese Verbindung eine Art von neuem Leben wieder hervorbringen kann, wie zum Beispiel bei der Gärung geschieht, so kann die andere zwar nur trennen, sie gibt aber dem menschlichen Geiste Gelegenheit, das Tote mit dem Lebenden, das Abgesonderte mit dem Zusammenhängenden, das Zerstörte mit dem Werdenden zu vergleichen, und eröffnet uns die Tiefen der Natur mehr als jede andere Bemühung und Betrachtung.

Wie nötig es war, den menschlichen Körper zu zergliedern, um ihn näher kennenzulernen, sahen die Ärzte nach und nach wohl ein, und immer ging das Zergliedern der Tiere neben dem Zergliedern des Menschen, obschon mit ungleichem Schritte, fort. Teils wurden einzelne Bemerkungen aufgezeichnet, man verglich gewisse Teile verschiedener Tiere; allein ein übereinstimmendes Ganze zu sehen blieb nur immer ein frommer Wunsch[4] und wird es vielleicht noch lange bleiben.

Sollten wir aber nicht bewogen werden, diesen Wünschen, diesen Hoffnungen der Naturforscher entgegenzugehen, da wir selbst, wenn wir das Ganze nicht aus den Augen verlieren, auf jedem Schritte soviel Befriedigung und selbst Vorteil für die Wissenschaft zu erwarten haben?

Wem ist unbekannt, welche Entdeckungen im Körperbau des Menschen wir der Zootomie schuldig sind? So wären die Milch- und lymphatischen Gefäße sowie der Umlauf des Bluts vielleicht noch lange unbekannt geblieben, wenn ihr Entdecker sie nicht zuerst an Tieren bemerkt hätte. Und wie vieles von Wichtigkeit wird sich nicht auf diesem Wege künftigen Beobachtern offenbaren.

Denn das Tier zeigt sich als Flügelmann, indem die Einfachheit und Einschränkung seines Baues den Charakter deutlicher ausspricht, die einzelnen Teile größer und charakteristisch in die Augen fallender sind.

Die menschliche Bildung aus sich selbst kennenzulernen ist anderseits fast unmöglich, weil die Teile derselben in einem eigenen Verhältnisse stehen, weil manches ineinander gedrängt und verborgen ist, was bei den Tieren sehr deutlich am Tage liegt, weil dieses und jenes Organ, bei den Tieren sehr einfach, bei den Menschen in einer unendlichen Komplikation oder Subdivision gefunden wird, so daß niemand zu sagen vermöchte, ob jemals einzelnen Entdeckungen und Bemerkungen ein Abschluß werden könne.

Allein noch wäre zu wünschen, daß, zu einem schnellern Fortschritte der Physiologie im ganzen, die Wechselwirkung aller Teile eines lebendigen Körpers sich niemals aus den Augen verlöre: denn bloß allein durch den Begriff, daß in einem organischen Körper alle Teile auf *einen* Teil hinwirken und jeder auf alle wieder seinen Einfluß ausübe, können wir nach und nach die Lücken der Physiologie auszufüllen hoffen.

Die Kenntnis der organischen Naturen überhaupt, die Kenntnis der vollkommneren, welche wir, im eigentlichen Sinn, Tiere und besonders Säugetiere nennen, der Einblick, wie die

---

[4] Welsch, „Somnium Vindiciani sive desiderata medicinae“, Aug. Vind. 1676, 4.

allgemeinen Gesetze bei verschieden beschränkten Naturen wirksam sind, die Einsicht zuletzt, wie der Mensch dergestalt gebaut sei, daß er so viele Eigenschaften und Naturen in sich vereinige und dadurch auch schon physisch als eine kleine Welt, als ein Repräsentant der übrigen Tiergattungen existiere, alles dieses kann nur dann am deutlichsten und schönsten eingesehen werden, wenn wir nicht, wie bisher leider nur zu oft geschehen, unsere Betrachtungen von oben herab anstellen und den Menschen im Tiere suchen, sondern wenn wir von unten herauf anfangen und das einfachere Tier im zusammengesetzten Menschen endlich wieder entdecken.

Es ist hierin schon unglaublich viel getan; allein es liegt so zerstreut, so manche falsche Bemerkungen und Folgerungen verdüstern die wahren und echten; täglich kommt zu diesem Chaos wieder neues Wahre und Falsche hinzu, so daß weder des Menschen Kräfte noch sein Leben hinreichen, alles zu sondern und zu ordnen, wenn wir nicht den Weg, den uns die Naturhistoriker äußerlich vorgezeichnet, auch bei der Zergliederung verfolgen und es möglich machen, das Einzelne in übersehbarer Ordnung zu erkennen, um das Ganze nach Gesetzen, die unserm Geiste gemäß sind, zusammenzubilden.

Was wir zu tun haben, wird uns erleichtert, wenn wir die Hindernisse betrachten, welche der vergleichenden Anatomie bisher im Wege gestanden.

Da schon beim Bestimmen äußerer Merkmale organischer Wesen der Naturfreund in einem unendlichen Felde zu tun hat und mit so vielen Schwierigkeiten streitet, da schon die äußere Kenntnis der vollkommneren Tiere, die über den Erdboden verbreitet sind, so viele mühsame Betrachtung erfordert und ein immer zudringendes Neue uns zerstreut und ängstigt, so konnte der Trieb, auf innere Kenntnis der Geschöpfe gleichfalls zu dringen, nicht eher allgemein werden, als bis eine äußerliche Zusammenstellung weit genug gediehen war. Inzwischen häuften sich einzelne Beobachtungen, indem man teils absichtlich untersuchte, teils die Erscheinungen, wie sie sich zufällig aufdrangen, festzuhalten wußte; da dies aber ohne Zusammenhang, ohne allgemeine Übersicht geschah, so mußte mancher Irrtum sich einschleichen.

Noch mehr verwirrten sich aber die Beobachtungen, da sie oft einseitig aufgenommen und die Terminologie ohne Rücksicht auf gleich oder ähnlich gebaute Geschöpfe festgesetzt wurde. So ist durch die Stallmeister, Jäger und Fleischer eine Diskrepanz in Benennung der äußern und innern Teile der Tiere gekommen, die uns noch bis in die besser ordnende Wissenschaft verfolgt.

Wie sehr es an einem Vereinigungspunkte gefehlt, um welchen man die große Menge Beobachtungen hätte versammeln können, wird zunächst deutlicher werden.

Auch wird der Philosoph gar bald entdecken, daß sich die Beobachter selten zu einem Standpunkte erhoben, aus welchem sie so viele bedeutend bezügliche Gegenstände hätten übersehen können.

Man wendete auch hier, wie in andern Wissenschaften, nicht genug geläuterte Vorstellungsarten an. Nahm die *eine* Partei die Gegenstände ganz gemein und hielt sich ohne Nachdenken an den bloßen Augenschein, so eilte die *andere,* sich durch Annahme von Endursachen aus der Verlegenheit zu helfen; und wenn man auf jene Weise niemals zum Begriff eines lebendigen Wesens gelangen konnte, so entfernte man sich auf diesem Wege von ebendem Begriffe, dem man sich zu nähern glaubte.

Ebensoviel und auf gleiche Weise hinderte die fromme Vorstellungsart, da man die Erscheinungen der organischen Welt zur Ehre Gottes unmittelbar deuten und anwenden wollte. Ferner verlor man sich, anstatt bei der durch unsere Sinne verbürgten Erfahrung zu bleiben, in leere Spekulationen, wie z. B. über die Seele der Tiere und was dem ähnlich sein mag.

Wenn man nun bei der Kürze des Lebens bedenkt, daß die menschliche Anatomie eine unendliche Arbeit erheischt, daß das Gedächtnis kaum hinreicht, das Bekannte zu fassen und zu behalten, daß überdies noch Anstrengung genug gefordert wird, um das in diesem Kreise einzeln neu Entdeckte zu kennen, auch wohl persönlich durch glückliche Aufmerksamkeit neue Entdekkungen zu machen: so sieht man deutlich, daß auch schon hierzu einzelne Menschen ihr ganzes Leben widmen müssen.

II

Über einen aufzustellenden Typus zu Erleichterung der vergleichenden Anatomie

Die Ähnlichkeit der Tiere, besonders der vollkommenen untereinander, ist in die Augen fallend und im allgemeinen auch stillschweigend von jedermann anerkannt. Daher ließen sich, dem bloßen Augenschein nach, die vierfüßigen Tiere leicht in eine Klasse begreifen.

Bei der Ähnlichkeit des Affen und Menschen, bei dem Gebrauch, den einige geschickte Tiere von ihren Gliedern aus natürlichem Antrieb machen oder, nach vorgängiger künstlicher Übung, machen lernen, konnte man auf die Ähnlichkeit des vollkommensten Geschöpfes mit unvollkommeneren Brüdern gar leicht geführt werden, und es fanden von jeher bei Naturforschern und Zergliederern solche Vergleichungen statt. Die Möglichkeit der Verwandlung des Menschen in Vögel und Gewild, welche sich der dichterischen Einbildungskraft gezeigt hatte, wurde durch geistreiche Naturforscher nach endlicher Betrachtung der einzelnen Teile auch dem Verstande dargestellt. So trat nun Camper lebhaft hervor, die Übereinstimmung der Gestalt noch weiter hinaus und bis ins Reich der Fische zu verfolgen.

Dies also hätten wir gewonnen, ungescheuet behaupten zu dürfen: daß alle vollkommnern organischen Naturen, worunter wir Fische, Amphibien, Vögel, Säugetiere und, an der Spitze der letzten, den Menschen sehen, alle nach *einem* Urbilde geformt seien, das nur in seinen sehr beständigen Teilen mehr oder weniger hin und her weicht und sich noch täglich durch Fortpflanzung aus- und umbildet.

Eingenommen von der aufgefaßten Idee, wagte Camper, auf der schwarzen Lehrtafel durch Kreidestriche den Hund in ein Pferd, das Pferd in einen Menschen, die Kuh in einen Vogel zu verwandeln. Er drang darauf, daß man im Hirn des Fisches das Gehirn des Menschen erblicken solle, und erreichte durch diese geistreichen, sprungweise gewagten Vergleichungen die Absicht, den innern Sinn des Beobachters aufzuschließen, der nur allzuoft von Äußerlichkeiten gefangengehalten wird. Nun betrachtete man das Glied eines organischen Körpers nicht nur an und für sich, sondern gewöhnte sich, in demselben das Bild eines ähnlichen Gliedes einer verwandten organischen Natur wo nicht zu sehen, doch zu ahnen, und begann der Hoffnung zu leben, daß ältere sowohl als neuere Beobachtungen dieser Art gesammelt, durch neuermunterten Fleiß ergänzt und zu einem Ganzen aufgestellt werden könnten.

Allein wenn man auch, im allgemeinen übereinstimmend, nach *einem* Zweck zu arbeiten schien, so war doch manche Verwirrung im einzelnen unvermeidlich: denn so ähnlich im ganzen die Tiere einander auch sein mögen, so sind doch gewisse einzelne Teile bei verschiedenen Geschöpfen an Gestalt äußerst verschieden, und es mußte daher begegnen, daß öfters ein Teil für den andern gehalten, an einer unrechten Stelle gesucht oder geleugnet wurde. Die speziellere Ausführung wird mehrere Beispiele darlegen und die Verwirrung zeigen, die uns in früheren Zeiten umfing und noch umfängt.

An dieser Verwirrung scheint besonders die Methode schuld zu sein, welcher man sich gewöhnlich bediente, weil Erfahrung und Gewohnheit nichts weiter an die Hand gab. Man verglich z. B. einzelne Tiere untereinander, wobei für das Ganze wenig oder nichts gewonnen war. Denn gesetzt auch, man hätte den Wolf mit dem Löwen recht gut verglichen, so wären beide deshalb noch nicht mit dem Elefanten in Parallele gebracht. Und wem fällt nicht auf, daß man, nach dieser Weise, alle Tiere mit jedem, jedes Tier mit allen hätte vergleichen müssen. Eine Arbeit, die unendlich, unmöglich und, würde sie durch ein Wunder geleistet, unübersehbar und fruchtlos wäre.

(Hier sind Beispiele aus Buffon anzuführen und das Unternehmen Josephis zu beurteilen.)

Sollte es denn aber unmöglich sein, da wir einmal anerkennen, daß die schaffende Gewalt nach einem allgemeinen Schema die vollkommneren organischen Naturen erzeugt und entwickelt, dieses Urbild wo nicht den Sinnen, doch dem Geiste darzustellen, nach ihm als nach einer Norm unsere Beschreibungen auszuarbeiten und, indem solche von der Gestalt der verschiedenen Tiere abgezogen wäre, die verschiedensten Gestalten wieder auf sie zurückzuführen?

Hat man aber die Idee von diesem Typus gefaßt, so wird man erst recht einsehen, wie unmöglich es sei, eine einzelne Gattung als Kanon aufzustellen. Das Einzelne kann kein Muster vom Ganzen sein, und so dürfen wir das Muster für alle nicht im Einzelnen suchen. Die Klassen, Gattungen, Arten und Individuen verhalten sich wie die Fälle zum Gesetz; sie sind darin enthalten, aber sie enthalten und geben es nicht.

Am wenigsten ist der Mensch, bei seiner hohen organischen Vollkommenheit, ebendieser Vollkommenheit wegen als Maßstab der übrigen unvollkommneren Tiere aufzustellen. Man darf die sämtlichen Geschöpfe weder nach der Art noch in der Ordnung, noch in den Rücksichten untersuchen und beschreiben, wie man den Menschen, sobald man bloß auf ihn Rücksicht nimmt, betrachten und behandeln muß.

Alle Anmerkungen der vergleichenden Anatomie, welche bei Gelegenheit der menschlichen beigebracht werden, mögen, einzeln genommen, nützlich und dankenswert sein, im ganzen aber bleiben sie unvollständig und, genau betrachtet, eher zweckwidrig und verwirrend.

Wie nun aber ein solcher Typus aufzufinden, zeigt uns der Begriff desselben schon selbst an: die Erfahrung muß uns die Teile lehren, die allen Tieren gemein und worin diese Teile bei verschiedenen Tieren verschieden sind; alsdann tritt die Abstraktion ein, sie zu ordnen und ein allgemeines Bild aufzustellen.

Daß wir hierbei nicht bloß hypothetisch verfahren, sind wir durch die Natur des Geschäfts versichert. Denn indem wir uns nach Gesetzen umsehen, wonach lebendige, aus sich selbst wirkende, abgesonderte Wesen gebildet werden, so verlieren wir uns nicht ins Weite, sondern belehren uns im Innern. Daß die Natur, wenn sie ein solches Geschöpf hervorbringen will, ihre größte Mannigfaltigkeit in die absoluteste Einheit zusammenschließen müsse, ergibt sich aus dem Begriff eines lebendigen, entschiedenen, von allen andern abgesonderten und mit einer gewissen Spontaneität wirkenden Wesens. Wir halten uns also schon der Einheit, Mannigfaltigkeit, Zweck- und Gesetzmäßigkeit unsers Objekts versichert; sind wir nun bedächtig und kräftig genug, mit einer einfachen, aber weitumfassenden, mit einer gesetzmäßig-freien, lebhaften, aber regulierten Vorstellungsart unserm Gegenstande zu nahen, ihn zu betrachten und zu behandeln, sind wir imstande, mit dem Komplex von Geisteskräften, den man Genie zu nennen pflegt, der aber oft sehr zweideutige Wirkungen hervorbringt, dem gewissen und unzweideutigen Genie der hervorbringenden Natur entgegenzudringen, könnten mehrere in *einem* Sinne auf den ungeheuren Gegenstand loswirken: so müßte denn doch etwas entstehen, dessen wir uns als Menschen zu erfreuen hätten.

Ob wir nun aber schon unsere Bemühung bloß für anatomisch erklären, so müßte sie doch, wenn sie fruchtbar, ja wenn sie in unserm Falle überhaupt auch nur möglich sein sollte, stets in physiologischer Rücksicht unternommen werden. Man hat also nicht bloß auf das Nebeneinandersein der Teile zu sehen, sondern auf ihren lebendigen, wechselseitigen Einfluß, auf ihre

Abhängigkeit und Wirkung.

Denn wie die Teile, wenn sie im gesunden und lebendigen Zustand sich alle in einer wechselseitigen, unaufhörlichen Wirkung umfassen und die Erhaltung der schon gebildeten Teile nur durch gebildete Teile möglich ist, so muß die Bildung selbst, wie in ihrer Grundbestimmung, so auch in ihren Abweichungen, durch einen wechselseitigen Einfluß hervorgebracht und determiniert werden, worüber uns aber nur eine sorgfältige Ausführung Aufschluß und Deutlichkeit geben kann.

Bei unserer Vorarbeit zur Konstruktion des Typus werden wir vor allen Dingen die verschiedenen Vergleichungsarten, deren man sich bedient, kennenlernen, prüfen und anwenden; so wie wir auch die angestellten Vergleichungen selbst, jedoch mit großer Vorsicht, wegen der darin oft vorkommenden Irrtümer, mehr nach aufgebautem Typus als zu Aufbauung desselben benutzen können.

Der Vergleichungsarten aber, deren man sich mit mehr und minderm Glücke bedient, finden sich folgende:

Vergleichung der Tiere untereinander, und zwar entweder einzeln oder teilweis.

(Anführung verschiedener Schriftsteller und Beurteilung derselben. Buffon, Daubenton, Duverney, Unzer, Camper, Sömmerring, Blumenbach, Schneider.)

Ebenso wurden auch Tiere zum Menschen, zwar nie im ganzen und absichtlich, doch teilweise und zufällig verglichen. (Hierbei abermals Autoren und Bemerkungen.)

Ferner ist man in Vergleichung der Menschenrassen untereinander fleißig und aufmerksam gewesen, und man hat dadurch über die Naturgeschichte des Menschen ein heiteres Licht verbreitet.

Die Vergleichung der beiden Geschlechter miteinander ist, zu tieferer Einsicht in das Geheimnis der Fortpflanzung, als des wichtigsten Ereignisses, der Physiologie unentbehrlich. Beider Objekte natürlicher Parallelismus erleichtert sehr das Geschäft, bei welchem unser höchster Begriff: die Natur könne identische Organe dergestalt modifizieren und verändern, daß dieselben nicht nur in Gestalt und Bestimmung völlig andere zu sein scheinen, sondern sogar, in gewissem Sinne, einen Gegensatz darstellen, bis zur sinnlichen Anschauung heranzuführen ist. Ferner hat man bei Beschreibung des menschlichen Körpers schon früher darin eine große Erleichterung gefunden, wenn man Hauptteile desselben untereinander, z. B. obere und untere Extremitäten, verglich.

Kleinere Teile, z. B. Wirbelknochen, lassen sich gleichfalls mit großem Vorteile der Wissenschaft gegeneinanderhalten, weil die Verwandtschaft der verschiedensten Gestalten sich dabei dem Beobachter auf das lebhafteste aufdringt.

Alle diese Vergleichungsarten werden uns bei unserer Arbeit leiten, und sie mögen nach aufgestelltem Typus immer noch fort zu brauchen sein, nur wird der Beobachter alsdann den Vorteil haben, daß er seine Forschungen mehr in bezug auf ein Ganzes anstellen kann.

III
Über die Gesetze der Organisation überhaupt, insofern wir sie bei Konstruktion des Typus vor Augen haben sollen

Um uns den Begriff organischer Wesen zu erleichtern, werfen wir einen Blick auf die Mineralkörper. Diese, in ihren mannigfaltigen Grundteilen so fest und unerschütterlich, scheinen in ihren Verbindungen, die zwar auch nach Gesetzen geschehen, weder Grenze noch Ordnung zu halten. Die Bestandteile trennen sich leicht, um wieder neue Verbindungen einzugehn; diese können abermals aufgehoben werden, und der Körper, der erst zerstört schien, liegt wieder in seiner Vollkommenheit vor uns. So vereinen und trennen sich die einfachen Stoffe, zwar nicht nach Willkür, aber doch mit großer Mannigfaltigkeit, und die Teile der Körper, welche wir unorganisch nennen, sind, ohngeachtet ihrer Anneigung zu sich selbst, doch immer wie in einer suspendierten Gleichgültigkeit, indem die nächste, nähere oder stärkere Verwandtschaft sie aus dem vorigen Zusammenhange reißt und einen neuen Körper darstellt, dessen Grundteile, zwar unveränderlich, doch wieder auf eine neue oder, unter andern Umständen, auf eine Rückzusammensetzung zu warten scheinen.

Zwar bemerkt man, daß die mineralischen Körper, insofern sie ähnliche oder verschiedene Grundteile enthalten, auch in sehr abwechselnden Gestalten erscheinen, aber ebendiese Möglichkeit, daß der Grundteil einer neuen Verbindung unmittelbar auf die Gestalt wirke und sie sogleich bestimme, zeigt das Unvollkommene dieser Verbindung, die auch ebenso leicht wieder aufgelöst werden kann.

So sehen wir gewisse Mineralkörper bloß durch das Eindringen fremder Stoffe entstehen und vergehen, schöne durchsichtige Kristalle zerfallen zu Pulver, wenn ihr Kristallisationswasser verraucht, und (ein entfernter liegendes Beispiel sei erlaubt) die zu Borsten und Haaren durch den Magnet vereinigten Eisenspäne zerfallen wieder in ihren einzelnen Zustand, sobald der mächtig verbindende Einfluß entzogen wird.

Das Hauptkennzeichen der Mineralkörper, auf das wir hier gegenwärtig Rücksicht zu nehmen haben, ist die Gleichgültigkeit ihrer Teile in Absicht auf ihr Zusammensein, ihre Ko- oder Subordination. Sie haben nach ihrer Grundbestimmung gewisse stärkere oder schwächere Verhältnisse, die, wenn sie sich zeigen, wie eine Art von Neigung aussehn, deswegen die Chemiker auch ihnen die Ehre einer Wahl bei solchen Verwandtschaften zuschreiben, und doch sind es oft nur äußere Determinationen, die sie da- oder dorthin stoßen oder reißen, wodurch die Mineralkörper hervorgebracht werden, ob wir ihnen gleich den zarten Anteil, der ihnen an dem allgemeinen Lebenshauche der Natur gebührt, keineswegs absprechen wollen.

Wie sehr unterscheiden sich dagegen organische Wesen, auch nur unvollkommene! Sie verarbeiten zu verschiedenen bestimmten Organen die in sich aufgenommene Nahrung, und zwar, das übrige absondernd, nur einen Teil derselben. Diesem gewähren sie etwas Vorzügliches und Eigenes, indem sie manches mit manchem auf das innigste vereinen und so den Gliedern, zu denen sie sich hervorbilden, eine das mannigfaltigste Leben bezeugende Form verleihen, die, wenn sie zerstört ist, aus den Überresten nicht wiederhergestellt werden kann.

Vergleichen wir nun diese unvollkommenen Organisationen mit den vollkommneren, so finden wir, daß jene, wenn sie auch die elementaren Einflüsse mit einer gewissen Gewalt und Eigenheit verarbeiten, doch die daraus entstandenen organischen Teile nicht zu der hohen Determination und Festigkeit erheben können, als es von den vollkommenem Tiernaturen geschieht. So wissen wir, um nicht tiefer herabzusteigen, daß z. B. die Pflanzen, indem sie sich in einer gewissen Folge ausbilden, ein und dasselbe Organ unter höchst verschiedenen Gestalten darstellen.

Die genaue Kenntnis der Gesetze, wornach diese Metamorphose geschieht, wird die botanische Wissenschaft, sowohl insofern sie nur beschreibt als insofern sie in die innere Natur der

Pflanzen einzudringen gedenkt, gewiß weiterbringen.

Hier ist davon nur soviel zu bemerken: die uns in die Sinne fallenden organischen Teile der Pflanze, Blätter und Blumen, Staubfäden und Stempel, die verschiedensten Hüllen und was sonst an ihr bemerkt werden mag, sind alles identische Organe, die, durch eine Sukzession von vegetativen Operationen, nach und nach so sehr verändert und bis zum Unkenntlichen hinangetrieben werden.

Einerlei Organ kann als zusammengesetztestes Blatt ausgebildet und als Stipula in die größte Einfalt zurückgezogen werden. Ebendasselbe Organ kann sich nach verschiedenen Umständen zu einer Tragknospe oder zu einem unfruchtbaren Zweige entwickeln. Der Kelch, indem er sich übereilt, kann zur Krone werden, und die Krone kann sich rückwärts dem Kelche nähern. Dadurch werden die mannigfaltigsten Bildungen der Pflanzen möglich, und derjenige, der bei seinen Beobachtungen diese Gesetze immer vor Augen hat, wird davon große Erleichterung und Vorteil ziehen.

Daß man bei der Geschichte der Insekten auf die Metamorphose derselben genau Rücksicht zu nehmen habe und daß man ohne diesen Begriff die Ökonomie der Natur in diesem Reiche keineswegs übersehen könne, war auffallender und ist früher beherzigt worden. Die Verwandlung der Insekten an und für sich genau zu betrachten und mit der Pflanzenverwandlung zu vergleichen wird ein sehr angenehmes Geschäft sein, gegenwärtig davon nur soviel, als zu unserm Zwecke dient.

Die Pflanze erscheint fast nur einen Augenblick als Individuum, und zwar da, wenn sie sich als Samenkorn von der Mutterpflanze loslöst. In dem Verfolg des Keimens erscheint sie schon als ein Vielfaches, an welchem nicht allein ein identischer Teil aus identischen Teilen entspringt, sondern auch diese Teile durch Sukzession verschieden ausgebildet werden, so daß ein mannigfaltiges, scheinbar verbundenes Ganze zuletzt vor unsern Augen dasteht.

Allein daß dieses scheinbare Ganze aus sehr unabhängigen Teilen bestehe, gibt teils der Augenschein, teils die Erfahrung: denn Pflanzen, in viele Teile getrennt und zerrissen, werden wieder als ebenso viele scheinbare Ganze aus der Erde hervorsprossen.

An dem Insekt hingegen zeigt sich uns ein anderer Fall. Das

von der Mutter losgetrennte abgeschlossene Ei manifestiert sich schon als Individuum; der herauskriechende Wurm ist gleichfalls eine isolierte Einheit; seine Teile sind nicht allein verknüpft, nach einer gewissen Reihe bestimmt und geordnet, sondern sie sind auch einander subordiniert; sie werden, wo nicht von einem Willen geleitet, doch von einer Begierde angeregt. Hier ist ein ausgesprochnes Oben und Unten, ein entschiedenes Vorn und Hinten, die sämtlichen Organe sind nach einer gewissen Reihe entwickelt, so daß keins an die Stelle des andern treten kann.

Indessen ist die Raupe ein unvollkommenes Geschöpf, ungeschickt zur notwendigsten aller Funktionen, zur Fortpflanzung, wohin sie auf dem Wege der Verwandlung nur gelangen kann.

Bei der Pflanze bemerken wir Sukzessionen der Zustände mit Zusammensein verknüpft. Die Stengel bestehen von der Wurzel auf, indem sich die Blume schon entwickelt; das Zeugungsgeschäft geht vor sich, und die früheren, vorbereitenden Organe zeigen sich noch kräftig und lebendig; nur alsdann erst, wenn der befruchtete Same seiner Reife sich nähert, welkt das Ganze zusammen.

Bei dem Insekt ist es ganz anders. Eine jede Haut, die es abwirft, läßt es alsbald hinter sich, und aus der letzten Raupenhülle schlüpft ein entschieden abgesondertes Geschöpf; jeder folgende Zustand ist von dem vorhergehenden getrennt; kein Rückschritt möglich. Der Schmetterling kann sich nur aus der Raupe, die Blume hingegen aus und an der Pflanze entwickeln.

Betrachten wir nun die Gestalt der Raupe gegen die Gestalt des Schmetterlings, so finden wir folgenden Hauptunterschied zwischen beiden: Die Raupe besteht, wie ein anderer gegliederter Wurm, aus Teilen, die einander ziemlich ähnlich sind, wenn sich auch Kopf und Hinterteil einigermaßen auszeichnen. Die vorderen Füße sind wenig von den hinteren Wärzchen verschieden und die Körper in ziemlich gleiche Ringe geteilt.

Durch das fortschreitende Wachstum wird eine Haut nach der andern zersprengt und abgelegt. Die folgende scheint sich erst wieder zu erzeugen, um, wenn sie, zu weit ausgedehnt, keine Elastizität mehr hat, abermals zu zerspringen und abzufallen. Die Raupe wird immer größer, ohne ihre Gestalt eigentlich zu verändern. Nun kömmt ihr Wachstum endlich auf den Punkt, auf dem es nicht weiter kann, und so geht eine sonderbare Veränderung vor in dem Geschöpf. Es sucht sich eines gewissen Gespinstes zu entledigen, das zu den Systemen seines Körpers gehörte, wobei das Ganze, wie es scheint, zugleich von allem Überflüssigen des der Verwandlung in edlere Organe Entgegenstehenden gereinigt wird.

Nach Maßgabe dieser Ausleerung nimmt der Körper an Länge ab, an Breite jedoch nicht verhältnismäßig zu, und indem er in diesem Zustande seine Haut abwirft, befindet sich darunter nicht wie sonst ein dem ehemaligen Tiere ähnliches, sondern ein ganz verschiedenes Geschöpf.

Bei einer weitern Ausführung der Metamorphose der Insekten müssen nun auch die unterschiedenen Charaktere beider Zustände umständlicher angezeigt werden. Hier wenden wir uns, unserer Absicht gemäß, sogleich zu den Schmetterlingen und finden einen sehr wichtigen Unterschied gegen die Raupe. Der Körper besteht nicht mehr aus ähnlichen Teilen; die verschiedenen Ringe haben sich in Systeme zusammengeordnet, teils sind sie völlig verschwunden, teils noch kenntlich. Wir sehen drei entschiedene Abteilungen, das Haupt mit seinen Hülfsorganen, die Brust mit den ihrigen und den Leib, an welchem ebenfalls die Organe seiner Bestimmung sich ausgebildet haben. Ob wir nun gleich dem Wurme seine Individualität nicht absprechen konnten, so erschien er uns deswegen doch so unvollkommen, weil seine Teile gegeneinander in einem gleichgültigen Verhältnisse standen, einer ohngefähr an Wert und Würde soviel als der andere besaß und vermochte, woraus denn nichts als höchstens Nahrung und Wachstum und gemeine Absonderung entsprang; dagegen jene Absonderungen der Gefäße und Säfte, wodurch ein neues Individuum erst hervorspringen kann, in diesem Zustande nicht möglich war. Nur erst dann, wenn durch eine langsame heimliche Wirkung die verwandlungsfähigen Organe zu ihrer höchsten Vollkommenheit gediehen, wenn bei der gehörigen Temperatur die nötige Ausleerung und Austrocknung vor sich gegangen, dann sind die Glieder geeignet, sich zu entscheiden, aus ihrem früheren Verhältnis tretend, sich voneinander aufs möglichste abzusondern, ohngeachtet ihrer innerlichen Verwandtschaft bestimmte entgegengesetzte Charaktere anzunehmen und, indem sie sich in Systeme zusammendrängen, die mannigfaltigen energischen Operationen des Lebens möglich zu machen.

So ein unvollkommenes und vergängliches Geschöpf ein

Schmetterling in seiner Art, verglichen mit den Säugetieren, auch sein mag, so zeigt er uns doch durch seine Verwandlung, die er vor unsern Augen vornimmt, den Vorzug eines vollkommneren Tiers vor einem unvollkommneren, die Entschiedenheit ist es seiner Teile, die Sicherheit, daß keiner für den ändern gesetzt noch genommen werden kann, jeder vielmehr zu seiner Funktion bestimmt und bei derselben auf immer festgehalten bleibt.

Nun wollen wir noch einen flüchtigen Blick auf diejenigen Erfahrungen tun, die uns belehren, daß manche Tiere ganze verlorne Gliedmaßen wieder ersetzen können. Dieser Fall kann jedoch nur bei Geschöpfen, deren Glieder gleichgültig sind, wo eins in die Wirkung und Würde des andern nachrücken kann, eintreten oder bei solchen, deren Natur, wie der Amphibien, durch das Element, in welchem sie leben, weicher, schwebender, nachgiebiger erhalten wird.

Daher entspringt aus der völligen Entschiedenheit der Glieder die Würde der vollkommensten Tiere und besonders des Menschen. Hier hat, in der regelmäßigsten Organisation, alles bestimmte Form, Stelle, Zahl, und was auch die mannigfaltige Tätigkeit des Lebens für Abweichungen hervorbringen mag, wird das Ganze sich immer wieder in sein Gleichgewicht stellen.

Hätten wir aber nötig gehabt, uns durch die Betrachtung der Pflanzen- und Insektenmetamorphose heraufzuwinden, wenn wir nicht hoffen könnten, dadurch auch über die Gestalt der vollkommnern Tiere einigen Aufschluß zu erhalten?

Wir haben dort gesehen, daß aller Betrachtung über Pflanzen und Insekten der Begriff einer sukzessiven Verwandlung identischer Teile, neben- oder nacheinander, zum Grunde liegen müsse, und nun wird es uns beim Untersuchen des Tierkörpers zum größten Vorteil gereichen, wenn wir uns den Begriff einer gleichzeitigen, von der Zeugung an schon bestimmten Metamorphose aneignen können.

So ist z. B. in die Augen fallend, daß sämtliche Wirbelknochen eines Tieres einerlei Organe sind, und doch würde, wer den ersten Halsknochen mit einem Schwanzknochen unmittelbar vergliche, nicht eine Spur von Gestaltsähnlichkeit finden.

Da wir nun hier identische und doch so sehr verschiedene Teile vor Augen sehen und uns ihre Verwandtschaft nicht leugnen können, so haben wir, indem wir ihren organischen Zusammenhang betrachten, ihre Berührung untersuchen und nach wechselseitiger Einwirkung forschen, sehr schöne Aufschlüsse zu erwarten.

Denn eben dadurch wird die Harmonie des organischen Ganzen möglich, daß es aus identischen Teilen besteht, die sich in sehr zarten Abweichungen modifizieren. In ihrem Innersten verwandt, scheinen sie sich in Gestalt, Bestimmung und Wirkung aufs weiteste zu entfernen, ja sich einander entgegenzusetzen, und so wird es der Natur möglich, die verschiedensten und doch nahe verwandten Systeme durch Modifikation ähnlicher Organe zu erschaffen und ineinander zu verschlingen.

Die Metamorphose jedoch wirkt bei vollkommneren Tieren auf zweierlei Art, erstlich daß, wie wir oben bei den Wirbelknochen gesehen, identische Teile, nach einem gewissen Schema, durch die bildende Kraft auf die beständigste Weise verschieden umgeformt werden, wodurch der Typus im allgemeinen möglich wird; zweitens, daß die in dem Typus benannten einzelnen Teile durch alle Tiergeschlechter und Arten immerfort verändert werden, ohne daß sie doch jemals ihren Charakter verlieren können.

Zum Beispiel des ersten wiederholen wir das von den Wirbelknochen Hergenommene, deren jeder von den Halsknochen bis zu den Schwanzknochen seinen eigenen Charakter hat. Zum Beispiel des andern führen wir an, daß den ersten und zweiten Halsknochen jedermann durch alle Tiere, ohnerachtet der außerordentlichen Abweichung, erkennen werde, so wie der aufmerksame und fleißige Beobachter sich auch auf ebendiese Weise durch alle Wechselgestalten durchzufinden hat.

Wir wiederholen also, daß die Beschränktheit, Bestimmtheit und Allgemeinheit der durch die Fortpflanzung schon entschiednen simultanen Metamorphose den Typus möglich macht, daß aber aus der Versatilität dieses Typus, in welchem die Natur, ohne jedoch aus dem Hauptcharakter der Teile herauszugehen, sich mit großer Freiheit bewegen kann, die vielen Geschlechter und Arten der vollkommneren Tiere, die wir kennen, durchgängig abzuleiten sind.

[DAS REINE PHÄNOMEN]

Die Phänomene, die wir andern auch wohl Fakta nennen, sind gewiß und bestimmt ihrer Natur nach, hingegen oft unbestimmt und schwankend, insofern sie erscheinen. Der Naturforscher sucht das Bestimmte der Erscheinungen zu fassen und festzuhalten, er ist in einzelnen Fällen aufmerksam, nicht allein wie die Phänomene erscheinen, sondern auch wie sie erscheinen sollten. Es gibt, wie ich besonders in dem Fache, das ich bearbeite, oft bemerken kann, viele empirische Brüche, die man wegwerfen muß, um ein reines konstantes Phänomen zu erhalten; allein sobald ich mir das erlaube, so stelle ich schon eine Art von Ideal auf.

Es ist aber dennoch ein großer Unterschied, ob man, wie Theoristen tun, einer Hypothese zulieb ganze Zahlen in die Brüche schlägt oder ob man einen empirischen Bruch der Idee des reinen Phänomens aufopfert.

Denn da der Beobachter nie das reine Phänomen mit Augen sieht, sondern vieles von seiner Geistesstimmung, von der Stimmung des Organs im Augenblick, von Licht, Luft, Witterung, Körpern, Behandlung und tausend andern Umständen abhängt, so ist ein Meer auszutrinken, wenn man sich an Individualität des Phänomens halten und diese beobachten, messen, wägen und beschreiben will.

Bei meiner Naturbeobachtung und -betrachtung bin ich folgender Methode, soviel, als möglich war, besonders in den letzten Zeiten treu geblieben.

Wenn ich die Konstanz und Konsequenz der Phänomene, bis auf einen gewissen Grad, erfahren habe, so ziehe ich daraus ein empirisches Gesetz und schreibe es den künftigen Erscheinungen vor. Passen Gesetz und Erscheinungen in der Folge völlig, so habe ich gewonnen, passen sie nicht ganz, so werde ich auf die Umstände der einzelnen Fälle aufmerksam gemacht und genötigt, neue Bedingungen zu suchen, unter denen ich die widersprechenden Versuche reiner darstellen kann; zeigt sich aber manchmal, unter gleichen Umständen, ein Fall, der meinem Gesetze widerspricht, so sehe ich, daß ich mit der ganzen Arbeit vorrucken und mir einen höheren Standpunkt suchen muß.

Dieses wäre also, nach meiner Erfahrung, derjenige Punkt, wo der menschliche Geist sich den Gegenständen in ihrer Allgemeinheit am meisten nähern, sie zu sich heranbringen, sich mit ihnen (wie wir es sonst in der gemeinen Empirie tun) auf eine rationelle Weise gleichsam amalgamieren kann.

Was wir also von unserer Arbeit vorzuweisen hätten, wäre:

1. *Das empirische Phänomen,*

das jeder Mensch in der Natur gewahr wird und das nachher

2. *zum wissenschaftlichen Phänomen*

durch Versuche erhoben wird, indem man es unter andern Umständen und Bedingungen, als es zuerst bekannt gewesen, und in einer mehr oder weniger glücklichen Folge darstellt.

3. *Das reine Phänomen*

steht nun zuletzt als Resultat aller Erfahrungen und Versuche da. Es kann niemals isoliert sein, sondern es zeigt sich in einer stetigen Folge der Erscheinungen; um es darzustellen, bestimmt der menschliche Geist das empirisch Wankende, schließt das Zufällige aus, sondert das Unreine, entwickelt das Verworrene, ja entdeckt das Unbekannte.

Hier wäre, wenn der Mensch sich zu bescheiden wüßte, vielleicht das letzte Ziel unserer Kräfte. Denn hier wird nicht nach Ursachen gefragt, sondern nach Bedingungen, unter welchen die Phänomene erscheinen, es wird ihre konsequente Folge, ihr ewiges Wiederkehren unter tausenderlei Umständen, ihre Einerleiheit und Veränderlichkeit angeschaut und angenommen, ihre Bestimmtheit anerkannt und durch den menschlichen Geist wieder bestimmt.

Eigentlich möchte diese Arbeit nicht spekulativ genannt werden, denn es sind am Ende doch nur, wie mich dünkt, die praktischen und sich selbst rektifizierenden Operationen des gemeinen Menschenverstandes, der sich in einer höhern Sphäre zu üben wagt.

Weimar, den 15. Januar 1798

[POLARITÄT]

Zwei Forderungen entstehn in uns bei Betrachtung der Naturerscheinungen: die Erscheinungen selbst vollständig kennenzulernen und uns dieselben durch Nachdenken anzueignen. Zur Vollständigkeit führt die Ordnung, die Ordnung fodert Methode, und die Methode erleichtert die Vorstellungen. Wenn wir einen Gegenstand in allen seinen Teilen übersehen, recht fassen und ihn im Geiste wieder hervorbringen können, so dürfen wir sagen, daß wir ihn im eigentlichen und im höhern Sinne anschauen, daß er uns angehöre, daß wir darüber eine gewisse Herrschaft erlangen. Und so führt uns das Besondre immer zum Allgemeinen, das Allgemeine zum Besondern. Beide wirken bei jeder Betrachtung, bei jedem Vortrag durcheinander.

Einiges Allgemeine gehe hier voraus.

Dualität der Erscheinung als Gegensatz
Wir und die Gegenstände
Licht und Finsternis
Leib und Seele
Zwei Seelen
Geist und Materie
Gott und die Welt
Gedanke und Ausdehnung
Ideales und Reales
Sinnlichkeit und Vernunft
Phantasie und Verstand
Sein und Sehnsucht
Dualität als Auseinandergehen der Einheit
Zwei Körperhälften
Rechts und links
Atemholen
Physische Erfahrung
Magnet.

Unsere Vorfahren bewunderten die Sparsamkeit der Natur. Man dachte sie als eine verständige Person, die, indessen andere mit vielem wenig hervorbringen, mit wenigem viel zu leisten geneigt ist. Wir bewundern mehr, wenn wir uns auch auf menschliche Weise ausdrücken, ihre Gewandtheit, wodurch sie, obgleich auf wenige Grundmaximen eingeschränkt, das Mannigfaltigste hervorzubringen weiß.

Sie bedient sich hierzu des Lebensprinzips, welches die Möglichkeit enthält, die einfachsten Anfänge der Erscheinungen durch Steigerung ins Unendliche und Unähnlichste zu vermannigfaltigen.

Was in die Erscheinung tritt, muß sich trennen, um nur zu erscheinen. Das Getrennte sucht sich wieder, und es kann sich wiederfinden und vereinigen; im niedern Sinne, indem es sich nur mit seinem Entgegengestellten vermischt, mit demselben zusammentritt, wobei die Erscheinung Null oder wenigstens gleichgültig wird. Die Vereinigung kann aber auch im höhern Sinne geschehen, indem das Getrennte sich zuerst steigert und durch die Verbindung der gesteigerten Seiten ein Drittes, Neues, Höheres, Unerwartetes hervorbringt.

FARBENLEHRE

VORWORT

Ob man nicht, indem von den Farben gesprochen werden soll, vor allen Dingen des Lichtes zu erwähnen habe, ist eine ganz natürliche Frage, auf die wir jedoch nur kurz und aufrichtig erwidern: es scheine bedenklich, da bisher schon soviel und mancherlei von dem Lichte gesagt worden, das Gesagte zu wiederholen oder das oft Wiederholte zu vermehren.

Denn eigentlich unternehmen wir umsonst, das Wesen eines Dinges auszudrücken. Wirkungen werden wir gewahr, und eine vollständige Geschichte dieser Wirkungen umfaßte wohl allenfalls das Wesen jenes Dinges. Vergebens bemühen wir uns, den Charakter eines Menschen zu schildern; man stelle dagegen seine Handlungen, seine Taten zusammen, und ein Bild des Charakters wird uns entgegentreten.

Die Farben sind Taten des Lichts, Taten und Leiden. In diesem Sinne können wir von denselben Aufschlüsse über das Licht erwarten. Farben und Licht stehen zwar untereinander in dem genausten Verhältnis, aber wir müssen uns beide als der ganzen Natur angehörig denken: denn sie ist es ganz, die sich dadurch dem Sinne des Auges besonders offenbaren will.

Ebenso entdeckt sich die ganze Natur einem anderen Sinne. Man schließe das Auge, man öffne, man schärfe das Ohr, und vom leisesten Hauch bis zum wildesten Geräusch, vom einfachsten Klang bis zur höchsten Zusammenstimmung, von dem heftigsten leidenschaftlichen Schrei bis zum sanftesten Worte der Vernunft ist es nur die Natur, die spricht, ihr Dasein, ihre Kraft, ihr Leben und ihre Verhältnisse offenbart, so daß ein Blinder, dem das unendlich Sichtbare versagt ist, im Hörbaren ein unendlich Lebendiges fassen kann.

So spricht die Natur hinabwärts zu andern Sinnen, zu bekannten, verkannten, unbekannten Sinnen; so spricht sie mit sich selbst und zu uns durch tausend Erscheinungen. Dem Aufmerksamen ist sie nirgends tot noch stumm; ja dem starren Erdkörper hat sie einen Vertrauten zugegeben, ein Metall, an dessen kleinsten Teilen wir dasjenige, was in der ganzen Masse vorgeht, gewahr werden sollten.

So mannigfaltig, so verwickelt und unverständlich uns oft

diese Sprache scheinen mag, so bleiben doch ihre Elemente immer dieselbigen. Mit leisem Gewicht und Gegengewicht wägt sich die Natur hin und her, und so entsteht ein Hüben und Drüben, ein Oben und Unten, ein Zuvor und Hernach, wodurch alle die Erscheinungen bedingt werden, die uns im Raum und in der Zeit entgegentreten.

Diese allgemeinen Bewegungen und Bestimmungen werden wir auf die verschiedenste Weise gewahr, bald als ein einfaches Abstoßen und Anziehen, bald als ein aufblickendes und verschwindendes Licht, als Bewegung der Luft, als Erschütterung des Körpers, als Säurung und Entsäurung, jedoch immer als verbindend oder trennend, das Dasein bewegend und irgendeine Art von Leben befördernd.

Indem man aber jenes Gewicht und Gegengewicht von ungleicher Wirkung zu finden glaubt, so hat man auch dieses Verhältnis zu bezeichnen versucht. Man hat ein Mehr und Weniger, ein Wirken ein Widerstreben, ein Tun ein Leiden, ein Vordringendes ein Zurückhaltendes, ein Heftiges ein Mäßigendes, ein Männliches ein Weibliches überall bemerkt und genannt; und so entsteht eine Sprache, eine Symbolik, die man auf ähnliche Fälle als Gleichnis, als nahverwandten Ausdruck, als unmittelbar passendes Wort anwenden und benutzen mag.

Diese universellen Bezeichnungen, diese Natursprache auch auf die Farbenlehre anzuwenden, diese Sprache durch die Farbenlehre, durch die Mannigfaltigkeit ihrer Erscheinungen zu bereichern, zu erweitern und so die Mitteilung höherer Anschauungen unter den Freunden der Natur zu erleichtern war die Hauptabsicht des gegenwärtigen Werkes.

Die Arbeit selbst zerlegt sich in drei Teile. Der erste gibt den Entwurf einer Farbenlehre. In demselben sind die unzähligen Fälle der Erscheinungen unter gewisse Hauptphänomene zusammengefaßt, welche nach einer Ordnung aufgeführt werden, die zu rechtfertigen der Einleitung überlassen bleibt. (S. 96 ff.) Hier aber ist zu bemerken, daß, ob man sich gleich überall an die Erfahrungen gehalten, sie überall zum Grunde gelegt, doch die theoretische Ansicht nicht verschwiegen werden konnte, welche den Anlaß zu jener Aufstellung und Anordnung gegeben.

Ist es doch eine höchst wunderliche Forderung, die wohl manchmal gemacht, aber auch selbst von denen, die sie machen, nicht erfüllt wird: Erfahrungen solle man ohne irgendein theoretisches Band vortragen und dem Leser, dem Schüler überlassen, sich selbst nach Belieben irgendeine Überzeugung zu bilden. Denn das bloße Anblicken einer Sache kann uns nicht fördern. Jedes Ansehen geht über in ein Betrachten, jedes Betrachten in ein Sinnen, jedes Sinnen in ein Verknüpfen, und so kann man sagen, daß wir schon bei jedem aufmerksamen Blick in die Welt theoretisieren. Dieses aber mit Bewußtsein, mit Selbstkenntnis, mit Freiheit und, um uns eines gewagten Wortes zu bedienen, mit Ironie zu tun und vorzunehmen, eine solche Gewandtheit ist nötig, wenn die Abstraktion, vor der wir uns fürchten, unschädlich und das Erfahrungsresultat, das wir hoffen, recht lebendig und nützlich werden soll.

Im zweiten Teil beschäftigen wir uns mit Enthüllung der Newtonischen Theorie, welche einer freien Ansicht der Farbenerscheinungen bisher mit Gewalt und Ansehen entgegengestanden; wir bestreiten eine Hypothese, die, ob sie gleich nicht mehr brauchbar gefunden wird, doch noch immer eine herkömmliche Achtung unter den Menschen behält. Ihr eigentliches Verhältnis muß deutlich werden, die alten Irrtümer sind wegzuräumen, wenn die Farbenlehre nicht, wie bisher, hinter so manchem anderen besser bearbeiteten Teile der Naturlehre zurückbleiben soll.

Da aber der zweite Teil unsres Werkes seinem Inhalte nach trocken, der Ausführung nach vielleicht zu heftig und leidenschaftlich scheinen möchte, so erlaube man uns hier ein heiteres Gleichnis, um jenen ernsteren Stoff vorzubereiten und jene lebhafte Behandlung einigermaßen zu entschuldigen.

Wir vergleichen die Newtonische Farbentheorie mit einer alten Burg, welche von dem Erbauer anfangs mit jugendlicher Übereilung angelegt, nach dem Bedürfnis der Zeit und Umstände jedoch nach und nach von ihm erweitert und ausgestattet, nicht weniger bei Anlaß von Fehden und Feindseligkeiten immer mehr befestigt und gesichert worden.

So verfuhren auch seine Nachfolger und Erben. Man war genötigt, das Gebäude zu vergrößern, hier daneben, hier daran, dort hinaus zu bauen; genötigt durch die Vermehrung innerer Bedürfnisse, durch die Zudringlichkeit äußerer Widersacher und durch manche Zufälligkeiten.

Alle diese fremdartigen Teile und Zutaten mußten wieder in Verbindung gebracht werden durch die seltsamsten Galerien,

Hallen und Gänge. Alle Beschädigungen, es sei von Feindes Hand oder durch die Gewalt der Zeit, wurden gleich wieder hergestellt. Man zog, wie es nötig ward, tiefere Gräben, erhöhte die Mauern und ließ es nicht an Türmen, Erkern und Schießscharten fehlen. Diese Sorgfalt, diese Bemühungen brachten ein Vorurteil von dem hohen Werte der Festung hervor und erhielten's, obgleich Bau- und Befestigungskunst die Zeit über sehr gestiegen waren und man sich in ändern Fällen viel bessere Wohnungen und Waffenplätze einzurichten gelernt hatte. Vorzüglich aber hielt man die alte Burg in Ehren, weil sie niemals eingenommen worden, weil sie so manchen Angriff abgeschlagen, manche Befehdung vereitelt und sich immer als Jungfrau gehalten hatte. Dieser Name, dieser Ruf dauert noch bis jetzt. Niemanden fällt es auf, daß der alte Bau unbewohnbar geworden. Immer wird von seiner vortrefflichen Dauer, von seiner köstlichen Einrichtung gesprochen. Pilger wallfahrten dahin; flüchtige Abrisse zeigt man in allen Schulen herum und empfiehlt sie der empfänglichen Jugend zur Verehrung, indessen das Gebäude bereits leer steht, nur von einigen Invaliden bewacht, die sich ganz ernsthaft für gerüstet halten.

Es ist also hier die Rede nicht von einer langwierigen Belagerung oder einer zweifelhaften Fehde. Wir finden vielmehr jenes achte Wunder der Welt schon als ein verlassenes, Einsturz drohendes Altertum und beginnen sogleich von Giebel und Dach herab es ohne weitere Umstände abzutragen, damit die Sonne doch endlich einmal in das alte Ratten- und Eulennest hineinscheine und dem Auge des verwunderten Wanderers offenbare jene labyrinthisch unzusammenhängende Bauart, das enge Notdürftige, das zufällig Aufgedrungene, das absichtlich Gekünstelte, das kümmerlich Geflickte. Ein solcher Einblick ist aber alsdann nur möglich, wenn eine Mauer nach der andern, ein Gewölbe nach dem andern fällt und der Schutt, soviel sich tun läßt, auf der Stelle hinweggeräumt wird.

Dieses zu leisten und womöglich den Platz zu ebnen, die gewonnenen Materialien aber so zu ordnen, daß sie bei einem neuen Gebäude wieder benutzt werden können, ist die beschwerliche Pflicht, die wir uns in diesem zweiten Teile auferlegt haben. Gelingt es uns nun, mit froher Anwendung möglichster Kraft und Geschickes, jene Bastille zu schleifen und einen freien Raum zu gewinnen, so ist keinesweges die Absicht, ihn etwa sogleich wieder mit einem neuen Gebäude zu überbauen und zu belästigen; wir wollen uns vielmehr desselben bedienen, um eine schöne Reihe mannigfaltiger Gestalten vorzuführen.

Der dritte Teil bleibt daher historischen Untersuchungen und Vorarbeiten gewidmet. Äußerten wir oben (S. 88), daß die Geschichte des Menschen den Menschen darstelle, so läßt sich hier auch wohl behaupten, daß die Geschichte der Wissenschaft die Wissenschaft selbst sei. Man kann dasjenige, was man besitzt, nicht rein erkennen, bis man das, was andre vor uns besessen, zu erkennen weiß. Man wird sich an den Vorzügen seiner Zeit nicht wahrhaft und redlich freuen, wenn man die Vorzüge der Vergangenheit nicht zu würdigen versteht. Aber eine Geschichte der Farbenlehre zu schreiben oder auch nur vorzubereiten war unmöglich, solange die Newtonische Lehre bestand. Denn kein aristokratischer Dünkel hat jemals mit solchem unerträglichen Übermute auf diejenigen herabgesehen, die nicht zu seiner Gilde gehörten, als die Newtonische Schule von jeher über alles abgesprochen hat, was vor ihr geleistet war und neben ihr geleistet ward. Mit Verdruß und Unwillen sieht man, wie Priestley in seiner „Geschichte der Optik", und so manche vor und nach ihm, das Heil der Farbenwelt von der Epoche eines gespalten sein sollenden Lichtes herdatieren und mit hohem Augbraun auf die ältern und mittleren herabsehen, die auf dem rechten Wege ruhig hingingen und im Einzelnen Beobachtungen und Gedanken überliefert haben, die wir nicht besser anstellen können, nicht richtiger fassen werden.

Von demjenigen nun, der die Geschichte irgendeines Wissens überliefern will, können wir mit Recht verlangen, daß er uns Nachricht gebe, wie die Phänomene nach und nach bekannt geworden, was man darüber phantasiert, gewähnt, gemeint und gedacht habe. Dieses alles im Zusammenhange vorzutragen hat große Schwierigkeiten, und eine Geschichte zu schreiben ist immer eine bedenkliche Sache. Denn bei dem redlichsten Vorsatz kommt man in Gefahr, unredlich zu sein; ja wer eine solche Darstellung unternimmt, erklärt zum voraus, daß er manches ins Licht, manches in Schatten setzen werde.

Und doch hat sich der Verfasser auf eine solche Arbeit lange gefreut. Da aber meist nur der Vorsatz als ein Ganzes vor unserer Seele steht, das Vollbringen aber gewöhnlich nur stückweise geleistet wird, so ergeben wir uns darein, statt der Geschichte Materialien zu derselben zu liefern. Sie bestehen in Übersetzungen, Auszügen, eigenen und fremden Urteilen, Winken und Andeutungen, in einer Sammlung, der, wenn sie nicht allen Forderungen entspricht, doch das Lob nicht mangeln wird, daß sie mit Ernst und Liebe gemacht sei.

Übrigens mögen vielleicht solche Materialien, zwar nicht ganz unbearbeitet, aber doch unverarbeitet, dem denkenden Leser um desto angenehmer sein, als er selbst sich, nach eigener Art und Weise, ein Ganzes daraus zu bilden die Bequemlichkeit findet.

Mit gedachtem dritten historischen Teil ist jedoch noch nicht alles getan. Wir haben daher noch einen vierten supplementaren hinzugefügt. Dieser enthält die Revision, um derentwillen vorzüglich die Paragraphen mit Nummern versehen worden. Denn indem bei der Redaktion einer solchen Arbeit einiges vergessen werden kann, einiges beseitigt werden muß, um die Aufmerksamkeit nicht abzuleiten, anderes erst hinterdrein erfahren wird, auch anderes einer Bestimmung und Berichtigung bedarf, so sind Nachträge, Zusätze und Verbesserungen unerläßlich. Bei dieser Gelegenheit haben wir denn auch die Zitate nachgebracht. Sodann enthält dieser Band noch einige einzelne Aufsätze, z. B. über die atmosphärischen Farben, welche, indem sie in dem Entwurf zerstreut vorkommen, hier zusammen und auf einmal vor die Phantasie gebracht werden.

Führt nun dieser Aufsatz den Leser in das freie Leben, so sucht ein anderer das künstliche Wissen zu befördern, indem er den zur Farbenlehre künftig nötigen Apparat umständlich beschreibt.

Schließlich bleibt uns nur noch übrig, der Tafeln zu gedenken, welche wir dem Ganzen beigefügt. Und hier werden wir freilich an jene Unvollständigkeit und Unvollkommenheit erinnert, welche unser Werk mit allen Werken dieser Art gemein hat.

Denn wie ein gutes Theaterstück eigentlich kaum zur Hälfte zu Papier gebracht werden kann, vielmehr der größere Teil desselben dem Glanz der Bühne, der Persönlichkeit des Schauspielers, der Kraft seiner Stimme, der Eigentümlichkeit seiner Bewegungen, ja dem Geiste und der guten Laune des Zuschauers anheimgegeben bleibt, so ist es noch viel mehr der Fall mit einem Buche, das von natürlichen Erscheinungen handelt. Wenn es genossen, wenn es genutzt werden soll, so muß dem Leser die Natur entweder wirklich oder in lebhafter Phantasie gegenwärtig sein. Denn eigentlich sollte der Schreibende sprechen und seinen Zuhörern die Phänomene, teils wie sie uns ungesucht entgegenkommen, teils wie sie durch absichtliche Vorrichtungen nach Zweck und Willen dargestellt werden können, als Text erst anschaulich machen; alsdann würde jedes Erläutern, Erklären, Auslegen einer lebendigen Wirkung nicht ermangeln.

Ein höchst unzulängliches Surrogat sind hiezu die Tafeln, die man dergleichen Schriften beizulegen pflegt. Ein freies physisches Phänomen, das nach allen Seiten wirkt, ist nicht in Linien zu fassen und im Durchschnitt anzudeuten. Niemand fällt es ein, chemische Versuche mit Figuren zu erläutern; bei den physischen nah verwandten ist es jedoch hergebracht, weil sich eins und das andre dadurch leisten läßt. Aber sehr oft stellen diese Figuren nur Begriffe dar; es sind symbolische Hülfsmittel, hieroglyphische Überlieferungsweisen, welche sich nach und nach an die Stelle des Phänomens, an die Stelle der Natur setzen und die wahre Erkenntnis hindern, anstatt sie zu befördern. Entbehren konnten auch wir der Tafeln nicht; doch haben wir sie so einzurichten gesucht, daß man sie zum didaktischen und polemischen Gebrauch getrost zur Hand nehmen, ja gewisse derselben als einen Teil des nötigen Apparats ansehen kann.

Und so bleibt uns denn nichts weiter übrig, als auf die Arbeit selbst hinzuweisen und nur vorher noch eine Bitte zu wiederholen, die schon so mancher Autor vergebens getan hat und die besonders der deutsche Leser neuerer Zeit so selten gewährt:

Si quid novisti rectius istis,
Candidus imperti; si non, his utere mecum.

DIDAKTISCHER TEIL

Einleitung

Die Lust zum Wissen wird bei dem Menschen zuerst dadurch angeregt, daß er bedeutende Phänomene gewahr wird, die seine Aufmerksamkeit an sich ziehen. Damit nun diese dauernd bleibe, so muß sich eine innigere Teilnahme finden, die uns nach und nach mit den Gegenständen bekannter macht. Alsdann bemerken wir erst eine große Mannigfaltigkeit, die uns als Menge entgegendringt. Wir sind genötigt zu sondern, zu unterscheiden und wieder zusammenzustellen, wodurch zuletzt eine Ordnung entsteht, die sich mit mehr oder weniger Zufriedenheit übersehen läßt.

Dieses in irgendeinem Fache nur einigermaßen zu leisten, wird eine anhaltende strenge Beschäftigung nötig. Deswegen finden wir, daß die Menschen lieber durch eine allgemeine theoretische Ansicht, durch irgendeine Erklärungsart die Phänomene beiseite bringen, anstatt sich die Mühe zu geben, das Einzelne kennenzulernen und ein Ganzes zu erbauen.

Der Versuch, die Farbenerscheinungen auf- und zusammenzustellen, ist nur zweimal gemacht worden, das erstemal von *Theophrast,* sodann von *Boyle. Dem* gegenwärtigen wird man die dritte Stelle nicht streitig machen.

Das nähere Verhältnis erzählt uns die Geschichte. Hier sagen wir nur so viel, daß in dem verflossenen Jahrhundert an eine solche Zusammenstellung nicht gedacht werden konnte, weil *Newton* seiner Hypothese einen verwickelten und abgeleiteten Versuch zum Grund gelegt hatte, auf welchen man die übrigen zudringenden Erscheinungen, wenn man sie nicht verschweigen und beseitigen konnte, künstlich bezog und sie in ängstlichen Verhältnissen umherstellte; wie etwa ein Astronom verfahren müßte, der aus Grille den Mond in die Mitte unseres Systems setzen möchte. Er wäre genötigt, die Erde, die Sonne mit allen übrigen Planeten um den subalternen Körper herumzubewegen und durch künstliche Berechnungen und Vorstellungsweisen das Irrige seines ersten Annehmens zu verstecken und zu beschönigen.

Schreiten wir nun in Erinnerung dessen, was wir oben vorwortlich beigebracht, weiter vor. Dort setzten wir das Licht als anerkannt voraus, hier tun wir ein Gleiches mit dem Auge. Wir sagten: die ganze Natur offenbare sich durch die Farbe dem Sinne des Auges. Nunmehr behaupten wir, wenn es auch einigermaßen sonderbar klingen mag, daß das Auge keine Form sehe, indem Hell, Dunkel und Farbe zusammen allein dasjenige ausmachen, was den Gegenstand vom Gegenstand, die Teile des Gegenstandes voneinander fürs Auge unterscheidet. Und so erbauen wir aus diesen dreien die sichtbare Welt und machen dadurch zugleich die Malerei möglich, welche auf der Tafel eine weit vollkommner sichtbare Welt, als die wirkliche sein kann, hervorzubringen vermag.

Das Auge hat sein Dasein dem Licht zu danken. Aus gleichgültigen tierischen Hülfsorganen ruft sich das Licht ein Organ hervor, das seinesgleichen werde; und so bildet sich das Auge am Lichte fürs Licht, damit das innere Licht dem äußeren entgegentrete.

Hierbei erinnern wir uns der alten ionischen Schule, welche mit so großer Bedeutsamkeit immer wiederholte: nur von Gleichem werde Gleiches erkannt; wie auch der Worte eines alten Mystikers, die wir in deutschen Reimen folgendermaßen ausdrücken möchten:

Wär nicht das Auge sonnenhaft,
Wie könnten wir das Licht erblicken?
Lebt' nicht in uns des Gottes eigne Kraft,
Wie könnt uns Göttliches entzücken?

Jene unmittelbare Verwandtschaft des Lichtes und des Auges wird niemand leugnen, aber sich beide zugleich als eins und dasselbe zu denken hat mehr Schwierigkeit. Indessen wird es faßlicher, wenn man behauptet, im Auge wohne ein ruhendes Licht, das bei der mindesten Veranlassung von innen oder von außen erregt werde. Wir können in der Finsternis durch Forderungen der Einbildungskraft uns die hellsten Bilder hervorrufen. Im Traume erscheinen uns die Gegenstände wie am vollen Tage. Im wachenden Zustand wird uns die leiseste äußere Lichteinwirkung bemerkbar; ja wenn das Organ einen mechanischen Anstoß erleidet, so springen Licht und Farben hervor.

Vielleicht aber machen hier diejenigen, welche nach einer gewissen Ordnung zu verfahren pflegen, bemerklich, daß wir ja noch nicht einmal entschieden erklärt, was denn Farbe sei? Dieser Frage möchten wir gar gern hier abermals ausweichen und uns auf unsere Ausführung berufen, wo wir umständlich gezeigt, wie sie erscheine. Denn es bleibt uns auch hier nichts übrig, als zu wiederholen: die Farbe sei die gesetzmäßige Natur in bezug auf den Sinn des Auges. Auch hier müssen wir annehmen, daß jemand diesen Sinn habe, daß jemand die Einwirkung der Natur auf diesen Sinn kenne: denn mit dem Blinden läßt sich nicht von der Farbe reden.

Damit wir aber nicht gar zu ängstlich eine Erklärung zu vermeiden scheinen, so möchten wir das Erstgesagte folgendermaßen umschreiben. Die Farbe sei ein elementares Naturphänomen für den Sinn des Auges, das sich, wie die übrigen alle, durch Trennung und Gegensatz, durch Mischung und Vereinigung, durch Erhöhung und Neutralisation, durch Mitteilung und Verteilung und so weiter manifestiert und unter diesen allgemeinen Naturformeln am besten angeschaut und begriffen werden kann.

Diese Art, sich die Sache vorzustellen, können wir niemand aufdringen. Wer sie bequem findet, wie wir, wird sie gern in sich aufnehmen. Ebensowenig haben wir Lust, sie künftig durch Kampf und Streit zu verteidigen. Denn es hatte von jeher etwas Gefährliches, von der Farbe zu handeln, dergestalt, daß einer unserer Vorgänger gelegentlich gar zu äußern wagt: Hält man dem Stier ein rotes Tuch vor, so wird er wütend; aber der Philosoph, wenn man nur überhaupt von Farbe spricht, fängt an zu rasen.

Sollen wir jedoch nunmehr von unserem Vortrag, auf den wir uns berufen, einige Rechenschaft geben, so müssen wir vor allen Dingen anzeigen, wie wir die verschiedenen Bedingungen, unter welchen die Farbe sich zeigen mag, gesondert. Wir fanden dreierlei Erscheinungsweisen, dreierlei Arten von Farben oder, wenn man lieber will, dreierlei Ansichten derselben, deren Unterschied sich aussprechen läßt.

Wir betrachten also die Farben zuerst, insofern sie dem Auge angehören und auf einer Wirkung und Gegenwirkung desselben beruhen; ferner zogen sie unsere Aufmerksamkeit an sich, indem wir sie an farblosen Mitteln oder durch deren Beihülfe gewahrten; zuletzt aber wurden sie uns merkwürdig, indem wir sie als den Gegenständen angehörig denken konnten. Die ersten nannten wir physiologische, die zweiten physische, die dritten chemische Farben. Jene sind unaufhaltsam flüchtig, die andern vorübergehend, aber allenfalls verweilend, die letzten festzuhalten bis zur spätesten Dauer.

Indem wir sie nun in solcher naturgemäßen Ordnung, zum Behuf eines didaktischen Vortrags, möglichst sonderten und auseinanderhielten, gelang es uns zugleich, sie in einer stetigen Reihe darzustellen, die flüchtigen mit den verweilenden und diese wieder mit den dauernden zu verknüpfen und so die erst sorgfältig gezogenen Abteilungen für ein höheres Anschauen wieder aufzuheben.

Hierauf haben wir in einer vierten Abteilung unserer Arbeit, was bis dahin von den Farben unter mannigfaltigen besonderen Bedingungen bemerkt worden, im allgemeinen ausgesprochen und dadurch eigentlich den Abriß einer künftigen Farbenlehre entworfen. Gegenwärtig sagen wir nur so viel voraus, daß zur Erzeugung der Farbe Licht und Finsternis, Helles und Dunkles oder, wenn man sich einer allgemeineren Formel bedienen will. Licht und Nichtlicht gefordert werde. Zunächst am Licht entsteht uns eine Farbe, die wir Gelb nennen, eine andere zunächst an der Finsternis, die wir mit dem Worte Blau bezeichnen. Diese beiden, wenn wir sie in ihrem reinsten Zustand dergestalt vermischen, daß sie sich völlig das Gleichgewicht halten, bringen eine dritte hervor, welche wir Grün heißen. Jene beiden ersten Farben können aber auch jede an sich selbst eine neue Erscheinung hervorbringen, indem sie sich verdichten oder verdunkeln. Sie erhalten ein rötliches Ansehen, welches sich bis auf einen so hohen Grad steigern kann, daß man das ursprüngliche Blau und Gelb kaum darin mehr erkennen mag. Doch läßt sich das höchste und reine Rot, vorzüglich in physischen Fällen, dadurch hervorbringen, daß man die beiden Enden des Gelbroten und Blauroten vereinigt. Dieses ist die lebendige Ansicht der Farbenerscheinung und- Erzeugung. Man kann aber auch zu dem spezifiziert fertigen Blauen und Gelben ein fertiges Rot annehmen und rückwärts durch Mischung hervorbringen, was wir vorwärts durch Intensieren bewirkt haben. Mit diesen drei oder sechs Farben, welche sich bequem in einen Kreis einschließen lassen, hat die elementare Farbenlehre allein zu tun. Alle übrigen ins Unendliche gehenden Abänderungen gehören mehr in das Angewandte, gehören zur Technik des Malers, des Färbers, überhaupt ins Leben.

Sollen wir sodann noch eine allgemeine Eigenschaft aussprechen, so sind die Farben durchaus als Halblichter, als Halbschatten anzusehen, weshalb sie denn auch, wenn sie zusammengemischt ihre spezifischen Eigenschaften wechselseitig aufheben, ein Schattiges, ein Graues hervorbringen.

In unserer fünften Abteilung sollten sodann jene nachbarlichen Verhältnisse dargestellt werden, in welchen unsere Farbenlehre mit dem übrigen Wissen, Tun und Treiben zu stehen wünschte. So wichtig diese Abteilung ist, so mag sie vielleicht gerade eben deswegen nicht zum besten gelungen sein. Doch wenn man bedenkt, daß eigentlich nachbarliche Verhältnisse sich nicht eher aussprechen lassen, als bis sie sich gemacht haben, so kann man sich über das Mißlingen eines solchen ersten Versuches wohl trösten. Denn freilich ist erst abzuwarten, wie diejenigen, denen wir zu dienen suchten, denen wir etwas Gefälliges und Nützliches zu erzeigen dachten, das von uns möglichst Geleistete aufnehmen werden, ob sie sich es zueignen, ob sie es benutzen und weiterführen oder ob sie es ablehnen, wegdrängen und notdürftig für sich bestehen lassen. Indessen dürfen wir sagen, was wir glauben und was wir hoffen.

Vom Philosophen glauben wir Dank zu verdienen, daß wir gesucht, die Phänomene bis zu ihren Urquellen zu verfolgen, bis dorthin, wo sie bloß erscheinen und sind und wo sich nichts weiter an ihnen erklären läßt. Ferner wird ihm willkommen sein, daß wir die Erscheinungen in eine leicht übersehbare Ordnung gestellt, wenn er diese Ordnung selbst auch nicht ganz billigen sollte.

Den Arzt, besonders denjenigen, der das Organ des Auges zu beobachten, es zu erhalten, dessen Mängeln abzuhelfen und dessen Übel zu heilen berufen ist, glauben wir uns vorzüglich zum Freunde zu machen. In der Abteilung von den physiologischen Farben, in dem Anhange, der die pathologischen andeutet, findet er sich ganz zu Hause. Und wir werden gewiß durch die Bemühungen jener Männer, die zu unserer Zeit dieses Fach mit Glück behandeln, jene erste, bisher vernachlässigte und, man kann wohl sagen, wichtigste Abteilung der Farbenlehre ausführlich bearbeitet sehen.

Am freundlichsten sollte der Physiker uns entgegenkommen, da wir ihm die Bequemlichkeit verschaffen, die Lehre von den Farben in der Reihe aller übrigen elementaren Erscheinungen vorzutragen und sich dabei einer übereinstimmenden Sprache, ja fast derselbigen Worte und Zeichen wie unter den übrigen Rubriken zu bedienen. Freilich machen wir ihm, insofern er Lehrer ist, etwas mehr Mühe: denn das Kapitel von den Farben läßt sich künftig nicht wie bisher mit wenig Paragraphen und Versuchen abtun; auch wird sich der Schüler nicht leicht so frugal, als man ihn sonst bedienen mögen, ohne Murren abspeisen lassen. Dagegen findet sich späterhin ein anderer Vorteil. Denn wenn die Newtonische Lehre leicht zu lernen war, so zeigten sich bei ihrer Anwendung unüberwindliche Schwierigkeiten. Unsere Lehre ist vielleicht schwerer zu fassen, aber alsdann ist auch alles getan: denn sie führt ihre Anwendung mit sich.

Der Chemiker, welcher auf die Farben als Kriterien achtet, um die geheimern Eigenschaften körperlicher Wesen zu entdekken, hat bisher bei Benennung und Bezeichnung der Farben manches Hindernis gefunden; ja man ist nach einer näheren und feineren Betrachtung bewogen worden, die Farbe als ein unsicheres und trügliches Kennzeichen bei chemischen Operationen anzusehen. Doch hoffen wir sie durch unsere Darstellung und durch die vorgeschlagene Nomenklatur wieder zu Ehren zu bringen und die Überzeugung zu erwecken, daß ein Werdendes, Wachsendes, ein Bewegliches, der Umwendung Fähiges nicht betrüglich sei, vielmehr geschickt, die zartesten Wirkungen der Natur zu offenbaren.

Blicken wir jedoch weiter umher, so wandelt uns eine Furcht an, dem Mathematiker zu mißfallen. Durch eine sonderbare Verknüpfung von Umständen ist die Farbenlehre in das Reich, vor den Gerichtsstuhl des Mathematikers gezogen worden, wohin sie nicht gehört. Dies geschah wegen ihrer Verwandtschaft mit den übrigen Gesetzen des Sehens, welche der Mathematiker zu behandeln eigentlich berufen war. Es geschah ferner dadurch, daß ein großer Mathematiker die Farbenlehre bearbeitete und, da er sich als Physiker geirrt hatte, die ganze Kraft seines Talents aufbot, um diesem Irrtum Konsistenz zu verschaffen. Wird beides eingesehen, so muß jedes Mißverständnis bald gehoben sein, und der Mathematiker wird gern besonders die physische Abteilung der Farbenlehre mit bearbeiten helfen.

Dem Techniker, dem Färber hingegen muß unsre Arbeit durchaus willkommen sein. Denn gerade diejenigen, welche über die Phänomene der Färberei nachdachten, waren am wenigsten durch die bisherige Theorie befriedigt. Sie waren die ersten, welche die Unzulänglichkeit der Newtonischen Lehre gewahr wurden. Denn es ist ein großer Unterschied, von welcher Seite man sich einem Wissen, einer Wissenschaft nähert, durch welche Pforte man hereinkommt. Der echte Praktiker, der Fabrikant, dem sich die Phänomene täglich mit Gewalt aufdringen, welcher Nutzen oder Schaden von der Ausübung seiner Überzeugungen empfindet, dem Geld- und Zeitverlust nicht gleichgültig ist, der vorwärts will, von anderen Geleistetes erreichen, übertreffen soll, er empfindet viel geschwinder das Hohle, das Falsche einer

Theorie als der Gelehrte, dem zuletzt die hergebrachten Worte für bare Münze gelten, als der Mathematiker, dessen Formel immer noch richtig bleibt, wenn auch die Unterlage nicht zu ihr paßt, auf die sie angewendet worden. Und so werden auch wir, da wir von der Seite der Malerei, von der Seite ästhetischer Färbung der Oberflächen, in die Farbenlehre hereingekommen, für den Maler das Dankenswerteste geleistet haben, wenn wir in der sechsten Abteilung die sinnlichen und sittlichen Wirkungen der Farbe zu bestimmen gesucht und sie dadurch dem Kunstgebrauch annähern wollen. Ist auch hierbei, wie durchaus, manches nur Skizze geblieben, so soll ja alles Theoretische eigentlich nur die Grundzüge andeuten, auf welchen sich hernach die Tat lebendig ergehen und zu gesetzlichem Hervorbringen gelangen mag.

Sinnlich-sittliche Wirkung der Farbe

758

Da die Farbe in der Reihe der uranfänglichen Naturerscheinungen einen so hohen Platz behauptet, indem sie den ihr angewiesenen einfachen Kreis mitentschiedener Mannigfaltigkeit ausfüllt, so werden wir uns nicht wundern, wenn wir erfahren, daß sie auf den Sinn des Auges, dem sie vorzüglich zugeeignet ist, und durch dessen Vermittelung auf das Gemüt in ihren allgemeinsten elementaren Erscheinungen ohne Bezug auf Beschaffenheit oder Form eines Materials, an dessen Oberfläche wir sie gewahr werden, einzeln eine spezifische, in Zusammenstellung eine teils harmonische, teils charakteristische, oft auch unharmonische, immer aber eine entschiedene und bedeutende Wirkung hervorbringe, die sich unmittelbar an das Sittliche anschließt. Deshalb denn Farbe, als ein Element der Kunst betrachtet, zu den höchsten ästhetischen Zwecken mitwirkend genutzt werden kann.

759

Die Menschen empfinden im allgemeinen eine große Freude an der Farbe. Das Auge bedarf ihrer, wie es des Lichtes bedarf. Man erinnre sich der Erquickung, wenn an einem trüben Tage die Sonne auf einen einzelnen Teil der Gegend scheint und die Farben daselbst sichtbar macht. Daß man den farbigen Edelsteinen Heilkräfte zuschrieb, mag aus dem tiefen Gefühl dieses unaussprechlichen Behagens entstanden sein.

760

Die Farben, die wir an den Körpern erblicken, sind nicht etwa dem Auge ein völlig Fremdes, wodurch es erst zu dieser Empfindung gleichsam gestempelt würde; nein. Dieses Organ ist immer in der Disposition, selbst Farben hervorzubringen, und genießt einer angenehmen Empfindung, wenn etwas der eignen Natur Gemäßes ihm von außen gebracht wird; wenn seine Bestimmbarkeit nach einer gewissen Seite hin bedeutend bestimmt wird.

761

Aus der Idee des Gegensatzes der Erscheinung, aus der Kenntnis, die wir von den besondern Bestimmungen desselben erlangt haben, können wir schließen, daß die einzelnen Farbeindrücke nicht verwechselt werden können, daß sie spezifisch wirken und entschieden spezifische Zustände in dem lebendigen Organ hervorbringen müssen.

762

Eben auch so in dem Gemüt. Die Erfahrung lehrt uns, daß die einzelnen Farben besondre Gemütsstimmungen geben. Von einem geistreichen Franzosen wird erzählt: Il prétendoit que son ton de conversation avec Madame étoit changé depuis qu'elle avoit changé en cramoisi le meuble de son cabinet qui étoit bleu.

763

Diese einzelnen bedeutenden Wirkungen vollkommen zu empfinden, muß man das Auge ganz mit einer Farbe umgeben, z. B. in einem einfarbigen Zimmer sich befinden, durch ein farbiges Glas sehen. Man identifiziert sich alsdann mit der Farbe; sie stimmt Auge und Geist mit sich unisono.

764

Die Farben von der Plusseite sind Gelb, Rotgelb (Orange), Gelbrot (Mennig, Zinnober). Sie stimmen regsam, lebhaft, strebend.

Gelb

765

Es ist die nächste Farbe am Licht. Sie entsteht durch die gelindeste Mäßigung desselben, es sei durch trübe Mittel oder durch schwache Zurückwerfung von weißen Flächen. Bei den prismatischen Versuchen erstreckt sie sich allein breit in den lichten Raum und kann dort, wenn die beiden Pole noch abgesondert voneinander stehen, ehe sie sich mit dem Blauen zum

Grünen vermischt, in ihrer schönsten Reinheit gesehen werden. Wie das chemische Gelb sich an und über dem Weißen entwikkelt, ist gehörigen Orts umständlich vorgetragen worden.

766

Sie führt in ihrer höchsten Reinheit immer die Natur des Hellen mit sich und besitzt eine heitere, muntere, sanft reizende Eigenschaft.

767

In diesem Grade ist sie als Umgebung, es sei als Kleid, Vorhang, Tapete, angenehm. Das Gold in seinem ganz ungemischten Zustande gibt uns, besonders wenn der Glanz hinzukommt, einen neuen und hohen Begriff von dieser Farbe; so wie ein starkes Gelb, wenn es auf glänzender Seide, z. B. auf Atlas, erscheint, eine prächtige und edle Wirkung tut.

768

So ist es der Erfahrung gemäß, daß das Gelbe einen durchaus warmen und behaglichen Eindruck mache. Daher es auch in der Malerei der beleuchteten und wirksamen Seite zukommt.

769

Diesen erwärmenden Effekt kann man am lebhaftesten bemerken, wenn man durch ein gelbes Glas, besonders in grauen Wintertagen, eine Landschaft ansieht. Das Auge wird erfreut, das Herz ausgedehnt, das Gemüt erheitert; eine unmittelbare Wärme scheint uns anzuwehen.

770

Wenn nun diese Farbe, in ihrer Reinheit und hellem Zustande angenehm und erfreulich, in ihrer ganzen Kraft aber etwas Heiteres und Edles hat, so ist sie dagegen äußerst empfindlich und macht eine sehr unangenehme Wirkung, wenn sie beschmutzt oder einigermaßen ins Minus gezogen wird. So hat die Farbe des Schwefels, die ins Grüne fällt, etwas Unangenehmes.

771

Wenn die gelbe Farbe unreinen und unedlen Oberflächen mitgeteilt wird, wie dem gemeinen Tuch, dem Filz und dergleichen, worauf sie nicht mit ganzer Energie erscheint, entsteht eine solche unangenehme Wirkung. Durch eine geringe und unmerkliche Bewegung wird der schöne Eindruck des Feuers und Goldes in die Empfindung des Kotigen verwandelt und die Farbe der Ehre und Wonne zur Farbe der Schande, des Abscheus und Mißbehagens umgekehrt. Daher mögen die gelben Hüte der

Bankerottierer, die gelben Ringe auf den Mänteln der Juden entstanden sein; ja die sogenannte Hahnreifarbe ist eigentlich nur ein schmutziges Gelb.

Rotgelb

772

Da sich keine Farbe als stillstehend betrachten läßt, so kann man das Gelbe sehr leicht durch Verdichtung und Verdunklung ins Rötliche steigern und erheben. Die Farbe wächst an Energie und erscheint im Rotgelben mächtiger und herrlicher.

773

Alles, was wir vom Gelben gesagt haben, gilt auch hier, nur im höhern Grade. Das Rotgelbe gibt eigentlich dem Auge das Gefühl von Wärme und Wonne, indem es die Farbe der höhern Glut sowie den mildern Abglanz der untergehenden Sonne repräsentiert. Deswegen ist sie auch bei Umgebungen angenehm und als Kleidung in mehr oder minderm Grade erfreulich oder herrlich. Ein kleiner Blick ins Rote gibt dem Gelben gleich ein ander Ansehn; und wenn Engländer und Deutsche sich noch an blaßgelben hellen Lederfarben genügen lassen, so liebt der Franzose, wie Pater Castel schon bemerkt, das ins Rot gesteigerte Gelb; wie ihn überhaupt an Farben alles freut, was sich auf der aktiven Seite befindet.

Gelbrot

774

Wie das reine Gelb sehr leicht in das Rotgelbe hinübergeht, so ist die Steigerung dieses letzten ins Gelbrote nicht aufzuhalten. Das angenehme heitre Gefühl, das uns das Rotgelbe noch gewährt, steigert sich bis zum unerträglich Gewaltsamen im hohen Gelbroten.

775

Die aktive Seite ist hier in ihrer höchsten Energie, und es ist kein Wunder, daß energische, gesunde, rohe Menschen sich besonders an dieser Farbe erfreuen. Man hat die Neigung zu derselben bei wilden Völkern durchaus bemerkt. Und wenn Kinder, sich selbst überlassen, zu illuminieren anfangen, so werden sie Zinnober und Mennig nicht schonen.

776

Man darf eine vollkommen gelbrote Fläche starr ansehen, so scheint sich die Farbe wirklich ins Organ zu bohren. Sie bringt eine unglaubliche Erschütterung hervor und behält diese Wirkung bei einem ziemlichen Grade von Dunkelheit.

Die Erscheinung eines gelbroten Tuches beunruhigt und erzürnt die Tiere. Auch habe ich gebildete Menschen gekannt, denen es unerträglich fiel, wenn ihnen an einem sonst grauen Tage jemand im Scharlachrock begegnete.

777

Die Farben von der Minusseite sind Blau, Rotblau und Blaurot. Sie stimmen zu einer unruhigen, weichen und sehnenden Empfindung.

Blau

778

So wie Gelb immer ein Licht mit sich führt, so kann man sagen, daß Blau immer etwas Dunkles mit sich führe.

779

Diese Farbe macht für das Auge eine sonderbare und fast unaussprechliche Wirkung. Sie ist als Farbe eine Energie; allein sie steht auf der negativen Seite und ist in ihrer höchsten Reinheit gleichsam ein reizendes Nichts. Es ist etwas Widersprechendes von Reiz und Ruhe im Anblick.

780

Wie wir den hohen Himmel, die fernen Berge blau sehen, so scheint eine blaue Fläche auch vor uns zurückzuweichen.

781

Wie wir einen angenehmen Gegenstand, der vor uns flieht, gern verfolgen, so sehen wir das Blaue gern an, nicht weil es auf uns dringt, sondern weil es uns nach sich zieht.

782

Das Blaue gibt uns ein Gefühl von Kälte, so wie es uns auch an Schatten erinnert. Wie es vom Schwarzen abgeleitet sei, ist uns bekannt.

783

Zimmer, die rein blau austapeziert sind, erscheinen gewissermaßen weit, aber eigentlich leer und kalt.

784

Blaues Glas zeigt die Gegenstände im traurigen Licht.

785

Es ist nicht unangenehm, wenn das Blau einigermaßen vom Plus partizipiert. Das Meergrün ist vielmehr eine liebliche Farbe.

Rotblau

786

Wie wir das Gelbe sehr bald in einer Steigerung gefunden

haben, so bemerken wir auch bei dem Blauen dieselbe Eigenschaft.

787

Das Blaue steigert sich sehr sanft ins Rote und erhält dadurch etwas Wirksames, ob es sich gleich auf der passiven Seite befindet. Sein Reiz ist aber von ganz andrer Art als der des Rotgelben. Er belebt nicht sowohl, als daß er unruhig macht.

788

So wie die Steigerung selbst unaufhaltsam ist, so wünscht man auch mit dieser Farbe immer fortzugehen, nicht aber, wie beim Rotgelben, immer tätig vorwärtszuschreiten, sondern einen Punkt zu finden, wo man ausruhen könnte.

789

Sehr verdünnt kennen wir die Farbe unter dem Namen Lila; aber auch so hat sie etwas Lebhaftes ohne Fröhlichkeit.

Blaurot

790

Jene Unruhe nimmt bei der weiterschreitenden Steigerung zu, und man kann wohl behaupten, daß eine Tapete von einem ganz reinen gesättigten Blaurot eine Art von unerträglicher Gegenwart sein müsse. Deswegen es auch, wenn es als Kleidung, Band oder sonstiger Zierat vorkommt, sehr verdünnt und hell angewendet wird, da es denn seiner bezeichneten Natur nach einen ganz besondern Reiz ausübt.

791

Indem die hohe Geistlichkeit diese unruhige Farbe sich angeeignet hat, so dürfte man wohl sagen, daß sie auf den unruhigen Staffeln einer immer vordringenden Steigerung unaufhaltsam zu dem Kardinalpurpur hinaufstrebe.

Rot

792

Man entferne bei dieser Benennung alles, was im Roten einen Eindruck von Gelb oder Blau machen könnte. Man denke sich ein ganz reines Rot, einen vollkommenen, auf einer weißen Porzellanschale aufgetrockneten Karmin. Wir haben diese Farbe, ihrer hohen Würde wegen, manchmal Purpur genannt, ob wir gleich wohl wissen, daß der Purpur der Alten sich mehr nach der blauen Seite hinzog.

793

Wer die prismatische Entstehung des Purpurs kennt, der

wird nicht paradox finden, wenn wir behaupten, daß diese Farbe teils actu, teils potentia alle andern Farben enthalte.

794

Wenn wir beim Gelben und Blauen eine strebende Steigerung ins Rote gesehen und dabei unsre Gefühle bemerkt haben, so läßt sich denken, daß nun in der Vereinigung der gesteigerten Pole eine eigentliche Beruhigung, die wir eine ideale Befriedigung nennen möchten, stattfinden könne. Und so entsteht, bei physischen Phänomenen, diese höchste aller Farbenerscheinungen aus dem Zusammentreten zweier entgegengesetzten Enden, die sich zu einer Vereinigung nach und nach selbst vorbereitet haben.

795

Als Pigment hingegen erscheint sie uns als ein Fertiges und als das vollkommenste Rot in der Cochenille, welches Material jedoch durch chemische Behandlung bald ins Plus, bald ins Minus zu führen ist und allenfalls im besten Karmin als völlig im Gleichgewicht stehend angesehen werden kann.

796

Die Wirkung dieser Farbe ist so einzig wie ihre Natur. Sie gibt einen Eindruck sowohl von Ernst und Würde als von Huld und Anmut. Jenes leistet sie in ihrem dunklen, verdichteten, dieses in ihrem hellen, verdünnten Zustande. Und so kann sich die Würde des Alters und die Liebenswürdigkeit der Jugend in *eine* Farbe kleiden.

797

Von der Eifersucht der Regenten auf den Purpur erzählt uns die Geschichte manches. Eine Umgebung von dieser Farbe ist immer ernst und prächtig.

798

Das Purpurglas zeigt eine wohlerleuchtete Landschaft in furchtbarem Lichte. So müßte der Farbeton über Erd und Himmel am Tage des Gerichts ausgebreitet sein.

799

Da die beiden Materialien, deren sich die Färberei zur Hervorbringung dieser Farbe vorzüglich bedient, der Kermes und die Cochenille, sich mehr oder weniger zum Plus und Minus neigen, auch sich durch Behandlung mit Säuern und Alkalien herüber- und hinüberrühren lassen, so ist zu bemerken, daß die Franzosen sich auf der wirksamen Seite halten, wie der französische Scharlach zeigt, welcher ins Gelbe zieht, die Italiener hingegen auf der passiven Seite verharren, so daß ihr Scharlach eine Ahndung von Blau behält.

800

Durch eine ähnliche alkalische Behandlung entsteht das Karmesin, eine Farbe, die den Franzosen sehr verhaßt sein muß, da sie die Ausdrücke sot en cramoisi, méchant en cramoisi als das *Äußerste* des Abgeschmackten und Bösen bezeichnen.

Grün

801

Wenn man Gelb und Blau, welche wir als die ersten und einfachsten Farben ansehen, gleich bei ihrem ersten Erscheinen, auf der ersten Stufe ihrer Wirkung zusammenbringt, so entsteht diejenige Farbe, welche wir Grün nennen.

802

Unser Auge findet in derselben eine reale Befriedigung. Wenn beide Mutterfarben sich in der Mischung genau das Gleichgewicht halten, dergestalt, daß keine vor der andern bemerklich ist, so ruht das Auge und das Gemüt auf diesem Gemischten wie auf einem Einfachen. Man will nicht weiter und man kann nicht weiter. Deswegen für Zimmer, in denen man sich immer befindet, die grüne Farbe zur Tapete meist gewählt wird.

Totalität und Harmonie

803

Wir haben bisher zum Behuf unsres Vortrages angenommen, daß das Auge genötigt werden könne, sich mit irgendeiner einzelnen Farbe zu identifizieren; allein dies möchte wohl nur auf einen Augenblick möglich sein.

804

Denn wenn wir uns von einer Farbe umgeben sehen, welche die Empfindung ihrer Eigenschaft in unserm Auge erregt und uns durch ihre Gegenwart nötigt, mit ihr in einem identischen Zustande zu verharren, so ist es eine gezwungene Lage, in welcher das Organ ungern verweilt.

805

Wenn das Auge die Farbe erblickt, so wird es gleich in Tätigkeit gesetzt, und es ist seiner Natur gemäß, auf der Stelle eine andre, so unbewußt als notwendig, hervorzubringen, welche mit der gegebenen die Totalität des ganzen Farbenkreises enthält.

Eine einzelne Farbe erregt in dem Auge, durch eine spezifische Empfindung, das Streben nach Allgemeinheit.

806

Um nun diese Totalität gewahr zu werden, um sich selbst zu befriedigen, sucht es neben jedem farbigen Raum einen farblosen, um die geforderte Farbe an demselben hervorzubringen.

807

Hier liegt also das Grundgesetz aller Harmonie der Farben, wovon sich jeder durch eigene Erfahrung überzeugen kann, indem er sich mit den Versuchen, die wir in der Abteilung der physiologischen Farben angezeigt, genau bekannt macht.

808

Wird nun die Farbentotalität von außen dem Auge als Objekt gebracht, so ist sie ihm erfreulich, weil ihm die Summe seiner eignen Tätigkeit als Realität entgegenkommt. Es sei also zuerst von diesen harmonischen Zusammenstellungen die Rede.

809

Um sich davon auf das leichteste zu unterrichten, denke man sich in dem von uns angegebenen Farbenkreise einen beweglichen Diameter und führe denselben im ganzen Kreise herum; so werden die beiden Enden nach und nach die sich fordernden Farben bezeichnen, welche sich denn freilich zuletzt auf drei einfache Gegensätze zurückführen lassen.

810

Gelb fordert Blaurot, Blau fordert Gelbrot, Purpur fordert Grün und umgekehrt.

811

Wie der von uns supponierte Zeiger von der Mitte der von uns naturgemäß geordneten Farben wegrückt, ebenso rückt er mit dem andern Ende in der entgegengesetzten Abstufung weiter, und es läßt sich durch eine solche Vorrichtung zu einer jeden fordernden Farbe die geforderte bequem bezeichnen. Sich hiezu einen Farbenkreis zu bilden, der nicht wie der unsre abgesetzt, sondern in einem stetigen Fortschritte die Farben und ihre Übergänge zeigte, würde nicht unnütz sein: denn wir stehen hier auf einem sehr wichtigen Punkt, der alle unsre Aufmerksamkeit verdient.

812

Wurden wir vorher bei dem Beschauen einzelner Farben gewissermaßen pathologisch affiziert, indem wir, zu einzelnen

Empfindungen fortgerissen, uns bald lebhaft und strebend, bald weich und sehnend, bald zum Edlen emporgehoben, bald zum Gemeinen herabgezogen fühlten, so führt uns das Bedürfnis nach Totalität, welches unserm Organ eingeboren ist, aus dieser Beschränkung heraus; es setzt sich selbst in Freiheit, indem es den Gegensatz des ihm aufgedrungenen Einzelnen und somit eine befriedigende Ganzheit hervorbringt.

813

So einfach also diese eigentlich harmonischen Gegensätze sind, welche uns in dem engen Kreise gegeben werden, so wichtig ist der Wink, daß uns, die Natur durch Totalität zur Freiheit heraufzuheben, angelegt ist und daß wir diesmal eine Naturerscheinung zum ästhetischen Gebrauch unmittelbar überliefert erhalten.

814

Indem wir also aussprechen können, daß der Farbenkreis, wie wir ihn angegeben, auch schon dem Stoff nach eine angenehme Empfindung hervorbringe, ist es der Ort zu gedenken, daß man bisher den Regenbogen mit Unrecht als ein Beispiel der Farbentotalität angenommen: denn es fehlt demselben die Hauptfarbe, das reine Rot, der Purpur, welcher nicht entstehen kann, da sich bei dieser Erscheinung sowenig als bei dem hergebrachten prismatischen Bilde das Gelbrot und Blaurot zu erreichen vermögen.

815

Überhaupt zeigt uns die Natur kein allgemeines Phänomen, wo die Farbentotalität völlig beisammen wäre. Durch Versuche läßt sich ein solches in seiner vollkommnen Schönheit hervorbringen. Wie sich aber die völlige Erscheinung im Kreise zusammenstellt, machen wir uns am besten durch Pigmente auf Papier begreiflich, bis wir, bei natürlichen Anlagen und nach mancher Erfahrung und Übung, uns endlich von der Idee dieser Harmonie völlig penetriert und sie uns im Geiste gegenwärtig fühlen.

Charakteristische Zusammenstellungen

816

Außer diesen rein harmonischen, aus sich selbst entspringenden Zusammenstellungen, welche immer Totalität mit sich führen, gibt es noch andre, welche durch Willkür hervorgebracht werden und die wir dadurch am leichtesten bezeichnen, daß sie in unserm Farbenkreise nicht nach Diametern, sondern nach Chorden aufzufinden sind, und zwar zuerst dergestalt, daß eine Mittelfarbe übersprungen wird.

817

Wir nennen diese Zusammenstellungen charakteristisch, weil sie sämtlich etwas Bedeutendes haben, das sich uns mit einem gewissen Ausdruck aufdringt, aber uns nicht befriedigt, indem jedes Charakteristische nur dadurch entsteht, daß es als ein Teil aus einem Ganzen heraustritt, mit welchem es ein Verhältnis hat, ohne sich darin aufzulösen.

818

Da wir die Farben in ihrer Entstehung sowie deren harmonische Verhältnisse kennen, so läßt sich erwarten, daß auch die Charaktere der willkürlichen Zusammenstellungen von der verschiedensten Bedeutung sein werden. Wir wollen sie einzeln durchgehen.

Gelb und Blau

819

Dieses ist die einfachste von solchen Zusammenstellungen. Man kann sagen, es sei zu wenig in ihr: denn da ihr jede Spur von Rot fehlt, so geht ihr zuviel von der Totalität ab. In diesem Sinne kann man sie arm und, da die beiden Pole auf ihrer niedrigsten Stufe stehn, gemein nennen. Doch hat sie den Vorteil, daß sie zunächst am Grünen und also an der realen Befriedigung steht.

Gelb und Purpur

820

Hat etwas Einseitiges, aber Heiteres und Prächtiges. Man sieht die beiden Enden der tätigen Seite nebeneinander, ohne daß das stetige Werden ausgedrückt sei.

Da man aus ihrer Mischung durch Pigmente das Gelbrote erwarten kann, so stehn sie gewissermaßen anstatt dieser Farbe.

Blau und Purpur

821

Die beiden Enden der passiven Seite mit dem Übergewicht des obern Endes nach dem aktiven zu. Da durch Mischung beider das Blaurote entsteht, so wird der Effekt dieser Zusammenstellung sich auch gedachter Farbe nähern.

Gelbrot und Blaurot

822

Haben zusammengestellt, als die gesteigerten Enden der

beiden Seiten, etwas Erregendes, Hohes. Sie geben uns die Vorahndung des Purpurs, der bei physikalischen Versuchen aus ihrer Vereinigung entsteht.

823

Diese vier Zusammenstellungen haben also das Gemeinsame, daß sie, vermischt, die Zwischenfarben unseres Farbenkreises hervorbringen würden; wie sie auch schon tun, wenn die Zusammenstellung aus kleinen Teilen besteht und aus der Ferne betrachtet wird. Eine Fläche mit schmalen blau und gelben Streifen erscheint in einiger Entfernung grün.

824

Wenn nun aber das Auge Blau und Gelb nebeneinander sieht, so befindet es sich in der sonderbaren Bemühung, immer Grün hervorbringen zu wollen, ohne damit zustande zu kommen und ohne also im Einzelnen Ruhe oder im Ganzen Gefühl der Totalität bewirken zu können.

825

Man sieht also, daß wir nicht mit Unrecht diese Zusammenstellungen charakteristisch genannt haben, so wie denn auch der Charakter einer jeden sich auf den Charakter der einzelnen Farben, woraus sie zusammengestellt ist, beziehen muß.

Charakterlose Zusammenstellungen

826

Wir wenden uns nun zu der letzten Art der Zusammenstellungen, welche sich aus dem Kreise leicht herausfinden lassen. Es sind nämlich diejenigen, welche durch kleinere Chorden angedeutet werden, wenn man nicht eine ganze Mittelfarbe, sondern nur den Übergang aus einer in die andere überspringt.

827

Man kann diese Zusammenstellungen wohl die charakterlosen nennen, indem sie zu nahe aneinander liegen, als daß ihr Eindruck bedeutsam werden könnte. Doch behaupten die meisten immer noch ein gewisses Recht, da sie ein Fortschreiten andeuten, dessen Verhältnis aber kaum fühlbar werden kann.

828

So drücken Gelb und Gelbrot, Gelbrot und Purpur, Blau und Blaurot, Blaurot und Purpur die nächsten Stufen der Steigerung und Kulmination aus und können in gewissen Verhältnissen der Massen keine üble Wirkung tun.

829

Gelb und Grün hat immer etwas Gemein-Heiteres, Blau und

Grün aber immer etwas Gemein-Widerliches; deswegen unsre guten Vorfahren diese letzte Zusammenstellung auch Narrenfarbe genannt haben.

Bezug der Zusammenstellungen zu hell und dunkel

830

Diese Zusammenstellungen können sehr vermannigfaltigt werden, indem man beide Farben hell, beide Farben dunkel, eine Farbe hell, die andre dunkel zusammenbringen kann; wobei jedoch, was im allgemeinen gegolten hat, in jedem besondern Falle gelten muß. Von dem unendlich Mannigfaltigen, was dabei stattfindet, erwähnen wir nur folgendes.

831

Die aktive Seite, mit dem Schwarzen zusammengestellt, gewinnt an Energie; die passive verliert. Die aktive, mit dem Weißen und Hellen zusammengebracht, verliert an Kraft; die passive gewinnt an Heiterkeit. Purpur und Grün mit Schwarz sieht dunkel und düster, mit Weiß hingegen erfreulich aus.

832

Hierzu kommt nun noch, daß alle Farben mehr oder weniger beschmutzt, bis auf einen gewissen Grad unkenntlich gemacht und so teils unter sich selbst, teils mit reinen Farben zusammengestellt werden können; wodurch zwar die Verhältnisse unendlich variiert werden, wobei aber doch alles gilt, was von den reinen gegolten hat.

Historische Betrachtungen

833

Wenn in dem Vorhergehenden die Grundsätze der Farbenharmonie vorgetragen worden, so wird es nicht zweckwidrig sein, wenn wir das dort Ausgesprochene in Verbindung mit Erfahrungen und Beispielen nochmals wiederholen.

834

Jene Grundsätze waren aus der menschlichen Natur und aus den anerkannten Verhältnissen der Farbenerscheinungen abgeleitet. In der Erfahrung begegnet uns manches, was jenen Grundsätzen gemäß, manches, was ihnen widersprechend ist.

835

Naturmenschen, rohe Völker, Kinder haben große Neigung zur Farbe in ihrer höchsten Energie, und also besonders zu dem Gelbroten. Sie haben auch eine Neigung zum Bunten. Das Bunte aber entsteht, wenn die Farben in ihrer höchsten Energie ohne harmonisches Gleichgewicht zusammengestellt worden. Findet sich aber dieses Gleichgewicht durch Instinkt oder zufällig beobachtet, so entsteht eine angenehme Wirkung. Ich erinnere mich, daß ein hessischer Offizier, der aus Amerika kam, sein Gesicht nach Art der Wilden mit reinen Farben bemalte, wodurch eine Art von Totalität entstand, die keine unangenehme Wirkung tat.

836

Die Völker des südlichen Europas tragen zu Kleidern sehr lebhafte Farben. Die Seidenwaren, welche sie leichten Kaufs haben, begünstigen diese Neigung. Auch sind besonders die Frauen mit ihren lebhaftesten Miedern und Bändern immer mit der Gegend in Harmonie, indem sie nicht imstande sind, den Glanz des Himmels und der Erde zu überscheinen.

837

Die Geschichte der Färberei belehrt uns, daß bei den Trachten der Nationen gewisse technische Bequemlichkeiten und Vorteile sehr großen Einfluß hatten. So sieht man die Deutschen viel in Blau gehen, weil es eine dauerhafte Farbe des Tuches ist, auch in manchen Gegenden alle Landleute in grünem Zwillich, weil dieser gedachte Farbe gut annimmt. Möchte ein Reisender hierauf achten, so würden ihm bald angenehme und lehrreiche Beobachtungen gelingen.

838

Farben, wie sie Stimmungen hervorbringen, fügen sich auch zu Stimmungen und Zuständen. Lebhafte Nationen, z. B. die Franzosen, lieben die gesteigerten Farben, besonders der aktiven Seite, gemäßigte, als Engländer und Deutsche, das Stroh- oder Ledergelb, wozu sie Dunkelblau tragen. Nach Würde strebende Nationen, als Italiener und Spanier, ziehen die rote Farbe ihrer Mäntel auf die passive Seite hinüber.

839

Man bezieht bei Kleidungen den Charakter der Farbe auf den Charakter der Person. So kann man das Verhältnis der einzelnen Farben und Zusammenstellungen zu Gesichtsfarbe, Alter und Stand beobachten.

840

Die weibliche Jugend hält auf Rosenfarb und Meergrün, das Alter auf Violett und Dunkelgrün. Die Blondine hat zu Violett und Hellgelb, die Brünette zu Blau und Gelbrot Neigung, und sämtlich mit Recht.

Die römischen Kaiser waren auf den Purpur höchst eifersüchtig. Die Kleidung des chinesischen Kaisers ist Orange mit Purpur. Zitronengelb dürfen auch seine Bedienten und die Geistlichen tragen.

841

Gebildete Menschen haben einige Abneigung vor Farben. Es kann dieses teils aus Schwäche des Organs, teils aus Unsicherheit des Geschmacks geschehen, die sich gern in das völlige Nichts flüchtet. Die Frauen gehen nunmehr fast durchgängig weiß und die Männer schwarz.

842

Überhaupt aber steht hier eine Beobachtung nicht am unrechten Platze, daß der Mensch, so gern er sich auszeichnet, sich auch ebensogern unter seinesgleichen verlieren mag.

843

Die schwarze Farbe sollte den venezianischen Edelmann an eine republikanische Gleichheit erinnern.

844

Inwiefern der trübe nordische Himmel die Farben nach und nach vertrieben hat, ließe sich vielleicht auch noch untersuchen.

845

Man ist freilich bei dem Gebrauch der ganzen Farben sehr eingeschränkt; dahingegen die beschmutzten, getöteten sogenannten Modefarben unendlich viele abweichende Grade und Schattierungen zeigen, wovon die meisten nicht ohne Anmut sind.

846

Zu bemerken ist noch, daß die Frauenzimmer bei ganzen Farben in Gefahr kommen, eine nicht ganz lebhafte Gesichtsfarbe noch unscheinbarer zu machen; wie sie denn überhaupt genötigt sind, sobald sie einer glänzenden Umgebung das Gleichgewicht halten sollen, ihre Gesichtsfarbe durch Schminke zu erhöhen.

847

Hier wäre nun noch eine artige Arbeit zu machen übrig, nämlich eine Beurteilung der Uniformen, Livreen, Kokarden und andrer Abzeichen nach den oben aufgestellten Grundsätzen. Man könnte im allgemeinen sagen, daß solche Kleidungen oder Abzeichen keine harmonischen Farben haben dürfen. Die Uniformen sollten Charakter und Würde haben; die Livreen können gemein und ins Auge fallend sein. An Beispielen von guter und schlechter Art würde es nicht fehlen, da der Farbenkreis eng und schon oft genug durchprobiert worden ist.

Ästhetische Wirkung

848

Aus der sinnlichen und sittlichen Wirkung der Farben, sowohl einzeln als in Zusammenstellung, wie wir sie bisher vorgetragen haben, wird nun für den Künstler die ästhetische Wirkung abgeleitet. Wir wollen auch darüber die nötigsten Winke geben, wenn wir vorher die allgemeine Bedingung malerischer Darstellung, Licht und Schatten, abgehandelt, woran sich die Farbenerscheinung unmittelbar anschließt.

Helldunkel

849

Das Helldunkel, clair-obscur, nennen wir die Erscheinung körperlicher Gegenstände, wenn an denselben nur die Wirkung des Lichtes und Schattens betrachtet wird.

850

Im engern Sinne wird auch manchmal eine Schattenpartie, welche durch Reflexe beleuchtet wird, so genannt; doch wir brauchen hier das Wort in seinem ersten, allgemeinern Sinne.

851

Die Trennung des Helldunkels von aller Farbenerscheinung ist möglich und nötig. Der Künstler wird das Rätsel der Darstellung eher lösen, wenn er sich zuerst das Helldunkel unabhängig von Farben denkt und dasselbe in seinem ganzen Umfange kennenlernt.

852

Das Helldunkel macht den Körper als Körper erscheinen, indem uns Licht und Schatten von der Dichtigkeit belehrt.

853

Es kommt dabei in Betracht das höchste Licht, die Mitteltinte, der Schatten und bei dem letzten wieder der eigene Schatten des Körpers, der auf andre Körper geworfene Schatten, der erhellte Schatten oder Reflex.

854

Zum natürlichsten Beispiel für das Helldunkel wäre die Kugel günstig, um sich einen allgemeinen Begriff zu bilden, aber nicht hinlänglich zum ästhetischen Gebrauch. Die verfließende

Einheit einer solchen Rundung führt zum Nebulistischen. Um Kunstwirkungen zu erzwecken, müssen an ihr Flächen hervorgebracht werden, damit die Teile der Schatten- und Lichtseite sich mehr in sich selbst absondern.

855

Die Italiener nennen dieses il piazzoso; man könnte es im Deutschen das Flächenhafte nennen. Wenn nun also die Kugel ein vollkommenes Beispiel des natürlichen Helldunkels wäre, so würde ein Vieleck ein Beispiel des künstlichen sein, wo alle Arten von Lichtern, Halblichtern, Schatten und Reflexen bemerklich wären.

856

Die Traube ist als ein gutes Beispiel eines malerischen Ganzen im Helldunkel anerkannt, um so mehr, als sie ihrer Form nach eine vorzügliche Gruppe darzustellen imstande ist; aber sie ist bloß für den Meister tauglich, der das, was er auszuüben versteht, in ihr zu sehen weiß.

857

Um den ersten Begriff faßlich zu machen, der selbst von einem Vieleck immer noch schwer zu abstrahieren ist, schlagen wir einen Kubus vor, dessen drei gesehene Seiten das Licht, die Mitteltinte und den Schatten abgesondert nebeneinander vorstellen.

858

Jedoch um zum Helldunkel einer zusammengesetztern Figur überzugehen, wählen wir das Beispiel eines aufgeschlagenen Buches, welches uns einer größern Mannigfaltigkeit näherbringt.

859

Die antiken Statuen aus der schönen Zeit findet man zu solchen Wirkungen höchst zweckmäßig gearbeitet. Die Lichtpartien sind einfach behandelt, die Schattenseiten desto mehr unterbrochen, damit sie für mannigfaltige Reflexe empfänglich würden; wobei man sich des Beispiels vom Vieleck erinnern kann.

860

Beispiele antiker Malerei geben hierzu die Herkulanischen Gemälde und die Aldobrandinische Hochzeit.

861

Moderne Beispiele finden sich in einzelnen Figuren Raffaels, an ganzen Gemälden Correggios, der niederländischen Schule, besonders des Rubens.

Streben zur Farbe

862

Ein Kunstwerk schwarz und weiß kann in der Malerei selten vorkommen. Einige Arbeiten von Polydor geben uns davon Beispiele sowie unsre Kupferstiche und geschabten Blätter. Diese Arten, insofern sie sich mit Formen und Haltung beschäftigen, sind schätzenswert; allein sie haben wenig Gefälliges fürs Auge, indem sie nur durch eine gewaltsame Abstraktion entstehen.

863

Wenn sich der Künstler seinem Gefühl überläßt, so meldet sich etwas Farbiges gleich. Sobald das Schwarze ins Blauliche fällt, entsteht eine Forderung des Gelben, das denn der Künstler instinktmäßig verteilt und teils rein in den Lichtern, teils gerötet und beschmutzt als Braun in den Reflexen zu Belebung des Ganzen anbringt, wie es ihm am rätlichsten zu sein scheint.

864

Alle Arten von Camaieu, oder Farb in Farbe, laufen doch am Ende dahin hinaus, daß ein geforderter Gegensatz oder irgendeine farbige Wirkung angebracht wird. So hat Polydor in seinen schwarz und weißen Freskogemälden ein gelbes Gefäß oder sonst etwas der Art eingeführt.

865

Überhaupt strebten die Menschen in der Kunst instinktmäßig jederzeit nach Farbe. Man darf nur täglich beobachten, wie Zeichenlustige von Tusche oder schwarzer Kreide auf weiß Papier zu farbigem Papier sich steigern, dann verschiedene Kreiden anwenden und endlich ins Pastell übergehen. Man sah in unsern Zeiten Gesichter, mit Silberstift gezeichnet, durch rote Bäckchen belebt und mit farbigen Kleidern angetan, ja Silhouetten in bunten Uniformen. Paolo Uccello malte farbige Landschaften zu farblosen Figuren.

866

Selbst die Bildhauerei der Alten konnte diesem Trieb nicht widerstehen. Die Ägypter strichen ihre Basreliefs an. Den Statuen gab man Augen von farbigen Steinen. Zu marmornen Köpfen und Extremitäten fügte man porphyrne Gewänder, so wie man bunte Kalksinter zum Sturze der Brustbilder nahm. Die Jesuiten verfehlten nicht, ihren heiligen Aloysius in Rom auf diese Weise zusammenzusetzen, und die neuste Bildhauerei unterscheidet das Fleisch durch eine Tinktur von den Gewändern.

Haltung

867

Wenn die Linearperspektive die Abstufung der Gegenstände in scheinbarer Größe durch Entfernung zeigt, so läßt uns die Luftperspektive die Abstufung der Gegenstände in mehr oder minderer Deutlichkeit durch Entfernung sehen.

868

Ob wir zwar entfernte Gegenstände nach der Natur unsres Auges nicht so deutlich sehen als nähere, so ruht doch die Luftperspektive eigentlich auf dem wichtigen Satz, daß alle durchsichtigen Mittel einigermaßen trübe sind.

869

Die Atmosphäre ist also immer mehr oder weniger trüb. Besonders zeigt sich diese Eigenschaft in den südlichen Gegenden bei hohem Barometerstand, trocknem Wetter und wolkenlosem Himmel, wo man eine sehr merkliche Abstufung wenig auseinanderstehender Gegenstände beobachten kann.

870

Im allgemeinen ist diese Erscheinung jedermann bekannt; der Maler hingegen sieht die Abstufung bei den geringsten Abständen, oder glaubt sie zu sehen. Er stellt sie praktisch dar, indem er die Teile eines Körpers, z. B. eines völlig vorwärtsgekehrten Gesichtes, voneinander abstuft. Hiebei behauptet Beleuchtung ihre Rechte. Diese kommt von der Seite in Betracht, so wie die Haltung von vorn nach der Tiefe zu.

Kolorit

871

Indem wir nunmehr zur Farbengebung übergehen, setzen wir voraus, daß der Maler überhaupt mit dem Entwurf unserer Farbenlehre bekannt sei und sich gewisse Kapitel und Rubriken, die ihn vorzüglich berühren, wohl zu eigen gemacht habe: denn so wird er sich im Stande befinden, das Theoretische sowohl als das Praktische, im Erkennen der Natur und im Anwenden auf die Kunst, mit Leichtigkeit zu behandeln.

Kolorit des Orts

872

Die erste Erscheinung des Kolorits tritt in der Natur gleich mit der Haltung ein: denn die Luftperspektive beruht auf der Lehre von den trüben Mitteln. Wir sehen den Himmel, die entfernten Gegenstände, ja die nahen Schatten blau. Zugleich erscheint uns das Leuchtende und Beleuchtete stufenweise gelb bis zur Purpurfarbe. In manchen Fällen tritt sogleich die physiologische Forderung der Farben ein, und eine ganz farblose Landschaft wird durch diese mit- und gegeneinander wirkenden Bestimmungen vor unserm Auge völlig farbig erscheinen.

Kolorit der Gegenstände

873

Lokalfarben sind die allgemeinen Elementarfarben, aber nach den Eigenschaften der Körper und ihrer Oberflächen, an denen wir sie gewahr werden, spezifiziert. Diese Spezifikation geht bis ins Unendliche.

874

Es ist ein großer Unterschied, ob man gefärbte Seide oder Wolle vor sich hat. Jede Art des Bereitens und Webens bringt schon Abweichungen hervor. Rauhigkeit, Glätte, Glanz kommen in Betrachtung.

875

Es ist daher ein der Kunst sehr schädliches Vorurteil, daß der gute Maler keine Rücksicht auf den Stoff der Gewänder nehmen, sondern nur immer gleichsam abstrakte Falten malen müsse. Wird nicht hierdurch alle charakteristische Abwechslung aufgehoben, und ist das Porträt von Leo X. deshalb weniger trefflich, weil auf diesem Bilde Samt, Atlas und Mohr nebeneinander nachgeahmt ward?

876

Bei Naturprodukten erscheinen die Farben mehr oder weniger modifiziert, spezifiziert, ja individualisiert; welches bei Steinen und Pflanzen, bei den Federn der Vögel und den Haaren der Tiere wohl zu beobachten ist.

877

Die Hauptkunst des Malers bleibt immer, daß er die Gegenwart des bestimmten Stoffes nachahme und das Allgemeine, Elementare der Farbenerscheinung zerstöre. Die höchste Schwierigkeit findet sich hier bei der Oberfläche des menschlichen Körpers.

878

Das Fleisch steht im ganzen auf der aktiven Seite; doch spielt das Blauliche der passiven auch mit herein. Die Farbe ist durchaus ihrem elementaren Zustande entrückt und durch Organisation neutralisiert.

879

Das Kolorit des Ortes und das Kolorit der Gegenstände in Harmonie zu bringen wird nach Betrachtung dessen, was von uns in der Farbenlehre abgehandelt worden, dem geistreichen Künstler leichter werden, als bisher der Fall war, und er wird imstande sein, unendlich schöne, mannigfaltige und zugleich wahre Erscheinungen darzustellen.

Charakteristisches Kolorit

880

Die Zusammenstellung farbiger Gegenstände sowohl als die Färbung des Raums, in welchem sie enthalten sind, soll nach Zwecken geschehen, welche der Künstler sich vorsetzt. Hiezu ist besonders die Kenntnis der Wirkung der Farben auf Empfindung, sowohl im Einzelnen als in Zusammenstellung, nötig. Deshalb sich denn der Maler von dem allgemeinen Dualism sowohl als von den besondern Gegensätzen penetrieren soll; wie er denn überhaupt wohl innehaben müßte, was wir von den Eigenschaften der Farben gesagt haben.

881

Das Charakteristische kann unter drei Hauptrubriken begriffen werden, die wir einstweilen durch das Mächtige, das Sanfte und das Glänzende bezeichnen wollen.

882

Das erste wird durch das Übergewicht der aktiven, das zweite durch das Übergewicht der passiven Seite, das dritte durch Totalität und Darstellung des ganzen Farbenkreises im Gleichgewicht hervorgebracht.

883

Der mächtige Effekt wird erreicht durch Gelb, Gelbrot und Purpur, welche letzte Farbe auch noch auf der Plusseite zu halten ist. Wenig Violett und Blau, noch weniger Grün ist anzubringen. Der sanfte Effekt wird durch Blau, Violett und Purpur, welcher jedoch auf die Minusseite zu führen ist, hervorgebracht. Wenig Gelb und Gelbrot, aber viel Grün kann stattfinden.

884

Wenn man also diese beiden Effekte in ihrer vollen Bedeutung hervorbringen will, so kann man die geforderten Farben bis auf ein Minimum ausschließen und nur soviel von ihnen sehen lassen, als eine Ahndung der Totalität unweigerlich zu verlangen scheint.

Harmonisches Kolorit

885

Obgleich die beiden charakteristischen Bestimmungen, nach der eben angezeigten Weise, auch gewissermaßen harmonisch genannt werden können, so entsteht doch die eigentliche harmonische Wirkung nur alsdann, wenn alle Farben nebeneinander im Gleichgewicht angebracht sind.

886.

Man kann hiedurch das Glänzende sowohl als das Angenehme hervorbringen, welche beide jedoch immer etwas Allgemeines und in diesem Sinne etwas Charakterloses haben werden.

887

Hierin liegt die Ursache, warum das Kolorit der meisten Neuern charakterlos ist; denn indem sie nur ihrem Instinkt folgen, so bleibt das Letzte, wohin er sie führen kann, die Totalität, die sie mehr oder weniger erreichen, dadurch aber zugleich den Charakter versäumen, den das Bild allenfalls haben könnte.

888

Hat man hingegen jene Grundsätze im Auge, so sieht man, wie sich für jeden Gegenstand mit Sicherheit eine andre Farbenstimmung wählen läßt. Freilich fordert die Anwendung unendliche Modifikationen, welche dem Genie allein, wenn es von diesen Grundsätzen durchdrungen ist, gelingen werden.

Echter Ton

889

Wenn man das Wort Ton, oder vielmehr Tonart, auch noch künftig von der Musik borgen und bei der Farbengebung brauchen will, so wird es in einem bessern Sinne als bisher geschehen können.

890

Man würde nicht mit Unrecht ein Bild von mächtigem Effekt mit einem musikalischen Stücke aus dem Durton, ein Gemälde von sanftem Effekt mit einem Stücke aus dem Mollton vergleichen; so wie man für die Modifikation dieser beiden Haupteffekte andre Vergleichungen finden könnte.

Falscher Ton

891

Was man bisher Ton nannte, war ein Schleier von einer einzigen Farbe, über das ganze Bild gezogen. Man nahm ihn gewöhnlich gelb, indem man aus Instinkt das Bild auf die mächtige Seite treiben wollte.

892

Wenn man ein Gemälde durch ein gelbes Glas ansieht, so wird es uns in diesem Ton erscheinen. Es ist der Mühe wert, diesen Versuch zu machen und zu wiederholen, um genau kennenzulernen, was bei einer solchen Operation eigentlich vorgeht. Es ist eine Art Nachtbeleuchtung, eine Steigerung, aber zugleich Verdüsterung der Plusseite und eine Beschmutzung der Minusseite.

893

Dieser unechte Ton ist durch Instinkt aus Unsicherheit dessen, was zu tun sei, entstanden, so daß man anstatt der Totalität eine Uniformität hervorbrachte.

Schwaches Kolorit

894

Ebendiese Unsicherheit ist Ursache, daß man die Farben der Gemälde so sehr gebrochen hat, daß man aus dem Grauen heraus und in das Graue hinein malt und die Farbe so leise behandelt als möglich.

895

Man findet in solchen Gemälden oft die harmonischen Gegenstellungen recht glücklich, aber ohne Mut, weil man sich vor dem Bunten fürchtet.

Das Bunte

896

Bunt kann ein Gemälde leicht werden, in welchem man bloß empirisch, nach unsichern Eindrücken, die Farben in ihrer ganzen Kraft nebeneinanderstellen wollte.

897

Wenn man dagegen schwache, obgleich widrige Farben nebeneinandersetzt, so ist freilich der Effekt nicht auffallend. Man trägt seine Unsicherheit auf den Zuschauer hinüber, der denn an seiner Seite weder loben noch tadeln kann.

898

Auch ist es eine wichtige Betrachtung, daß man zwar die Farben unter sich in einem Bilde richtig aufstellen könne, daß aber doch ein Bild bunt werden müsse, wenn man die Farben in bezug auf Licht und Schatten falsch anwendet.

899

Es kann dieser Fall um so leichter eintreten, als Licht und Schatten schon durch die Zeichnung gegeben und in derselben gleichsam enthalten ist, dahingegen die Farbe der Wahl und Willkür noch unterworfen bleibt.

Furcht vor dem Theoretischen

900

Man fand bisher bei den Malern eine Furcht, ja eine entschiedene Abneigung gegen alle theoretische Betrachtungen über die Farbe und was zu ihr gehört, welches ihnen jedoch nicht übel zu deuten war. Denn das bisher so genannte Theoretische war grundlos, schwankend und auf Empirie hindeutend. Wir wünschen, daß unsre Bemühungen diese Furcht einigermaßen vermindern und den Künstler anreizen mögen, die aufgestellten Grundsätze praktisch zu prüfen und zu beleben.

Letzter Zweck

901

Denn ohne Übersicht des Ganzen wird der letzte Zweck nicht erreicht. Von allem dem, was wir bisher vorgetragen, durchdringe sich der Künstler. Nur durch die Einstimmung des Lichtes und Schattens, der Haltung, der wahren und charakteristischen Farbengebung kann das Gemälde von der Seite, von der wir es gegenwärtig betrachten, als vollendet erscheinen.

Gründe

902

Es war die Art der ältern Künstler, auf hellen Grund zu malen. Er bestand aus Kreide und wurde auf Leinwand oder Holz stark aufgetragen und poliert. Sodann wurde der Umriß aufgezeichnet und das Bild mit einer schwärzlichen oder bräunlichen Farbe ausgetuscht. Dergleichen auf diese Art zum Kolorieren vorbereitete Bilder sind noch übrig von Leonardo da Vinci, Fra Bartolommeo und mehrere von Guido.

903

Wenn man zur Kolorierung schritt und weiße Gewänder darstellen wollte, so ließ man zuweilen diesen Grund stehen. Tizian tat es in seiner spätern Zeit, wo er die große Sicherheit hatte und mit wenig Mühe viel zu leisten wußte. Der weißliche Grund wurde als Mitteltinte behandelt, die Schatten aufgetragen und die hohen Lichter aufgesetzt.

904

Beim Kolorieren war das untergelegte, gleichsam getuschte Bild immer wirksam. Man malte z. B. ein Gewand mit einer Lasurfarbe, und das Weiße schien durch und gab der Farbe ein Leben, so wie der schon früher zum Schatten angelegte Teil die Farbe gedämpft zeigte, ohne daß sie gemischt oder beschmutzt gewesen wäre.

905

Diese Methode hat viele Vorteile. Denn an den lichten Stellen des Bildes hatte man einen hellen, an den beschatteten einen dunkeln Grund. Das ganze Bild war vorbereitet; man konnte mit leichten Farben malen, und man war der Übereinstimmung des Lichtes mit den Farben gewiß. Zu unsern Zeiten ruht die Aquarellmalerei auf diesen Grundsätzen.

906

Übrigens wird in der Ölmalerei gegenwärtig durchaus ein heller Grund gebraucht, weil Mitteltinten mehr oder weniger durchsichtig sind und also durch einen hellen Grund einigermaßen belebt, so wie die Schatten selbst nicht so leicht dunkel werden.

907

Auf dunkle Gründe malte man auch eine Zeitlang. Wahrscheinlich hat sie Tintorett eingeführt; ob Giorgione sich derselben bedient, ist nicht bekannt. Tizians beste Bilder sind nicht auf dunkeln Grund gemalt.

908

Ein solcher Grund war rotbraun, und wenn auf denselben das Bild aufgezeichnet war, so wurden die stärksten Schatten aufgetragen, die Lichtfarben impastierte man auf den hohen Stellen sehr stark und vertrieb sie gegen den Schatten zu; da denn der dunkle Grund durch die verdünnte Farbe als Mitteltinte durchsah. Der Effekt wurde beim Ausmalen durch mehrmaliges Übergehen der lichten Partien und Aufsetzen der hohen Lichter erreicht.

909

Wenn diese Art sich besonders wegen der Geschwindigkeit bei der Arbeit empfiehlt, so hat sie doch in der Folge viel Schädliches. Der energische Grund wächst und wird dunkler; was die hellen Farben nach und nach an Klarheit verlieren, gibt der Schattenseite immer mehr und mehr Übergewicht. Die Mitteltinten werden immer dunkler und der Schatten zuletzt ganz finster. Die stark aufgetragenen Lichter bleiben allein hell, und man sieht nur lichte Flecken auf dem Bilde, wovon uns die Gemälde der Bolognesischen Schule und des Caravaggio genugsame Beispiele geben.

910

Auch ist nicht unschicklich, hier noch zum Schlusse des Lasierens zu erwähnen. Dieses geschieht, wenn man eine schon aufgetragene Farbe als hellen Grund betrachtet. Man kann eine Farbe dadurch fürs Auge mischen, sie steigern, ihr einen sogenannten Ton geben; man macht sie dabei aber immer dunkler.

Pigmente

911

Wir empfangen sie aus der Hand des Chemikers und Naturforschers. Manches ist darüber aufgezeichnet und durch den Druck bekannt geworden; doch verdiente dieses Kapitel von Zeit zu Zeit neu bearbeitet zu werden. Indessen teilt der Meister seine Kenntnisse hierüber dem Schüler mit, der Künstler dem Künstler.

912

Diejenigen Pigmente, welche ihrer Natur nach die dauerhaftesten sind, werden vorzüglich ausgesucht; aber auch die Behandlungsart trägt viel zur Dauer des Bildes bei. Deswegen sind so wenig Farbenkörper als möglich anzuwenden und die simpelste Methode des Auftrags nicht genug zu empfehlen.

913

Denn aus der Menge der Pigmente ist manches Übel für das Kolorit entsprungen. Jedes Pigment hat sein eigentümliches Wesen in Absicht seiner Wirkung aufs Auge, ferner etwas Eigentümliches, wie es technisch behandelt sein will. Jenes ist Ursache, daß die Harmonie schwerer durch mehrere als durch wenige Pigmente zu erreichen ist, dieses, daß chemische Wirkung und Gegenwirkung unter den Farbekörpern stattfinden kann.

914

Ferner gedenken wir noch einiger falschen Richtungen, von denen sich die Künstler hinreißen lassen. Die Maler begehren immer nach neuen Farbekörpern und glauben, wenn ein solcher gefunden wird, einen Vorschritt in der Kunst getan zu haben. Sie tragen großes Verlangen, die alten mechanischen Behandlungsarten kennenzulernen, wodurch sie viel Zeit verlieren, wie wir uns denn zu Ende des vorigen Jahrhunderts mit der Wachsmalerei viel zu lange gequält haben. Andre gehen darauf aus, neue Behandlungsarten zu erfinden, wodurch denn auch weiter nichts gewonnen wird. Denn es ist zuletzt doch nur der Geist, der jede Technik lebendig macht.

Allegorischer, symbolischer, mystischer Gebrauch der Farbe

915

Es ist oben umständlich nachgewiesen worden, daß eine jede Farbe einen besondern Eindruck auf den Menschen mache und dadurch ihr Wesen sowohl dem Auge als Gemüt offenbare. Daraus folgt sogleich, daß die Farbe sich zu gewissen sinnlichen, sittlichen, ästhetischen Zwecken anwenden lasse.

916

Einen solchen Gebrauch also, der mit der Natur völlig übereinträfe, könnte man den symbolischen nennen, indem die Farbe ihrer Wirkung gemäß angewendet würde und das wahre Verhältnis sogleich die Bedeutung ausspräche. Stellt man z. B. den Purpur als die Majestät bezeichnend auf, so wird wohl kein Zweifel sein, daß der rechte Ausdruck gefunden worden; wie sich alles dieses schon oben hinreichend auseinandergesetzt findet.

917

Hiermit ist ein anderer Gebrauch nahe verwandt, den man den allegorischen nennen könnte. Bei diesem ist mehr Zufälliges und Willkürliches, ja, man kann sagen, etwas Konventionelles, indem uns erst der Sinn des Zeichens überliefert werden muß, ehe wir wissen, was es bedeuten soll, wie es sich z. B. mit der grünen Farbe verhält, die man der Hoffnung zugeteilt hat.

918

Daß zuletzt auch die Farbe eine mystische Deutung erlaube, läßt sich wohl ahnden. Denn da jenes Schema, worin sich die Farbenmannigfaltigkeit darstellen läßt, solche Urverhältnisse andeutet, die sowohl der menschlichen Anschauung als der Natur angehören, so ist wohl kein Zweifel, daß man sich ihrer Bezüge, gleichsam als einer Sprache, auch da bedienen könne, wenn man Urverhältnisse ausdrücken will, die nicht ebenso mächtig und mannigfaltig in die Sinne fallen. Der Mathematiker schätzt den Wert und Gebrauch des Triangels; der Triangel steht bei dem Mystiker in großer Verehrung; gar manches läßt sich im Triangel schematisieren und die Farbenerscheinung gleichfalls, und zwar dergestalt, daß man durch Verdopplung und Verschränkung zu dem alten geheimnisvollen Sechseck gelangt.

919

Wenn man erst das Auseinandergehen des Gelben und

Blauen wird recht erfaßt, besonders aber die Steigerung ins Rote genugsam betrachtet haben, wodurch das Entgegengesetzte sich gegeneinander neigt und sich in einem Dritten vereinigt, dann wird gewiß eine besondere geheimnisvolle Anschauung eintreten, daß man diesen beiden getrennten, einander entgegengesetzten Wesen eine geistige Bedeutung unterlegen könne, und man wird sich kaum enthalten, wenn man sie unterwärts das Grün und oberwärts das Rot hervorbringen sieht, dort an die irdischen, hier an die himmlischen Ausgeburten der Elohim zu gedenken.

920

Doch wir tun besser, uns nicht noch zum Schlusse dem Verdacht der Schwärmerei auszusetzen, um so mehr, als es, wenn unsre Farbenlehre Gunst gewinnt, an allegorischen, symbolischen und mystischen Anwendungen und Deutungen, dem Geiste der Zeit gemäß, gewiß nicht fehlen wird.

Schlußwort

Indem ich diese Arbeit, welche mich lange genug beschäftigt, doch zuletzt nur als Entwurf gleichsam aus dem Stegreife herauszugeben im Falle bin und nun die vorstehenden gedruckten Bogen durchblättere, so erinnere ich mich des Wunsches, den ein sorgfältiger Schriftsteller vormals geäußert, daß er seine Werke lieber zuerst ins Konzept gedruckt sähe, um alsdann aufs neue mit frischem Blick an das Geschäft zu gehen, weil alles Mangelhafte uns im Drucke deutlicher entgegenkomme als selbst in der saubersten Handschrift.

Um wie lebhafter mußte bei mir dieser Wunsch entstehen, da ich nicht einmal eine völlig reinliche Abschrift vor dem Druck durchgehen konnte, da die sukzessive Redaktion dieser Blätter in eine Zeit fiel, welche eine ruhige Sammlung des Gemüts unmöglich machte.

Wie vieles hätte ich daher meinen Lesern zu sagen, wovon sich doch manches schon in der Einleitung findet. Ferner wird man mir vergönnen, in der Geschichte der Farbenlehre auch meiner Bemühungen und der Schicksale zu gedenken, welche sie erduldeten.

Hier aber stehe wenigstens eine Betrachtung vielleicht nicht am unrechten Orte, die Beantwortung der Frage, was kann derjenige, der nicht im Fall ist, sein ganzes Leben den Wissenschaften zu widmen, doch für die Wissenschaften leisten und wirken? was kann er als Gast in einer fremden Wohnung zum Vorteile der Besitzer ausrichten?

Wenn man die Kunst in einem höhern Sinne betrachtet, so möchte man wünschen, daß nur Meister sich damit abgäben, daß die Schüler auf das strengste geprüft würden, daß Liebhaber sich in einer ehrfurchtsvollen Annäherung glücklich fühlten. Denn das Kunstwerk soll aus dem Genie entspringen, der Künstler soll Gehalt und Form aus der Tiefe seines eigenen Wesens hervorrufen, sich gegen den Stoff beherrschend verhalten und sich der äußern Einflüsse nur zu seiner Ausbildung bedienen.

Wie aber dennoch aus mancherlei Ursachen schon der Künstler den Dilettanten zu ehren hat, so ist es bei wissenschaftlichen Gegenständen noch weit mehr der Fall, daß der Liebhaber etwas Erfreuliches und Nützliches zu leisten imstande ist. Die Wissenschaften ruhen weit mehr auf der Erfahrung als die Kunst, und zum Erfahren ist gar mancher geschickt. Das Wissenschaftliche wird von vielen Seiten zusammengetragen und kann vieler Hände, vieler Köpfe nicht entbehren. Das Wissen läßt sich überliefern, diese Schätze können vererbt werden; und das von *einem* Erworbene werden manche sich zueignen. Es ist daher niemand, der nicht seinen Beitrag den Wissenschaften anbieten dürfte. Wie vieles sind wir nicht dem Zufall, dem Handwerk, einer augenblicklichen Aufmerksamkeit schuldig. Alle Naturen, die mit einer glücklichen Sinnlichkeit begabt sind, Frauen, Kinder sind fähig, uns lebhafte und wohlgefaßte Bemerkungen mitzuteilen.

In der Wissenschaft kann also nicht verlangt werden, daß derjenige, der etwas für sie zu leisten gedenkt, ihr das ganze Leben widme, sie ganz überschaue und umgehe, welches überhaupt auch für den Eingeweihten eine hohe Forderung ist. Durchsucht man jedoch die Geschichte der Wissenschaften überhaupt, besonders aber die Geschichte der Naturwissenschaft, so findet man, daß manches Vorzüglichere von Einzelnen in einzelnen Fächern, sehr oft von Laien geleistet worden.

Wohin irgend die Neigung, Zufall oder Gelegenheit den Menschen führt, welche Phänomene besonders ihm auffallen, ihm einen Anteil abgewinnen, ihn festhalten, ihn beschäftigen, immer wird es zum Vorteil der Wissenschaft sein. Denn jedes neue Verhältnis, das an den Tag kommt, jede neue Behandlungsart, selbst das Unzulängliche, selbst der Irrtum ist brauchbar oder aufregend und für die Folge nicht verloren.

In diesem Sinne mag der Verfasser denn auch mit einiger Beruhigung auf seine Arbeit zurücksehen; in dieser Betrachtung kann er wohl einigen Mut schöpfen zu dem, was zu tun noch übrigbleibt, und, zwar nicht mit sich selbst zufrieden, doch in sich selbst getrost, das Geleistete und zu Leistende einer teilnehmenden Welt und Nachwelt empfehlen.

Multi pertransibunt et augebitur scientia.

KONFESSION DES VERFASSERS

Da uns, wenn wir an irgendeinem Geschehenen Teil nehmen, nichts willkommener sein kann, als daß Personen, welche mitgewirkt, uns die besondern Umstände offenbaren mögen, wie dieses oder jenes Ereignis seinen Ursprung genommen, und dies sowohl von der politischen als wissenschaftlichen Geschichte gilt, auch in beiden nichts so klein geachtet werden mag, das nicht irgendeinem Nachkommenden einmal bedeutend sein könnte: so habe ich nicht unterlassen wollen, nachdem ich dem Lebensgange so mancher andern nachgespürt, gleichfalls aufzuzeichnen, wie ich zu diesen physischen und besonders chromatischen Untersuchungen gelangt bin; welches um so mehr erwartet werden darf, weil eine solche Beschäftigung schon manchem als meinem übrigen Lebensgange fremd erschienen ist.

Die Menge mag wohl jemanden irgendein Talent zugestehen, worin er sich tätig bewiesen und wobei das Glück sich ihm nicht abhold gezeigt; will er aber in ein andres Fach übergehen und seine Künste vervielfältigen, so scheint es, als wenn er die Rechte verletze, die er einmal der öffentlichen Meinung über sich eingeräumt, und es werden daher seine Bemühungen in einer neuen Region selten freundlich und gefällig aufgenommen.

Hierin kann die Menge wohl einigermaßen recht haben: denn es hat jedes einzelne Beginnen so viele Schwierigkeiten, daß es einen ganzen Menschen, ja mehrere zusammen braucht, um zu einem erwünschten Ziele zu gelangen. Allein dagegen hat man wieder zu bedenken, daß die Tätigkeiten, in einem höhern Sinne, nicht vereinzelt anzusehen sind, sondern daß sie einander wechselsweise zu Hülfe kommen und daß der Mensch, wie mit andern, also auch mit sich selbst, öfters in ein Bündnis treten und daher sich in mehrere Tüchtigkeiten zu teilen und in mehreren Tugenden zu üben hat.

Wie es mir hierin im ganzen ergangen, würde nur durch eine umständliche Erzählung mitgeteilt werden können, und so mag das Gegenwärtige als ein einzelnes Kapitel jenes größern Bekenntnisses angesehen werden, welches abzulegen mir vielleicht noch Zeit und Mut übrigbleibt.

Indem sich meine Zeitgenossen gleich bei dem ersten Erscheinen meiner dichterischen Versuche freundlich genug gegen mich erwiesen und mir, wenn sie gleich sonst mancherlei auszusetzen fanden, wenigstens ein poetisches Talent mit Geneigtheit zuerkannten, so hatte ich selbst gegen die Dichtkunst ein eignes wundersames Verhältnis, das bloß praktisch war, indem ich einen Gegenstand, der mich ergriff, ein Muster, das mich aufregte, einen Vorgänger, der mich anzog, so lange in meinem innern Sinn trug und hegte, bis daraus etwas entstanden war, das als mein angesehen werden mochte und das ich, nachdem ich es jahrelang im stillen ausgebildet, endlich auf einmal, gleichsam aus dem Stegreife und gewissermaßen instinktartig, auf das Papier fixierte. Daher denn die Lebhaftigkeit und Wirksamkeit meiner Produktionen sich ableiten mag.

Da mir aber, sowohl in Absicht auf die Konzeption eines würdigen Gegenstandes als auf die Komposition und Ausbildung der einzelnen Teile sowie was die Technik des rhythmischen und prosaischen Stils betraf, nichts Brauchbares, weder von den Lehrstühlen noch aus den Büchern, entgegenkam, indem ich manches Falsche zwar zu verabscheuen, das Rechte aber nicht zu erkennen wußte und deshalb selbst wieder auf falsche Wege geriet, so suchte ich mir außerhalb der Dichtkunst eine Stelle, auf welcher ich zu irgendeiner Vergleichung gelangen und dasjenige, was mich in der Nähe verwirrte, aus einer gewissen Entfernung übersehen und beurteilen könnte.

Diesen Zweck zu erreichen, konnte ich mich nirgends besser hinwenden als zur bildenden Kunst. Ich hatte dazu mehrfachen Anlaß: denn ich hatte so oft von der Verwandtschaft der Künste gehört, welche man auch in einer gewissen Verbindung zu behandeln anfing. Ich war in einsamen Stunden früherer Zeit auf die Natur aufmerksam geworden, wie sie sich als Landschaft zeigt, und hatte, da ich von Kindheit auf in den Werkstätten der Maler aus und ein ging. Versuche gemacht, das, was mir in der Wirklichkeit erschien, so gut es sich schicken wollte, in ein Bild zu verwandlen; ja ich fühlte hiezu, wozu ich eigentlich keine

Anlage hatte, einen weit größern Trieb als zu demjenigen, was mir von Natur leicht und bequem war. So gewiß ist es, daß die falschen Tendenzen den Menschen öfters mit größerer Leidenschaft entzünden als die wahrhaften und daß er demjenigen weit eifriger nachstrebt, was ihm mißlingen muß, als was ihm gelingen könnte.

Je weniger also mir eine natürliche Anlage zur bildenden Kunst geworden war, desto mehr sah ich mich nach Gesetzen und Regeln um; ja ich achtete weit mehr auf das Technische der Malerei als auf das Technische der Dichtkunst: wie man denn durch Verstand und Einsicht dasjenige auszufüllen sucht, was die Natur Lückenhaftes an uns gelassen hat.

Je mehr ich nun durch Anschauung der Kunstwerke, insofern sie mir im nördlichen Deutschland vor die Augen kamen, durch Unterredung mit Kennern und Reisenden, durch Lesen solcher Schriften, welche ein lange pedantisch vergrabenes Altertum einem geistigem Anschaun entgegenzuheben versprachen, an Einsicht gewissermaßen zunahm, desto mehr fühlte ich das Bodenlose meiner Kenntnisse und sah immer mehr ein, daß nur von einer Reise nach Italien etwas Befriedigendes zu hoffen sein möchte.

Als ich endlich nach manchem Zaudern über die Alpen gelangt war, so empfand ich gar bald, bei dem Zudrang so vieler unendlichen Gegenstände, daß ich nicht gekommen sei, um Lükken auszufüllen und mich zu bereichern, sondern daß ich von Grund aus anfangen müsse, alles bisher Gewähnte wegzuwerfen und das Wahre in seinen einfachsten Elementen aufzusuchen. Zum Glück konnte ich mich an einigen von der Poesie herübergebrachten, mir durch inneres Gefühl und langen Gebrauch bewährten Maximen festhalten, so daß es mir zwar schwer, aber nicht unmöglich ward, durch ununterbrochnes Anschauen der Natur und Kunst, durch lebendiges, wirksames Gespräch mit mehr oder weniger einsichtigen Kennern, durch stetes Leben mit mehr oder weniger praktischen oder denkenden Künstlern nach und nach mir die Kunst überhaupt einzuteilen, ohne sie zu zerstückeln, und ihre verschiedenen lebendig ineinandergreifenden Elemente gewahr zu werden.

Freilich nur gewahr zu werden und festzuhalten, ihre tausendfältigen Anwendungen und Ramifikationen aber einer künftigen Lebenszeit aufzusparen. Auch ging es mir wie jedem, der reisend oder lebend mit Ernst gehandelt, daß ich in dem Augenblicke des Scheidens erst einigermaßen mich wert fühlte, hereinzutreten. Mich trösteten die mannigfaltigen und unentwickelten Schätze, die ich mir gesammlet; ich erfreute mich an der Art, wie ich sah, daß Poesie und bildende Kunst wechselseitig aufeinander einwirken könnten. Manches war mir im einzelnen deutlich, manches im ganzen Zusammenhange klar. Von einem einzigen Punkte wußte ich mir nicht die mindeste Rechenschaft zu geben: es war das Kolorit.

Mehrere Gemälde waren in meiner Gegenwart erfunden, komponiert, die Teile, der Stellung und Form nach, sorgfältig durchstudiert worden, und über alles dieses konnten mir die Künstler, konnte ich mir und ihnen Rechenschaft, ja sogar manchmal Rat erteilen. Kam es aber an die Färbung, so schien alles dem Zufall überlassen zu sein, dem Zufall, der durch einen gewissen Geschmack, einen Geschmack, der durch Gewohnheit, eine Gewohnheit, die durch Vorurteil, ein Vorurteil, das durch Eigenheiten des Künstlers, des Kenners, des Liebhabers bestimmt wurde. Bei den Lebendigen war kein Trost, ebensowenig bei den Abgeschiedenen, keiner in den Lehrbüchern, keiner in den Kunstwerken. Denn wie bescheiden sich über diesen Punkt z. B. Lairesse ausdrückt, kann Verwunderung erregen. Und wie wenig sich irgendeine Maxime aus der Färbung, welche neuere Künstler in ihren Gemälden angebracht, abstrahieren lasse, zeigt die Geschichte des Kolorits, verfaßt von einem Freunde, der schon damals mit mir zu suchen und zu untersuchen geneigt war und bis jetzt diesem gemeinsam eingeschlagenen Weg auf die löblichste Weise treu geblieben.

Je weniger mir nun bei allen Bemühungen etwas erfreulich Belehrendes entgegenschien, desto mehr brachte ich diesen mir so wichtigen Punkt überall wiederholt, lebhaft und dringend zur Sprache, dergestalt, daß ich dadurch selbst Wohlwollenden fast lästig und verdrießlich fiel. Aber ich konnte nur bemerken, daß die lebenden Künstler bloß aus schwankenden Überlieferungen und einem gewissen Impuls handelten, daß Helldunkel, Kolorit, Harmonie der Farben immer in einem wunderlichen Kreise sich durcheinanderdrehten. Keins entwickelte sich aus dem andern, keins griff notwendig ein in das andere. Was man ausübte, sprach man als technischen Kunstgriff, nicht als Grundsatz aus. Ich hörte zwar von kalten und warmen Farben, von Farben, die einander heben, und was dergleichen mehr war; allein bei jeder Ausführung konnte ich bemerken, daß man in einem sehr engen Kreise wandelte, ohne doch denselben überschauen oder beherrschen zu können.

Das Sulzerische Wörterbuch wurde um Rat gefragt, aber auch da fand sich wenig Heil. Ich dachte selbst über die Sache nach, und um das Gespräch zu beleben, um eine oft durchgedroschene Materie wieder bedeutend zu machen, unterhielt ich mich und die Freunde mit Paradoxen. Ich hatte die Ohnmacht des Blauen sehr deutlich empfunden und seine unmittelbare Verwandtschaft mit dem Schwarzen bemerkt; nun gefiel es mir, zu behaupten: das Blaue sei keine Farbe! und ich freute mich eines allgemeinen Widerspruchs. Nur Angelika, deren Freundschaft und Freundlichkeit mir schon öfters in solchen Fällen entgegengekommen war — sie hatte z. B. auf mein Ersuchen erst ein Bild, nach Art älterer Florentiner, Grau in Grau gemalt und es bei völlig entschiedenem und fertigen Helldunkel mit durchscheinender Farbe überzogen, wodurch eine sehr erfreuliche Wirkung hervorgebracht wurde, ob man es gleich von einem auf die gewöhnliche Weise gemalten Bilde nicht unterscheiden konnte — , Angelika gab mir Beifall und versprach, eine kleine Landschaft ohne Blau zu malen. Sie hielt Wort, und es entsprang ein sehr hübsches harmonisches Bild, etwa in der Art, wie ein Akyanobleps die Welt sehen würde; wobei ich jedoch nicht leugnen will, daß sie ein Schwarz anwendete, welches nach dem Blauen hinzog. Wahrscheinlich findet sich dieses Bild in den Händen irgendeines Liebhabers, für den es durch diese Anekdote noch mehr Wert erhält.

Daß hierdurch nichts ausgemacht wurde, ja vielmehr die Sache in einen geselligen Scherz ablief, war ganz natürlich. Indessen versäumte ich nicht, die Herrlichkeit der atmosphärischen Farben zu betrachten, wobei sich die entschiedenste Stufenfolge der Luftperspektive, die Bläue der Ferne sowie naher Schatten, auffallend bemerken ließ. Beim Schirokko-Himmel, bei den purpurnen Sonnenuntergängen waren die schönsten meergrünen Schatten zu sehen, denen ich um so mehr Aufmerksamkeit schenkte, als ich schon in der ersten Jugend bei frühem Studieren, wenn der Tag gegen das angezündete Licht heranwuchs, diesem Phänomen meine Bewunderung nicht entziehen konnte. Doch wurden alle diese Beobachtungen nur gelegentlich angestellt, durch soviel andres mannigfaltiges Interesse zerstreut und verdrängt, so daß ich meine Rückreise unternahm und zu Hause, bei manchem Zudrang fremdartiger Dinge, die Kunst und alle Betrachtung derselben fast gänzlich aus dem Auge verlor.

Sobald ich nach langer Unterbrechung endlich Muße fand, den eingeschlagenen Weg weiter zu verfolgen, trat mir in Absicht auf Kolorit dasjenige entgegen, was mir schon in Italien nicht verborgen bleiben konnte. Ich hatte nämlich zuletzt eingesehen, daß man den Farben, als physischen Erscheinungen, erst von der Seite der Natur beikommen müsse, wenn man in Absicht auf Kunst etwas über sie gewinnen wolle. Wie alle Welt war ich überzeugt, daß die sämtlichen Farben im Licht enthalten seien; nie war es mir anders gesagt worden, und niemals hatte ich die geringste Ursache gefunden, daran zu zweifeln, weil ich bei der Sache nicht weiter interessiert war. Auf der Akademie hatte ich mir Physik wie ein anderer vortragen und die Experimente vorzeigen lassen. Winckler in Leipzig, einer der ersten, der sich um Elektrizität verdient machte, behandelte diese Abteilung sehr umständlich und mit Liebe, so daß mir die sämtlichen Versuche mit ihren Bedingungen fast noch jetzt durchaus gegenwärtig sind. Die Gestelle waren sämtlich blau angestrichen; man brauchte ausschließlich blaue Seidenfäden zum Anknüpfen und Aufhängen der Teile des Apparats, welches mir auch immer wieder, wenn ich über blaue Farbe dachte, einfiel. Dagegen erinnere ich mich nicht, die Experimente, wodurch die Newtonische Theorie bewiesen werden soll, jemals gesehen zu haben; wie sie denn gewöhnlich in der Experimentalphysik auf gelegentlichen Sonnenschein verschoben und außer der Ordnung des laufenden Vortrags gezeigt werden.

Als ich mich nun von Seiten der Physik den Farben zu nähern gedachte, las ich in irgendeinem Kompendium das hergebrachte Kapitel, und weil ich aus der Lehre, wie sie dastand, nichts für meinen Zweck entwickeln konnte, so nahm ich mir vor, die Phänomene wenigstens selbst zu sehen, zu welchen Hofrat *Büttner,* der von Göttingen nach Jena gezogen war, den nötigen Apparat mitgebracht und mir ihn nach seiner freundlich mitteilenden Weise sogleich angeboten hatte. Es fehlte nur also noch an einer dunklen Kammer, die durch einen wohlverschlossenen Fensterladen bewirkt werden sollte; es fehlte nur noch am Foramen exiguum, das ich mit aller Gewissenhaftigkeit, nach dem angegebenen Maß, in ein Blech einzubohren im Begriff stand. Die Hindernisse jedoch, wodurch ich abgehalten ward, die Versuche nach der Vorschrift, nach der bisherigen Methode anzustellen, waren Ursache, daß ich von einer ganz andern Seite zu den Phänomenen gelangte und dieselben durch eine umgekehrte Methode ergriff, die ich noch umständlich zu erzählen gedenke.

Eben zu dieser Zeit kam ich in den Fall, meine Wohnung zu verändern. Auch dabei hatte ich meinen frühern Vorsatz vor Augen. In meinem neuen Quartier traf ich ein langes, schmales Zimmer mit einem Fenster gegen Südwest; was hätte mir erwünschter sein können! Indessen fand sich bei meiner neuen Einrichtung so viel zu tun, so manche Hindernisse traten ein, und die dunkle Kammer kam nicht zustande. Die Prismen standen eingepackt, wie sie gekommen waren, in einem Kasten unter dem Tische, und ohne die Ungeduld des Jenaischen Besitzers hätten sie noch lange da stehen können.

Hofrat Büttner, der alles, was er von Büchern und Instrumenten besaß, gern mitteilte, verlangte jedoch, wie es einem vorsichtigen Eigentümer geziemt, daß man die geborgten Sachen nicht allzulange behalten, daß man sie zeitig zurückgeben und lieber einmal wieder aufs neue borgen solle. Er war in solchen Dingen unvergessen und ließ es, wenn eine gewisse Zeit verflossen war, an Erinnerungen nicht fehlen. Mit solchen wollte er mich zwar nicht unmittelbar angehen, allein durch einen Freund erhielt ich Nachricht von Jena: der gute Mann sei ungeduldig, ja empfindlich, daß ihm der mitgeteilte Apparat nicht wieder zugesendet werde. Ich ließ dringend um einige Frist bitten, die ich auch erhielt, aber auch nicht besser anwendete: denn ich war von ganz anderem Interesse festgehalten. Die Farbe, so wie die bildende Kunst überhaupt, hatte wenig Teil an meiner Aufmerksamkeit, ob ich gleich ungefähr in dieser Epoche, bei Gelegenheit der Saussurischen Reisen auf den Montblanc und des dabei gebrauchten Kyanometers, die Phänomene der Himmelsbläue, der blauen Schatten usw. zusammenschrieb, um mich und andre zu überzeugen, daß das Blaue nur dem Grade nach von dem Schwarzen und dem Finstern verschieden sei.

So verstrich abermals eine geraume Zeit, die leichte Vorrichtung des Fensterladens und der kleinen Öffnung ward vernachlässigt, als ich von meinem Jenaischen Freunde einen dringenden Brief erhielt, der mich aufs lebhafteste bat, die Prismen zurückzusenden, und wenn es auch nur wäre, daß der Besitzer sich von ihrem Dasein überzeugte, daß er sie einige Zeit wieder in Verwahrung hätte; ich sollte sie alsdann zu längerm Gebrauch wieder zurückerhalten. Die Absendung aber möchte ich ja mit dem zurückkehrenden Boten bewerkstelligen. Da ich mich mit diesen Untersuchungen so bald nicht abzugeben hoffte, entschloß ich mich, das gerechte Verlangen sogleich zu erfüllen. Schon hatte ich den Kasten hervorgenommen, um ihn dem Boten zu übergeben, als mir einfiel, ich wolle doch noch geschwind durch ein Prisma sehen, was ich seit meiner frühsten Jugend nicht getan hatte. Ich erinnerte mich wohl, daß alles bunt erschien, auf welche Weise jedoch, war mir nicht mehr gegenwärtig. Eben befand ich mich in einem völlig geweißten Zimmer; ich erwartete, als ich das Prisma vor die Augen nahm, eingedenk der Newtonischen Theorie, die ganze weiße Wand nach verschiedenen Stufen gefärbt, das von da ins Auge zurückkehrende Licht in soviel farbige Lichter zersplittert zu sehen.

Aber wie verwundert war ich, als die durchs Prisma angeschaute weiße Wand nach wie vor weiß blieb, daß nur da, wo ein Dunkles dranstieß, sich eine mehr oder weniger entschiedene Farbe zeigte, daß zuletzt die Fensterstäbe am allerlebhaftesten farbig erschienen, indessen am lichtgrauen Himmel draußen keine Spur von Färbung zu sehen war. Es bedurfte keiner langen Überlegung, so erkannte ich, daß eine Grenze notwendig sei, um Farben hervorzubringen, und ich sprach wie durch einen Instinkt sogleich vor mich laut aus, daß die Newtonische Lehre falsch sei. Nun war an keine Zurücksendung der Prismen mehr zu denken. Durch mancherlei Überredungen und Gefälligkeiten suchte ich den Eigentümer zu beruhigen, welches mir auch gelang. Ich vereinfachte nunmehr die mir in Zimmern und im Freien durchs Prisma vorkommenden zufälligen Phänomene und erhob sie, indem ich mich bloß schwarzer und weißer Tafeln bediente, zu bequemen Versuchen.

Die beiden sich immer einander entgegengesetzten Ränder, die Verbreiterung derselben, das Übereinandergreifen über einen hellen Streif und das dadurch entstehende Grün, wie die Entstehung des Roten beim Übereinandergreifen über einen dunklen Streif, alles entwickelte sich vor mir nach und nach. Auf einen schwarzen Grund hatte ich eine weiße Scheibe gebracht, welche, in einer gewissen Entfernung durchs Prisma angesehen, das bekannte Spektrum vorstellte und vollkommen den Newtonischen Hauptversuch in der Camera obscura vertrat. Eine schwarze Scheibe auf hellem Grund machte aber auch ein farbiges und gewissermaßen noch prächtigeres Gespenst. Wenn sich dort das Licht in so vielerlei Farben auflöst, sagte ich zu mir selbst, so müßte ja hier auch die Finsternis als in Farben aufgelöst angesehen werden.

Der Apparat meiner Tafeln war sorgfältig und reinlich zusammengeschafft, vereinfacht soviel wie möglich und so eingerichtet, daß man die sämtlichen Phänomene in einer gewissen Ordnung dabei betrachten konnte. Ich wußte mir im stillen nicht wenig mit meiner Entdeckung, denn sie schien sich an manches bisher von mir Erfahrne und Geglaubte anzuschließen. Der Gegensatz von warmen und kalten Farben der Maler zeigte sich hier in abgesonderten blauen und gelben Rändern. Das Blaue erschien gleichsam als Schleier des Schwarzen, wie sich das Gelbe als ein Schleier des Weißen bewies. Ein Helles mußte über das Dunkle, ein Dunkles über das Helle geführt werden, wenn die Erscheinung eintreten sollte: denn keine perpendikulare Grenze war gefärbt. Das alles schloß sich an dasjenige an, was ich in der Kunst von Licht und Schatten und in der Natur von apparenten Farben gehört und gesehen hatte. Doch stand alles dieses mir ohne Zusammenhang vor der Seele und keinesweges so entschieden, wie ich es hier ausspreche.

Da ich in solchen Dingen gar keine Erfahrung hatte und mir kein Weg bekannt war, auf dem ich hätte sicher fortwandeln können, so ersuchte ich einen benachbarten Physiker, die Resultate dieser Vorrichtungen zu prüfen. Ich hatte ihn vorher bemerken lassen, daß sie mir Zweifel in Absicht auf die Newtonische Theorie erregt hätten, und hoffte sicher, daß der erste Blick auch in ihm die Überzeugung, von der ich ergriffen war, aufregen würde. Allein wie verwundert war ich, als er zwar die Erscheinungen in der Ordnung, wie sie ihm vorgeführt wurden, mit Gefälligkeit und Beifall aufnahm, aber zugleich versicherte, daß diese Phänomene bekannt und aus der Newtonischen Theorie vollkommen erklärt seien. Diese Farben gehörten keinesweges der Grenze, sondern dem Licht ganz allein an; die Grenze sei nur Gelegenheit, daß in dem einen Fall die weniger refrangiblen, im andern die mehr refrangiblen Strahlen zum Vorschein kämen. Das Weiße in der Mitte sei aber noch ein zusammengesetztes, durch Brechung nicht separiertes Licht, das aus einer ganz eigenen Vereinigung farbiger, aber stufenweise übereinandergeschobener Lichter entspringe, welches alles bei Newton selbst und in den nach seinem Sinn verfaßten Büchern umständlich zu lesen sei.

Ich mochte dagegen nun einwenden, was ich wollte, daß nämlich das Violette nicht refrangibler sei als das Gelbe, sondern nur wie dieses in das Helle, so jenes in das Dunkle hineinstrahle; ich mochte anführen, daß bei wachsender Breite der Säume das Weiße sowenig als das Schwarze in Farben zerlegt, sondern in dem einen Falle nur durch ein zusammengesetztes Grün, in dem andern durch ein zusammengesetztes Rot zugedeckt werde; kurz, ich mochte mich mit meinen Versuchen und Überzeugungen gebärden, wie ich wollte, immer vernahm ich nur das erste Credo und mußte mir sagen lassen, daß die Versuche in der dunklen Kammer weit mehr geeignet seien, die wahre Ansicht der Phänomene zu verschaffen.

Ich war nunmehr auf mich selbst zurückgewiesen; doch konnte ich es nicht ganz lassen und setzte noch einigemal an, aber mit ebensowenig Glück, und ich wurde in nichts gefördert. Man sah die Phänomene gern; die Ununterrichteten amüsierten sich damit, die Unterrichteten sprachen von Brechung und Brechbarkeit und glaubten sich dadurch von aller weitern Prüfung loszuzählen. Nachdem ich nun diese, in der Folge von mir subjektiv genannten Versuche ins Unendliche, ja Unnötige vervielfältigte. Weiß, Schwarz, Grau, Bunt in allen Verhältnissen an- und übereinander auf Tafeln gebracht hatte, wobei immer nur das erste simple Phänomen, bloß anders bedingt, erschien, so setzte ich nun auch die Prismen in die Sonne und richtete die Camera obscura mit schwarz ausgeschlagenen Wänden so genau und finster als möglich ein. Das Foramen exiguum selbst wurde sorgfältig angebracht. Allein diese beschränkten Taschenspielerbedingungen hatten keine Gewalt mehr über mich. Alles, was die subjektiven Versuche mir leisteten, wollte ich auch durch die objektiven darstellen. Die Kleinheit der Prismen stand mir im Wege. Ich ließ ein größeres aus Spiegelscheiben zusammensetzen, durch welches ich nun, vermittelst vorgeschobener ausgeschnittener Pappen, alles dasjenige hervorzubringen suchte, was auf meinen Tafeln gesehen wurde, wenn man sie durchs Prisma betrachtete.

Die Sache lag mir am Herzen, sie beschäftigte mich; aber ich fand mich in einem neuen unabsehlichen Felde, welches zu durchmessen ich mich nicht geeignet fühlte. Ich sah mich überall nach Teilnehmern um; ich hätte gern meinen Apparat, meine Bemerkungen, meine Vermutungen, meine Überzeugungen einem andern übergeben, wenn ich nur irgend hätte hoffen können, sie fruchtbar zu sehen.

All mein dringendes Mitteilen war vergebens. Die Folgen der Französischen Revolution hatten alle Gemüter aufgeregt und in jedem Privatmann den Regierungsdünkel erweckt. Die Physiker, verbunden mit den Chemikern, waren mit den Gasarten und mit dem Galvanismus beschäftigt. Überall fand ich Unglauben an meinen Beruf zu dieser Sache, überall eine Art von Abneigung gegen meine Bemühungen, die sich, je gelehrter und kenntnisreicher die Männer waren, immer mehr als unfreundlicher Widerwille zu äußern pflegte.

Höchst undankbar würde ich hingegen sein, wenn ich hier nicht diejenigen nennen wollte, die mich durch Neigung und Zutrauen förderten. Der Herzog von Weimar, dem ich von jeher alle Bedingungen eines tätigen und frohen Lebens schuldig geworden, vergönnte mir auch diesmal den Raum, die Muße, die Bequemlichkeit zu diesem neuen Vorhaben. Der Herzog Ernst von Gotha eröffnete mir sein physikalisches Kabinett, wodurch ich die Versuche zu vermannigfaltigen und ins Größere zu führen in Stand gesetzt wurde. Der Prinz August von Gotha verehrte mir aus England verschriebene köstliche, sowohl einfache als zusammengesetzte, achromatische Prismen. Der Fürstprimas, damals in Erfurt, schenkte meinen ersten und allen folgenden Versuchen eine ununterbrochene Aufmerksamkeit, ja er begnadigte einen umständlichen Aufsatz mit durchgehenden Randbemerkungen von eigner Hand, den ich noch als eine höchst schätzbare Erinnerung unter meinen Papieren verwahre.

Unter den Gelehrten, die mir von ihrer Seite Beistand leisteten, zähle ich Anatomen, Chemiker, Literatoren, Philosophen wie Loder, Sömmerring, Göttling, Wolf, Forster, Schelling, hingegen keinen Physiker.

Mit Lichtenberg korrespondierte ich eine Zeitlang und sendete ihm ein paar auf Gestellen bewegliche Schirme, woran die sämtlichen subjektiven Erscheinungen auf eine bequeme Weise dargestellt werden konnten, ingleichen einige Aufsätze, freilich noch roh und ungeschlacht genug. Eine Zeitlang antwortete er mir; als ich aber zuletzt dringender ward und das ekelhafte Newtonische Weiß mit Gewalt verfolgte, brach er ab, über diese Dinge zu schreiben und zu antworten; ja er hatte nicht einmal die Freundlichkeit, ungeachtet eines so guten Verhältnisses, meiner Beiträge in der letzten Ausgabe seines Erxlebens zu erwähnen. So war ich denn wieder auf meinen eigenen Weg gewiesen.

Ein entschiedenes Aperçu ist wie eine inokulierte Krankheit anzusehen: man wird sie nicht los, bis sie durchgekämpft ist. Schon längst hatte ich angefangen, über die Sache nachzulesen. Die Nachbeterei der Kompendien war mir bald zuwider und ihre beschränkte Einförmigkeit gar zu auffallend. Ich ging nun an die Newtonische „Optik", auf die sich doch zuletzt jedermann bezog, und freute mich, das Kaptiose, Falsche seines ersten Experiments mir schon durch meine Tafeln anschaulich gemacht zu haben und mir das ganze Rätsel bequem auflösen zu können. Nachdem ich diese Vorposten glücklich überwältigt, drang ich tiefer in das Buch, wiederholte die Experimente, entwickelte und ordnete sie und fand sehr bald, daß der ganze Fehler darauf beruhe, daß ein kompliziertes Phänomen zum Grunde gelegt und das Einfachere aus dem Zusammengesetzten erklärt werden sollte. Manche Zeit und manche Sorgfalt jedoch bedurfte es, um die Irrgänge alle zu durchwandern, in welche Newton seine Nachfolger zu verwirren beliebt hat. Hierzu waren mir die „Lectiones opticae" höchst behülflich, indem diese einfacher, mit mehr Aufrichtigkeit und eigener Überzeugung des Verfassers geschrieben sind. Die Resultate dieser Bemühungen enthält mein polemischer Teil.

Wenn ich nun auf diese Weise das Grundlose der Newtonischen Lehre, besonders nach genauer Einsicht in das Phänomen der Achromasie, vollkommen erkannte, so half mir zu einem neuen theoretischen Weg jenes erste Gewahrwerden, daß ein entschiedenes Auseinandertreten, Gegensetzen, Verteilen, Differenzieren, oder wie man es nennen wollte, bei den prismatischen Farbenerscheinungen statthabe, welches ich mir kurz und gut unter der Formel der Polarität zusammenfaßte, von der ich überzeugt war, daß sie auch bei den übrigen Farbenphänomenen durchgeführt werden könne.

Was mir inzwischen als Privatmann nicht gelingen mochte, bei irgend jemand Teilnahme zu erregen, der sich zu meinen

Untersuchungen gesellt, meine Überzeugungen aufgenommen und darnach fortgearbeitet hätte, das wollte ich nun als Autor versuchen, ich wollte die Frage an das größere Publikum bringen. Ich stellte daher die notwendigsten Bilder zusammen, die man bei den subjektiven Versuchen zum Grunde legen mußte. Sie waren schwarz und weiß, damit sie als Apparat dienen, damit sie jedermann sogleich durchs Prisma beschauen könnte. Andere waren bunt, um zu zeigen, wie diese schwarzen und weißen Bilder durchs Prisma verändert würden. Die Nähe einer Kartenfabrik veranlaßte mich, das Format von Spielkarten zu wählen, und indem ich Versuche beschrieb und gleich die Gelegenheit, sie anzustellen, gab, glaubte ich das Erforderliche getan zu haben, um in irgendeinem Geiste das Aperçu hervorzurufen, das in dem meinigen so lebendig gewirkt hatte.

Allein ich kannte damals, ob ich gleich alt genug war, die Beschränktheit der wissenschaftlichen Gilden noch nicht, diesen Handwerkssinn, der wohl etwas erhalten und fortpflanzen, aber nichts fördern kann, und es waren drei Punkte, die für mich schädlich wirkten. Erstlich hatte ich mein kleines Heft „Beiträge zur Optik“ betitelt. Hätte ich Chromatik gesagt, so wäre es unverfänglicher gewesen; denn da die Optik zum größten Teil mathematisch ist, so konnte und wollte niemand begreifen, wie einer, der keine Ansprüche an Meßkunst machte, in der Optik wirken könne. Zweitens hatte ich, zwar nur ganz leise, angedeutet, daß ich die Newtonische Theorie nicht zulänglich hielte, die vorgetragenen Phänomene zu erklären. Hierdurch regte ich die ganze Schule gegen mich auf, und nun verwunderte man sich erst höchlich, wie jemand ohne höhere Einsicht in die Mathematik, wagen könne, Newton zu widersprechen. Denn daß eine Physik unabhängig von der Mathematik existiere, davon schien man keinen Begriff mehr zu haben. Die uralte Wahrheit, daß der Mathematiker, sobald er in das Feld der Erfahrung tritt, so gut wie jeder andere dem Irrtum unterworfen sei, wollte niemand in diesem Falle anerkennen. In gelehrten Zeitungen, Journalen, Wörterbüchern und Kompendien sah man stolz-mitleidig auf mich herab, und keiner von der Gilde trug Bedenken, den Unsinn nochmals abdrucken zu lassen, den man nun fast hundert Jahre als Glaubensbekenntnis wiederholte. Mit mehr oder weniger dünkelhafter Selbstgefälligkeit betrugen sich Gren in Halle, die „Gothaischen Gelehrten Zeitungen“, die „Allgemeine Jenaische

Literaturzeitung", Gehler und besonders Fischer in ihren physikalischen Wörterbüchern. Die „Göttingischen Gelehrten Anzeigen", ihrer Aufschrift getreu, zeigten meine Bemühungen auf eine Weise an, um sie sogleich auf ewig vergessen zu machen.

Ich gab, ohne mich hierdurch weiter rühren zu lassen, das zweite Stück meiner „Beiträge" heraus, welches die subjektiven Versuche mit bunten Papieren enthält, die mir um so wichtiger waren, als dadurch für jeden, der nur einigermaßen in die Sache hätte sehen wollen, der erste Versuch der Newtonischen Optik vollkommen enthüllt und dem Baum die Axt an die Wurzel gelegt wurde. Ich fügte die Abbildung des großen Wasserprismas hinzu, die ich auch wieder unter die Tafeln des gegenwärtigen Werkes aufgenommen habe. Es geschah damals, weil ich zu den objektiven Versuchen übergehen und die Natur aus der dunklen Kammer und von den winzigen Prismen zu befreien dachte.

Da ich in dem Wahn stand, denen, die sich mit Naturwissenschaften abgeben, sei es um die Phänomene zu tun, so gesellte ich, wie zum ersten Stücke meiner „Beiträge" ein Paket Karten, so zum zweiten eine Foliotafel, auf welcher alle Fälle von hellen, dunkeln und farbigen Flächen und Bildern dergestalt angebracht waren, daß man sie nur vor sich hinstellen, durch ein Prisma betrachten durfte, um alles, wovon in dem Hefte die Rede war, sogleich gewahr zu werden. Allein diese Vorsorge war gerade der Sache hinderlich und der dritte Fehler, den ich beging. Denn diese Tafel, viel mehr noch als die Karten, war unbequem zu packen und zu versenden, so daß selbst einige aufmerksam gewordne Liebhaber sich beklagten, die „Beiträge" nebst dem Apparat durch den Buchhandel nicht erhalten zu können.

Ich selbst war zu andern Lebensweisen, Sorgen und Zerstreuungen hingerissen. Feldzüge, Reisen, Aufenthalt an fremden Orten nahmen mir den größten Teil mehrerer Jahre weg; dennoch hielten mich die einmal angefangenen Betrachtungen, das einmal übernommene Geschäft, denn zum Geschäft war diese Beschäftigung geworden, auch selbst in den bewegtesten und zerstreutesten Momenten fest; ja ich fand Gelegenheit, in der freien Welt Phänomene zu bemerken, die meine Einsicht vermehrten und meine Ansicht erweiterten.

Nachdem ich lange genug in der Breite der Phänomene herumgetastet und mancherlei Versuche gemacht hatte, sie zu schematisieren und zu ordnen, fand ich mich am meisten gefördert, als ich die Gesetzmäßigkeit der physiologischen Erscheinungen, die Bedeutsamkeit der durch trübe Mittel hervorgebrachten und endlich die versatile Beständigkeit der chemischen Wirkungen und Gegenwirkungen erkennen lernte. Hiernach bestimmte sich die Einteilung, der ich, weil ich sie als die beste befunden, stets treu geblieben. Nun ließ sich ohne Methode die Menge von Erfahrungen weder sondern noch verbinden; es wurden daher theoretische Erklärungsarten rege, und ich machte meinen Weg durch manche hypothetische Irrtümer und Einseitigkeiten. Doch ließ ich den überall sich wieder zeigenden Gegensatz, die einmal ausgesprochne Polarität nicht fahren, und zwar um so weniger, als ich mich durch solche Grundsätze im Stand fühlte, die Farbenlehre an manches Benachbarte anzuschließen und mit manchem Entfernten in Reihe zu stellen. Auf diese Weise ist der gegenwärtige Entwurf einer Farbenlehre entstanden.

Nichts war natürlicher, als daß ich aufsuchte, was uns über diese Materie in Schriften überliefert worden, und es von den ältesten Zeiten bis zu den unsrigen nach und nach auszog und sammelte. Durch eigene Aufmerksamkeit, durch guten Willen und Teilnahme mancher Freunde kamen mir auch die seltnern Bücher in die Hände; doch nirgends bin ich auf einmal soviel gefördert worden als in Göttingen durch den mit großer Liberalität und tätiger Beihülfe gestatteten Gebrauch der unschätzbaren Büchersammlung. So häufte sich allmählich eine große Masse von Abschriften und Exzerpten, aus denen die Materialien zur Geschichte der Farbenlehre redigiert worden und wovon noch manches zu weiterer Bearbeitung zurückliegt.

Und so war ich, ohne es beinahe selbst bemerkt zu haben, in ein fremdes Feld gelangt, indem ich von der Poesie zur bildenden Kunst, von dieser zur Naturforschung überging und dasjenige, was nur Hülfsmittel sein sollte, mich nunmehr als Zweck anreizte. Aber als ich lange genug in diesen fremden Regionen verweilt hatte, fand ich den glücklichen Rückweg zur Kunst durch die physiologischen Farben und durch die sittliche und ästhetische Wirkung derselben überhaupt.

Ein Freund, Heinrich *Meyer,* dem ich schon früher in Rom manche Belehrung schuldig geworden, unterließ nicht, nach seiner Rückkehr, zu dem einmal vorgesetzten Zweck, den er selbst wohl ins Auge gefaßt hatte, mitzuwirken. Nach angestellten Erfahrungen, nach entwickelten Grundsätzen machte er manchen Versuch gefärbter Zeichnungen, um dasjenige mehr ins Licht zu setzen und wenigstens für uns selbst gewisser zu machen, was gegen das Ende meines Entwurfs über Farbengebung mitgeteilt wird. In den „Propyläen“ versäumten wir nicht, auf manches hinzudeuten, und wer das dort Gesagte mit dem nunmehr umständlicher Ausgeführten vergleichen will, dem wird der innige Zusammenhang nicht entgehen.

Höchst bedeutend aber ward für das ganze Unternehmen die fortgesetzte Bemühung des gedachten Freundes, der sowohl bei wiederholter Reise nach Italien als auch sonst bei anhaltender Betrachtung von Gemälden die Geschichte des Kolorits zum vorzüglichen Augenmerk behielt und dieselbige entwarf, wie wir sie in zwei Abteilungen unsern Lesern vorgelegt haben: die ältere, welche hypothetisch genannt wird, weil sie, ohne genugsame Beispiele, mehr aus der Natur des Menschen und der Kunst als aus der Erfahrung zu entwickeln war; die neuere, welche auf Dokumenten beruht, die noch von jedermann betrachtet und beurteilt werden können.

Indem ich mich nun auf diese Weise dem Ende meines aufrichtigen Bekenntnisses nähere, so werde ich durch einen Vorwurf angehalten, den ich mir mache, daß ich unter jenen vortrefflichen Männern, die mich geistig gefördert, meinen unersetzlichen *Schiller* nicht genannt habe. Dort aber empfand ich eine Art von Scheu, dem besonderen Denkmal, welches ich unserer Freundschaft schuldig bin, durch ein voreiliges Gedenken Abbruch zu tun. Nun will ich aber doch, in Betrachtung menschlicher Zufälligkeiten, aufs kürzeste bekennen, wie er an meinem Bestreben lebhaften Anteil genommen, sich mit den Phänomenen bekannt zu machen gesucht, ja sogar mit einigen Vorrichtungen umgeben, um sich an denselben vergnüglich zu belehren. Durch die große Natürlichkeit seines Genies ergriff er nicht nur schnell die Hauptpunkte, worauf es ankam, sondern wenn ich manchmal auf meinem beschaulichen Wege zögerte, nötigte er mich durch seine reflektierende Kraft, vorwärtszueilen, und riß mich gleichsam an das Ziel, wohin ich strebte. Und so wünsche ich nur, daß mir das Besondere dieser Verhältnisse, die mich noch in der Erinnerung glücklich machen, bald auszusprechen vergönnt sein möge.

Aber alle diese Fortschritte wären durch die ungeheuren Ereignisse dieser letzten Jahre noch kurz vor dem Ziel aufgehalten und eine öffentliche Mitteilung unmöglich geworden, hätte nicht unsere verehrteste Herzogin, mitten unter dem Drang und Sturm gewaltsamer Umgebungen, auch mich in meinem Kreise nicht allein gesichert und beruhigt, sondern zugleich aufs höchste aufgemuntert, indem sie einer Experimentaldarstellung der sämtlichen, sich nach meiner Einsicht nunmehr glücklich aneinanderschließenden Naturerscheinungen beizuwohnen und eine aufmerksame Versammlung durch ihre Gegenwart zu konzentrieren und zu beleben geruhte. Hierdurch allein wurde ich in den Stand gesetzt, alles Äußere zu vergessen und mir dasjenige lebhaft zu vergegenwärtigen, was bald einem größern Publikum mitgeteilt werden sollte. Und so sei denn auch hier am Schlusse, wie schon am Anfange geschehen, die durch ihren Einfluß glücklich vollbrachte Arbeit dieser nicht genug zu verehrenden Fürstin dankbar gewidmet.

[DER DYNAMISMUS IN DER GEOLOGIE]

Alles Geologische liegt zwischen einem Ältesten und Jüngsten, zwischen dem Granite, den wir als erstes Vorhandenes kennen, und den letzten aufgeschwemmten Gebirgen.

Die Hauptschwierigkeit der Geologie beruht auf der Ansicht, darauf nämlich, daß man das Atomistische und Mechanische, welches in gewissen Momenten freilich sich wirksam erweist, so lange als möglich zurückdrängt, dem Dynamischen dagegen, einem gesetzmäßig-bedingten Entstehen, einem Entwickeln und Umgestalten sein Recht gibt.

Wenn man, durch die atomistische Betrachtung, ein bereits Gewordenes hin und her treiben, ablagern und erstarren sieht, so führt die dynamische dagegen in den Moment des Entstehens das lebendige Spiel der Elemente und ihrer Anziehungen ein. In ihr kann sehr vieles noch aus ruhiger Vollstreckung innerer Gesetze hergeleitet werden, was bei jener nur durch einen Aufwand vieler Fluten und äußerer Gewalten begreiflich zu machen ist.

Ebenso lehrt uns die dynamische Ansicht partielles Entstehen ohne Schwierigkeit erklären, was bei dem mechanischen und Flutensysteme kaum denkbar ist; sie hält nämlich die ganze Materie für lebens- und verwandlungsfähig, je nachdem es die Bedingungen herbeiführen; sie leugnet ein Kosmisches nicht; sie setzt ein Spiel der Elemente durch die ganze Atmosphäre, mit

Anziehungskräften zu dem Festen, wie wir sie jeden Tag, nur modifiziert, gewahr werden; sie sieht ein, daß eine Wechselwirkung zwischen dem Vorhandenen und Entstehenden da sei, durch welche jenes auf dieses, wie dieses auf jenes, einwirken könne; sie läßt endlich im bereits Gebildeten noch eine innere Bildung, d. h. eine Sammlung und Anziehung des Ähnlichen und Entsprechenden, gelten.

Das Unterste, Zugrundeliegende, welches wir auf der Erde gefunden, ist das Granitische. Sein auszeichnender Begriff ist, kein Continens und Contentum, sondern ein vollkommenes Ineinandersein, eine vollkommene Dreieinigkeit seiner Teile zu haben. Sie stehen in ihm gleich, und keiner hat ein entschiedenes Übergewicht über den anderen.

Gibt das Granitische diesen Charakter auf, so geschieht es dadurch, daß einer seiner Teile ein Übergewicht über die anderen bekommt, seine Weise, zu sein, zur herrschenden macht und die übrigen zwingt, nach dieser Weise sich zu gestalten. Der Granit, wo er seinen Charakter aufgibt, hat daher nicht eine, sondern mehrfache Verwandlungsarten.

Indem der Granit seinen Charakter aufgibt, tritt also Vielfältigkeit, mehr oder minder stetig, ein. Er hat aufgehört zu herrschen; nun ist eine Anarchie, in welcher jedes zur Herrschaft strebt. In diesem Momente erscheint die Metallformation.

Dieses Aufgeben seines Charakters im Granite, diese Metamorphose, kann man als ein Aussichschreiten, ein Überschreiten ansehen. Seine Vielfältigkeit zu bezeichnen, denke man es unter dem Bilde einer Kugel, welche, sowie man aus ihrem Mittelpunkte tritt, Radien nach allen Enden zuläßt.

Sehen wir in ihm, daß die Elemente, welche den Granit erzeugen, unter Umständen zu einem anderen, als er selber ist, können determiniert werden, so ist eine rückschreitende Determination, ein Wiederbestimmtwerden des anderen zum Granite gleichfalls nicht völlig undenkbar.

Das erste Überschreiten des Granites geschieht in denjenigen Zustand, in welchem hauptsächlich Metallbildung eintritt. Wiewohl Ton und Kiesel in ihm vorherrschend ist, tritt doch auch bereits mannigfach gesäuerter Kalk in ihm ein.

Aus diesem Überschreiten geschieht ein zweites. In diesem scheint eine schwankendere Bildung als in dem ersten stattzuhaben. Was eben erst fixiert worden, wird durch neu eintretende

Ursachen aufgehoben, verzehrt, gestört, neu hergestellt. Man sucht sich meist mechanisch zu erklären, aber es gehört noch dem Dynamischen an; es ist keine Zerreißung und Ansetzung von außen, sondern ein inneres Aufgelöst- und Neugebundenwerden.

Doch treten mit und in ihm Erscheinungen ein, bei welchen die Reibung und Spülung der Fluten nicht zu verneinen steht, nur seltener, als man glaubt, und manches, was auf den ersten Blick von Flutungen vorzurücken scheint, wird bei genauer Untersuchung besser von Verwitterung hergeleitet.

Bei dem ersten Überschreiten des Granites, also dem ersten erscheinenden Vielfältigen, tritt Kristallisation, also das erste gelungene Individualisieren der Natur, ein. Bei diesem letzten zeigen sich organische Gebilde sowohl großer Farrenkräuter als der Korallen.

Dicht am Granite kommt die Grauwacke vor, ein Name für viele Bildungen. Sie trägt große Metallager in sich.

Dicht am Granite liegt auch der Porphyr. Dieser hat alle Bestandteile des Granites, aber nicht in gleicher Herrschaft. Man unterscheidet in ihm das Continens von dem Contento deutlich.

AUSFLUG NACH ZINNWALD UND ALTENBERG

Den 9. Juli 1813 fuhr ich gegen Abend von *Teplitz* ab; bis Eichwald findet man gute Chaussee, ich gelangte dahin in ¾ Stunden. Durch das Dorf selbst ist der Weg schlecht und enge Spur, hinter demselben aber hat man, vor kurzem, den Weg bergauf dergestalt verbreitert und mit quergelegten Holzstämmen zur Ableitung des Wassers eingerichtet, daß er gar wohl verhältnismäßig für gut gelten kann, wenigstens leidet eine breitere Spur keinen Anstoß, worauf doch eigentlich in Gebirgen alles ankommt.

Um ½ 8 Uhr war ich auf der Höhe von *Zinnwald.* Dieser Ort, durch welchen die Grenze zwischen Böhmen und Sachsen durchgeht, ist auf einem flachen Bergrücken, mit zerstreuten Häusern, weitläufig angelegt, die Wohnungen sind durch Wiesen getrennt, die den anstoßenden Besitzern gehören; hier sieht man wenig Bäume, und die Berghalden kündigen sich von ferne an. Der bald auf- , bald absteigende Weg ist schlecht, und hier findet man wieder enge Spur.

Der Abend war sehr schön, der Himmel klar, die Sonne ging rein unter, und der Mond stand am Himmel. Ich kehrte in dem Gasthof ein, der einem Fleischer gehört, und fand notdürftiges Unterkommen, ging noch auf die Halden, untersuchte die daselbst befindlichen Gangarten und unterhielt mich mit dem Steinschneider *Mende,* mit dem ich schon früher meine Ankunft verabredet hatte.

Den 10. Juli ging die Sonne am klarsten Himmel schon sehr früh auf. Mich wunderte, daß in einem keineswegs reinlichen und durch eine Fleischerwirtschaft noch mehr verunreinigten Hause auch nicht eine Fliege zu finden war. Es scheint also, daß diese Berghöhen ihnen nicht zusagen.

Ich ging auf die Grube *Vereinigt-Zwitterfeld* und fand daselbst den Steiger mit seinen Leuten, über Tage, mit Ausklauben beschäftigt. Hier sondern sie den Zinnstein von den anhängenden Gangarten, vorzüglich vom Wolfram, der häufig vorkömmt und beim Schmelzen Unheil macht. Der Schacht ist 48 Lachter tief, ebensoviel bringt auch der Stollen ein. Sie bauen auf sogenannten Flözen, welche aber völlig die Eigenschaft der Erzlager haben, meist ganz horizontal liegen und nur gegen das Ende einen mehreren Fall bekommen. Die Bergleute sagen: die Flöze richten sich nach der Form des Berges, besser würde man sich ausdrükken: sie bringen die Form des Berges hervor. Sechs solche Hauptflöze liegen übereinander, von verschiedener Mächtigkeit. Das mächtigste ist $^{6}/_{4}$ Ellen, aber nicht durchaus von gleicher Stärke, die schmälsten von 6 bis 8 Zoll sind die reichsten. Die Flöze bestehen durchgängig aus Quarz, welcher, von beiden Salbändern herein, gleichsam strahlenweise kristallisiert erscheint, weil er aber wenig Räume zwischen sich läßt, für derb angesehen werden kann. Zerschlägt man ihn, so sondert er sich in stängliche Stücke. Die beiden Salbänder dieser Flöze oder Horizontallager sind kristallisierter Glimmer, und in diesen Salbändern, vorzüglich aber in dem untersten, findet sich der *Zinnstein* eingesprengt; der Quarz dagegen des Flözes ist durchaus taub, so wie auch das obere Salband keinen Gehalt hat. Zwischen diesen Flözen liegen zwei verschiedene Bergarten, *Greisen* und *Sandstein* (sie sprechen Sandstein aus, daß es klingt wie Sansten oder Sansken) genannt. Die erste ist aus Quarz und Glimmer gemischt, derjenigen ähnlich, woraus das Schlaggenwalder Stockwerk besteht, die andere aus Quarz und Ton und daher leicht verwitterlich.

Durch diese ganze Masse nun schneiden stehende, seigere Gänge durch (sie sprechen, daß es klingt wie Stehnichen), meistens sehr schmal, höchstens 3 bis 4 Zoll breit. Sie streichen in der zweiten Stunde, sind an sich zinnhaltend und veredeln die Flöze, wo sie solche durchschneiden.

Noch eine andere Erscheinung ist das, was sie Klüfte nennen, man könnte sie auch für Gänge ansprechen. Sie streichen in der dritten Stunde, gleichfalls seiger, und schneiden alles durch. Sie sind Ellen breit, enthalten einen weichen, tonartigen Schmant, den die Bergleute *Besteg* nennen, und führen niemals Metall. Das Merkwürdigste dabei ist, daß sie die Flöze verwerfen. Wie nämlich eine solche Kluft auf das Flöz trifft, es sei von welcher Mächtigkeit es wolle, so schleppt sie dasselbe abwärts mit fort und verwirft es dergestalt, daß es erst 3 — 4 — 6 Lachter tiefer wieder vorkommt und auch wohl wieder zu seiner vorigen Stärke gelangt.

Nachdem ich mir dieses alles erklären und die genannten Produkte auf den Halden vorzeigen lassen, auch von jedem Musterstücke abgeschlagen, so begab ich mich mit dem Steinschneider in sein Haus. Außer einem kleinen Mineralienkabinett, das er für sich gesammelt hat, findet man bei ihm kleinere und größere Musterstücke von den Produkten des Leitmeritzer Kreises, besonders von allem, was sich auf die Pseudovulkane bezieht; er hat eine besondere Geschicklichkeit im Zuschlagen seiner Muster, die deswegen sauber und appetitlich aussehen.

Nun ging ich mit ihm abwärts gegen Nordwest, bis an das Stollen-Mundloch; unterwegs fanden wir viel aufgerissenes Erdreich, in kleinen Hügeln. Hier wurden vor alten Zeiten die *Tagflöze* abgebaut, welche nah unter der Oberfläche lagen und zeigen, daß der ganze Berg zinnisch war und das, was man Dammerde nennt, in den ältesten Zeiten unbedeutend.

Wir wanderten nun den Berggraben hin, welcher das Wasser dieser Höhen, wie es hier von den Pochwerken kommt, nach Altenberg leitet; er zieht sich, wie gewöhnlich, an dem Bergrükken her, und der Weg ist sehr angenehm, weil es immer durch Waldung geht.

Ist man ungefähr eine halbe Stunde gegangen, so überschaut man die sich abstufenden Berge und Hügel zwischen hier und der Elbe. Den Fluß sieht man zwar nicht, aber die Bergreihen drüben, bei klarem Wetter, ganz deutlich.

Der kleine Ort *Geising* wird zuerst im Tale sichtbar, die Häuser ziehen sich in dem engen Grunde herauf. Nun öffnet sich der Blick nach Altenberg, und zwar sieht man zuerst eine hohe, steile Felswand; diese ist aber nicht durch Natur, sondern durch jenen großen Erdfall, Erdbruch entstanden, wodurch so viele Gruben zugrunde gegangen.

Man muß sich vorstellen, daß die sämtlichen Gruben an dem Abhange eines Berges gelegen, und da sie zusammengestürzt, so hat sich ein Trichter gebildet, mit Wänden von ungleicher Höhe, die vordere viel niedriger als die hintere. Sie nennen diesen Trichter, nach dem gewöhnlichen bergmännischen Ausdruck, die *Binge.*

Punkt neune hatten wir den untern Rand erreicht. Von dem obern bis in die Tiefe mag es viel über hundert Fuß betragen. Das Gestein an den Wänden ist sowohl senkrecht als auch nach allen Richtungen zerklüftet, hat äußerlich eine rote Farbe, die sich von dem Eisengehalt des Gesteines herschreiben mag.

Unsere Absicht zu melden, ging mein Führer zu dem Bergmeister; dieser war nicht zu Hause, sondern in der Bergpredigt, indem heute gerade das Quartal Crucis eintrat, mit den gewöhnlichen Feierlichkeiten.

Das Städtchen *Altenberg* liegt näher zusammen als Zinnwald, an einem sanften Abhange des Berges, und ist, nach sächsischer Art, schon städtischer gebaut als jenes. Man sieht auch hier verschiedene Göpel. Der mit Fichten wohl bewachsene Geisingsberg, welcher rechter Hand in einiger Entfernung hervorragt, gibt eine angenehme Ansicht.

Da ich auszuruhen wünschte, trat ich in die Kirche und fand die ganze Knappschaft im Putz und Ornat versammelt. Der Diakonus predigte in hergebrachten bergmännischen Phrasen, der Auszug aus der Kirche war nicht feierlich wie sonst, man bemerkte aber schöne Männer, besonders unter den Knappschaftsältesten, fast zu groß für Bergleute.

Wir besuchten einen Handelsmann, um ein Glas Wein zu trinken, diesen fanden wir in einer sonderbaren Beschäftigung. Er hatte nämlich einen Juden bei sich, wie sie mit Ferngläsern in dem Lande herumziehen, dieser stellte ein Mikroskop auf, weil der Kaufmann die Insekten näher betrachten wollte, die ihm seine Käse leichter machen, seinen Reis mit Staub überziehen und die Rosinen verderben. Es kamen unter dem Vergrößerungsglas die abscheulichsten Tiere zum Vorschein, Mitteltiere zwischen Läusen und Käfern, durchscheinend am Leibe und den meisten Gliedern, übrigens grau, sie bewegten sich mit vieler Behendigkeit und waren von verschiedener Größe, man konnte auch ganz deutlich lange stilliegende Larven erkennen, aus denen sie hervorgehen mögen.

Man versicherte uns, daß diese Geschöpfe einen großen holländischen Käse in einigen Wochen um ein paar Pfund leichter machen; ein Mittel dagegen sei, aus Ziegelmehl einen feinen Brei zu bereiten und damit die Käse zu überstreichen, so blieben sie unangetastet. Die Ursache ist wohl, weil die Luft abgehalten wird, welche diese Geschöpfe zum Leben nötig haben.

Nun nahmen wir unsern Weg gegen die Pochwerke. Ich konnte die Steinhaufen, welche darneben aufgeschüttet waren, nicht begreifen; sie schienen aus taubem Gestein zu bestehen, wovon ich Musterstücke mitnahm und mich nach gehaltreicheren Stufen umsah. Allein ich war sehr verwundert, als ich bemerken mußte, daß diese sämtlichen Steine, wie sie durcheinanderlagen, zum Pochen bestimmt hieher gefahren worden.

Weil nun alle Bergleute nach dem Bergamte gezogen waren und überhaupt heute nicht gearbeitet wurde, so war die Stadt wie ausgestorben und wir unsern eigenen Betrachtungen überlassen. Mein Führer hatte ziemliche Kenntnisse dieser Dinge, und ein alter Mann, der heranschlich, bestätigte seine Aussage, daß wirklich das ganze Gebirg zinnhaltig sei und selten einige Teile desselben vor andern vorzuziehen. Es werde deshalb alles auf die Pochwerke gebracht, deren sehr viele hinunter in dem Tal gegen Geising angebracht sind.

Wir gingen von einer Halde zur andern und fanden sehr viele Abweichungen desselben Gesteines, die wir so lange auflasen und als Handstufen zerschlugen, bis wir zuletzt keine neue Abänderung mehr fanden. Wir traten darauf unsern Rückweg an, verfügten uns aber noch vorher an das Mundloch eines Versuchsstollens, den sie in der Gegend der Schmelzhütte treiben; dort kommt ein schöner Porphyr vor, den sie Syenit-Porphyr mit Recht nennen, weil rötliche Feldspatkristalle in einem Grund von Hornblende liegen. Wir stiegen nun so weit wieder aufwärts, bis wir den Berggraben erreichten, und gingen auf dem kühlen Wege ganz bequem zurück.

Vom Stollenmundloch an, den Zinnwalder kahlen Berg hinauf, hatten wir dagegen in der Mittagssonne einen beschwerlichen Weg und waren wohl zufrieden, als wir um 1 Uhr in dem Gasthofe wieder anlangten.

Gegen Abend besuchte mich der Bergamtsassessor *Friedrich August Schmid* von Altenberg, bedauerte, daß sie heute verhindert worden, wie sie gewünscht hätten, mich zu empfangen, daß sie mit der Bergpredigt und dem Anschnitt beschäftigt gewesen, auch erst nach meiner Abreise meine Ankunft vernommen. Ich ersuchte ihn um einige Nachrichten, die er mir denn auch erteilte.

Das große sogenannte Stockwerk zu Altenberg hat schon 1547 und 1548 einige Brüche erfahren, der Hauptbruch geschah aber 1620, wo 36 Gruben mit 36 Göpeln zugrunde gingen. Dieses Unglück entstand aus der Natur des Berges und des Bergbaues: denn indem der Zinngehalt durch die ganze Masse des Berges ausgeteilt ist und sich in den verschiedenen Steinarten, woraus derselbe besteht, zerstreut befindet, ohne daß sich besondere bauwürdige Gänge oder Flöze zeigten, so muß das sämtliche Gestein weggenommen und überhaupt verpocht werden, wobei man denn, da man die entstandenen Räume nicht mit Holz wieder ausbauen kann, Bergfesten stehen läßt, um das Ganze einigermaßen zu unterstützen.

Da nun die 36 Gruben jede für sich einzeln bauten, jede soviel als möglich aus ihrem Felde herausnahm, ohne sich um das Allgemeine oder um die Nachbarn zu bekümmern, so ward der Berg nach und nach ausgehöhlt, daß er sich nicht mehr hielt, sondern zusammenstürzte.

Dieser Unfall jedoch gereichte dem Werke zum Nutzen, indem die Hauptgewerken, ausländische reiche Kaufleute, unter Beirat von klugen Sachverständigen, mit vieler Mühe es dahin brachten, daß die Teilnehmer der 36 zerstörten Gruben sich in eine Gewerkschaft vereinigten, deren Anteile durch eine verhältnismäßige Anzahl der nunmehr beliebten 128 Kuxe wiedererstattet wurden.

Diese neue Gesellschaft teilt sich nun wieder in drei Teile:

1) Große Gewerkschaft, bestehend aus den Augsburger, Nürnberger und Dresdner Gewerken.

2) Kleine Gewerkschaft.

3) Propre-Teile.

Da nun dieses Unternehmen groß und kühn war, so wußten sie sich zugleich von der Landesherrschaft viele Vorteile zu bedingen, sie stehen eigentlich nicht unter dem Bergamte, sondern unter einer Direktion von drei Personen, die sich in Dresden aufhalten, am Orte haben sie einen eigenen Faktor, der gegenwärtige heißt *Löbel,* der alles besorgt. Die Kirche haben sie erbaut, die Glocken und die Uhr angeschafft, die Pochmühlen gehören ihnen zum größten Teil, auch haben sie Waldungen und ein Rittergut angekauft, so daß ihnen zu den notwendigsten Bedürfnissen nichts abgeht. Auch besitzen sie noch einen Teil des Berges, der damals nicht zusammenstürzte, und bauen sowohl unter als neben dem Bruche.

Der Bau unter dem Bruche ist sehr wunderbar, indem man sich nur versuchsweise der zusammengestürzten und zerbröckelten Steine zu bemächtigen sucht. Alles, was man gewinnt, wird zwar, wie oben gesagt, verpocht und das Zinn aus der ganzen Masse herausgewaschen; aber man sucht sich doch auch im einzelnen von dem mehr oder weniger Gehalt dieser und jener Steinart durch den Sichertrog zu unterrichten. Sie wissen es zu einer großen Fertigkeit zu bringen und haben sich eine Terminologie gemacht, um zehn Grade der Bauwürdigkeit zu unterscheiden; es sind folgende:

1. Mauseöhrchen.
2. 3 er.
3. 6 pf.
4. 1 gl.
5. 2 gl.
6. 4 gl.
7. 8 gl.
8. 9 gl.
9. Speziestaler.
10. Fensterscheibe.

Merkwürdig ist es, daß sie einen neuen Bruch befürchten müssen, indem sich um die große Binge her das Gebirg abermals abgelöst hat; weil aber diese Ablösung ganz seiger ist und also, wenn auch der vordere Teil nach der Binge zu einstürzen sollte, doch die Rückwand stehen bleiben und von oben nichts nachstürzen würde, so sind sie ohne Sorgen, ja sie bedienen sich des durch die Ablösung entstandenen Raumes zu Schächten und sonstigen Bedürfnissen.

Die verschiedenen Gruben, auf denen gebaut wird, haben ein schwerer oder leichter Geschäft und können den Zentner Zinn verkaufen von 34 bis 39 Taler, nachdem es ihnen mehr oder weniger zu gewinnen kostet.

Das Gestein des Gebirgs ist an und für sich sehr feste, daher hat ihnen das Zusammenstürzen der Ungeheuern Masse den Vorteil gebracht, daß es dadurch zersplittert worden. Wie sie nun aber unter dem Bruche diese Trümmer gewinnen, ist mir zwar beschrieben worden, aber schwer zu begreifen und ohne Zeichnung nicht zu verstehen.

Wo sie im festen Gestein arbeiten, setzen sie Feuer und machen dadurch das Gestein brüchig, demohngeachtet aber bleiben immer noch große Stücke, diese werden auf ungeheuren Scheiterhaufen neben den Pochwerken abermals durchgeglüht und auf diese Weise zersprengt, daß man ihrer durchs Pochen eher Herr werden kann.

Von ihrem Schmelzprozeß wüßte ich wenig zu sagen, sie rösten die Schliche, um den Arsenik und Schwefel wegzutreiben, übrigens macht die Beimischung von Wolfram und Eisen ihnen viel zu schaffen.

Sonntag, den 11. Juli, bereitete ich mich früh um sechs Uhr zur Stollenfahrt, und dieses um so lieber, als der Steiger von der Grube *Vereinigt-Zwtterfeld* auch die Aufsicht über den Stollen hat. Ich fuhr bis zum Stollenmundloch im Wagen und fand daselbst den gedachten Steiger und Steinschneider.

Das erste Gestein, was man mit dem Stollen durchfahren hat, ist Porphyr, der seine Gleichzeitigkeit oder wenigstens sein baldiges Nachfolgen auf die Zinnformation dadurch beweist, daß Zinnflöze noch in ihn hineinsetzen. Wir fuhren bis unter den Schacht von *Vereinigt-Zwitterfeld,* ohngefähr 300 Lachtern. Der Stollen ist leider nicht in gerader Linie angelegt, und so ist er auch von verschiedener Höhe, deshalb unangenehm zu befahren. Auf dem Hin- und Herwege machte mich der Steiger auf alles dasjenige aufmerksam, was er mir gestern über Tage von der Natur des Gebirgs erzählt hatte, er zeigte mir die Flöze, deren Gangart, den Quarz, die Salbänder von Glimmer, die reichen unten, die tauben oben, das Durchstreichen der stehenden Gänge, besonders aber der Klüfte, wobei ich einen höchst merkwürdigen Fall, wo ein Flöz durch die Kluft verschleppt ward, zwar mit einiger Mühseligkeit, aber doch sehr deutlich zu sehen bekam. So zeigte er mir auch eine große Weitung, da wo die Gruben *Vereinigt-Zwitterfeld* und *Reicher Trost* zusammenstoßen. Hier konnte die ganze Masse zugute gemacht werden, weil die Greisen stockwerkartig metallhaltig waren. Als sie diese Räume abbauten, trafen sie auf eine große Druse, in welcher sich schöne Bergkristalle, teils einzeln, teils in Gruppen fanden.

Ich konnte hiernach die gestern auf den Halden zusammengesuchten und bei dem Steinschneider angeschafften Stufen desto besser ordnen, welches sogleich geschah.

Hiebei bemerke ich noch, daß in Zinnwald auf sächsischer Seite 14 Gruben sind, alle gangbar, auf der böhmischen mehrere, aber nur 6 gangbar.

Nachdem ich also vor Tische bei dem Steinschneider die Auswahl der mir interessanten Mineralien gemacht, so wurden selbe eingepackt. Ich fuhr um halb drei Uhr ab und war dreiviertel auf fünfe in Teplitz. Ein starkes Gewitter, welches von der Gegend über der Elbe heranzog, erreichte mich nicht, indem die Gebirge dem Zug der Wetter Hindernisse in den Weg legen.

Wenn man das Datum bemerkt, wie ich den 11. Juli von dieser Höhe schied, so wird man verzeihen, daß ich einen mir so wichtigen Gegenstand nur flüchtig, ja verstohlen betrachtet. Es war, während des Stillstandes, an welchem das Schicksal der Welt hing, ein Wagstück nicht ohne leichtsinnige Kühnheit. Die Grenze von Sachsen und Böhmen geht durch Zinnwald durch; um den Mineralienhändler zu besuchen, mußte ich schon Sachsen betreten, alles, was für mich bedeutend war, lag auf dieser Seite. Und nun gar die Wanderung nach Altenberg, dem Anscheine nach geheimnisvoll unternommen, hätte mir eigentlich übele Händel zuziehen sollen. Von sächsischer Seite war jedoch kein Mann zu sehen, alles ruhte dort im tiefsten Frieden; die östreichischen Schildwachen mußten für unverfänglich halten, wenn man mit zwei Schimmeln über die Grenze führe, der Mautner hatte auch nichts dagegen einzuwenden, und so kam ich glücklich zurück durch den Weg, den ich so gut fand, weil man ihn zum Transport der Artillerie gerade jetzt verbessert hatte. Abends spät gelangte ich nach Teplitz, frank und frei, zu einigem Mißvergnügen einer heitern Gesellschaft, welche schadenfroh gehofft hatte, mich, für meine Verwegenheit bestraft, als Gefangenen eskortiert, vor den kommandierenden General, meinen hohen Gönner und Freund, den Fürsten Moritz Liechtenstein, und seine so lieb und werte Umgebung gebracht zu sehen. Bedenke ich nun, daß diese ruhige Berggegend, die ich in dem vollkommensten Frieden, der aus meinem Tagebuche hervorleuchtet, verließ, schon am 27. August, von dem fürchterlichsten Rückzuge überschwemmt, allen Schrecknissen des Krieges ausgesetzt, ihren Wohlstand auf lange Zeit zerstört sah, so darf ich den Genius segnen, der mich zu dem flüchtigen und doch unauslöschbaren Anschauen dieser Zustände trieb, die von so langer Zeit her das größte Interesse für mich gehabt hatten.

[ÜBER BILDUNG VON EDELSTEINEN]

Alle Gebirgsmassen trennen und bilden sich kosmisch; innerhalb der Masse aber erzeugt sich eine Neigung, sich eigenst gestaltet darzustellen.

Wir haben Granit im Granit kristallisiert in Karlsbad, auf dem Odenwald und gewiß an hundert Orten.

Wir haben Gneis im Gneis kristallisiert. Jene bekannte Doppelkristalle nämlich werden durch Glimmers Verflächungslust gezogen und gebogen. Sie erscheinen nun als die Flasern, um welche sich der ausgesonderte Glimmer wellenhaft hinüberlegt. In dem Porphyr bilden sich Kristalle jener Urform ähnlich; in Ilmenau und Teplitz sind sie entschieden, aber nicht häufig gefunden worden.

Dieses Bestreben, daß die Masse sich in der Form veredeln will, geht durch alle Epochen, ja bis auf den heutigen Tag. Der neuste Gips ist so gut porphyrartig als der Porphyr selbst, und ich habe eigene Rücksichten hiernach bei meinen Sammlungen genommen.

Ja die Metalle, selbst Zinn, Wolfram und das Verwandte, haben in Masse Gestalt angenommen.

Wobei ich nur bemerke, daß dieses sowohl massenhaft als ganghaft kann geschehen sein.

Das zweite ist zu beachten: die Veredelung in Freiheit, wenn die Masse Räume läßt, daß in denselben von den frühsten bis in die spätesten Zeiten ewig zirkulierende Gasarten die Eigentümlichkeiten des Gebirgs auflösen, befreien, verwandeln, zu Verwandtem Geselligkeit verstatten. Hier scheinen diejenigen Körper entstanden, die wir Edelsteine nennen.

Vom Gotthard brachte ich die Seite eines Ganges mit, dessen Nebengestein aus Quarz, Feldspat und Hornblende bestand. Auf dieser Gangfläche haben sich Feldspat, Hornblende und Quarz bewundernswürdig jedes für sich kristallisiert, und so habe ich es in allen Gebirgsarten gefunden.

Die erste Frage wird nun sein: Erkennen wir etwas als Edelstein, das sich in der Masse veredelte?

Vielleicht in untergeordnetem Sinne, wie vormals Schwefelkies geschliffen und dergleichen.

Die zweite Frage schließt sich an: Welches Alter haben die Gebirgsarten, in welchen wir unsere anerkannten sogenannten Edelsteine finden? Die allerschärfste Untersuchung ginge hier voraus, denn wenn wir den Nachrichten trauen dürfen — ernstliche Reisende, die sie uns geben von Visapur und Soumelpur — , so scheinen die Diamanten sehr modern zu sein.

Was mich betrifft, so traue ich der Natur zu, daß sie noch am heutigen Tage Edelsteine uns unbekannter Art bilden könne. Wer darf sagen, was noch heute an und in den ungeheueren meerbedeckten Gebirgsflächen möglich ist. Ja ich möchte dem Abgetrockneten, Zusammenhängenden (Kontinent) eine ähnliche, obgleich minder produktive Kraft nicht versagen.

Den 26. März 1816

MORPHOLOGIE. ALLGEMEIN

DAS UNTERNEHMEN WIRD ENTSCHULDIGT

Wenn der zur lebhaften Beobachtung aufgeforderte Mensch mit der Natur einen Kampf zu bestehen anfängt, so fühlt er zuerst einen ungeheuren Trieb, die Gegenstände sich zu unterwerfen. Es dauert aber nicht lange, so dringen sie dergestalt gewaltig auf ihn ein, daß er wohl fühlt, wie sehr er Ursache hat, auch ihre Macht anzuerkennen und ihre Einwirkung zu verehren. Kaum überzeugt er sich von diesem wechselseitigen Einfluß, so wird er ein doppelt Unendliches gewahr, an den Gegenständen die Mannigfaltigkeit des Seins und Werdens und der sich lebendig durchkreuzenden Verhältnisse, an sich selbst aber die Möglichkeit einer unendlichen Ausbildung, indem er seine Empfänglichkeit sowohl als sein Urteil immer zu neuen Formen des Aufnehmens und Gegenwirkens geschickt macht. Diese Zustände geben einen hohen Genuß und würden das Glück des Lebens entscheiden, wenn nicht innre und äußre Hindernisse dem schönen Lauf zur Vollendung sich entgegenstellten. Die Jahre, die erst brachten, fangen an zu nehmen; man begnügt sich in seinem Maß mit dem Erworbenen und ergetzt sich daran um so mehr im stillen, als von außen eine aufrichtige, reine, belebende Teilnahme selten ist.

Wie wenige fühlen sich von dem begeistert, was eigentlich nur dem Geist erscheint. Die Sinne, das Gefühl, das Gemüt üben weit größere Macht über uns aus, und zwar mit Recht: denn wir sind aufs Leben und nicht auf die Betrachtung angewiesen.

Leider findet man aber auch bei denen, die sich dem Erkennen, dem Wissen ergeben, selten eine wünschenswerte Teilnahme. Dem Verständigen, auf das Besondere Merkenden, genau Beobachtenden, auseinander Trennenden ist gewissermaßen das zur Last, was aus einer Idee kommt und auf sie zurückführt. Er ist in seinem Labyrinth auf eine eigene Weise zu Hause, ohne daß er sich um einen Faden bekümmerte, der schneller durch und durch führt; und solchem scheint ein Metall, das nicht ausgemünzt ist, nicht aufgezählt werden kann, ein lästiger Besitz; dahingegangen der, der sich auf höhern Standpunkten befindet, gar leicht das einzelne verachtet und dasjenige, was nur gesondert ein Leben hat, in eine tötende Allgemeinheit zusammenreißt.

In diesem Konflikt befinden wir uns schon seit langer Zeit. Es ist darin gar manches getan, gar manches zerstört worden; und ich würde nicht in Versuchung kommen, meine Ansichten der Natur, in einem schwachen Kahn, dem Ozean der Meinungen zu übergeben, hätten wir nicht in den erstvergangenen Stunden der Gefahr so lebhaft gefühlt, welchen Wert Papier für uns behalten, in welche wir früher einen Teil unseres Daseins niederzulegen bewogen worden.

Mag daher das, was ich mir in jugendlichem Mute öfters als ein Werk träumte, nun als Entwurf, ja als fragmentarische Sammlung hervortreten und als das, was es ist, wirken und nutzen.

Soviel hatte ich zu sagen, um diese vieljährige Skizzen, davon jedoch einzelne Teile mehr oder weniger ausgeführt sind, dem Wohlwollen meiner Zeitgenossen zu empfehlen. Gar manches, was noch zu sagen sein möchte, wird im Fortschritte des Unternehmens am besten eingeführt werden.

Jena, 1807

DIE ABSICHT EINGELEITET

Wenn wir Naturgegenstände, besonders aber die lebendigen, dergestalt gewahr werden, daß wir uns eine Einsicht in den Zusammenhang ihres Wesens und Wirkens zu verschaffen wünschen, so glauben wir zu einer solchen Kenntnis am besten durch Trennung der Teile gelangen zu können; wie denn auch wirklich dieser Weg uns sehr weit zu führen geeignet ist. Was Chemie und Anatomie zur Ein- und Übersicht der Natur beigetragen haben, dürfen wir nur mit wenig Worten den Freunden des Wissens ins Gedächtnis zurückrufen.

Aber diese trennenden Bemühungen, immer und immer fortgesetzt, bringen auch manchen Nachteil hervor. Das Lebendige ist zwar in Elemente zerlegt, aber man kann es aus diesen nicht wieder zusammenstellen und beleben. Dieses gilt schon von vielen anorganischen, geschweige von organischen Körpern.

Es hat sich daher auch in dem wissenschaftlichen Menschen zu allen Zeiten ein Trieb hervorgetan, die lebendigen Bildungen als solche zu erkennen, ihre äußern sichtbaren, greiflichen Teile im Zusammenhange zu erfassen, sie als Andeutungen des Innern aufzunehmen und so das Ganze in der Anschauung gewissermaßen zu beherrschen. Wie nah dieses wissenschaftliche Verlangen mit dem Kunst- und Nachahmungstriebe zusammenhänge, braucht wohl nicht umständlich ausgeführt zu werden.

Man findet daher in dem Gange der Kunst, des Wissens und der Wissenschaft mehrere Versuche, eine Lehre zu gründen und auszubilden, welche wir die Morphologie nennen möchten. Unter wie mancherlei Formen diese Versuche erscheinen, davon wird in dem geschichtlichen Teile die Rede sein.

Der Deutsche hat für den Komplex des Daseins eines wirklichen Wesens das Wort Gestalt. Er abstrahiert bei diesem Ausdruck von dem Beweglichen, er nimmt an, daß ein Zusammengehöriges festgestellt, abgeschlossen und in seinem Charakter fixiert sei.

Betrachten wir aber alle Gestalten, besonders die organischen, so finden wir, daß nirgend ein Bestehendes, nirgend ein Ruhendes, ein Abgeschlossenes vorkommt, sondern daß vielmehr alles in einer steten Bewegung schwanke. Daher unsere Sprache das Wort Bildung sowohl von dem Hervorgebrachten als von dem Hervorgebrachtwerdenden gehörig genug zu brauchen pflegt.

Wollen wir also eine Morphologie einleiten, so dürfen wir nicht von Gestalt sprechen, sondern, wenn wir das Wort brauchen, uns allenfalls dabei nur die Idee, den Begriff oder ein in der Erfahrung nur für den Augenblick Festgehaltenes denken.

Das Gebildete wird sogleich wieder umgebildet, und wir haben uns, wenn wir einigermaßen zum lebendigen Anschaun der Natur gelangen wollen, selbst so beweglich und bildsam zu erhalten, nach dem Beispiele, mit dem sie uns vorgeht.

Wenn wir einen Körper auf dem anatomischen Wege in seine Teile zerlegen und diese Teile wieder in das, worin sie sich trennen lassen, so kommen wir zuletzt auf solche Anfänge, die man Similarteile genannt hat. Von diesen ist hier nicht die Rede; wir machen vielmehr auf eine höhere Maxime des Organismus aufmerksam, die wir folgendermaßen aussprechen.

Jedes Lebendige ist kein Einzelnes, sondern eine Mehrheit; selbst insofern es uns als Individuum erscheint, bleibt es doch eine Versammlung von lebendigen selbständigen Wesen, die der Idee, der Anlage nach gleich sind, in der Erscheinung aber gleich oder ähnlich, ungleich oder unähnlich werden können. Diese Wesen sind teils ursprünglich schon verbunden, teils finden und vereinigen sie sich. Sie entzweien sich und suchen sich wieder und bewirken so eine unendliche Produktion auf alle Weise und nach allen Seiten.

Je unvollkommener das Geschöpf ist, desto mehr sind diese Teile einander gleich oder ähnlich, und desto mehr gleichen sie dem Ganzen. Je vollkommner das Geschöpf wird, desto unähnlicher werden die Teile einander. In jenem Fall ist das Ganze den Teilen mehr oder weniger gleich, in diesem das Ganze den Teilen unähnlich. Je ähnlicher die Teile einander sind, desto weniger sind sie einander subordiniert. Die Subordination der Teile deutet auf ein vollkormmneres Geschöpf.

Da in allen allgemeinen Sprüchen, sie mögen noch so gut durchdacht sein, etwas Unfaßliches für denjenigen liegt, der sie nicht anwenden, der ihnen die nötigen Beispiele nicht unterlegen kann, so wollen wir zum Anfang nur einige geben, da unsere ganze Arbeit der Aus- und Durchführung dieser und andern Ideen und Maximen gewidmet ist.

Daß eine Pflanze, ja ein Baum, die uns doch als Individuum

erscheinen, aus lauter Einzelheiten bestehn, die sich untereinander und dem Ganzen gleich und ähnlich sind, daran ist wohl kein Zweifel. Wie viele Pflanzen werden durch Absenker fortgepflanzt. Das Auge der letzten Varietät eines Obstbaumes treibt einen Zweig, der wieder eine Anzahl gleicher Augen hervorbringt, und auf ebendiesem Wege geht die Fortpflanzung durch Samen vor sich. Sie ist die Entwicklung einer unzähligen Menge gleicher Individuen aus dem Schoße der Mutterpflanze.

Man sieht hier sogleich, daß das Geheimnis der Fortpflanzung durch Samen innerhalb jener Maxime schon ausgesprochen ist; und man bemerke, man bedenke nur erst recht, so wird man finden, daß selbst das Samenkorn, das uns als eine individuelle Einheit vorzuliegen scheint, schon eine Versammlung von gleichen und ähnlichen Wesen ist. Man stellt die Bohne gewöhnlich als ein deutliches Muster der Keimung auf. Man nehme eine Bohne, noch ehe sie keimt, in ihrem ganz eingewickelten Zustande, und man findet nach Eröffnung derselben erstlich die zwei Samenblätter, die man nicht glücklich mit dem Mutterkuchen vergleicht: denn es sind zwei wahre, nur aufgetriebene und mehlicht ausgefüllte Blätter, welche auch an Licht und Luft grün werden. Ferner entdeckt man schon das Federchen, welches abermals zwei ausgebildetere und weiterer Ausbildung fähige Blätter sind. Bedenkt man dabei, daß hinter jedem Blattstiele ein Auge wo nicht in der Wirklichkeit, doch in der Möglichkeit ruht, so erblickt man in dem uns einfach scheinenden Samen schon eine Versammlung von mehrern Einzelheiten, die man einander in der Idee gleich und in der Erscheinung ähnlich nennen kann.

Daß nun das, was der Idee nach gleich ist, in der Erfahrung entweder als gleich oder als ähnlich, ja sogar als völlig ungleich und unähnlich erscheinen kann, darin besteht eigentlich das bewegliche Leben der Natur, das wir in unsern Blättern zu entwerfen gedenken.

Eine Instanz aus dem Tierreich der niedrigsten Stufe führen wir noch zu mehrerer Anleitung hier vor. Es gibt Infusionstiere, die sich in ziemlich einfacher Gestalt vor unserm Auge in der Feuchtigkeit bewegen, sobald diese aber aufgetrocknet, zerplatzen und eine Menge Körner ausschütten, in die sie wahrscheinlich bei einem naturgemäßen Gange sich auch in der Feuchtigkeit zerlegt und so eine unendliche Nachkommenschaft hervorgebracht hätten. Doch genug hievon an dieser Stelle, da bei unserer ganzen Darstellung diese Ansicht wieder hervortreten muß.

Wenn man Pflanzen und Tiere in ihrem unvollkommensten Zustande betrachtet, so sind sie kaum zu unterscheiden. Ein Lebenspunkt, starr, beweglich oder halbbeweglich, ist das, was unserm Sinne kaum bemerkbar ist. Ob diese ersten Anfänge, nach beiden Seiten determinabel, durch Licht zur Pflanze, durch Finsternis zum Tier hinüberzuführen sind, getrauen wir uns nicht zu unterscheiden, ob es gleich hierüber an Bemerkungen und Analogie nicht fehlt. So viel aber können wir sagen, daß die aus einer kaum zu sondernden Verwandtschaft als Pflanzen und Tiere nach und nach hervortretenden Geschöpfe nach zwei entgegengesetzten Seiten sich vervollkommnen, so daß die Pflanze sich zuletzt im Baum dauernd und starr, das Tier im Menschen zur höchsten Beweglichkeit und Freiheit sich verherrlicht.

Gemmation und Prolifikation sind abermals zwei Hauptmaximen des Organismus, die aus jenem Hauptsatz der Koexistenz mehrer gleichen und ähnlichen Wesen sich herschreiben und eigentlich jene nur auf doppelte Weise aussprechen. Wir werden diese beiden Wege durch das ganze organische Reich durchzuführen suchen, wodurch sich manches auf eine höchst anschauliche Weise reihen und ordnen wird.

Indem wir den vegetativen Typus betrachten, so stellt sich uns bei demselben sogleich ein Unten und Oben dar. Die untere Stelle nimmt die Wurzel ein, deren Wirkung nach der Erde hingeht, der Feuchtigkeit und der Finsternis angehört, da in gerade entgegengesetzter Richtung der Stengel, der Stamm, oder was dessen Stelle bezeichnet, gegen den Himmel, das Licht und die Luft emporstrebt.

Wie wir nun einen solchen Wunderbau betrachten und die Art, wie er hervorsteigt, näher einsehen lernen, so begegnet uns abermals ein wichtiger Grundsatz der Organisation: daß kein Leben auf einer Oberfläche wirken und daselbst seine hervorbringende Kraft äußern könne, sondern die ganze Lebenstätigkeit verlangt eine Hülle, die gegen das äußere rohe Element, es sei Wasser oder Luft oder Licht, sie schütze, ihr zartes Wesen bewahre, damit sie das, was ihrem Innern spezifisch obliegt, vollbringe. Diese Hülle mag nun als Rinde, Haut oder Schale erscheinen, alles, was zum Leben hervortreten, alles, was lebendig wirken soll, muß eingehüllt sein. Und so gehört auch alles, was nach außen gekehrt ist, nach und nach frühzeitig dem Tode, der Verwesung an. Die Rinden der Bäume, die Häute der Insekten, die Haare und Federn der Tiere, selbst die Oberhaut des Menschen sind ewig sich absondernde, abgestoßene, dem Unleben hingegebene Hüllen, hinter denen immer neue Hüllen sich bilden, unter welchen sodann, oberflächlicher oder tiefer, das Leben sein schaffendes Gewebe hervorbringt.

Jena,1807

DER INHALT BEVORWORTET

Von gegenwärtiger Sammlung ist nur gedruckt der Aufsatz über Metamorphose der Pflanzen, welcher, im Jahre 1790 einzeln erscheinend, kalte, fast unfreundliche Begegnung zu erfahren hatte. Solcher Widerwille jedoch war ganz natürlich: die Einschachtelungslehre, der Begriff von Präformation, von sukzessiver Entwickelung des von Adams Zeiten her schon Vorhandenen, hatten sich selbst der besten Köpfe im allgemeinen bemächtigt; auch hatte *Linné* geisteskräftig, bestimmend wie entscheidend, in besonderem Bezug auf Pflanzenbildung, eine dem Zeitgeist gemäßere Vorstellungsart auf die Bahn gebracht.

Mein redliches Bemühen blieb daher ganz ohne Wirkung, und vergnügt, den Leitfaden für meinen eigenen, stillen Weg gefunden zu haben, beobachtete ich nur sorgfältiger das Verhältnis, die Wechselwirkung der normalen und abnormen Erscheinungen, beachtete genau, was Erfahrung einzeln, gutwillig hergab, und brachte zugleich einen ganzen Sommer mit einer Folge von Versuchen hin, die mich belehren sollten, wie durch Übermaß der Nahrung die Frucht unmöglich zu machen, wie durch Schmälerung sie zu beschleunigen sei.

Die Gelegenheit, ein Gewächshaus nach Belieben zu erhellen oder zu verfinstern, benutzte ich, um die Wirkung des Lichts auf die Pflanzen kennenzulernen, die Phänomene des Ableichens und Abweißens beschäftigten mich vorzüglich. Versuche mit farbigen Glasscheiben wurden gleichfalls angestellt.

Als ich mir genugsame Fertigkeit erworben, das organische Wandeln und Umwandeln der Pflanzenwelt in den meisten Fällen zu beurteilen, die Gestaltenfolge zu erkennen und abzuleiten, fühlte ich mich gedrungen, die Metamorphose der Insekten gleichfalls näher zu kennen.

Diese leugnet niemand: der Lebensverlauf solcher Geschöpfe ist ein fortwährendes Umbilden, mit Augen zu sehen und mit Händen zu greifen. Meine frühere, aus mehrjähriger Erziehung der Seidenwürmer geschöpfte Kenntnis war mir geblieben, ich erweiterte sie, indem ich mehrere Gattungen und Arten, vom Ei bis zum Schmetterling, beobachtete und abbilden ließ, wovon mir die schätzenswertesten Blätter geblieben sind.

Hier fand sich kein Widerspruch mit dem, was uns in Schriften überliefert wird, und ich brauchte nur ein Schema tabellarisch auszubilden, wornach man die einzelnen Erfahrungen folgerecht aufreihen und den wunderbaren Lebensgang solcher Geschöpfe deutlich überschauen konnte.

Auch von diesen Bemühungen werde ich suchen, Rechenschaft zu geben, ganz unbefangen, da meine Ansicht keiner andern entgegensteht.

Gleichzeitig mit diesem Studium war meine Aufmerksamkeit der vergleichenden Anatomie der Tiere, vorzüglich der Säugetiere, zugewandt, es regte sich zu ihr schon ein großes Interesse. *Buffon* und *Daubenton* leisteten viel, *Camper* erschien als Meteor von Geist, Wissenschaft, Talent und Tätigkeit, *Sommerring* zeigte sich bewundernswürdig, *Merck* wandte sein immer reges Bestreben auf solche Gegenstände; mit allen dreien stand ich im besten Verhältnis, mit Camper briefweise, mit beiden andern in persönlicher, auch in Abwesenheit fortdauernder Berührung.

Im Laufe der Physiognomik mußte Bedeutsamkeit und Beweglichkeit der Gestalten unsre Aufmerksamkeit wechselsweise beschäftigen, auch war mit *Lavatern* gar manches hierüber gesprochen und gearbeitet worden.

Später konnte ich mich, bei meinem öftern und längern Aufenthalt in Jena, durch die unermüdliche Belehrungsgabe *Loders* gar bald einiger Einsicht in tierische und menschliche Bildung erfreuen.

Jene bei Betrachtung der Pflanzen und Insekten einmal angenommene Methode leitete mich auch auf diesem Weg: denn bei Sonderung und Vergleichung der Gestalten mußte Bildung und Umbildung auch hier wechselsweise zur Sprache kommen.

Die damalige Zeit jedoch war dunkler, als man sich es jetzt vorstellen kann. Man behauptete zum Beispiel, es hange nur vom Menschen ab, bequem auf allen vieren zu gehen, und Bären, wenn sie sich eine Zeitlang aufrecht hielten, könnten zu Menschen werden. Der verwegene Diderot wagte gewisse Vorschläge, wie man ziegenfüßige Faune hervorbringen könne, um solche in Livree, zu besonderm Staat und Auszeichnung, den Großen und Reichen auf die Kutsche zu stiften.

Lange Zeit wollte sich der Unterschied zwischen Menschen und Tieren nicht finden lassen, endlich glaubte man den Affen dadurch entschieden von uns zu trennen, weil er seine vier Schneidezähne in einem empirisch wirklich abzusondernden Knochen trage, und so schwankte das ganze Wissen, ernst- und scherzhaft, zwischen Versuchen, das Halbwahre zu bestätigen, dem Falschen irgendeinen Schein zu verleihen, sich aber dabei in willkürlicher, grillenhafter Tätigkeit zu beschäftigen und zu erhalten. Die größte Verwirrung jedoch brachte der Streit hervor, ob man die Schönheit als etwas Wirkliches, den Objekten Inwohnendes oder als relativ, konventionell, ja individuell dem Beschauer und Anerkenner zuschreiben müsse.

Ich hatte mich indessen ganz der Knochenlehre gewidmet; denn im Gerippe wird uns ja der entschiedne Charakter jeder Gestalt sicher und für ewige Zeiten aufbewahrt. Ältere und neuere Überbleibsel versammelte ich um mich her, und auf Reisen spähte ich sorgfältig in Museen und Kabinetten nach solchen Geschöpfen, deren Bildung im ganzen oder einzelnen mir belehrend sein könnte.

Hiebei fühlte ich bald die Notwendigkeit, einen Typus aufzustellen, an welchem alle Säugetiere nach Übereinstimmung und Verschiedenheit zu prüfen wären, und wie ich früher die Urpflanze aufgesucht, so trachtete ich nunmehr, das Urtier zu finden, das heißt denn doch zuletzt: den Begriff, die Idee des Tiers.

Meine mühselige, qualvolle Nachforschung ward erleichtert, ja versüßt, indem *Herder* die „Ideen zur Geschichte der Menschheit" aufzuzeichnen unternahm. Unser tägliches Gespräch beschäftigte sich mit den Uranfängen der Wasser-Erde und der darauf von alters her sich entwicklenden organischen Geschöpfe. Der Uranfang und dessen unablässiges Fortbilden ward immer besprochen und unser wissenschaftlicher Besitz, durch wechselseitiges Mitteilen und Bekämpfen, täglich geläutert und bereichert.

Mit andern Freunden unterhielt ich mich gleichfalls auf das lebhafteste über diese Gegenstände, die mich leidenschaftlich beschäftigten, und nicht ohne Einwirkung und wechselseitigen Nutzen blieben solche Gespräche. Ja es ist vielleicht nicht anmaßlich, wenn wir uns einbilden, manches von daher Entsprungene, durch Tradition in der wissenschaftlichen Welt Fortgepflanzte trage nun Früchte, deren wir uns erfreuen, ob man gleich nicht immer den Garten benamset, der die Pfropfreiser hergegeben.

Gegenwärtig ist bei mehr und mehr sich verbreitender Erfahrung, durch mehr sich vertiefende Philosophie manches zum Gebrauch gekommen, was zur Zeit, als die nachstehenden Aufsätze geschrieben wurden, mir und andern unzugänglich war. Man sehe daher den Inhalt dieser Blätter, wenn man sie auch jetzt für überflüssig halten sollte, geschichtlich an, da sie denn als Zeugnisse einer stillen, beharrlichen, folgerechten Tätigkeit gelten mögen.

MORPHOLOGIE. BOTANIK

DIE METAMORPHOSE DER PFLANZEN

Einleitung

1

Ein jeder, der das Wachstum der Pflanzen nur einigermaßen beobachtet, wird leicht bemerken, daß gewisse äußere Teile derselben sich manchmal verwandeln und in die Gestalt der nächstliegenden Teile bald ganz, bald mehr oder weniger übergehen.

2

So verändert sich, zum Beispiel, meistens die einfache Blume dann in eine gefüllte, wenn sich, anstatt der Staubfäden und Staubbeutel, Blumenblätter entwickeln, die entweder an Gestalt und Farbe vollkommen den übrigen Blättern der Krone gleich sind oder noch sichtbare Zeichen ihres Ursprungs an sich tragen.

3

Wenn wir nun bemerken, daß es auf diese Weise der Pflanze möglich ist, einen Schritt rückwärts zu tun und die Ordnung des Wachstums umzukehren, so werden wir auf den regelmäßigen Weg der Natur desto aufmerksamer gemacht, und wir lernen die Gesetze der Umwandlung kennen, nach welchen sie *einen* Teil durch den andern hervorbringt und die verschiedensten Gestalten durch Modifikation eines einzigen Organs darstellt.

4

Die geheime Verwandtschaft der verschiedenen äußern

Pflanzenteile, als der Blätter, des Kelchs, der Krone, der Staubfäden, welche sich nacheinander und gleichsam auseinander entwickeln, ist von den Forschern im allgemeinen längst erkannt, ja auch besonders bearbeitet worden, und man hat die Wirkung, wodurch ein und dasselbe Organ sich uns mannigfaltig verändert sehen läßt, die *Metamorphose der Pflanzen* genannt.

5

Es zeigt sich uns diese Metamorphose auf dreierlei Art: *regelmäßig, unregelmäßig* und *zufällig.*

6

Die *regelmäßige* Metamorphose können wir auch die *fortschreitende* nennen: denn sie ist es, welche sich von den ersten Samenblättern bis zur letzten Ausbildung der Frucht immer stufenweise wirksam bemerken läßt und durch Umwandlung einer Gestalt in die andere, gleichsam auf einer geistigen Leiter, zu jenem Gipfel der Natur, der Fortpflanzung durch zwei Geschlechter, hinaufsteigt. Diese ist es, welche ich mehrere Jahre aufmerksam beobachtet habe und welche zu erklären ich gegenwärtigen Versuch unternehme. Wir werden auch deswegen bei der folgenden Demonstration die Pflanze nur insofern betrachten, als sie einjährig ist und aus dem Samenkorne zur Befruchtung unaufhaltsam vorwärtsschreitet.

7

Die *unregelmäßige* Metamorphose könnten wir auch die *rückschreitende* nennen. Denn wie in jenem Fall die Natur vorwärts zu dem großen Zwecke hineilt, tritt sie hier um eine oder einige Stufen rückwärts. Wie sie dort mit unwiderstehlichem Trieb und kräftiger Anstrengung die Blumen bildet und zu den Werken der Liebe rüstet, so erschlafft sie hier gleichsam und läßt unentschlossen ihr Geschöpf in einem unentschiedenen, weichen, unsern Augen oft gefälligen, aber innerlich unkräftigen und unwirksamen Zustande. Durch die Erfahrungen, welche wir an dieser Metamorphose zu machen Gelegenheit haben, werden wir dasjenige enthüllen können, was uns die regelmäßige verheimlicht, deutlich sehen, was wir dort nur schließen dürfen; und auf diese Weise steht es zu hoffen, daß wir unsere Absicht am sichersten erreichen.

8

Dagegen werden wir von der dritten Metamorphose, welche *zufällig,* von außen, besonders durch Insekten gewirkt wird, unsere Aufmerksamkeit wegwenden, weil sie uns von dem einfachen Wege, welchem wir zu folgen haben, ableiten und unsern Zweck verrücken könnte. Vielleicht findet sich an einem andern Orte Gelegenheit, von diesen monströsen und doch in gewisse Grenzen eingeschränkten Auswüchsen zu sprechen.

9

Ich habe es gewagt, gegenwärtigen Versuch ohne Beziehung auf erläuternde Kupfer auszuarbeiten, die jedoch in manchem Betracht nötig scheinen möchten. Ich behalte mir vor, sie in der Folge nachzubringen, welches um so bequemer geschehen kann, da noch Stoff genug übrig ist, gegenwärtige kleine, nur vorläufige Abhandlung zu erläutern und weiter auszuführen. Es wird alsdann nicht nötig sein, einen so gemessenen Schritt wie gegenwärtig zu halten. Ich werde manches Verwandte herbeiführen können, und mehrere Stellen, ausgleichgesinnten Schriftstellern gesammlet, werden an ihrem rechten Platze stehen. Besonders werde ich von allen Erinnerungen gleichzeitiger Meister, deren sich diese edle Wissenschaft zu rühmen hat, Gebrauch zu machen nicht verfehlen. Diesen übergebe und widme ich hiermit gegenwärtige Blätter.

1

Von den Samenblättern

10

Da wir die Stufenfolge des Pflanzenwachstums zu beobachten uns vorgenommen haben, so richten wir unsere Aufmerksamkeit sogleich in dem Augenblicke auf die Pflanze, da sie sich aus dem Samenkorn entwickelt. In dieser Epoche können wir die Teile, welche unmittelbar zu ihr gehören, leicht und genau erkennen. Sie läßt ihre Hüllen mehr oder weniger in der Erde zurück, welche wir auch gegenwärtig nicht untersuchen, und bringt in vielen Fällen, wenn die Wurzel sich in den Boden befestigt hat, die ersten Organe ihres oberen Wachstums, welche schon unter der Samendecke verborgen gegenwärtig gewesen, an das Licht hervor.

11

Es sind diese ersten Organe unter dem Namen *Kotyledonen* bekannt; man hat sie auch Samenklappen, Kernstücke, Samenlappen, Samenblätter genannt und so die verschiedenen Gestalten, in denen wir sie gewahr werden, zu bezeichnen gesucht.

12

Sie erscheinen oft unförmlich, mit einer rohen Materie gleichsam ausgestopft und ebensosehr in die Dicke als in die

Breite ausgedehnt; ihre Gefäße sind unkenntlich und von der Masse des Ganzen kaum zu unterscheiden; sie haben fast nichts Ähnliches von einem Blatte, und wir können verleitet werden, sie für besondere Organe anzusehen.

13

Doch nähern sie sich bei vielen Pflanzen der Blattgestalt; sie werden flächer, sie nehmen, dem Licht und der Luft ausgesetzt, die grüne Farbe in einem höhern Grade an, die in ihnen enthaltenen Gefäße werden kenntlicher, den Blattrippen ähnlicher.

14

Endlich erscheinen sie uns als iwrkliche Blätter, ihre Gefäße sind der feinsten Ausbildung fähig, ihre Ähnlichkeit mit den folgenden Blättern erlaubt uns nicht, sie für besondere Organe zu halten, wir erkennen sie vielmehr für die ersten Blätter des Stengels.

15

Läßt sich nun aber ein Blatt nicht ohne Knoten und ein Knoten nicht ohne Auge denken, so dürfen wir folgern, daß derjenige Punkt, wo die Kotyledonen angeheftet sind, der wahre erste Knotenpunkt der Pflanze sei. Es wird dieses durch diejenigen Pflanzen bekräftiget, welche unmittelbar unter den Flügeln der Kotyledonen junge Augen hervortreiben und aus diesen ersten Knoten vollkommene Zweige entwickeln, wie z. B. Vicia faba zu tun pflegt.

16

Die Kotyledonen sind meist gedoppelt, und wir finden hierbei eine Bemerkung zu machen, welche uns in der Folge noch wichtiger scheinen wird. Es sind nämlich die Blätter dieses ersten Knotens oft auch dann *gepaart,* wenn die folgenden Blätter des Stengels *wechselsweise* stehen; es zeigt sich also hier eine Annäherung und Verbindung der Teile, welche die Natur in der Folge trennt und voneinander entfernt. Noch merkwürdiger ist es, wenn die Kotyledonen als viele Blättchen um *eine* Achse versammlet erscheinen und der aus ihrer Mitte sich nach und nach entwickelnde Stengel die folgenden Blätter einzeln um sich herum hervorbringt, welcher Fall sehr genau an dem Wachstum der Pinusarten sich bemerken läßt. Hier bildet ein Kranz von Nadeln gleichsam einen Kelch, und wir werden in der Folge, bei ähnlichen Erscheinungen, uns des gegenwärtigen Falles wieder zu erinnern haben.

17

Ganz unförmliche einzelne Kernstücke solcher Pflanzen, welche nur mit *einem* Blatte keimen, gehen wir gegenwärtig vorbei.

18

Dagegen bemerken wir, daß auch selbst die blattähnlichsten Kotyledonen, gegen die folgenden Blätter des Stengels gehalten, immer unausgebildeter sind. Vorzüglich ist ihre Peripherie höchst einfach, und an derselben sind so wenig Spuren von Einschnitten zu sehen, als auf ihren Flächen sich Haare oder andere Gefäße ausgebildeter Blätter bemerken lassen.

II

Ausbildung der Stengelblätter von Knoten zu Knoten

19

Wir können nunmehr die sukzessive Ausbildung der Blätter genau betrachten, da die fortschreitenden Wirkungen der Natur alle vor unsern Augen vorgehen. Einige oder mehrere der nun folgenden Blätter sind oft schon in dem Samen gegenwärtig und liegen zwischen den Kotyledonen eingeschlossen; sie sind in ihrem zusammengefalteten Zustande unter dem Namen des Federchens bekannt. Ihre Gestalt verhält sich gegen die Gestalt der Kotyledonen und der folgenden Blätter an verschiedenen Pflanzen verschieden, doch weichen sie meist von den Kotyledonen schon darin ab, daß sie flach, zart und überhaupt als wahre Blätter gebildet sind, sich völlig grün färben, auf einem sichtbaren Knoten ruhen und ihre Verwandtschaft mit den folgenden Stengelblättern nicht mehr verleugnen können; welchen sie aber noch gewöhnlich darin nachstehen, daß ihre Peripherie, ihr Rand nicht vollkommen ausgebildet ist.

20

Doch breitet sich die fernere Ausbildung unaufhaltsam von Knoten zu Knoten durch das Blatt aus, indem sich die mittlere Rippe desselben verlängert und die von ihr entspringenden Nebenrippen sich mehr oder weniger nach den Seiten ausstrecken. Diese verschiedenen Verhältnisse der Rippen gegeneinander sind die vornehmste Ursache der mannigfaltigen Blattgestalten. Die Blätter erscheinen nunmehr eingekerbt, tief eingeschnitten, aus mehreren Blättchen zusammengesetzt, in welchem letzten Falle sie uns vollkommene kleine Zweige vorbilden. Von einer solchen sukzessiven höchsten Vermannigfaltigung der einfachsten

Blattgestalt gibt uns die Dattelpalme ein auffallendes Beispiel. In einer Folge von mehreren Blättern schiebt sich die Mittelrippe vor, das fächerartige einfache Blatt wird zerrissen, abgeteilt, und ein höchst zusammengesetztes, mit einem Zweige wetteiferndes Blatt wird entwickelt.

21

In ebendem Maße, in welchem das Blatt selbst an Ausbildung zunimmt, bildet sich auch der Blattstiel aus, es sei nun, daß er unmittelbar mit seinem Blatte zusammenhange oder ein besonderes, in der Folge leicht abzutrennendes Stielchen ausmache.

22

Daß dieser für sich bestehende Blattstiel gleichfalls eine Neigung habe, sich in Blättergestalt zu verwandeln, sehen wir bei verschiedenen Gewächsen, z. B. an den Agrumen, und es wird uns seine Organisation in der Folge noch zu einigen Betrachtungen auffordern, welchen wir gegenwärtig ausweichen.

23

Auch können wir uns vorerst in die nähere Beobachtung der Afterblätter nicht einlassen; wir bemerken nur im Vorbeigehn, daß sie, besonders wenn sie einen Teil des Stiels ausmachen, bei der künftigen Umbildung desselben gleichfalls sonderbar verwandelt werden.

24

Wie nun die Blätter hauptsächlich ihre erste Nahrung den mehr oder weniger modifizierten wässerichten Teilen zu verdanken haben, welche sie dem Stamme entziehen, so sind sie ihre größere Ausbildung und Verfeinerung dem Lichte und der Luft schuldig. Wenn wir jene in der verschlossenen Samenhülle erzeugten Kotyledonen, mit einem rohen Safte nur gleichsam ausgestopft, fast gar nicht oder nur grob organisiert und ungebildet finden, so zeigen sich uns die Blätter der Pflanzen, welche unter dem Wasser wachsen, gröber organisiert als andere, der freien Luft ausgesetzte; ja sogar entwickelt dieselbige Pflanzenart glättere und weniger verfeinerte Blätter, wenn sie in tiefen feuchten Orten wächst; da sie hingegen, in höhere Gegenden versetzt, rauhe, mit Haaren versehene, feiner ausgearbeitete Blätter hervorbringt.

25

Auf gleiche Weise wird die Anastomose der aus den Rippen

entspringenden und sich mit ihren Enden einander aufsuchenden, die Blatthäutchen bildenden Gefäße durch feinere Luftarten wo nicht allein bewirkt, doch wenigstens sehr befördert. Wenn Blätter vieler Pflanzen, die unter dem Wasser wachsen, fadenförmig sind oder die Gestalt von Geweihen annehmen, so sind wir geneigt, es dem Mangel einer vollkommenen Anastomose zuzuschreiben. Augenscheinlich belehrt uns hiervon das Wachstum des Ranunculus aquaticus, dessen unter dem Wasser erzeugte Blätter aus fadenförmigen Rippen bestehen, die oberhalb des Wassers entwickelten aber völlig anastomosiert und zu einer zusammenhängenden Fläche ausgebildet sind. Ja es läßt sich an halb anastomosierten, halb fadenförmigen Blättern dieser Pflanze der Übergang genau bemerken.

26

Man hat sich durch Erfahrungen unterrichtet, daß die Blätter verschiedene Luftarten einsaugen und sie mit den in ihrem Innern enthaltenen Feuchtigkeiten verbinden; auch bleibt wohl kein Zweifel übrig, daß sie diese feineren Säfte wieder in den Stengel zurückbringen und die Ausbildung der in ihrer Nähe liegenden Augen dadurch vorzüglich befördern. Man hat die aus den Blättern mehrerer Pflanzen, ja aus den Höhlungen der Rohre entwickelten Luftarten untersucht und sich also vollkommen überzeugen können.

27

Wir bemerken bei mehreren Pflanzen, daß ein Knoten aus dem andern entspringt. Bei Stengeln, welche von Knoten zu Knoten geschlossen sind, bei den Zerealien, den Gräsern, Rohren, ist es in die Augen fallend, nicht ebensosehr bei andern Pflanzen, welche in der Mitte durchaus hohl und mit einem Mark oder vielmehr einem zelligen Gewebe ausgefüllt erscheinen. Da man nun aber diesem ehemals sogenannten Mark seinen bisher behaupteten Rang neben den andern inneren Teilen der Pflanze, und wie uns scheint, mit überwiegenden Gründen, streitig gemacht[5], ihm den scheinbar behaupteten Einfluß in das Wachstum abgesprochen und der innern Seite der zweiten Rinde, dem sogenannten Fleisch, alle Trieb- und Hervorbringungskraft zuzuschreiben nicht gezweifelt hat: so wird man sich gegenwärtig eher überzeugen, daß ein oberer Knoten, indem er aus dem vor-

---

[5] Hedwig, in des „Leipziger Magazins“ drittem Stück.

hergehenden entsteht und die Säfte mittelbar durch ihn empfängt, solche feiner und filtrierter erhalten, auch von der inzwischen geschehenen Einwirkung der Blätter genießen, sich selbst feiner ausbilden und seinen Blättern und Augen feinere Säfte zubringen müsse.

28

Indem nun auf diese Weise die roheren Flüssigkeiten immer abgeleitet, reinere herbeigeführt werden und die Pflanze sich stufenweise feiner ausarbeitet, erreicht sie den von der Natur vorgeschriebenen Punkt. Wir sehen endlich die Blätter in ihrer größten Ausbreitung und Ausbildung und werden bald darauf eine neue Erscheinung gewahr, welche uns unterrichtet: die bisher beobachtete Epoche sei vorbei, es nahe sich eine zweite, die Epoche der *Blüte.*

III
Übergang zum Blütenstande

29

Den Übergang zum Blütenstande sehen wir *schneller* oder *langsamer* geschehen. In dem letzten Falle bemerken wir gewöhnlich, daß die Stengelblätter von ihrer Peripherie herein sich wieder anfangen zusammenzuziehen, besonders ihre mannigfaltigen äußern Einteilungen zu verlieren, sich dagegen an ihren untern Teilen, wo sie mit dem Stengel zusammenhängen, mehr oder weniger auszudehnen; in gleicher Zeit sehen wir, wo nicht die Räume des Stengels von Knoten zu Knoten merklich verlängert, doch wenigstens denselben gegen seinen vorigen Zustand viel feiner und schmächtiger gebildet.

30

Man hat bemerkt, daß häufige Nahrung den Blütenstand einer Pflanze verhindere, mäßige, ja kärgliche Nahrung ihn beschleunige. Es zeigt sich hierdurch die Wirkung der Stammblätter, von welcher oben die Rede gewesen, noch deutlicher. Solange noch rohere Säfte abzuführen sind, so lange müssen sich die möglichen Organe der Pflanze zu Werkzeugen dieses Bedürfnisses ausbilden. Dringt übermäßige Nahrung zu, so muß jene Operation immer wiederholt werden, und der Blütenstand wird gleichsam unmöglich. Entzieht man der Pflanze die Nahrung, so erleichtert und verkürzt man dagegen jene Wirkung der Natur: die Organe der Knoten werden verfeinert, die Wirkung der unverfälschten Säfte reiner und kräftiger, die Umwandlung der Teile wird möglich und geschieht unaufhaltsam.

IV
Bildung des Kelches

31

Oft sehen wir diese Umwandlung *schnell* vor sich gehn, und in diesem Falle rückt der Stengel, von dem Knoten des letzten ausgebildeten Blattes an, auf einmal verlängert und verfeinert in die Höhe und versammlet an seinem Ende mehrere Blätter um eine Achse.

32

Daß die Blätter des Kelches eben dieselbigen Organe seien, welche sich bisher als Stengelblätter ausgebildet sehen lassen, nun aber oft in sehr veränderter Gestalt um einen gemeinschaftlichen Mittelpunkt versammlet stehen, läßt sich, wie uns dünkt, auf das deutlichste nachweisen.

33

Wir haben schon oben bei den Kotyledonen eine ähnliche Wirkung der Natur bemerkt und mehrere Blätter, ja offenbar mehrere Knoten, um einen Punkt versammlet und nebeneinandergerückt gesehen. Es zeigen die Fichtenarten, indem sie sich aus dem Samenkorn entwickeln, einen Strahlenkranz von unverkennbaren Nadeln, welche, gegen die Gewohnheit anderer Kotyledonen, schon sehr ausgebildet sind; und wir sehen in der ersten Kindheit dieser Pflanze schon diejenige Kraft der Natur gleichsam angedeutet, wodurch in ihrem höheren Alter der Blüten- und Fruchtstand gewirkt werden soll.

34

Ferner sehen wir bei mehreren Blumen unveränderte Stengelblätter gleich unter der Krone zu einer Art von Kelch zusammengerückt. Da sie ihre Gestalt noch vollkommen an sich tragen, so dürfen wir uns hier nur auf den Augenschein und auf die botanische Terminologie berufen, welche sie mit dem Namen *Blütenblätter,* Folia floralia, bezeichnet hat.

35

Mit mehrerer Aufmerksamkeit haben wir den oben schon angeführten Fall zu beobachten, wo der Übergang zum Blütenstande *langsam* vorgeht, die Stengelblätter nach und nach sich zusammenziehen, sich verändern und sich sachte in den Kelch gleichsam einschleichen; wie man solches bei Kelchen der Strahlenblumen, besonders der Sonnenblumen, der Kalendeln, gar leicht beobachten kann.

36

Diese Kraft der Natur, welche mehrere Blätter um eine Achse versammlet, sehen wir eine noch innigere Verbindung bewirken und sogar diese zusammengebrachten modifizierten Blätter noch unkenntlicher machen, indem sie solche untereinander manchmal ganz, oft aber nur zum Teil verbindet und an ihren Seiten zusammengewachsen hervorbringt. Die so nahe aneinander gerückten und gedrängten Blätter berühren sich auf das genauste in ihrem zarten Zustande, anastomosieren sich durch die Einwirkung der höchst reinen, in der Pflanze nunmehr gegenwärtigen Säfte und stellen uns die glockenförmigen oder sogenannten *einblätterigen Kelche* dar, welche, mehr oder weniger von oben herein eingeschnitten oder geteilt, uns ihren zusammengesetzten Ursprung deutlich zeigen. Wir können uns durch den Augenschein hiervon belehren, wenn wir eine Anzahl tief eingeschnittener Kelche gegen mehrblätterige halten, besonders wenn wir die Kelche mancher Strahlenblumen genau betrachten. So werden wir zum Exempel sehen, daß ein Kelch der Kalendel, welcher in der systematischen Beschreibung als *einfach* und *vielgeteilt* aufgeführt wird, aus mehreren zusammen- und übereinandergewachsenen Blättern bestehe, zu welchen sich, wie schon oben gesagt, zusammengezogene Stammblätter gleichsam hinzuschleichen.

37

Bei vielen Pflanzen ist die Zahl und die Gestalt, in welcher die Kelchblätter, entweder einzeln oder zusammengewachsen, um die Achse des Stiels gereihet werden, beständig, so wie die übrigen folgenden Teile. Auf dieser Beständigkeit beruhet größtenteils das Wachstum, die Sicherheit, die Ehre der botanischen Wissenschaft, welche wir in diesen letztern Zeiten immer mehr haben zunehmen sehn. Bei andern Pflanzen ist die Anzahl und Bildung dieser Teile nicht gleich beständig; aber auch dieser Unbestand hat die scharfe Beobachtungsgabe der Meister dieser Wissenschaft nicht hintergehen können, sondern sie haben durch genaue Bestimmungen auch diese Abweichungen der Natur gleichsam in einen engern Kreis einzuschließen gesucht.

38

Auf diese Weise bildete also die Natur den Kelch, daß sie mehrere Blätter und folglich mehrere Knoten, welche sie sonst *nacheinander* und in einiger Entfernung *voneinander* hervorgebracht hätte, *zusammen,* meist in einer gewissen bestimmten Zahl und Ordnung, um einen Mittelpunkt verbindet. Wäre durch zudringende überflüssige Nahrung der Blütenstand verhindert worden, so würden sie alsdann auseinandergerückt und in ihrer ersten Gestalt erschienen sein. Die Natur bildet also im Kelch kein neues Organ, sondern sie verbindet und modifiziert nur die uns schon bekannt gewordenen Organe und bereitet sich dadurch eine Stufe näher zum Ziel.

V
Bildung der Krone

39

Wir haben gesehen, daß der Kelch durch verfeinerte Säfte, welche nach und nach in der Pflanze sich erzeugen, hervorgebracht werde, und so ist er nun wieder zum Organe einer künftigen weitern Verfeinerung bestimmt. Es wird uns dieses schon glaublich, wenn wir seine Wirkung auch bloß mechanisch erklären. Denn wie höchst zart und zur feinsten Filtration geschickt müssen Gefäße werden, welche, wie wir oben gesehen haben, in dem höchsten Grade zusammengezogen und aneinandergedrängt sind.

40

Den Übergang des Kelchs zur Krone können wir in mehr als einem Fall bemerken; denn obgleich die Farbe des Kelchs noch gewöhnlich grün und der Farbe der Stengelblätter ähnlich bleibt, so verändert sich dieselbe doch oft an einem oder dem andern seiner Teile an den Spitzen, den Rändern, dem Rücken oder gar an seiner inwendigen Seite, indessen die äußere noch grün bleibt; und wir sehen mit dieser Färbung jederzeit eine Verfeinerung verbunden. Dadurch entstehen zweideutige Kelche, welche mit gleichem Rechte für Kronen gehalten werden können.

41

Haben wir nun bemerkt, daß von den Samenblättern herauf eine große Ausdehnung und Ausbildung der Blätter, besonders ihrer Peripherie, und von da zu dem Kelche eine Zusammenziehung des Umkreises vor sich gehe, so bemerken wir, daß die Krone abermals durch eine Ausdehnung hervorgebracht werde. Die Kronenblätter sind gewöhnlich größer als die Kelchblätter, und es läßt sich bemerken, daß, wie die Organe im Kelch zusammengezogen werden, sie sich nunmehr als Kronenblätter, durch den Einfluß reinerer, durch den Kelch abermals filtrierter

Säfte, in einem hohen Grade verfeint wieder ausdehnen und uns neue, ganz verschiedene Organe vorbilden. Ihre feine Organisation, ihre Farbe, ihr Geruch würden uns ihren Ursprung ganz unkenntlich machen, wenn wir die Natur nicht in mehreren außerordentlichen Fällen belauschen könnten.

42

So findet sich z. B. innerhalb des Kelches einer Nelke manchmal ein zweiter Kelch, welcher, zum Teil vollkommen grün, die Anlage zu einem einblätterigen eingeschnittenen Kelche zeigt, zum Teil zerrissen und an seinen Spitzen und Rändern zu zarten, ausgedehnten, gefärbten wirklichen Anfängen der Kronenblätter umgebildet wird, wodurch wir denn die Verwandtschaft der Krone und des Kelches abermals deutlich erkennen.

43

Die Verwandtschaft der Krone mit den Stengelblättern zeigt sich uns auch auf mehr als eine Art: denn es erscheinen an mehreren Pflanzen Stengelblätter schon mehr oder weniger gefärbt, lange ehe sie sich dem Blütenstande nähern; andere färben sich vollkommen in der Nähe des Blütenstandes.

44

Auch gehet die Natur manchmal, indem sie das Organ des Kelchs gleichsam überspringt, unmittelbar zur Krone, und wir haben Gelegenheit, in diesem Falle gleichfalls zu beobachten, daß Stengelblätter zu Kronenblättern übergehen. So zeigt sich z. B. manchmal an den Tulpenstengeln ein beinahe völlig ausgebildetes und gefärbtes Kronenblatt. Ja noch merkwürdiger ist der Fall, wenn ein solches Blatt halb grün, mit seiner einen Hälfte zum Stengel gehörig, an demselben befestigt bleibt, indes sein anderer und gefärbter Teil mit der Krone emporgehoben und das Blatt in zwei Teile zerrissen wird.

45

Es ist eine sehr wahrscheinliche Meinung, daß Farbe und Geruch der Kronenblätter der Gegenwart des männlichen Samens in denselben zuzuschreiben sei. Wahrscheinlich befindet er sich in ihnen noch nicht genugsam abgesondert, vielmehr mit andern Säften verbunden und diluiert; und die schönen Erscheinungen der Farben führen uns auf den Gedanken, daß die Materie, womit die Blätter ausgefüllt sind, zwar in einem hohen Grad von Reinheit, aber noch nicht auf dem höchsten stehe, auf welchem sie uns weiß und ungefärbt erscheint.

VI
Bildung der Staubwerkzeuge

46

Es wird uns dieses noch wahrscheinlicher, wenn wir die nahe Verwandtschaft der Kronenblätter mit den Staubwerkzeugen bedenken. Wäre die Verwandtschaft aller übrigen Teile untereinander ebenso in die Augen fallend, so allgemein bemerkt und außer allem Zweifel gesetzt, so würde man gegenwärtigen Vortrag für überflüssig halten können.

47

Die Natur zeigt uns in einigen Fällen diesen Übergang regelmäßig, z. B. bei der Kanna und mehreren Pflanzen dieser Familie. Ein wahres, wenig verändertes Kronenblatt zieht sich am obern Rande zusammen, und es zeigt sich ein Staubbeutel, bei welchem das übrige Blatt die Stelle des Staubfadens vertritt.

48

An Blumen, welche öfters gefüllt erscheinen, können wir diesen Übergang in allen seinen Stufen beobachten. Bei mehreren Rosenarten zeigen sich innerhalb der vollkommen gebildeten und gefärbten Kronenblätter andere, welche teils in der Mitte, teils an der Seite zusammengezogen sind; diese Zusammenziehung wird von einer kleinen Schwiele bewirkt, welche sich mehr oder weniger als ein vollkommener Staubbeutel sehen läßt, und in ebendiesem Grade nähert sich das Blatt der einfacheren Gestalt eines Staubwerkzeugs. Bei einigen gefüllten Mohnen ruhen völlig ausgebildete Antheren auf wenig veränderten Blättern der stark gefüllten Kronen, bei andern ziehen staubbeutelähnliche Schwielen die Blätter mehr oder weniger zusammen.

49

Verwandeln sich nun alle Staubwerkzeuge in Kronenblätter, so werden die Blumen unfruchtbar; werden aber in einer Blume, indem sie sich füllt, doch noch Staubwerkzeuge entwickelt, so gehet die Befruchtung vor sich.

50

Und so entstehet ein Staubwerkzeug, wenn die Organe, die wir bisher als Kronenblätter sich ausbreiten gesehen, wieder in einem höchst zusammengezogenen und zugleich in einem höchst verfeinten Zustande erscheinen. Die oben vorgetragene Bemerkung wird dadurch abermals bestätigt, und wir werden auf diese abwechselnde Wirkung der Zusammenziehung und Ausdehnung, wodurch die Natur endlich ans Ziel gelangt, immer aufmerksamer gemacht.

VII

Nektarien

51

So schnell der Übergang bei manchen Pflanzen von der Krone zu den Staubwerkzeugen ist, so bemerken wir doch, daß die Natur nicht immer diesen Weg mit einem Schritt zurücklegen kann. Sie bringt vielmehr Zwischenwerkzeuge hervor, welche an Gestalt und Bestimmung sich bald dem einen, bald dem andern Teile nähern und, obgleich ihre Bildung höchst verschieden ist, sich dennoch meist unter einen Begriff vereinigen lassen: daß es *langsame Übergänge von den Kelchblättern zu den Staubgefäßen seien.*

52

Die meisten jener verschieden gebildeten Organe, welche Linné mit dem Namen Nektarien bezeichnet, lassen sich unter diesem Begriff vereinigen; und wir finden auch hier Gelegenheit, den großen Scharfsinn des außerordentlichen Mannes zu bewundern, der, ohne sich die Bestimmung dieser Teile ganz deutlich zu machen, sich auf eine Ahndung verließ und sehr verschieden scheinende Organe mit einem Namen zu belegen wagte.

53

Es zeigen uns verschiedene Kronenblätter schon ihre Verwandtschaft mit den Staubgefäßen dadurch, daß sie, ohne ihre Gestalt merklich zu verändern, Grübchen oder Glandeln an sich tragen, welche einen honigartigen Saft abscheiden. Daß dieser eine noch unausgearbeitete, nicht völlig determinierte Befruchtungsfeuchtigkeit sei, können wir in den schon oben angeführten Rücksichten einigermaßen vermuten, und diese Vermutung wird durch Gründe, welche wir unten anführen werden, noch einen höhern Grad von Wahrscheinlichkeit erreichen.

54

Nun zeigen sich auch die sogenannten Nektarien als für sich bestehende Teile; und dann nähert sich ihre Bildung bald den Kronenblättern, bald den Staubwerkzeugen. So sind z. E. die dreizehn Fäden mit ihren ebenso vielen roten Kügelchen auf den Nektarien der Parnassia den Staubwerkzeugen höchst ähnlich. Andere zeigen sich als Staubfäden ohne Antheren, als an der Vallisneria, der Fevillea; wir finden sie an der Pentapetes in einem Kreise mit den Staubwerkzeugen regelmäßig abwechseln, und zwar schon in Blattgestalt; auch werden sie in der systematischen Beschreibung als Filamenta castrata petaliformia angeführt. Ebensolche schwankende Bildungen sehen wir an der Kiggellaria und der Passionsblume.

55

Gleichfalls scheinen uns die eigentlichen *Nebenkronen* den Namen der Nektarien in dem oben angegebenen Sinne zu verdienen. Denn wenn die Bildung der Kronenblätter durch eine Ausdehnung geschieht, so werden dagegen die Nebenkronen durch eine Zusammenziehung, folglich auf ebendie Weise wie die Staubwerkzeuge gebildet. So sehen wir innerhalb vollkommener ausgebreiteter Kronen kleinere zusammengezogene Nebenkronen, wie im Narzissus, dem Nerium, dem Agrostemma.

56

Noch sehen wir bei verschiedenen Geschlechtern andere Veränderungen der Blätter, welche auffallender und merkwürdiger sind. Wir bemerken an verschiedenen Blumen, daß ihre Blätter inwendig, unten, eine kleine Vertiefung haben, welche mit einem honigartigen Safte ausgefüllt ist. Dieses Grübchen, indem es sich bei andern Blumengeschlechtern und Arten mehr vertieft, bringt auf der Rückseite des Blatts eine sporn- oder hornartige Verlängerung hervor, und die Gestalt des übrigen Blattes wird sogleich mehr oder weniger modifiziert. Wir können dieses an verschiedenen Arten und Varietäten des Agleis genau bemerken.

57

Im höchsten Grad der Verwandlung findet man dieses Organ z. B. bei dem Aconitum und der Nigella, wo man aber doch mit geringer Aufmerksamkeit ihre Blattähnlichkeit bemerken wird; besonders wachsen sie bei der Nigella leicht wieder in Blätter aus, und die Blume wird durch die Umwandlung der Nektarien gefüllt. Bei dem Aconito wird man mit einiger aufmerksamen Beschauung die Ähnlichkeit der Nektarien und des gewölbten Blattes, unter welchem sie verdeckt stehen, erkennen.

58

Haben wir nun oben gesagt, daß die Nektarien Annäherungen der Kronenblätter zu den Staubgefäßen seien, so können wir bei dieser Gelegenheit über die unregelmäßigen Blumen einige Bemerkungen machen. So könnten z. E. die fünf äußern Blätter des Melianthus als wahre Kronenblätter aufgeführt, die fünf innern aber als eine Nebenkrone, aus sechs Nektarien bestehend, beschrieben werden, wovon das obere sich der Blattgestalt am meisten nähert, das untere, das auch jetzt schon Nektarium heißt, sich am weitsten von ihr entfernt. In ebendem Sinne könnte man die Carina der Schmetterlingsblumen ein Nektarium nennen, indem sie unter den Blättern dieser Blume sich an die Gestalt der Staubwerkzeuge am nächsten heranbildet und sich sehr weit von der Blattgestalt des sogenannten Vexilli entfernt. Wir werden auf diese Weise die pinselförmigen Körper, welche an dem Ende der Carina einiger Arten der Polygala befestigt sind, gar leicht erklären und uns von der Bestimmung dieser Teile einen deutlichen Begriff machen können.

59

Unnötig würde es sein, sich hier ernstlich zu verwahren, daß es bei diesen Bemerkungen die Absicht nicht sei, das durch die Bemühungen der Beobachter und Ordner bisher Abgesonderte und in Fächer Gebrachte zu verwirren; man wünscht nur, durch diese Betrachtungen die abweichenden Bildungen der Pflanzen erklärbarer zu machen.

VIII
Noch einiges von den Staubwerkzeugen

60

Daß die Geschlechtsteile der Pflanzen durch die Spiralgefäße wie die übrigen Teile hervorgebracht werden, ist durch mikroskopische Beobachtungen außer allem Zweifel gesetzt. Wir nehmen daraus ein Argument für die innere Identität der verschiedenen Pflanzen teile, welche uns bisher in so mannigfaltigen Gestalten erschienen sind.

61

Wenn nun die Spiralgefäße in der Mitte der Saftgefäßbündel liegen und von ihnen umschlossen werden, so können wir uns jene starke Zusammenziehung einigermaßen näher vorstellen, wenn wir die Spiralgefäße, die uns wirklich als elastische Federn erscheinen, in ihrer höchsten Kraft gedenken, so daß sie überwiegend, hingegen die Ausdehnung der Saftgefäße subordiniert wird.

62

Die verkürzten Gefäßbündel können sich nun nicht mehr ausbreiten, sich einander nicht mehr aufsuchen und durch Anastomose kein Netz mehr bilden; die Schlauchgefäße, welche sonst die Zwischenräume des Netzes ausfüllen, können sich nicht mehr entwickeln, alle Ursachen, wodurch Stengel-, Kelch- und Blumenblätter sich in die Breite ausgedehnt haben, fallen hier völlig weg, und es entsteht ein schwacher, höchst einfacher Faden.

63

Kaum daß noch die feinen Häutchen der Staubbeutel gebildet werden, zwischen welchen sich die höchst zarten Gefäße nunmehr endigen. Wenn wir nun annehmen, daß hier ebenjene Gefäße, welche sich sonst verlängerten, ausbreiteten und sich einander wieder aufsuchten, gegenwärtig in einem höchst zusammengezogenen Zustande sind; wenn wir aus ihnen nunmehr den höchst ausgebildeten Samenstaub hervordringen sehen, welcher das durch seine Tätigkeit ersetzt, was den Gefäßen, die ihn hervorbringen, an Ausbreitung entzogen ist; wenn er nunmehr losgelöst die weiblichen Teile aufsucht, welche den Staubgefäßen durch gleiche Wirkung der Natur entgegengewachsen sind; wenn er sich fest an sie anhängt und seine Einflüsse ihnen mitteilt: so sind wir nicht abgeneigt, die Verbindung der beiden Geschlechter eine geistige Anastomose zu nennen, und glauben wenigstens einen Augenblick die Begriffe von Wachstum und Zeugung einander nähergerückt zu haben.

64

Die feine Materie, welche sich in den Antheren entwickelt, erscheint uns als ein Staub; diese Staubkügelchen sind aber nur Gefäße, worin höchst feiner Saft aufbewahrt ist. Wir pflichten daher der Meinung derjenigen bei, welche behaupten, daß dieser Saft von den Pistillen, an denen sich die Staubkügelchen anhängen, eingesogen und so die Befruchtung bewirkt werde. Es wird dieses um so wahrscheinlicher, da einige Pflanzen keinen Samenstaub, vielmehr nur eine bloße Feuchtigkeit absondern.

65

Wir erinnern uns hier des honigartigen Saftes der Nektarien und dessen wahrscheinlicher Verwandtschaft mit der ausgearbeitetem Feuchtigkeit der Samenbläschen. Vielleicht sind die Nektarien vorbereitende Werkzeuge, vielleicht wird ihre honigartige Feuchtigkeit von den Staubgefäßen eingesogen, mehr determiniert und völlig ausgearbeitet; eine Meinung, die um so wahrscheinlicher wird, da man nach der Befruchtung diesen Saft nicht mehr bemerkt.

66

Wir lassen hier, obgleich nur im Vorbeigehen, nicht unbemerkt, daß sowohl die Staubfäden als Antheren verschiedentlich zusammengewachsen sind und uns die wunderbarsten Beispiele der schon mehrmals von uns angeführten Anastomose und Verbindung der in ihren ersten Anfängen wahrhaft getrennten Pflanzenteile zeigen.

IX
Bildung des Griffels

67

War ich bisher bemüht, die innere Identität der verschiedenen, nacheinander entwickelten Pflanzenteile, bei der größten Abweichung der äußern Gestalt, soviel es möglich gewesen, anschaulich zu machen, so wird man leicht vermuten können, daß nunmehr meine Absicht sei, auch die Struktur der weiblichen Teile auf diesem Wege zu erklären.

68

Wir betrachten zuvörderst den Griffel von der Frucht abgesondert, wie wir ihn auch oft in der Natur finden; und um so mehr können wir es tun, da er sich in dieser Gestalt von der Frucht unterschieden zeigt.

69

Wir bemerken nämlich, daß der Griffel auf ebender Stufe des Wachstums stehe, wo wir die Staubgefäße gefunden haben. Wir konnten nämlich beobachten, daß die Staubgefäße durch eine Zusammenziehung hervorgebracht werden; die Griffel sind oft in demselbigen Falle, und wir sehen sie, wenn auch nicht immer mit den Staubgefäßen von gleichem Maße, doch nur um weniges länger oder kürzer gebildet. In vielen Fällen sieht der Griffel fast einem Staubfaden ohne Anthere gleich, und die Verwandtschaft ihrer Bildung ist äußerlich größer als bei den übrigen Teilen. Da sie nun beiderseits durch Spiralgefäße hervorgebracht werden, so sehen wir desto deutlicher, daß der weibliche Teil sowenig als der männliche ein besonderes Organ sei, und wenn die genaue Verwandtschaft desselben mit dem männlichen uns durch diese Betrachtung recht anschaulich wird, so finden wir jenen Gedanken, die Begattung eine Anastomose zu nennen, passender und einleuchtender.

70

Wir finden den Griffel sehr oft aus mehreren einzelnen Griffeln zusammengewachsen, und die Teile, aus denen er bestehet, lassen sich kaum am Ende, wo sie nicht einmal immer getrennt sind, erkennen. Dieses Zusammenwachsen, dessen Wirkung wir schon öfters bemerkt haben, wird hier am meisten möglich; ja es muß geschehen, weil die feinen Teile vor ihrer gänzlichen Entwickelung in der Mitte des Blütenstandes zusammengedrängt sind und sich auf das innigste miteinander verbinden können.

71

Die nahe Verwandtschaft mit den vorhergehenden Teilen des Blütenstandes zeigt uns die Natur in verschiedenen regelmäßigen Fällen mehr oder weniger deutlich. So ist z. B. das Pistill der Iris mit seiner Narbe in völliger Gestalt eines Blumenblattes vor unsern Augen. Die schirmförmige Narbe der Sarazenie zeigt sich zwar nicht so auffallend aus mehreren Blättern zusammengesetzt, doch verleugnet sie sogar die grüne Farbe nicht. Wollen wir das Mikroskop zu Hülfe nehmen, so finden wir mehrere Narben, z. E. des Krokus, der Zannichellia, als völlige ein- oder mehrblätterige Kelche gebildet.

72.

Rückschreitend zeigt uns die Natur öfters den Fall, daß siedle Griffel und Narben wieder in Blumenblätter verwandelt; z. B. füllt sich der Ranunculus asiaticus dadurch, daß sich die Narben und Pistille des Fruchtbehälters zu wahren Kronenblättern umbilden, indessen die Staubwerkzeuge, gleich hinter der Krone, oft unverändert gefunden werden. Einige andere bedeutende Fälle werden unten vorkommen.

73

Wir wiederholen hier jene oben angezeigten Bemerkungen, daß Griffel und Staubfäden auf der gleichen Stufe des Wachstums stehen, und erläutern jenen Grund des wechselsweisen Ausdehnens und Zusammenziehens dadurch abermals. Vom Samen bis zu der höchsten Entwicklung des Stengelblattes bemerkten wir zuerst eine Ausdehnung, darauf sahen wir durch eine Zusammenziehung den Kelch entstehen, die Blumenblätter durch eine Ausdehnung, die Geschlechtsteile abermals durch eine Zusammenziehung; und wir werden nun bald die größte Ausdehnung in der Frucht und die größte Konzentration in dem Samen gewahr werden. In diesen sechs Schritten vollendet die Natur unaufhaltsam das ewige Werk der Fortpflanzung der Vegetabilien durch zwei Geschlechter.

X
Von den Früchten

74

Wir werden nunmehr die Früchte zu beobachten haben und uns bald überzeugen, daß dieselben gleichen Ursprungs und gleichen Gesetzen unterworfen seien. Wir reden hier eigentlich von solchen Gehäusen, welche die Natur bildet, um die sogenannten bedeckten Samen einzuschließen oder vielmehr aus dem Innersten dieser Gehäuse durch die Begattung eine größere oder geringere Anzahl Samen zu entwickeln. Daß diese Behältnisse gleichfalls aus der Natur und Organisation der bisher betrachteten Teile zu erklären seien, wird sich mit wenigem zeigen lassen.

75

Die rückschreitende Metamorphose macht uns hier abermals auf dieses Naturgesetz aufmerksam. So läßt sich zum Beispiel an den Nelken, diesen eben wegen ihrer Ausartung so bekannten und beliebten Blumen, oft bemerken, daß die Samenkapseln sich wieder in kelchähnliche Blätter verändern und daß in ebendiesem Maße die aufgesetzten Griffel an Länge abnehmen; ja es finden sich Nelken, an denen sich das Fruchtbehältnis in einen wirklichen vollkommenen Kelch verwandelt hat, indes die Einschnitte desselben an der Spitze noch zarte Überbleibsel der Griffel und Narben tragen und sich aus dem Innersten dieses zweiten Kelchs wieder eine mehr oder weniger vollständige Blätterkrone statt der Samen entwickelt.

76

Ferner hat uns die Natur selbst durch regelmäßige und beständige Bildungen auf eine sehr mannigfaltige Weise die Fruchtbarkeit geoffenbart, welche in einem Blatt verborgen liegt. So bringt ein zwar verändertes, doch noch völlig kenntliches Blatt der Linde aus seiner Mittelrippe ein Stielchen und an demselben eine vollkommene Blüte und Frucht hervor. Bei dem Ruscus ist die Art, wie Blüten und Früchte auf den Blättern aufsitzen, noch merkwürdiger.

77

Noch stärker und gleichsam ungeheuer wird uns die unmittelbare Fruchtbarkeit der Stengelblätter in den Farrenkräutern vor Augen gelegt, welche durch einen innern Trieb, und vielleicht gar ohne bestimmte Wirkung zweier Geschlechter, unzählige, des Wachstums fähige Samen oder vielmehr Keime entwickeln und umherstreuen, wo also ein Blatt an Fruchtbarkeit mit einer ausgebreiteten Pflanze, mit einem großen und ästereichen Baume wetteifert.

78

Wenn wir diese Beobachtungen gegenwärtig behalten, so werden wir in den Samenbehältern, ohnerachtet ihrer mannigfaltigen Bildung, ihrer besonderen Bestimmung und Verbindung unter sich, die Blattgestalt nicht verkennen. So wäre z. B. die Hülse ein einfaches zusammengeschlagenes, an seinen Rändern verwachsenes Blatt, die Schoten würden aus mehr übereinandergewachsenen Blättern bestehen, die zusammengesetzten Gehäuse erklärten sich aus mehreren Blättern, welche sich um einen Mittelpunkt vereiniget, ihr Innerstes gegeneinander aufgeschlossen und ihre Ränder miteinander verbunden hätten. Wir können uns hiervon durch den Augenschein überzeugen, wenn solche zusammengesetzte Kapseln nach der Reife voneinander springen, da denn jeder Teil derselben sich uns als eine eröffnete Hülse oder Schote zeigt. Ebenso sehen wir bei verschiedenen Arten eines und desselben Geschlechts eine ähnliche Wirkung regelmäßig vorgehen; z. B. sind die Fruchtkapseln der Nigella orientalis, in der Gestalt von halb miteinander verwachsenen Hülsen, um eine Achse versammlet, wenn sie bei der Nigella damascena völlig zusammengewachsen erscheinen.

79

Am meisten rückt uns die Natur diese Blattähnlichkeit aus den Augen, indem sie saftige und weiche oder holzartige und feste Samenbehälter bildet; allein sie wird unserer Aufmerksamkeit nicht entschlüpfen können, wenn wir ihr in allen Übergängen sorgfältig zu folgen wissen. Hier sei es genug, den allgemeinen Begriff davon angezeigt und die Übereinstimmung der Natur an einigen Beispielen gewiesen zu haben. Die große Mannigfaltigkeit der Samenkapseln gibt uns künftig Stoff zu mehrerer Betrachtung.

80

Die Verwandtschaft der Samenkapseln mit den vorhergehenden Teilen zeigt sich auch durch das Stigma, welches bei vielen unmittelbar aufsitzt und mit der Kapsel unzertrennlich verbunden ist. Wir haben die Verwandtschaft der Narbe mit der Blattgestalt schon oben gezeigt und können hier sie nochmals aufführen; indem sich bei gefüllten Mohnen bemerken läßt, daß die Narben der Samenkapseln in farbige, zarte, Kronenblättern völlig ähnliche Blättchen verwandelt werden.

81

Die letzte und größte Ausdehnung, welche die Pflanze in ihrem Wachstum vornimmt, zeigt sich in der Frucht. Sie ist sowohl an innerer Kraft als äußerer Gestalt oft sehr groß, ja ungeheuer. Da sie gewöhnlich nach der Befruchtung vor sich gehet, so scheint der nunmehr determinierte Same, indem er zu seinem Wachstum aus der ganzen Pflanze die Säfte herbeiziehet, ihnen die Hauptrichtung nach der Samenkapsel zu geben, wodurch denn ihre Gefäße genährt, erweitert und oft in dem höchsten Grade ausgefüllt und ausgespannt werden. Daß hieran reinere Luftarten einen großen Anteil haben, läßt sich schon aus dem Vorigen schließen, und es bestätigt sich durch die Erfahrung, daß die aufgetriebenen Hülsen der Colutea reine Luft enthalten.

XI

Von den unmittelbaren Hüllen des Samens

82

Dagegen finden wir, daß der Same in dem höchsten Grade von Zusammenziehung und Ausbildung seines Innern sich befindet. Es läßt sich bei verschiedenen Samen bemerken, daß er Blätter zu seinen nächsten Hüllen umbilde, mehr oder weniger sich anpasse, ja meistens durch seine Gewalt sie völlig an sich schließe und ihre Gestalt gänzlich verwandle. Da wir oben mehrere Samen sich aus und in *einem* Blatt entwickeln gesehn, so werden wir uns nicht wundern, wenn ein einzelner Samenkeim sich in eine Blatthülle kleidet.

83

Die Spuren solcher nicht völlig den Samen angepaßten Blattgestalten sehen wir an vielen geflügelten Samen, z. B. des Ahorns, der Rüster, der Esche, der Birke. Ein sehr merkwürdiges Beispiel, wie der Samenkeim breitere Hüllen nach und nach zusammenzieht und sich anpaßt, geben uns die drei verschiedenen Kreise verschiedengestalteter Samen der Kalendel. Der äußerste Kreis behält noch eine mit den Kelchblättern verwandte Gestalt, nur daß eine die Rippe ausdehnende Samenanlage das Blatt krümmt und die Krümmung inwendig der Länge nach durch ein Häutchen in zwei Teile abgesondert wird. Der folgende Kreis hat sich schon mehr verändert, die Breite des Blättchens und das Häutchen haben sich gänzlich verloren; dagegen ist die Gestalt etwas weniger verlängert, die in dem Rücken befindliche Samenanlage zeigt sich deutlicher, und die kleinen Erhöhungen auf derselben sind stärker; diese beiden Reihen scheinen entweder gar nicht oder nur unvollkommen befruchtet zu sein. Auf sie folgt die dritte Samenreihe in ihrer echten Gestalt, stark gekrümmt und mit einem völlig angepaßten und in allen seinen Striefen und Erhöhungen völlig ausgebildeten Involucro. Wir sehen hier abermals eine gewaltsame Zusammenziehung ausgebreiteter, blattähnlicher Teile, und zwar durch die innere Kraft des Samens, wie wir oben durch die Kraft der Anthere das Blumenblatt zusammengezogen gesehen haben.

XII
Rückblick und Übergang

84

Und so wären wir der Natur auf ihren Schritten so bedachtsam als möglich gefolgt; wir hätten die äußere Gestalt der Pflanze in allen ihren Umwandlungen, von ihrer Entwickelung aus dem Samenkorn bis zur neuen Bildung desselben begleitet und ohne Anmaßung, die ersten Triebfedern der Naturwirkungen entdecken zu wollen, auf Äußerung der Kräfte, durch welche die Pflanze ein und ebendasselbe Organ nach und nach umbildet, unsre Aufmerksamkeit gerichtet. Um den einmal ergriffenen Faden nicht zu verlassen, haben wir die Pflanze durchgehends nur als einjährig betrachtet, wir haben nur die Umwandlung der Blätter, welche die Knoten begleiten, bemerkt und alle Gestalten aus ihnen hergeleitet. Allein es wird, um diesem Versuch die nötige Vollständigkeit zu geben, nunmehr noch nötig, von den *Augen* zu sprechen, welche unter jedem Blatt verborgen liegen, sich unter gewissen Umständen entwickeln und unter andern völlig zu verschwinden scheinen.

XIII
Von den Augen und ihrer Entwickelung

85

Jeder Knoten hat von der Natur die Kraft, ein oder mehrere Augen hervorzubringen; und zwar geschieht solches in der Nähe der ihn bekleidenden Blätter, welche die Bildung und das Wachstum der Augen vorzubereiten und mitzubewirken scheinen.

86

In der sukzessiven Entwickelung eines Knotens aus dem andern, in der Bildung eines Blattes an jedem Knoten und eines Auges in dessen Nähe beruhet die erste, einfache, langsam fortschreitende Fortpflanzung der Vegetabilien.

87

Es ist bekannt, daß ein solches Auge in seinen Wirkungen eine große Ähnlichkeit mit dem reifen Samen hat und daß oft in jenem noch mehr als in diesem die ganze Gestalt der künftigen

Pflanze erkannt werden kann.

Ob sich gleich an dem Auge ein Wurzelpunkt so leicht nicht bemerken läßt, so ist doch derselbe ebenso darin wie in dem Samen gegenwärtig und entwickelt sich, besonders durch feuchte Einflüsse, leicht und schnell.

89

Das Auge bedarf keiner Kotyledonen, weil es mit seiner schon völlig organisierten Mutterpflanze zusammenhängt und aus derselbigen, solange es mit ihr verbunden ist, oder, nach der Trennung, von der neuen Pflanze, auf welche man es gebracht hat, oder durch die alsobald gebildeten Wurzeln, wenn man einen Zweig in die Erde bringt, hinreichende Nahrung erhält.

90

Das Auge besteht aus mehr oder weniger entwickelten Knoten und Blättern, welche den künftigen Wachstum weiterverbreiten sollen. Die Seitenzweige also, welche aus den Knoten der Pflanzen entspringen, lassen sich als besondere Pflänzchen, welche ebenso auf dem Mutterkörper stehen, wie dieser an der Erde befestigt ist, betrachten.

91

Die Vergleichung und Unterscheidung beider ist schon öfters, besonders aber vor kurzem so scharfsinnig und mit so vieler Genauigkeit ausgeführt worden, daß wir uns hier bloß mit einem unbedingten Beifall darauf berufen können.[6]

92

Wir führen davon nur soviel an. Die Natur unterscheidet bei ausgebildeten Pflanzen Augen und Samen deutlich voneinander. Steigen wir aber von da zu den unausgebildeten Pflanzen herab, so scheint sich der Unterschied zwischen beiden selbst vor den Blicken des schärfsten Beobachters zu verlieren. Es gibt unbezweifelte Samen, unbezweifelte Gemmen; aber der Punkt, wo wirklich befruchtete, durch die Wirkung zweier Geschlechter von der Mutterpflanze isolierte Samen mit Gemmen zusammentreffen, welche aus der Pflanze nur hervordringen und sich ohne bemerkbare Ursache loslösen, ist wohl mit dem Verstande, keineswegs aber mit den Sinnen zu erkennen.

93

Dieses wohl erwogen, werden wir folgern dürfen: daß die Samen, welche sich durch ihren eingeschlossenen Zustand von

---

[6] Gärtner, „De fructibus et seminibus plantarum“, cap, I.

den Augen, durch die sichtbare Ursache ihrer Bildung und Absonderung von den Gemmen unterscheiden, dennoch mit beiden nahe verwandt sind.

XIV
Bildung der zusammengesetzten Blüten und Fruchtstände

94

Wir haben bisher die einfachen Blütenstände, ingleichen die Samen, welche in Kapseln befestigt hervorgebracht werden, durch die Umwandlung der Knotenblätter zu erklären gesucht

und es wird sich bei näherer Untersuchung finden, daß in diesem Falle sich keine Augen entwickeln, vielmehr die Möglichkeit einer solchen Entwickelung ganz und gar aufgehoben wird. Um aber die zusammengesetzten Blütenstände sowohl als die gemeinschaftlichen Fruchtstände um *einen* Kegel, *eine* Spindel, auf *einem* Boden und so weiter zu erklären, müssen wir nun die Entwickelung der Augen zu Hülfe nehmen.

95

Wir bemerken sehr oft, daß Stengel, ohne zu einem einzelnen Blütenstande sich lange vorzubereiten und aufzusparen, schon aus den Knoten ihre Blüten hervortreiben und so bis an ihre Spitze oft ununterbrochen fortfahren. Doch lassen sich die dabei vorkommenden Erscheinungen aus der oben vorgetragenen Theorie erklären. Alle Blumen, welche sich aus den Augen entwickeln, sind als ganze Pflanzen anzusehen, welche auf der Mutterpflanze ebenso wie diese auf der Erde stehen. Da sie nun aus den Knoten reinere Säfte erhalten, so erscheinen selbst die ersten Blätter der Zweiglein viel ausgebildeter als die ersten Blätter der Mutterpflanze, welche auf die Kotyledonen folgen; ja es wird die Ausbildung des Kelches und der Blume oft sogleich möglich.

96

Ebendiese aus den Augen sich bildenden Blüten würden, bei mehr zudringender Nahrung, Zweige geworden sein und das Schicksal des Mutterstengels, dem er sich unter solchen Umständen unterwerfen müßte, gleichfalls erduldet haben.

97

So wie nun von Knoten zu Knoten sich dergleichen Blüten entwickeln, so bemerken wir gleichfalls jene Veränderung der Stengelblätter, die wir oben bei dem langsamen Übergange zum

Kelch beobachtet haben. Sie ziehen sich immer mehr und mehr zusammen und verschwinden endlich beinahe ganz. Man nennt sie alsdann Bracteas, indem sie sich von der Blattgestalt mehr oder weniger entfernen. In ebendiesem Maße wird der Stiel verdünnt, die Knoten rücken mehr zusammen, und alle oben bemerkten Erscheinungen gehen vor, nur daß am Ende des Stengels kein entschiedener Blütenstand folgt, weil die Natur ihr Recht schon von Auge zu Auge ausgeübt hat.

98

Haben wir nun einen solchen an jedem Knoten mit einer Blume gezierten Stengel wohl betrachtet, so werden wir uns gar bald einen *gemeinschaftlichen Blütenstand* erklären können, wenn wir das, was oben von Entstehung des Kelches gesagt ist, mit zu Hülfe nehmen.

99

Die Natur bildet einen *gemeinschaftlichen Kelch* aus *vielen* Blättern, welche sie aufeinanderdrängt und um *eine* Achse versammlet; mit ebendiesem starken Triebe des Wachstums entwikkelt sie *einen* gleichsam *unendlichen Stengel, mit allen seinen Augen in Blütengestalt, auf einmal, in der möglichsten* aneinandergedrängten *Nähe,* und jedes Blümchen befruchtet das unter ihm schon vorbereitete Samengefäß. Bei dieser ungeheuren Zusammenziehung verlieren sich die Knotenblätter nicht immer; bei den Disteln begleitet das Blättchen getreulich das Blümchen, das sich aus den Augen neben ihnen entwickelt. Man vergleiche mit diesem Paragraph die Gestalt des Dipsacus laciniatus. Bei vielen Gräsern wird eine jede Blüte durch ein solches Blättchen, das in diesem Falle der Balg genannt wird, begleitet.

100

Auf diese Weise wird es uns nun anschaulich sein, wie die um einen gemeinsamen Blütenstand entwickelten Samen wahre, durch die Wirkung beider Geschlechter ausgebildete und entwickelte Augen seien. Fassen wir diesen Begriff fest und betrachten in diesem Sinne mehrere Pflanzen, ihren Wachstum und Fruchtstände, so wird der Augenschein bei einiger Vergleichung uns am besten überzeugen.

101

Es wird uns sodann auch nicht schwer sein, den Fruchtstand der in der Mitte einer einzelnen Blume oft um eine Spindel versammleten, bedeckten oder unbedeckten Samen zu erklären.

Denn es ist ganz einerlei, ob eine einzelne Blume einen gemeinsamen Fruchtstand umgibt und die zusammengewachsenen Pistille von den Antheren der Blume die Zeugungssäfte einsaugen und sie den Samenkörnern einflößen oder ob ein jedes Samenkorn sein eigenes Pistill, seine eigenen Antheren, seine eigenen Kronenblätter um sich habe.

102

Wir sind überzeugt, daß mit einiger Übung es nicht schwer sei, sich auf diesem Wege die mannigfaltigen Gestalten der Blumen und Früchte zu erklären; nur wird freilich dazu erfordert, daß man mit jenen oben festgestellten Begriffen der Ausdehnung und Zusammenziehung, der Zusammendrängung und Anastomose wie mit algebraischen Formeln bequem zu operieren und sie da, wo sie hingehören, anzuwenden wisse. Da nun hierbei viel darauf ankommt, daß man die verschiedenen Stufen, welche die Natur sowohl in der Bildung der Geschlechter, der Arten, der Varietäten als in dem Wachstum einer jeden einzelnen Pflanze betritt, genau beobachte und miteinander vergleiche, so würde eine Sammlung Abbildungen, zu diesem Endzwecke nebeneinandergestellt, und eine Anwendung der botanischen Terminologie auf die verschiedenen Pflanzenteile bloß in dieser Rücksicht angenehm und nicht ohne Nutzen sein. Es würden zwei Fälle von durchgewachsenen Blumen, welche der oben angeführten Theorie sehr zustatten kommen, den Augen vorgelegt, sehr entscheidend gefunden werden.

XV
Durchgewachsene Rose

103

Alles, was wir bisher nur mit der Einbildungskraft und dem Verstande zu ergreifen gesucht, zeigt uns das Beispiel einer durchgewachsenen Rose auf das deutlichste. Kelch und Krone sind um die Achse geordnet und entwickelt, anstatt aber daß nun im Centro das Samenbehältnis *zusammengezogen,* an demselben und um dasselbe die männlichen und weiblichen Zeugungsteile *geordnet* sein sollten, begibt sich der Stiel halb *rötlich,* halb *grünlich* wieder in die *Höhe;* kleinere, dunkelrote, zusammengefaltete Kronenblätter, deren einige die Spur der Antheren an sich tragen, entwickeln sich *sukzessiv* an demselben. Der Stiel wächst fort, schon lassen sich daran wieder Dornen sehn, die folgenden einzelnen gefärbten Blätter werden kleiner und gehen zuletzt vor unsern Augen in halb rot, halb grün gefärbte Stengelblätter über, es bildet sich eine Folge von regelmäßigen Knoten, aus deren Augen abermals, obgleich unvollkommene, Rosenknöspchen zum Vorschein kommen.

104

Es gibt uns ebendieses Exemplar auch noch einen sichtbaren Beweis des oben Ausgeführten: daß nämlich alle Kelche nur in ihrer Peripherie zusammengezogene Folia floralia seien. Denn hier bestehet der regelmäßige, um die Achse versamm-lete Kelch aus fünf völlig entwickelten, drei- oder fünffach zusammengesetzten Blättern, dergleichen sonst die Rosenzweige an ihren Knoten hervorbringen.

XVI
Durchgewachsene Nelke

105

Wenn wir diese Erscheinung recht beobachtet haben, so wird uns eine andere, welche sich an einer durchgewachsenen Nelke zeigt, fast noch merkwürdiger werden. Wir sehen eine vollkommene, mit Kelch und überdies mit einer gefüllten Krone versehene, auch in der Mitte mit einer, zwar nicht ganz ausgebildeten, Samenkapsel völlig geendigte Blume. Aus den Seiten der Krone entwickeln sich vier vollkommene neue Blumen, welche durch drei- und mehrknotige Stengel von der Mutterblume entfernt sind; sie haben abermals Kelche, sind wieder gefüllt, und zwar nicht sowohl durch einzelne Blätter als durch Blattkronen, deren Nägel zusammengewachsen sind, meistens aber durch Blumenblätter, welche wie Zweiglein zusammengewachsen und um einen Stiel entwickelt sind. Ohngeachtet dieser ungeheuren Entwickelung sind die Staubfäden und Antheren in einigen gegenwärtig. Die Fruchthüllen mit den Griffeln sind zu sehen und die Rezeptakel der Samen wieder zu Blättern entfaltet, ja in einer dieser Blumen waren die Samendecken zu einem völligen Kelch verbunden und enthielten die Anlage zu einer vollkommen gefüllten Blume wieder in sich.

106

Haben wir bei der Rose einen gleichsam nur halbdeterminierten Blütenstand, aus dessen Mitte einen abermals hervortreibenden Stengel und an demselbigen neue Stengelblätter sich entwickeln gesehen, so finden wir an dieser Nelke, bei wohlgebilderem Kelche und vollkommener Krone, bei wirklich in der

Mitte bestehenden *Fruchtgehäusen, aus dem Kreise der Kronenblätter sich Augen entwickeln* und wirkliche Zweige und Blumen darstellen. Und so zeigen uns denn beide Fälle, daß die Natur gewöhnlich in den Blumen ihren Wachstum schließe und gleichsam eine Summe ziehe, daß sie der Möglichkeit, ins Unendliche mit einzelnen Schritten fortzugehen, Einhalt tue, um durch die Ausbildung der Samen schneller zum Ziel zu gelangen.

XVII
Linnés Theorie von der Antizipation

107

Wenn ich auf diesem Wege, den einer meiner Vorgänger, welcher ihn noch dazu an der Hand seines großen Lehrers versuchte, so fürchterlich und gefährlich beschreibt[7], auch hie und da gestrauchelt hätte, wenn ich ihn nicht genugsam geebnet und zum Besten meiner Nachfolger von allen Hindernissen gereiniget hätte, so hoffe ich doch diese Bemühung nicht fruchtlos unternommen zu haben.

108

Es ist hier Zeit, der Theorie zu gedenken, welche Linné zu Erklärung ebendieser Erscheinungen aufgestellt. Seinem scharfen Blick konnten die Bemerkungen, welche auch gegenwärtigen Vortrag veranlaßt, nicht entgehen. Und wenn wir nunmehr da fortschreiten können, wo er stehenblieb, so sind wir es den gemeinschaftlichen Bemühungen so vieler Beobachter und Denker schuldig, welche manches Hindernis aus dem Wege geräumt, manches Vorurteil zerstreut haben. Eine genaue Vergleichung seiner Theorie und des oben Ausgeführten würde uns hier zu lange aufhalten. Kenner werden sie leicht selbst machen, und sie müßte zu umständlich sein, um denen anschaulich zu werden, die über diesen Gegenstand noch nicht gedacht haben. Nur bemerken wir kürzlich, was ihn hinderte, weiter fort und bis ans Ziel zu schreiten.

109

Er machte seine Bemerkung zuerst an Bäumen, diesen zusammengesetzten und lange daurenden Pflanzen. Er beobachtete, daß ein Baum, in einem weitern Gefäße überflüssig genährt, mehrere Jahre hintereinander Zweige aus Zweigen hervorbringe,

---

[7] Ferber in „Praefatione dissertationis secundae de prolepsi plantarum“.

da derselbe, in ein engeres Gefäß eingeschlossen, schnell Blüten und Früchte trage. Er sahe, daß jene sukzessive Entwickelung hier auf einmal zusammengedrängt hervorgebracht werde. Daher nannte er diese Wirkung der Natur *Prolepsis,* eine *Antizipation,* weil die Pflanze durch die sechs Schritte, welche wir oben bemerkt haben, sechs Jahre vorauszunehmen schien. Und so führte er auch seine Theorie bezüglich auf die Knospen der Bäume aus, ohne auf die einjährigen Pflanzen besonders Rücksicht zu nehmen, weil er wohl bemerken konnte, daß seine Theorie nicht so gut auf diese als auf jene passe. Denn nach seiner Lehre müßte man annehmen, daß jede einjährige Pflanze eigentlich von der Natur bestimmt gewesen sei, sechs Jahre zu wachsen, und diese längere Frist in dem Blüten- und Fruchtstande auf einmal antizipiere und sodann verwelke.

110

Wir sind dagegen zuerst dem Wachstum der einjährigen Pflanze gefolgt; nun läßt sich die Anwendung auf die daurenden Gewächse leicht machen, da eine aufbrechende Knospe des ältesten Baumes als eine einjährige Pflanze anzusehen ist, ob sie sich gleich aus einem schon lange bestehenden Stamme entwikkelt und selbst eine längere Dauer haben kann.

111

Die zweite Ursache, welche Linnéen verhinderte, weiter vorwärtszugehen, war, daß er die verschiedenen ineinander geschlossenen Kreise des Pflanzenkörpers, die äußere Rinde, die innere, das Holz, das Mark, zu sehr als gleichwirkende, in gleichem Grad lebendige und notwendige Teile ansah und den Ursprung der Blumen und Fruchtteile diesen verschiedenen Kreisen des Stammes zuschrieb, weil jene, ebenso wie diese, voneinander umschlossen und sich auseinanderzuentwickeln scheinen. Es war dieses aber nur eine oberflächliche Bemerkung, welche, näher betrachtet, sich nirgend bestätiget. So ist die äußere Rinde zu weiterer Hervorbringung ungeschickt und bei daurenden Bäumen eine nach außen zu verhärtete und abgesonderte Masse, wie das Holz nach innen zu verhärtet wird. Sie fällt bei vielen Bäumen ab, andern Bäumen kann sie, ohne den geringsten Schaden derselben, genommen werden; sie wird also weder einen Kelch noch irgendeinen lebendigen Pflanzenteil hervorbringen. Die zweite Rinde ist es, welche alle Kraft des Lebens und Wachstums enthält. In dem Grad, in welchem sie verletzt wird, wird auch das Wachstum gestört, sie ist es, welche bei genauer Betrachtung alle äußeren Pflanzenteile nach und nach im Stengel oder auf einmal in Blüte und Frucht hervorbringt. Ihr wurde von Linnéen nur das subordinierte Geschäft, die Blumenblätter hervorzubringen, zugeschrieben. Dem Holze ward dagegen die wichtige Hervorbringung der männlichen Staubwerkzeuge zuteil; anstatt daß man gar wohl bemerken kann, es sei dasselbe ein durch Solideszenz zur Ruhe gebrachter, wenngleich daurender, doch der Lebenswirkung abgestorbener Teil. Das Mark sollte endlich die wichtigste Funktion verrichten, die weiblichen Geschlechtsteile und eine zahlreiche Nachkommenschaft hervorbringen. Die Zweifel, welche man gegen diese große Würde des Markes erregt, die Gründe, die man dagegen angeführt hat, sind auch mir wichtig und entscheidend. Es war nur scheinbar, als wenn sich Griffel und Frucht aus dem Mark entwickelten, weil diese Gestalten, wenn wir sie zum erstenmal erblicken, in einem weichen, unbestimmten markähnlichen, parenchymatosen Zustande sich befinden und eben in der Mitte des Stengels, wo wir uns nur Mark zu sehen gewöhnt haben, zusammengedrängt sind.

XVIII

Wiederholung

112

Ich wünsche, daß gegenwärtiger Versuch, die Metamorphose der Pflanzen zu erklären, zu Auflösung dieser Zweifel einiges beitragen und zu weiteren Bemerkungen und Schlüssen Gelegenheit geben möge. Die Beobachtungen, worauf er sich gründet, sind schon einzeln gemacht, auch gesammlet und gereihet worden[8]; und es wird sich bald entscheiden, ob der Schritt, den wir gegenwärtig getan, sich der Wahrheit nähere. So kurz als möglich fassen wir die Hauptresultate des bisherigen Vortrags zusammen.

113

Betrachten wir eine Pflanze, insofern sie ihre Lebenskraft äußert, so sehen wir dieses auf eine doppelte Art geschehen, zuerst durch das *Wachstum,* indem sie Stengel und Blätter hervorbringt, und sodann durch die *Fortpflanzung,* welche in dem Blüten- und Fruchtbau vollendet wird. Beschauen wir das

---

[8] Batsch, „Anleitung zur Kenntnis und Geschichte der Pflanzen“, 2. Teil, 19. Kapitel.

Wachstum näher, so sehen wir, daß, indem die Pflanze sich von Knoten zu Knoten, von Blatt zu Blatt fortsetzt, indem sie sproßt, gleichfalls eine Fortpflanzung geschehe, die sich von der Fortpflanzung durch Blüte und Frucht, welche *auf einmal* geschiehet, darin unterscheidet, daß sie *sukzessiv* ist, daß sie sich in einer Folge einzelner Entwickelungen zeigt. Diese sprossende, nach und nach sich äußernde Kraft ist mit jener, welche auf einmal eine große Fortpflanzung entwickelt, auf das genauste verwandt. Man kann unter verschiedenen Umständen eine Pflanze nötigen, daß sie immerfort *sprosse,* man kann dagegen den *Blütenstand beschleunigen.* Jenes geschieht, wenn rohere Säfte der Pflanze in einem größeren Maße zudringen, dieses, wenn die geistigeren Kräfte in derselben überwiegen.

114

Schon dadurch, daß wir das *Sprossen* eine sukzessive, den *Blüten-* und *Fruchtstand* aber eine simultane Fortpflanzung genannt haben, ist auch die Art, wie sich beide äußern, bezeichnet worden. Eine Pflanze, welche *sproßt,* dehnt sich mehr oder weniger aus, sie entwickelt einen Stiel oder Stengel, die Zwischenräume von Knoten zu Knoten sind meist bemerkbar, und ihre Blätter breiten sich von dem Stengel nach allen Seiten zu aus. Eine Pflanze dagegen, welche *blüht,* hat sich in allen ihren Teilen zusammengezogen, Länge und Breite sind gleichsam aufgehoben, und alle ihre Organe sind, in einem höchst konzentrierten Zustande, zunächst aneinander entwickelt.

115

Es mag nun die Pflanze sprossen, blühen oder Früchte bringen, so sind es doch nur immer *dieselbigen Organe,* welche, in vielfältigen Bestimmungen und unter oft veränderten Gestalten, die Vorschrift der Natur erfüllen. Dasselbe Organ, welches am Stengel als Blatt sich ausgedehnt und eine höchst mannigfaltige Gestalt angenommen hat, zieht sich nun im Kelche zusammen, dehnt sich im Blumenblatte wieder aus, zieht sich in den Geschlechtswerkzeugen zusammen, um sich als Frucht zum letztenmal auszudehnen.

116

Diese Wirkung der Natur ist zugleich mit einer andern verbunden, mit der *Versammlung verschiedener Organe um ein Zentrum* nach gewissen Zahlen und Maßen, welche jedoch bei manchen Blumen oft unter gewissen Umständen weit überschritten und vielfach verändert werden.

117

Auf gleiche Weise wirkt bei der *Bildung* der Blüten und Früchte *eine Anastomose* mit, wodurch die nahe aneinandergedrängten, höchst feinen Teile der Fruktifikation entweder auf die Zeit ihrer ganzen Dauer oder auch nur auf einen Teil derselben innigst verbunden werden.

118

Doch sind diese Erscheinungen der *Annäherung, Zentralstellung* und *Anastomose* nicht allein dem Blüten- und Fruchtstande eigen; wir können vielmehr etwas Ähnliches bei den Kotyledonen wahrnehmen, und andere Pflanzenteile werden uns in der Folge reichen Stoff zu ähnlichen Betrachtungen geben.

119

So wie wir nun die verschieden scheinenden Organe der sprossenden und blühenden Pflanze alle aus einem einzigen, nämlich *dem Blatte,* welches sich gewöhnlich an jedem Knoten entwickelt, zu erklären gesucht haben, so haben wir auch diejenigen Früchte, welche ihre Samen fest in sich zu verschließen pflegen, aus der Blattgestalt herzuleiten gewagt.

120

Es verstehet sich hier von selbst, daß wir ein allgemeines Wort haben müßten, wodurch wir dieses in so verschiedene Gestalten metamorphosierte Organ bezeichnen und alle Erscheinungen seiner Gestalt damit vergleichen könnten: gegenwärtig müssen wir uns damit begnügen, daß wir uns gewöhnen, die Erscheinungen vorwärts und rückwärts gegeneinander zu halten. Denn wir können ebensogut sagen: ein Staubwerkzeug sei ein zusammengezogenes Blumenblatt, als wir von dem Blumenblatte sagen können, es sei ein Staubgefäß im Zustande der Ausdehnung; ein Kelchblatt sei ein zusammengezogenes, einem gewissen Grad der Verfeinerung sich näherndes Stengelblatt, als wir von einem Stengelblatt sagen können, es sei ein durch Zudringen roherer Säfte ausgedehntes Kelchblatt.

121

Ebenso läßt sich von dem Stengel sagen, er sei ein ausgedehnter Blüten- und Fruchtstand, wie wir von diesem prädiziert haben, er sei ein zusammengezogener Stengel.

122

Außerdem habe ich am Schlusse des Vortrags noch die

Entwickelung der *Augen* in Betrachtung gezogen und dadurch die zusammengesetzten Blumen wie auch die unbedeckten Fruchtstände zu erklären gesucht.

Und auf diese Weise habe ich mich bemüht, eine Meinung, welche viel Überzeugendes für mich hat, so klar und vollständig, als es mir möglich sein wollte, darzulegen. Wenn solche demohngeachtet noch nicht völlig zur Evidenz gebracht ist, wenn sie noch manchen Widersprüchen ausgesetzt sein und die vorgetragne Erklärungsart nicht überall anwendbar scheinen möchte, so wird es mir desto mehr Pflicht werden, auf alle Erinnerungen zu merken und diese Materie in der Folge genauer und umständlicher abzuhandeln, um diese Vorstellungsart anschaulicher zu machen und ihr einen allgemeinern Beifall zu erwerben, als sie vielleicht gegenwärtig nicht erwarten kann.

SCHICKSAL DER HANDSCHRIFT

Aus Italien, dem formreichen, war ich in das gestaltlose Deutschland zurückgewiesen, heiteren Himmel mit einem düsteren zu vertauschen; die Freunde, statt mich zu trösten und wieder an sich zu ziehen, brachten mich zur Verzweiflung. Mein Entzücken über entfernteste, kaum bekannte Gegenstände, mein Leiden, meine Klagen über das Verlorne schien sie zu beleidigen, ich vermißte jede Teilnahme, niemand verstand meine Sprache. In diesen peinlichen Zustand wußt ich mich nicht zu finden, die Entbehrung war zu groß, an welche sich der äußere Sinn gewöhnen sollte, der Geist erwachte sonach und suchte sich schadlos zu halten.

Im Laufe von zwei vergangenen Jahren hatte ich ununterbrochen beobachtet, gesammelt, gedacht, jede meiner Anlagen auszubilden gesucht. Wie die begünstigte griechische Nation verfahren, um die höchste Kunst im eignen Nationalkreise zu entwickeln, hatte ich bis auf einen gewissen Grad einzusehen gelernt, so daß ich hoffen konnte, nach und nach das Ganze zu überschauen und mir einen reinen, vorurteilsfreien Kunstgenuß zu bereiten. Ferner glaubte ich der Natur abgemerkt zu haben, wie sie gesetzlich zu Werke gehe. um lebendiges Gebild, als Muster alles künstlichen, hervorzubringen. Das dritte, was mich beschäftigte, waren die Sitten der Völker. An ihnen zu lernen, wie aus dem Zusammentreffen von Notwendigkeit und Willkür, von Antrieb und Wollen, von Bewegung und Widerstand ein drittes hervorgeht, was weder Kunst noch Natur, sondern beides zugleich ist, notwendig und zufällig, absichtlich und blind. Ich verstehe die menschliche Gesellschaft.

Wie ich mich nun in diesen Regionen hin und her bewegte, mein Erkennen auszubilden bemüht, unternahm ich sogleich, schriftlich zu verfassen, was mir am klarsten vor dem Sinne stand, und so ward das Nachdenken geregelt, die Erfahrung geordnet und der Augenblick festgehalten. Ich schrieb zu gleicher Zeit einen Aufsatz über Kunst, Manier und Stil, einen andern, die Metamorphose der Pflanzen zu erklären, und das „Römische Karneval"; sie zeigen sämtlich, was damals in meinem Innern vorging und welche Stellung ich gegen jene drei großen Weltgegenden genommen hatte. Der Versuch, die Metamorphose der Pflanzen zu erklären, das heißt die mannigfaltigen, besondern Erscheinungen des herrlichen Weltgartens auf ein allgemeines, einfaches Prinzip zurückzuführen, war zuerst abgeschlossen.

Nun aber ist es eine alte schriftstellerische Wahrheit: Uns gefällt, was wir schreiben, wir würden es ja sonst nicht geschrieben haben. Mit meinem neuen Hefte wohl zufrieden, schmeichelte ich mir, auch im wissenschaftlichen Felde schriftstellerisch eine glückliche Laufbahn zu eröffnen, allein hier sollte mir ebenfalls begegnen, was ich an meinen ersten dichterischen Arbeiten erlebt, ich ward gleich anfangs auf mich selbst zurückgewiesen; doch hier deuteten die ersten Hindernisse leider gleich auf die spätern, und noch bis auf den heutigen Tag lebe ich in einer Welt, aus der ich wenigen etwas mitteilen kann. Dem Manuskript aber erging es folgendermaßen.

Mit Herrn *Göschen,* dem Herausgeber meiner gesammelten Schriften, hatte ich alle Ursache, zufrieden zu sein; leider fiel jedoch die Auflage derselben in eine Zeit, wo Deutschland nichts mehr von mir wußte noch wissen wollte, und ich glaubte zu bemerken, mein Verleger finde den Absatz nicht ganz nach seinen Wünschen. Indessen hatte ich versprochen, meine künftigen Arbeiten ihm vor andern anzubieten, eine Bedingung, die ich immer für billig gehalten habe. Ich meldete ihm daher, daß eine kleine Schrift fertig liege, wissenschaftlichen Inhalts, deren Abdruck ich wünsche. Ob er sich nun überhaupt von meinen Arbeiten nicht mehr sonderlich viel versprochen oder ob er in diesem Falle, wie ich vermuten kann, bei Sachverständigen Erkundigung eingezogen habe, was von einem solchen Übersprung in ein anderes Feld zu halten sein möchte, will ich nicht untersuchen, genug, ich konnte schwer begreifen, warum er mein Heft zu drucken ablehnte, da er, im schlimmsten Falle, durch ein so geringes Opfer von sechs Bogen Makulatur einen fruchtbaren, frisch wieder auftretenden, zuverlässigen, genügsamen Autor sich erhalten hätte.

Abermals befand ich mich also in derselben Lage wie jene, da ich dem Buchhändler *Fleischer* meine „Mitschuldigen“ anbot; diesmal aber ließ ich mich nicht sogleich abschrecken. *Ettinger* in Gotha, eine Verbindung mit mir beabsichtigend, erbot sich zur Übernahme, und so gingen diese wenigen Bogen, mit lateinischen Lettern zierlich gedruckt, auf gut Glück in die Welt.

Das Publikum stutzte: denn nach seinem Wunsch, sich gut und gleichförmig bedient zu sehen, verlangt es an jeden, daß er in seinem Fache bleibe, und dieses Ansinnen hat auch guten Grund: denn wer das Vortreffliche leisten will, welches nach allen Seiten hin unendlich ist, soll es nicht, wie Gott und die Natur wohl tun dürfen, auf mancherlei Wegen versuchen. Daher will man, daß ein Talent, das sich in einem gewissen Feld hervortat, dessen Art und Weise allgemein anerkannt und beliebt ist, aus seinem Kreise sich nicht entferne oder wohl gar in einen weit abgelegenen hinüberspringe. Wagt es einer, so weiß man ihm keinen Dank, ja man gewährt ihm, wenn er es auch recht macht, keinen besondern Beifall.

Nun fühlt aber der lebharte Mensch sich um sein Selbst willen und nicht fürs Publikum da, er mag sich nicht an irgendeinem Einerlei abmüden und abschleifen, er sucht sich von andern Seiten Erholung. Auch ist jedes energische Talent ein allgemeines, das überall hinschaut und seine Tätigkeit da und dort nach Belieben ausübt. Wir haben Ärzte, die mit Leidenschaft bauen, Gärten und Fabriken anlegen, Wundärzte als Münzkenner und Besitzer köstlicher Sammlungen. *Astruc,* Ludwig des Vierzehnten Leibchirurg, legte zuerst Messer und Sonde an den Pentateuch, und was sind nicht überhaupt schon die Wissenschaften teilnehmenden Liebhabern und unbefangenen Gastfreunden schuldig geworden! Ferner kennen wir Geschäftsmänner als leidenschaftliche Romanenleser und Kartenspieler, ernsthafte Hausväter jeder andern Unterhaltung die Theaterposse vorziehend. Seit mehreren Jahren wird uns zum Überdruß die ewige Wahrheit wiederholt, daß das Menschenleben aus Ernst und Spiel zusammengesetzt sei und daß der Weiseste und Glücklichste nur derjenige genannt zu werden verdiene, der sich zwischen beiden im Gleichgewicht zu bewegen versteht, denn auch ungeregelt wünscht ein jeder das Entgegengesetzte von sich selbst, um das Ganze zu haben.

Auf tausenderlei Weise erscheint dieses Bedürfnis dem wirksamen Menschen aufgedrungen. Wer darf mit unserm *Chladni* rechten, dieser Zierde der Nation? Dank ist ihm die Welt schuldig, daß er den Klang allen Körpern auf jede Weise zu entlocken, zuletzt sichtbar zu machen verstanden. Und was ist entfernter von diesem Bemühen als die Betrachtung des atmosphärischen Gesteins. Die Umstände der in unsern Tagen häufig sich erneuernden Ereignisse zu kennen und zu erwägen, die Bestandteile dieses himmlisch-irdischen Produkts zu entwikkeln, die Geschichte des durch alle Zeiten durchgehenden wunderbaren Phänomens aufzuforschen ist eine schöne, würdige Aufgabe. Wodurch hängt aber dieses Geschäft mit jenem zusammen? etwa durchs Donnergeprassel, womit die Atmosphärilien zu uns herunterstürzen? Keineswegs, sondern dadurch, daß ein geistreicher, aufmerkender Mann zwei der entferntesten Naturvorkommenheiten seiner Betrachtung aufgedrungen fühlt und nun eines wie das andere stetig und unablässig verfolgt. Ziehen wir dankbar den Gewinn, der uns dadurch beschert ist.

SCHICKSAL DER DRUCKSCHRIFT

Derjenige, der sich im stillen mit einem würdigen Gegenstande beschäftigt, in allem ernst ihn zu umfassen bestrebt, macht sich keinen Begriff, daß gleichzeitige Menschen ganz anders zu denken gewohnt sind als er, und es ist sein Glück: denn er würde den Glauben an sich selbst verlieren, wenn er nicht an Teilnahme glauben dürfte. Tritt er aber mit seiner Meinung hervor, so bemerkt er bald, daß verschiedene Vorstellungsarten sich in der Welt bekämpfen und so gut den Gelehrten als Ungelehrten verwirren. Der Tag ist immer in Parteien geteilt, die sich selbst sowenig kennen als ihre Antipoden. Jeder wirkt leidenschaftlich, was er vermag, und gelangt, so weit es gelingen will.

Und so ward auch ich, noch ehe mir ein öffentliches Urteil zukam, durch eine Privatnachricht gar wundersam getroffen. In einer ansehnlichen deutschen Stadt hatte sich ein Verein wissenschaftlicher Männer gebildet, welche zusammen, auf theoretischem und praktischem Wege, manches Gute stifteten. In diesem Kreise ward auch mein Heftchen, als eine sonderbare Novität, eifrig gelesen; allein jedermann war damit unzufrieden, alle versicherten: es sei nicht abzusehen, was das heißen solle. Einer meiner römischen Kunstfreunde, mich liebend, mir vertrauend, empfand es übel, meine Arbeit so getadelt, ja verwerfen zu hören, da er mich doch, bei einem lange fortgesetzten Umgange, über mannigfaltige Gegenstände ganz vernünftig und folgerecht sprechen hören. Er las daher das Heft mit Aufmerksamkeit, und ob er gleich selbst nicht recht wußte, wo ich hinauswolle, so ergriff er doch den Inhalt mit Neigung und Künstlersinn und gab dem Vorgetragenen eine zwar wunderliche, aber doch geistreiche Bedeutung.

Der Verfasser, sagte derselbe, hat eine eigene, verborgene Absicht, die ich aber vollkommen deutlich einsehe, er will den Künstler lehren, wie sprossende und rankende Blumenverzierungen zu erfinden sind, nach Art und Weise der Alten in fortschreitender Bewegung. Die Pflanze muß von den einfachsten Blättern ausgehen, die sich stufenweise vermannigfaltigen, einschneiden, vervielfältigen und, indem sie sich vorwärtsschieben, immer ausgebildeter, schlanker und leichter werden, bis sie sich in dem größten Reichtum der Blume versammeln, um den Samen entweder auszuschütten oder gar einen neuen Lebenslauf wieder zu beginnen. Marmorpilaster, auf solche Weise verziert, sieht man in der Villa Medicis, und nun verstehe ich erst recht, wie es dort gemeint ist. Die unendliche Fülle der Blätter wird zuletzt von der Blume noch übertroffen, so daß endlich statt der Samenkörner oft Tiergestalten und Genien hervorspringen, ohne daß man es, nach der vorhergehenden, herrlichen Entwickelungsfolge, nur im mindesten unwahrscheinlich fände; ich freue mich nun, auf die angedeutete Weise gar manchen Zierat selbst zu erfinden, da ich bisher unbewußt die Alten nachgeahmt habe.

In diesem Falle war jedoch Gelehrten nicht gut gepredigt, sie ließen die Erklärung zur Not hingehn, meinten aber doch: wenn man nichts weiter als die Kunst im Auge habe und Zieraten beabsichtige, so müsse man nicht tun, als wenn man für die Wissenschaften arbeite, wo dergleichen Phantasien nicht gelten dürften. Der Künstler versicherte mich später: in Gefolg der Naturgesetze, wie ich sie ausgesprochen, sei ihm geglückt, Natürliches und Unmögliches zu verbinden und etwas erfreulich Wahrscheinliches hervorzubringen. Jenen Herrn dagegen habe er mit seinen Erklärungen nicht wieder aufwarten dürfen.

Von andern Seiten her vernahm ich ähnliche Klänge, nirgends wollte man zugeben, daß Wissenschaft und Poesie vereinbar seien. Man vergaß, daß Wissenschaft sich aus Poesie entwickelt habe, man bedachte nicht, daß, nach einem Umschwung von Zeiten, beide sich wieder freundlich, zu beiderseitigem Vorteil, auf höherer Stelle, gar wohl wieder begegnen könnten.

Freundinnen, welche mich schon früher den einsamen Gebirgen, der Betrachtung starrer Felsen gern entzogen hätten, waren auch mit meiner abstrakten Gärtnerei keineswegs zufrieden. Pflanzen und Blumen sollten sich durch Gestalt, Farbe, Geruch auszeichnen, nun verschwanden sie aber zu einem gespensterhaften Schemen. Da versuchte ich diese wohlwollenden Gemüter zur Teilnahme durch eine Elegie zu locken, der ein Platz hier gegönnt sein möge, wo sie, im Zusammenhang wissenschaftlicher Darstellung, verständlicher werden dürfte als eingeschaltet in eine Folge zärtlicher und leidenschaftlicher Poesien.

Dich verwirret, Geliebte, die tausendfältige Mischung
    Dieses Blumengewühls über dem Garten umher;
Viele Namen hörest du an, und immer verdränget,
    Mit barbarischem Klang, einer den andern im Ohr.
Alle Gestalten sind ähnlich, und keine gleichet der andern,
    Und so deutet das Chor auf ein geheimes Gesetz,
Auf ein heiliges Rätsel. Oh, könnt ich dir, liebliche Freundin,
    Überliefern sogleich glücklich das lösende Wort!
Werdend betrachte sie nun, wie nach und nach sich die Pflanze,
    Stufenweise geführt, bildet zu Blüten und Frucht.
Aus dem Samen entwickelt sie sich, sobald ihn der Erde
    Stille befruchtender Schoß hold in das Leben entläßt
Und dem Reize des Lichts, des heiligen, ewig bewegten,
    Gleich den zärtesten Bau keimender Blätter empfiehlt.
Einfach schlief indem Samen die Kraft; ein beginnendes Vorbild
    Lag, verschlossen in sich, unter die Hülle gebeugt,
Blatt und Wurzel und Keim, nur halb geformet und farblos;
    Trocken erhält so der Kern ruhiges Leben bewahrt,
Quillet strebend empor, sich milder Feuchte vertrauend,
    Und erhebt sich sogleich aus der umgebenden Nacht.
Aber einfach bleibt die Gestalt der ersten Erscheinung;
Und so bezeichnet sich auch unter den Pflanzen das Kind.
Gleich darauf ein folgender Trieb, sich erhebend, erneuet,
    Knoten auf Knoten getürmt, immer das erste Gebild.

Zwar nicht immer das gleiche; denn mannigfaltig erzeugt sich,
Ausgebildet, du sichst's, immer das folgende Blatt,
Ausgedehnter, gekerbter, getrennter in Spitzen und Teile,
Die verwachsen vorher ruhten im untern Organ.
Und so erreicht es zuerst die höchst bestimmte Vollendung,
Die bei manchem Geschlecht dich zum Erstaunen bewegt.
Viel gerippt und gezackt, auf mastig strotzender Fläche,
Scheinet die Fülle des Triebs frei und unendlich zu sein.
Doch hier hält die Natur, mit mächtigen Händen, die Bildung
An und lenket sie sanft in das Vollkommnere hin.
Mäßiger leitet sie nun den Saft, verengt die Gefäße,
Und gleich zeigt die Gestalt zärtere Wirkungen an.
Stille zieht sich der Trieb der strebenden Ränder zurücke,
Und die Rippe des Stiels bildet sich völliger aus.
Blattlos aber und schnell erhebt sich der zärtere Stengel,
Und ein Wundergebild zieht den Betrachtenden an.
Rings im Kreise stellet sich nun, gezählet und ohne
Zahl, das kleinere Blatt neben dem ähnlichen hin.
Um die Achse gedrängt, entscheidet der bergende Kelch sich,
Der zur höchsten Gestalt farbige Kronen entläßt.
Also prangt die Natur in hoher, voller Erscheinung,
Und sie zeiget, gereiht, Glieder an Glieder gestuft.
Immer staunst du aufs neue, sobald sich am Stengel die Blume
Über dem schlanken Gerüst wechselnder Blätter bewegt.
Aber die Herrlichkeit wird des neuen Schaffens Verkündung.
Ja, das farbige Blatt fühlet die göttliche Hand.
Und zusammen zieht es sich schnell; die zärtesten Formen,
Zwiefach streben sie vor, sich zu vereinen bestimmt.
Traulich stehen sie nun, die holden Paare, beisammen,
Zahlreich ordnen sie sich um den geweihten Altar.
Hymen schwebet herbei, und herrliche Düfte, gewaltig,
Strömen süßen Geruch, alles belebend, umher.
Nun vereinzelt schwellen sogleich unzählige Keime,
Hold in den Mutterschoß schwellender Früchte gehüllt.
Und hier schließt die Natur den Ring der ewigen Kräfte;
Doch ein neuer sogleich fasset den vorigen an,
Daß die Kette sich fort durch alle Zeiten verlänge
Und das Ganze belebt, so wie das Einzelne, sei.
Wende nun, o Geliebte, den Blick zum bunten Gewimmel,
Das verwirrend nicht mehr sich vor dem Geiste bewegt.
Jede Pflanze verkündet dir nun die ew'gen Gesetze,
Jede Blume, sie spricht lauter und lauter mit dir.

Aber entzifferst du hier der Göttin heilige Lettern,
Überall siehst du sie dann, auch in verändertem Zug.
Kriechend zaudre die Raupe, der Schmetterling eile geschäftig,
Bildsam ändre der Mensch selbst die bestimmte Gestalt!
Oh! gedenke denn auch, wie aus dem Keim der Bekanntschaft
Nach und nach in uns holde Gewohnheit entsproß,
Freundschaft sich mit Macht in unserm Innern enthüllte,
Und wie Amor zuletzt Blüten und Früchte gezeugt.
Denke, wie mannigfach bald die, bald jene Gestalten,
Still entfaltend, Natur unsern Gefühlen geliehn!
Freue dich auch des heutigen Tags! Die heilige Liebe
Strebt zu der höchsten Frucht gleicher Gesinnungen auf,
Gleicher Ansicht der Dinge, damit in harmonischem Anschaun
Sich verbinde das Paar, finde die höhere Welt.

Höchst willkommen war dieses Gedicht der eigentlich Geliebten, welche das Recht hatte, die lieblichen Bilder auf sich zu beziehen; und auch ich fühlte mich sehr glücklich, als das lebendige Gleichnis unsere schöne vollkommene Neigung steigerte und vollendete; von der übrigen liebenswürdigen Gesellschaft aber hatte ich viel zu erdulden, sie parodierten meine Verwandlungen durch märchenhafte Gebilde neckischer, neckender Anspielungen.

Leiden ernsterer Art jedoch waren mir bereitet von auswärtigen Freunden, unter die ich, in dem Jubel meines Herzens, die Freiexemplare verteilt hatte, sie antworteten alle mehr oder weniger in Bonnets Redensarten: denn seine „Kontemplation der Natur" hatte, durch scheinbare Faßlichkeit, die Geister gewonnen und eine Sprache in Gang gebracht, in der man etwas zu sagen, sich untereinander zu verstehen glaubte. Zu meiner Art, mich auszudrücken, wollte sich niemand bequemen. Es ist die größte Qual, nicht verstanden zu werden, wenn man nach großer Bemühung und Anstrengung sich endlich selbst und die Sache zu verstehn glaubt; es treibt zum Wahnsinn, den Irrtum immer wiederholen zu hören, aus dem man sich mit Not gerettet hat, und peinlicher kann uns nichts begegnen, als wenn das, was uns mit unterrichteten, einsichtigen Männern verbinden sollte, Anlaß gibt einer nicht zu vermittlenden Trennung.

Überdies waren die Äußerungen meiner Freunde keineswegs von schonender Art, und es wiederholte sich dem vieljährigen Autor die Erfahrung, daß man gerade von verschenkten Exemplaren Unlust und Verdruß zu erleben hat. Kommt jemandem ein Buch durch Zufall oder Empfehlung in die Hand, er liest es, kauft es auch wohl; überreicht ihm aber ein Freund, mit behaglicher Zuversicht, sein Werk, so scheint es, als sei es darauf abgesehen, ein Geistesübergewicht aufzudringen. Da tritt nun das radikale Böse in seiner häßlichsten Gestalt hervor, als Neid und Widerwille gegen frohe, eine Herzensangelegenheit vertrauende Personen. Mehrere Schriftsteller, die ich befragte, waren mit diesem Phänomen der unsittlichen Welt auch nicht unbekannt.

Einen Freund und Gönner jedoch, welcher währender Arbeit sowie nach deren Vollendung treulich eingewirkt, muß ich an dieser Stelle rühmen. *Karl von Dalberg* war es, ein Mann, der wohl verdient hätte, das ihm angeborne und zugedachte Glück in friedlicher Zeit zu erreichen, die höchsten Stellen durch unermüdete Wirksamkeit zu schmücken und den Vorteil derselben mit den Seinigen bequem zu genießen. Man traf ihn stets rührig, teilnehmend, fördernd, und wenn man sich auch seine Vorstellungsart im ganzen nicht zueignen konnte, so fand man ihn doch im einzelnen jederzeit geistreich überhelfend. Bei aller wissenschaftlichen Arbeit bin ich ihm viel schuldig geworden, weil er das mir eigentümliche Hinstarren auf die Natur zu bewegen, zu beleben wußte. Denn er hatte den Mut, durch gewisse gelenke Wortformeln das Angeschaute zu vermitteln, an den Verstand heranzubringen.

Eine günstige Rezension in den „Göttinger Anzeigen“, Februar 1791, konnte mir nur halb genügen. Daß ich mit ausnehmender Klarheit meinen Gegenstand behandelt, war mir zugestanden, der Rezensent legte den Gang meines Vortrags kürzlich und reinlich dar, wohin es aber deute, war nicht ausgesprochen und ich daher nicht gefördert. Da man mir nun zugab, daß ich den Weg ins Wissen von meiner Seite wohl gebahnt habe, so wünschte ich brünstig, daß man mir von dorther entgegenkäme; denn es war mir gar nichts daran gelegen, hier irgendwo Fuß zu fassen, sondern so bald als möglich durch diese Regionen, unterrichtet und aufgeklärt, durchzuschreiten. Da es aber nicht nach meinen Hoffnungen und Wünschen erging, so blieb ich meinen bisherigen Anstalten getreu. Herbarien wurden zu diesem Zwecke gesammelt, ich verwahrte sogar manche Merkwürdigkeit in Spiritus, ließ Zeichnungen verfertigen, Kupfertafeln stechen, alles das sollte der Fortsetzung meiner Arbeit zugute kommen. Der Zweck war, die Haupterscheinung vor Augen zu bringen und die Anwendbarkeit meines Vortrags zu betätigen. Nun ward ich aber unverhofft in ein höchst bewegliches

Leben hingerissen. Meinem Fürsten folgte ich und also dem preußischen Heer nach Schlesien, in die Champagne, zur Belagerung von Mainz. Diese drei Jahre hintereinander waren auch für mein wissenschaftliches Bestreben höchst vorteilhaft. Ich sah die Erscheinungen der Natur in offner Welt und brauchte nicht erst einen zwirnsfädigen Sonnenstrahl in die finsterste Kammer zu lassen, um zu erfahren, daß hell und dunkel Farben erzeuge. Dabei bemerkte ich kaum die unendliche Langeweile des Feldzugs, die höchst verdrießlich ist, wenn Gefahr dagegen uns belebt und ergötzt. Ununterbrochen waren meine Betrachtungen, unausgesetzt das Aufzeichnen des Bemerkten, und mir, dem Unschreibseligen, stand der gute Genius abermals schönschreibend zur Seite, der mir in Karlsbad und früher so förderlich gewesen.

Da mir nun alle Gelegenheit entzogen war, in Büchern mich umzusehen, benutzte ich meine Druckschrift gelegentlich, daß ich gelehrte Freunde, welche der Gegenstand interessierte, bittend anging, mir zuliebe in ihrem weitverbreiteten Lesekreis gefällig achtzugeben, was schon über diese Materie geschrieben und überliefert wäre: denn ich war längst überzeugt, es gebe nichts Neues unter der Sonne und man könne gar wohl in den Überlieferungen schon angedeutet finden, was wir selbst gewahr werden und denken oder wohl gar hervorbringen. Wir sind nur Originale, weil wir nichts wissen.

Jener Wunsch aber ward mir gar glücklich erfüllt, als mein verehrter Freund, Friedrich August Wolf, mir seinen Namensvetter andeutete, der längst auf der Spur gewesen, die ich nun auch verfolgte. Welcher Vorteil mir dadurch geworden, weist sich zunächst aus.

DER VERFASSER TEILT DIE GESCHICHTE SEINER BOTANISCHEN STUDIEN MIT

Um die Geschichte der Wissenschaften aufzuklären, um den Gang derselben genau kennenzulernen, pflegt man sich sorgfältig nach ihren ersten Anfängen zu erkundigen; man bemüht sich zu forschen: wer zuerst irgendeinem Gegenstand seine Aufmerksamkeit zugewendet, wie er sich dabei benommen, wo und zu welcher Zeit man zuerst gewisse Erscheinungen in Betracht gezogen, dergestalt, daß von Gedanke zu Gedanken neue Ansichten sich hervorgetan, welche, durch Anwendung allgemein bestätigt, endlich die Epoche bezeichnen, worin das, was wir eine Entdeckung, eine Erfindung nennen, unbezweifelt zutage gekommen: eine Erörterung, welche den mannigfachsten Anlaß gibt, die menschlichen Geisteskräfte zu kennen und zu schätzen.

Vorstehender kleinen Schrift hat man die Auszeichnung erwiesen, sich nach ihrer Entstehung zu erkundigen; man hat zu erfahren gewünscht, wie ein Mann von mittlerem Alter, der als Dichter etwas galt und außerdem von mannigfaltigen Neigungen und Pflichten bedingt erschien, sich habe können in das grenzenloseste Naturreich begeben und dasselbe in der Maße studieren, daß er fähig geworden, eine Maxime zu fassen, welche, zur Anwendung auf die mannigfaltigsten Gestalten bequem, die Gesetzlichkeit aussprach, der zu gehorchen Tausende von Einzelnheiten genötigt sind.

Der Verfasser gedachten Werkchens hat hierüber schon in seinen morphologischen Heften Nachricht gegeben, indem er aber hier am Orte das Nötige und Schickliche beibringen möchte, bittet er sich die Erlaubnis aus, in der ersten Person einen bescheidenen Vortrag zu eröffnen.

In einer ansehnlichen Stadt geboren und erzogen, gewann ich meine erste Bildung in der Bemühung um alte und neuere Sprachen, woran sich früh rhetorische und poetische Übungen anschlossen. Hiezu gesellte sich übrigens alles, was in sittlicher und religiöser Hinsicht den Menschen auf sich selbst hinweist.

Eine weitere Ausbildung hatte ich gleichfalls größeren Städten zu danken, und es ergibt sich hieraus, daß meine Geistestätigkeit sich auf das gesellig Sittliche beziehen mußte und in Gefolg dessen auf das Angenehme, was man damals schöne Literatur nannte.

Von dem hingegen, was eigentlich äußere Natur heißt, hatte ich keinen Begriff und von ihren sogenannten drei Reichen nicht die geringste Kenntnis. Von Kindheit auf war ich gewohnt, in wohleingerichteten Ziergärten den Flor der Tulpen, Ranunkeln und Nelken bewundert zu sehen; und wenn außer den gewöhnlichen Obstsorten auch Aprikosen, Pfirschen und Trauben wohl gerieten, so waren dies genügende Feste den Jungen und den Alten. An exotische Pflanzen wurde nicht gedacht, noch viel weniger daran, Naturgeschichte in der Schule zu lehren.

Die ersten von mir herausgegebenen poetischen Versuche wurden mit Beifall aufgenommen, welche jedoch eigentlich nur den innern Menschen schildern und von den Gemütsbewegungen genugsame Kenntnis voraussetzen. Hie und da mag sich ein Anklang finden von einem leidenschaftlichen Ergötzen an ländlichen Naturgegenständen sowie von einem ernsten Drange, das ungeheure Geheimnis, das sich in stetigem Erschaffen und Zerstören an den Tag gibt, zu erkennen, ob sich schon dieser Trieb in ein unbestimmtes, unbefriedigtes Hinbrüten zu verlieren scheint.

In das tätige Leben jedoch sowohl als in die Sphäre der Wissenschaft trat ich eigentlich zuerst, als der edle weimarische Kreis mich günstig aufnahm, wo außer andern unschätzbaren Vorteilen mich der Gewinn beglückte, Stuben- und Stadtluft mit Land-, Wald- und Gartenatmosphäre zu vertauschen.

Schon der erste Winter gewährte die raschen geselligen Freuden der Jagd, von welchen ausruhend man die langen Abende nicht nur mit allerlei merkwürdigen Abenteuern der Wildbahn, sondern auch vorzüglich mit Unterhaltung über die nötige Holzkultur zubrachte. Denn die weimarische Jägerei bestand aus trefflichen Forstmännern, unter welchen der Name *Sckell* in Segen bleibt. Eine Revision sämtlicher Waldreviere, gegründet auf Vermessung, war bereits vollbracht und für lange Zeit eine Einteilung der jährlichen Schläge vorgesehn.

Auch die jüngeren Edelleute folgten wohlmeinend dieser vernünftigen Spur, von denen ich hier nur den Baron *von Wedel* nenne, welcher uns in seinen besten Jahren leider entrissen ward. Er behandelte sein Geschäft mit gradem Sinn und großer Billigkeit; auch er hatte schon in jener Zeit auf die Verringerung des Wildstandes gedrungen, überzeugt, wie schädlich die Hegung desselben nicht allein dem Ackerbau, sondern der Forstkultur selbst werden müsse.

Hier tat sich nun der Thüringer Wald in Länge und Breite vor uns auf; denn nicht allein die dortigen schönen Besitztümer des Fürsten, sondern, bei guten nachbarlichen Verhältnissen, sämtliche daranstoßenden Reviere waren uns zugänglich, zumal da auch die angehende Geologie in jugendlicher Bestrebsamkeit sich bemühte, Rechenschaft von dem Grund und Boden zu geben, worauf diese uralten Wälder sich angesiedelt. Nadelhölzer aller Art, mit ernstem Grün und balsamischem Dufte, Buchenhaine von freudigerm Anblick, die schwanke Birke und das niedere namenlose Gesträuch, jedes hatte seinen Platz gesucht und gewonnen. Wir aber konnten dies alles in großen, meilenweiten, mehr oder weniger wohlbestandenen Forsten überschauen und erkennen.

Auch wenn von Benutzung die Rede war, mußte man sich nach den Eigenschaften der Baumarten erkundigen. Die Harzscharre, deren Mißbrauch man nach und nach zu begrenzen suchte, ließ die feinen balsamischen Säfte in Betrachtung ziehn, die einen solchen Baum ins zweite Jahrhundert von der Wurzel bis zum Gipfel begleiteten, ernährten, ewig grün, frisch und lebendig erhielten.

Hier zeigte sich denn auch die ganze Sippschaft der Moose in ihrer größten Mannigfaltigkeit; sogar den unter der Erde verborgenen Wurzeln wurde unsre Aufmerksamkeit zugewendet. In jenen Waldgegenden hatten sich nämlich, von den dunkelsten Zeiten her, geheimnisvoll nach Rezepten arbeitende Laboranten angesiedelt und vom Vater zum Sohn manche Arten von Extrakten und Geisten bearbeitet, deren allgemeiner Ruf von einer ganz vorzüglichen Heilsamkeit durch emsige sogenannte Balsamträger erneuert, verbreitet und genutzt ward. Hier spielte nun der Enzian eine große Rolle, und es war eine angenehme Bemühung, dieses reiche Geschlecht nach seinen verschiedenen Gestalten als Pflanze und Blüte, vorzüglich aber die heilsame Wurzel näher zu betrachten. Dieses war das erste Geschlecht, welches mich im eigentlichen Sinne anzog, dessen Arten kennenzulernen ich auch in der Folgezeit bemüht war.

Hiebei möchte man bemerken, daß der Gang meiner botanischen Bildung einigermaßen der Geschichte der Botanik selbst ähnelte; denn ich war vom augenfälligsten Allgemeinsten auf das Nutzbare, Anwendbare, vom Bedarf zur Kenntnis gelangt, und welcher Kenner wird bei obigem sich nicht jener Epoche der Rhizotomen lächelnd erinnern?

Da nun aber gegenwärtig die Absicht bleibt zu melden, wie ich mich der eigentlichen wissenschaftlichen Botanik genähert, so hab ich vor allen Dingen eines Mannes zu gedenken, welcher in jeder Hinsicht die Hochschätzung seiner weimarischen Mitbürger verdiente. Dr. *Buchholz,* Besitzer der damals einzigen Apotheke, wohlhabend und lebenslustig, richtete mit ruhmwürdiger Lernbegierde seine Tätigkeit auf Naturwissenschaften. Er suchte sich zu seinen unmittelbaren pharmazeutischen Zwecken die tüchtigsten chemischen Gehülfen, wie denn der treffliche *Göttling* aus dieser Offizin als gebildeter Scheidekünstler hervorging. Jede neue, vom Aus- oder Inland entdeckte chemischphysische Merkwürdigkeit ward unter des Prinzipals Leitung geprüft und einer wißbegierigen Gesellschaft uneigennützig vorgetragen.

Auch in der Folge, daß ich dieses zu seinen Ehren vorausnehme, als die naturforschende Welt sich eifrig beschäftigte, die verschiedenen Luftarten zu erkennen, versäumte er nicht, jederzeit das Neueste experimentierend vor Augen zu bringen. So ließ er denn auch eine der ersten Montgolfieren von unsern Terrassen, zum Ergötzen der Unterrichteten, in die Höhe steigen, indessen die Menge sich vor Erstaunen kaum zu fassen wußte und in der Luft die verschüchterten Tauben scharenweise hin und wider flüchteten.

Hier aber habe ich vielleicht einem zu erwartenden Vorwurfe zu begegnen, daß ich nämlich fremde Beziehungen in meinen Vortrag mit einmische. Sei mir darauf zu erwidern erlaubt, daß ich von meiner Bildung im Zusammenhange nicht sprechen könnte, wenn ich nicht der frühen Vorzüge des weimarischen, für jene Zeiten hochgebildeten Kreises dankbar gedächte, wo Geschmack und Kenntnis, Wissen und Dichten gesellig zu wirken sich bestrebten, ernste gründliche Studien und frohe rasche Tätigkeit unablässig miteinander wetteiferten.

Doch aber hängt, näher betrachtet, was ich hier zu sagen habe, mit dem Vorgemeldeten zusammen. Chemie und Botanik gingen damals vereint aus den ärztlichen Bedürfnissen hervor, und wie der gerühmte Dr. Buchholz von seinem Dispensatorium sich in die höhere Chemie wagte, so schritt er auch aus den engen Gewürzbeeten in die freiere Pflanzenwelt. In seinen Gärten hatte er nicht die offizinellen Gewächse nur, sondern auch seltenere, neu bekannt gewordene Pflanzen für die Wissenschaft zu pflegen unternommen.

Dieses Mannes Tätigkeit lenkte der junge, schon früh den Wissenschaften sich hingebende Regent allgemeinerem Gebrauch und Belehrung zu, indem er große, sonnige Gartenflächen, in der Nachbarschaft von schattigen und feuchten Plätzen, einer botanischen Anstalt widmete, wozu denn ältere, wohlerfahrene Hofgärtner mit Eifer sogleich die Hand boten. Die noch vorhandenen Katalogen dieser Anstalt zeugen von dem Eifer, womit dergleichen Anfänge betrieben wurden.

Unter solchen Umständen war auch ich genötigt, über botanische Dinge immer mehr und mehr Aufklärung zu suchen. *Lin-*

nés Terminologie, die Fundamente, worauf das Kunstgebäude sich stützen sollte, *Johann Geßners Dissertationen* zu Erklärung Linnéischer *Elemente,* alles in *einem* schmächtigen Hefte vereinigt, begleiteten mich auf Wegen und Stegen; und noch heute erinnert mich ebendasselbe Heft an die frischen glücklichen Tage, in welchen jene gehaltreichen Blätter mir zuerst eine neue Welt aufschlossen. Linnés „ Philosophie der Botanik“ war mein tägliches Studium, und so rückte ich immer weiter vor in geordneter Kenntnis, indem ich mir möglichst anzueignen suchte, was mir eine allgemeinere Umsicht über dieses weite Reich verschaffen konnte.

Besonderen Vorteil aber brachte mir, wie in allem Wissenschaftlichen, die Nähe der Akademie Jena, wo die Wartung offizineller Pflanzen seit geraumer Zeit mit Ernst und Fleiß behandelt wurde. Auch erwarben sich die Professoren *Prätorius, Schlegel* und *Rolfink* früher um die allgemeinere Botanik zeitgemäße Verdienste. Epoche machte jedoch *Ruppes* „Flora Jenensis“, welche 1718 erschien; hiernach wurde der bis jetzt auf einen engen klösterlichen Garten eingeschränkten, bloß zu ärztlichem Zwecke dienenden Pflanzenbetrachtung die ganze reiche Gegend eröffnet und ein freies frohes Naturstudium eingeleitet.

Hieran von ihrer Seite Anteil zu nehmen, beeiferten sich aufgeweckte Landleute aus der Gegend, welche schon für den Apotheker und Kräuterhändler bisher sich tätig erwiesen hatten und eine nunmehr neueingeführte Terminologie nach und nach einzulernen wußten. In Ziegenhain hatte sich besonders eine Familie *Dietrich* hervorgetan; der Stammvater derselben, sogar von Linné bemerkt, hatte von diesem hochverehrten Manne ein eigenhändiges Schreiben aufzuweisen, durch welches Diplom er sich wie billig in den botanischen Adelstand erhoben fühlte. Nach seinem Ableben setzte der Sohn die Geschäfte fort, welche hauptsächlich darin bestanden, daß die sogenannten Lektionen, nämlich Bündel der jede Woche blühenden Gewächse, Lehrenden und Lernenden von allen Seiten herangeschafft wurden. Die joviale Wirksamkeit des Mannes verbreitete sich bis nach Weimar, und so ward ich nach und nach mit der jenaischen reichen Flora bekannt.

Noch einen größern Einfluß aber auf meine Belehrung hatte der Enkel *Friedrich Gottlieb Dietrich.* Als wohlgebauter Jüngling, von regelmäßig angenehmer Gesichtsbildung, schritt er vor, mit frischer Jugendkraft und Lust sich der Pflanzenwelt zu bemeistern; sein glückliches Gedächtnis hielt alle die seltsamen Benennungen fest und reichte sie ihm jeden Augenblick zum Gebrauche dar; seine Gegenwart sagte mir zu, da ein offner, freier Charakter aus Wesen und Tun hervorleuchtete, und so ward ich bewogen, auf einer Reise nach Karlsbad ihn mit mir zu nehmen.

In gebirgigen Gegenden immer zu Fuße, brachte er mit eifrigem Spürsinn alles Blühende zusammen und reichte mir die Ausbeute womöglich an Ort und Stelle sogleich in den Wagen herein und rief dabei nach Art eines Herolds die Linnéischen Bezeichnungen, Geschlecht und Art, mit froher Überzeugung aus, manchmal wohl mit falscher Betonung. Hiedurch ward mir ein neues Verhältnis zur freien herrlichen Natur, indem mein Auge ihrer Wunder genoß und mir zugleich wissenschaftliche Bezeichnungen des Einzelnen, gleichsam aus einer fernen Studierstube, in das Ohr drangen.

In Karlsbad selbst war der junge, rüstige Mann mit Sonnenaufgang im Gebirge, reichliche Lektionen brachte er mir sodann an den Brunnen, ehe ich noch meine Becher geleert hatte; alle Mitgäste nahmen teil, die, welche sich dieser schönen Wissenschaft befleißigten, besonders. Sie sahen ihre Kenntnisse auf das anmutigste angeregt, wenn ein schmucker Landknabe im kurzen Westchen daherlief, große Bündel von Kräutern und Blumen vorweisend, sie alle mit Namen, griechischen, lateinischen, barbarischen Ursprungs, bezeichnend; ein Phänomen, das bei Männern, auch wohl bei Frauen, vielen Anteil erregte.

Sollte Vorgesagtes dem eigentlich wissenschaftlichen Manne vielleicht allzu empirisch vorkommen, so melde ich hienächst, daß gerade dieses lebhafte Benehmen uns die Gunst und den Anteil eines in diesem Fache schon geübteren Mannes erwerben konnte, eines trefflichen Arztes nämlich, der, einen reichen Vornehmen begleitend, seinen Badeaufenthalt eigentlich zu botanischen Zwecken zu nutzen gedachte. Er gesellte sich gar bald zu uns, die sich freuten, ihm an Händen zu gehen. Die meisten von Dietrich früh eingebrachten Pflanzen trachtete er sorgfältig einzulegen, wo denn der Name hinzugeschrieben und auch sonst manches bemerkt wurde. Hiebei konnt ich nicht anders als gewinnen. Durch Wiederholung prägten sich die Namen in mein Gedächtnis; auch im Analysieren gewann ich etwas mehr Fertigkeit, doch ohne bedeutenden Erfolg; Trennen und Zählen lag nicht in meiner Natur.

Nun fand aber jenes fleißige Bemühen und Treiben in der großen Gesellschaft einige Gegner. Wir mußten öfters hören: die ganze Botanik, deren Studium wir so emsig verfolgten, sei nichts weiter als eine Nomenklatur und ein ganzes auf Zahlen, und das nicht einmal durchaus, gegründetes System; sie könne weder dem Verstand noch der Einbildungskraft genügen, und niemand werde darin irgendeine auslangende Folge zu finden wissen. Ohngeachtet dieser Einwendung gingen wir getrost unsern Weg fort, der uns denn immer tief genug in die Pflanzenkenntnis einzuleiten versprach.

Hier aber will ich nur kürzlich bemerken, daß der folgende Lebensgang des jungen Dietrich solchen Anfängen gleichblieb; er schritt unermüdet auf dieser Bahn weiter, so daß er, als Schriftsteller rühmlichst bekannt, mit der Doktorwürde geziert, den Großherzoglichen Gärten in Eisenach bis jetzt mit Eifer und Ehre vorsteht.

August Karl Batsch, der Sohn eines in Weimar durchaus geliebten und geschätzten Vaters, hatte seine Studienzeit in Jena sehr wohl benutzt, sich den Naturwissenschaften eifrig ergeben und es so weit gebracht, daß er nach Köstritz berufen wurde, um die ansehnliche Gräflich Reußische Naturaliensammlung zu ordnen und ihr eine Zeitlang vorzustehen. Sodann kehrte er nach Weimar zurück, wo ich ihn denn, im harten pflanzenfeindlichen Winter, auf der Schrittschuhbahn, damals dem Versammlungsort guter Gesellschaft, mit Vergnügen kennenlernte, seine zarte Bestimmtheit und ruhigen Eifer gar bald zu schätzen wußte und in freier Bewegung mich mit ihm über höhere Ansichten der Pflanzenkunde und über die verschiedenen Methoden, dieses Wissen zu behandeln, freimütig und anhaltend besprach.

Seine Denkweise war meinen Wünschen und Forderungen höchst angemessen, die Ordnung der Pflanzen nach Familien, in aufsteigendem, sich nach und nach entwickelnden Fortschritt, war sein Augenmerk. Diese naturgemäße Methode, auf die Linné mit frommen Wünschen hindeutet, bei welcher französische Botaniker theoretisch und praktisch beharrten, sollte nun einen unternehmenden jüngeren Mann zeitlebens beschäftigen, und wie froh war ich, meinen Teil daran aus der ersten Hand zu gewinnen.

Aber nicht allein von zwei Jünglingen, sondern auch von einem bejahrten vorzüglichen Manne sollte ich unbeschreiblich gefördert werden. Hofrat *Büttner* hatte seine Bibliothek von Göttingen nach Jena gebracht, und ich, durch das Vertrauen meines Fürsten, der diesen Schatz sich und uns angeeignet hatte, beauftragt, Anordnung und Aufstellung, nach dem eigenen Sinne des im Besitz bleibenden Sammlers, einzuleiten, unterhielt mit demselben ein fortwährendes Verkehr. Er, eine lebendige Bibliothek, bereitwillig, auf jede Frage umständliche, auslangende Antwort und Auskunft zu geben, unterhielt sich über Botanik mit Vorliebe.

Hier verleugnete er nicht, sondern bekannte vielmehr sogar leidenschaftlich, daß er, als Zeitgenosse Linnés gegen diesen ausgezeichneten, die ganze Welt mit seinem Namen erfüllenden Mann in stillem Wetteifer, dessen System niemals angenommen, vielmehr sich bemüht habe, die Anordnung der Gewächse nach Familien zu bearbeiten, von den einfachsten, fast unsichtbaren Anfängen in das Zusammengesetzteste und Ungeheuerste fortschreitend. Ein Schema hiervon zeigte er gern, mit eigner Hand zierlich geschrieben, worin die Geschlechter nach diesem Sinne gereiht erschienen, mir zu großer Erbauung und Beruhigung.

Vorgesagtem nachdenkend, wird man die Vorteile nicht verkennen, die mir meine Lage zu dergleichen Studien gewährte: große Gärten, sowohl an der Stadt als an Lustschlössern, hie und da in der Gegend Baum- und Gebüschanlagen nicht ohne botanische Rücksicht, dazu die Beihülfe einer in der Nachbarschaft längst durchgearbeiteten wissenschaftlichen Lokalflora nebst der Einwirkung einer stets fortschreitenden Akademie, alles zusammengenommen gab einem aufgeweckten Geiste genugsame Férdernis zur Einsicht in die Pflanzenwelt.

Indessen sich dergestalt meine botanischen Kenntnisse und Einsichten in lebenslustiger Geselligkeit erweiterten, ward ich eines einsiedlerischen Pflanzenfreundes gewahr, der mit Ernst und Fleiß sich diesem Fache gewidmet hatte. Wer wollte nicht dem im höchsten Sinne verehrten *Johann Jakob Rousseau* auf seinen einsamen Wanderungen folgen, wo er, mit dem Menschengeschlecht verfeindet, seine Aufmerksamkeit der Pflanzen- und Blumenwelt zuwendet und in echter gradsinniger Geisteskraft sich mit den stillreizenden Naturkindern vertraut macht.

Aus seinen frühern Jahren ist mir nicht bekannt, daß er zu

Blumen und Pflanzen andere Anmutungen gehabt als solche, welche eigentlich nur auf Gesinnung, Neigung, zärtliche Erinnerungen hindeuteten; seinen entschiedenen Äußerungen aber zufolge mag er erst nach einem stürmischen Autorleben, auf der St.-Peters-Insel, im Bieler See, auf dies Naturreich in seiner Fülle aufmerksam geworden sein. In England nachher, bemerkt man, hat er sich schon freier und weiter umgesehn; sein Verhältnis zu Pflanzenfreunden und -kennern, besonders zu der Herzogin von Portland, mag seinen Scharfblick mehr in die Breite gewiesen haben, und ein Geist wie der seinige, der den Nationen Gesetz und Ordnung vorzuschreiben sich berufen fühlt, mußte doch zur Vermutung gelangen, daß in dem unermeßlichen Pflanzenreiche keine so große Mannigfaltigkeit von Formen erscheinen könnte, ohne daß ein Grundgesetz, es sei auch noch so verborgen, sie wieder sämtlich zur Einheit zurückbrächte. Er versenkt sich in dieses Reich, nimmt es ernstlich in sich auf, fühlt, daß ein gewisser methodischer Gang durch das Ganze möglich sei, getraut sich aber nicht damit hervorzutreten. Wie er sich selbst darüber ausspricht, wird immer ein Gewinn sein zu vernehmen.

„Was mich betrifft, ich bin in diesem Studium ein Schüler und nicht gegründet; indem ich herborisiere, denk ich mehr mich zu zerstreuen und zu vergnügen als zu unterrichten, und ich kann bei meinen zögernden Betrachtungen den anmaßlichen Gedanken nicht fassen, andere zu unterrichten in dem, was ich selbst nicht weiß.

Doch ich gestehe, die Schwierigkeiten, die ich bei dem Studium der Pflanzen fand, führten mich auf einige Vorstellungen, wie sich wohl Mittel finden ließen, dasselbe zu erleichtern und andern nützlich zu machen, und zwar, indem man den Faden eines Pflanzensystems durch eine mehr schritthaltende, weniger den Sinnen entrückte Methode zu verfolgen wüßte, als es Tournefort getan und alle seine Nachfolger, selbst Linné nicht ausgenommen. Vielleicht ist mein Gedanke nicht ausführbar; wir sprechen darüber, wenn ich die Ehre habe. Sie wiederzusehen."

Also schrieb er im Anfange des Jahrs 1770; allein es hatte ihm unterdessen keine Ruhe gelassen; schon im August 1771 unternimmt er, bei einem freundlichen Anlaß, die Pflicht, andere zu belehren, ja, was er weiß und einsieht, Frauen vorzutragen, nicht etwa zu spielender Unterhaltung, sondern sie gründlich in die Wissenschaft einzuleiten.

Hier gelingt es ihm nun, sein Wissen auf die ersten sinnlich vorzuweisenden Elemente zurückzuführen; er legt die Pflanzenteile einzeln vor, lehrt sie unterscheiden und benennen. Kaum aber hat er hierauf die ganze Blume aus den Teilen wiederhergestellt und sie benannt, teils durch Trivialnamen kenntlich gemacht, teils die Linnéische Terminologie ehrenhaft, ihren ganzen Wert bekennend, eingeführt, so gibt er alsobald eine breitere Übersicht ganzer Massen. Nach und nach führt er uns vor: Liliazeen, Siliquosen und Silikulosen, Rachen- und Maskenblumen, Umbellen und Kompositen zuletzt, und indem er auf diesem Wege die Unterschiede in steigender Mannigfaltigkeit und Verschränkung anschaulich macht, führt er uns unmerklich einer vollständigen, erfreulichen Übersicht entgegen. Denn da er an Frauenzimmer zu reden hat, versteht er, mäßig und gehörig, auf Gebrauch, Nutzen und Schaden hinzuweisen, und dies um so schicklicher und leichter, da er, alle Beispiele zu seiner Lehre aus der Umgebung nehmend, nur von dem Einheimischen spricht und auf die exotischen Pflanzen, wie sie auch gekannt sein und gepflegt werden mögen, keine Ansprüche macht.

Im Jahr 1822 gab man unter dem Titel „La Botanique de Rousseau“ sämtliche von ihm über diese Gegenstände verfaßten Schriften in Klein-Folio sehr anständig heraus, begleitet mit farbigen Bildern, nach dem vortrefflichen *Redouté* alle diejenigen Pflanzen vorstellend, von welchen er gesprochen hatte. Bei deren Überblick bemerkt man mit Vergnügen, wie einheimisch ländlich er bei seinen Studien verfahren, indem nur Pflanzen vorgestellt sind, welche er auf seinen Spaziergängen unmittelbar konnte gewahr werden.

Seine Methode, das Pflanzenreich ins engere zu bringen, neigt sich, wie wir oben gesehen haben, offenbar zur Einteilung nach Familien; und da ich in jener Zeit auch schon zu Betrachtungen dieser Art hingeleitet war, so machte sein Vortrag auf mich einen desto größern Eindruck.

Und so wie die jungen Studierenden sich auch am liebsten an junge Lehrer halten, so mag der Dilettant gern vom Dilettanten lernen. Dieses wäre freilich in Absicht auf Gründlichkeit bedenklich, wenn nicht die Erfahrung gäbe, daß Dilettanten zum Vorteil der Wissenschaft vieles beigetragen. Und zwar ist dieses ganz natürlich: Männer vom Fach müssen sich um Vollständigkeit bemühen und deshalb den weiten Kreis in seiner Breite durchforschen; dem Liebhaber dagegen ist darum zu tun, durch das Einzelne durchzukommen und einen Hochpunkt zu erreichen, von woher ihm eine Übersicht wo nicht des Ganzen, doch des meisten gelingen könnte.

Von Rousseaus Bemühungen bring ich nur so viel nach, daß er eine sehr anmutige Sorgfalt für das Trocknen der Pflanzen und Anlegen von Herbarien beweist und den Verlust desselben innigst bedauert, wenn irgendeins zugrunde geht, ob er gleich auch hier, im Widerspruch mit sich selbst, weder Geschick noch anhaltende Sorgsamkeit haben mochte, um besonders bei seinen vielfachen Wanderungen auf Erhaltung genau zu achten; deswegen er auch dergleichen Gesammeltes nur immer als Heu angesehen wissen will.

Behandelt er aber, einem Freund zuliebe, die Moose mit billiger Sorgfalt, so erkennen wir aufs lebhafteste, welchen gründlichen Anteil ihm die Pflanzenwelt abgewonnen habe, welches besonders die „Fragments pour un dictionnaire des termes d'usage en botanique" vollkommen bestätigen.

Soviel sei hier gesagt, um einigermaßen anzudeuten, was wir ihm in jener Epoche unsrer Studien schuldig geworden.

Wie er sich nun, befreit von allem nationalen Starrsinn, an die auf jeden Fall vorschreitenden Wirkungen Linnés hielt, so dürfen wir auch wohl von unsrer Seite bemerken, daß es ein großer Vorteil sei, wenn wir beim Eintreten in ein für uns neues wissenschaftliches Fach es in einer Krise und einen außerordentlichen Mann beschäftigt finden, hier das Vorteilhafte durchzuführen. Wir sind jung mit der jungen Methode, unsre Anfänge treffen in eine neue Epoche, und wir werden in die Masse der Bestrebsamen wie in ein Element aufgenommen, das uns trägt und fördert.

Und so ward ich mit meinen übrigen Zeitgenossen Linnés gewahr, seiner Umsicht, seiner alles hinreißenden Wirksamkeit. Ich hatte mich ihm und seiner Lehre mit völligem Zutrauen hingegeben; demungeachtet mußt ich nach und nach empfinden, daß mich auf dem bezeichneten eingeschlagenen Wege manches wo nicht irremachte, doch zurückhielt.

Soll ich nun über jene Zustände mit Bewußtsein deutlich werden, so denke man mich als einen gebornen Dichter, der seine Worte, seine Ausdrücke unmittelbar an den jedesmaligen Gegenständen zu bilden trachtet, um ihnen einigermaßen genugzutun. Ein solcher sollte nun eine fertige Terminologie ins Gedächtnis aufnehmen, eine gewisse Anzahl Wörter und Beiwörter bereit haben, damit er, wenn ihm irgendeine Gestalt vorkäme, eine geschickte Auswahl treffend, sie zu charakteristischer Bezeichnung anzuwenden und zu ordnen wisse. Dergleichen Behandlung erschien mir immer als eine Art von Mosaik, wo man einen fertigen Stift neben den andern setzt, um aus tausend Einzelnheiten endlich den Schein eines Bildes hervorzubringen; und so war mir die Forderung in diesem Sinne gewissermaßen widerlich.

Sah ich nun aber auch die Notwendigkeit dieses Verfahrens ein, welches dahin zweckte, sich durch Worte, nach allgemeiner Übereinkunft, über gewisse äußerliche Vorkommenheiten der Pflanzen zu verständigen und alle schwer zu leistende und oft unsichre Pflanzenabbildungen entbehren zu können, so fand ich doch bei der versuchten genauen Anwendung die Hauptschwierigkeit in der Versatilität der Organe. Wenn ich an demselben Pflanzenstengel erst rundliche, dann eingekerbte, zuletzt beinahe gefiederte Blätter entdeckte, die sich alsdann wieder zusammenzogen, vereinfachten, zu Schüppchen wurden und zuletzt gar verschwanden, da verlor ich den Mut, irgendwo einen Pfahl einzuschlagen oder wohl gar eine Grenzlinie zu ziehen.

Unauflösbar schien mir die Aufgabe, Genera mit Sicherheit zu bezeichnen, ihnen die Spezies unterzuordnen. Wie es vorgeschrieben war, las ich wohl, allein wie sollt ich eine treffende Bestimmung hoffen, da man bei Linnés Lebzeiten schon manche Geschlechter in sich getrennt und zersplittert, ja sogar Klassen aufgehoben hatte; woraus hervorzugehn schien: der genialste, scharfsichtigste Mann selbst habe die Natur nur en gros gewältigen und beherrschen können. Wurde nun dabei meine Ehrfurcht für ihn im geringsten nicht geschmälert, so mußte deshalb ein ganz eigener Konflikt entstehen, und man denke sich die Verlegenheit, in der sich ein autodidaktischer Tiro abzumühen und durchzukämpfen hatte.

Ununterbrochen jedoch mußt ich meinen übrigen Lebensgang verfolgen, dessen Pflichten und Erholungen glücklicherweise meist in der freien Natur angewiesen waren. Hier drang sich nun dem unmittelbaren Anschauen gewaltig auf: wie jede Pflanze ihre Gelegenheit sucht, wie sie eine Lage fordert, wo sie in Fülle und Freiheit erscheinen könne. Bergeshöhe, Talestiefe, Licht, Schatten, Trockenheit, Feuchte, Hitze, Wärme, Kälte, Frost und wie die Bedingungen alle heißen mögen! Geschlechter und Arten verlangen sie, um mit völliger Kraft und Menge hervorzusprießen. Zwar geben sie an gewissen Orten, bei manchen Gelegenheiten der Natur nach, lassen sich zur Varietät hinreißen, ohne jedoch das erworbene Recht an Gestalt und Eigenschaft völlig aufzugeben. Ahnungen hievon berührten mich in der freien Welt, und neue Klarheit schien mir aufzugehen über Gärten und Bücher.

Der Kenner, der sich in das Jahr 1786 zurückzuversetzen geneigt wäre, möchte sich wohl einen Begriff meines Zustandes ausbilden können, in welchem ich mich nun schon zehn Jahre befangen fühlte, ob es gleich selbst für den Psychologen eine Aufgabe bleiben würde, indem ja, bei dieser Darstellung, meine sämtlichen Obliegenheiten, Neigungen, Pflichten und Zerstreuungen mit aufzunehmen wären.

Hier gönne man mir eine ins Ganze greifende Bemerkung einzuschalten: daß alles, was uns von Jugend auf umgab, jedoch nur oberflächlich bekannt war und blieb, stets etwas Gemeines und Triviales für uns behält, das wir als gleichgültig neben uns bestehend ansehen, worüber zu denken wir gewissermaßen unfähig werden. Dagegen finden wir, daß neue Gegenstände in auffallender Mannigfaltigkeit, indem sie den Geist erregen, uns erfahren lassen, daß wir eines reinen Enthusiasmus fähig sind; sie deuten auf ein Höheres, welches zu erlangen uns wohl gegönnt sein dürfte. Dies ist der eigentlichste Gewinn der Reisen, und jeder hat nach seiner Art und Weise genugsamen Vorteil davon. Das Bekannte wird neu durch unerwartete Bezüge und erregt, mit neuen Gegenständen verknüpft, Aufmerksamkeit, Nachdenken und Urteil.

In diesem Sinne ward meine Richtung gegen die Natur, besonders gegen die Pflanzenwelt, bei einem schnellen Übergang über die Alpen lebhaft angeregt: Der Lärchenbaum, häufiger als sonst, die Zirbelnuß, eine neue Erscheinung, machten sogleich auf klimatischen Einfluß dringend aufmerksam. Andere Pflanzen, mehr oder weniger verändert, blieben bei eiligem Vorüberrollen nicht unbemerkt. Am mehrsten aber erkannt ich die Fülle einer fremden Vegetation, als ich in den botanischen Garten von Padua hineintrat, wo mir eine hohe und breite Mauer mit feuerroten Glocken der Bignonia radicans zauberisch entgegenleuchtete. Ferner sah ich hier im Freien manchen seltenen Baum emporgewachsen, den ich nur in unsern Glashäusern überwintern gesehen. Auch die mit einer geringen Bedeckung gegen vorübergehenden Frost, während der strengern Jahrszeit, geschützten Pflanzen standen nunmehr im Freien und erfreuten sich der wohltätigen Himmelsluft. Eine Fächerpalme zog meine ganze Aufmerksamkeit auf sich; glücklicherweise standen die einfachen, lanzenförmigen ersten Blätter noch am Boden, die sukzessive Trennung derselben nahm zu, bis endlich das Fächerartige in vollkommener Ausbildung zu sehen war. Aus einer spathagleichen Scheide zuletzt trat ein Zweiglein mit Blüten hervor und erschien als ein sonderbares, mit dem vorhergehenden Wachstum in keinem Verhältnis stehendes Erzeugnis, fremdartig und überraschend.

Auf mein Ersuchen schnitt mir der Gärtner die Stufenfolge dieser Veränderungen sämtlich ab, und ich belastete mich mit einigen großen Pappen, um diesen Fund mit mir zu führen. Sie liegen, wie ich sie damals mitgenommen, noch wohlbehalten vor mir, und ich verehre sie als Fetische, die, meine Aufmerksamkeit zu erregen und zu fesseln völlig geeignet, mir eine gedeihliche Folge meiner Bemühungen zuzusagen schienen.

Das Wechselhafte der Pflanzengestalten, dem ich längst auf seinem eigentümlichen Gange gefolgt, erweckte nun bei mir immer mehr die Vorstellung: die uns umgebenden Pflanzenformen seien nicht ursprünglich determiniert und festgestellt, ihnen sei vielmehr, bei einer eigensinnigen, generischen und spezifischen Hartnäckigkeit, eine glückliche Mobilität und Biegsamkeit verliehen, um in so vielen Bedingungen, die über dem Erdkreis auf sie einwirken, sich zu fügen und darnach bilden und umbilden zu können.

Hier kommen die Verschiedenheiten des Bodens in Betracht; reichlich genährt durch Feuchte der Täler, verkümmert durch Trockne der Höhen, geschützt vor Frost und Hitze in jedem Maße oder beiden unausweichbar bloßgestellt, kann das Geschlecht sich zur Art, die Art zur Varietät und diese wieder durch andere Bedingungen ins Unendliche sich verändern; und gleichwohl hält sich die Pflanze abgeschlossen in ihrem Reiche, wenn sie sich auch nachbarlich an das harte Gestein, an das beweglichere Leben hüben und drüben anlehnt. Die allerentferntesten jedoch haben eine ausgesprochene Verwandtschaft, sie lassen sich ohne Zwang untereinander vergleichen.

Wie sie sich nun unter einen Begriff sammeln lassen, so wurde mir nach und nach klar und klärer, daß die Anschauung noch auf eine höhere Weise belebt werden könnte: eine Forderung, die mir damals unter der sinnlichen Form einer übersinnlichen Urpflanze vorschwebte. Ich ging allen Gestalten, wie sie mir vorkamen, in ihren Veränderungen nach, und so leuchtete mir am letzten Ziel meiner Reise, in Sizilien, die *ursprüngliche Identität* aller Pflanzenteile vollkommen ein, und ich suchte diese nunmehr überall zu verfolgen und wieder gewahr zu werden.

Hieraus entstand nun eine Neigung, eine Leidenschaft, die durch alle notwendigen und willkürlichen Geschäfte und Beschäftigungen auf meiner Rückreise durchzog. Wer an sich erfuhr, was ein reichhaltiger Gedanke, sei er nun aus uns selbst entsprungen, sei er von andern mitgeteilt oder eingeimpft, zu sagen hat, muß gestehen, welch eine leidenschaftliche Bewegung in unserm Geiste hervorgebracht werde, wie wir uns begeistert fühlen, indem wir alles dasjenige in Gesamtheit vorausahnen, was in der Folge sich mehr und mehr entwickeln, wozu das Entwickelte weiterführen solle. Und so wird man mir zugeben, daß ich, von einem solchen Gewahrwerden wie von einer Leidenschaft eingenommen und getrieben, mich, wo nicht ausschließlich, doch durch alles übrige Leben hindurch, damit beschäftigen mußte.

Sosehr nun aber auch diese Neigung mich innerlichst ergriffen hatte, so war doch an kein geregeltes Studium nach meiner Rückkehr in Rom zu denken; Poesie, Kunst und Altertum, jedes forderte mich gewissermaßen ganz, und ich habe in meinem Leben nicht leicht operosere, mühsamer beschäftigte Tage zugebracht. Männern vom Fach wird es vielleicht gar zu naiv vorkommen, wenn ich erzähle, wie ich tagtäglich, in einem jeden Garten, auf Spaziergängen, kleinen Lustfahrten, mich der neben mir bemerkten Pflanzen bemächtigte. Besonders bei der eintretenden Samenreife war es mir wichtig, die Art zu beobachten, wie manche derselben, der Erde anvertraut, an das Tageslicht wieder hervortraten. So wendete ich meine Aufmerksamkeit auf das Keimen der während ihres Wachstums unförmlichen Cactus opuntia und sah mit Vergnügen, daß sie ganz unschuldig dikotyledonisch sich in zwei zarten Blättchen enthüllte, sodann aber, bei fernerem Wuchse, die künftige Unform entwickelte.

Auch mit Samenkapseln begegnete mir etwas Auffallendes. Ich hatte derselben mehrere von Acanthus mollis nach Hause getragen und in einem offnen Kästchen niedergelegt; nun geschah es in einer Nacht, daß ich ein Knistern hörte und bald darauf das Umherspringen an Decke und Wände wie von kleinen Körpern. Ich erklärte mir's nicht gleich, fand aber nachher meine Schoten aufgesprungen und die Samen umher zerstreut. Die Trockne des Zimmers hatte die Reife bis zu solcher Elastizität in wenigen Tagen vollendet.

Unter den vielen Samen, die ich auf diese Weise beobachtete, muß ich einiger noch erwähnen, weil sie zu meinem Andenken kürzer oder länger in dem alten Rom fortwuchsen. Pinienkerne gingen gar merkwürdig auf, sie huben sich, wie in einem Ei eingeschlossen, empor, warfen aber diese Haube bald ab und zeigten in einem Kranze von grünen Nadeln schon die Anfänge ihrer künftigen Bestimmung. Vor meiner Abreise pflanzte ich das schon einigermaßen erwachsene Vorbildchen eines künftigen Baumes in den Garten der Madame *Angelika,* wo es zu einer ansehnlichen Höhe durch manche Jahre gedieh. Teilnehmende Reisende erzählten mir davon zu wechselseitigem Vergnügen. Leider fand der nach ihrem Ableben eintretende Besitzer es wunderlich, auf seinen Blumenbeeten eine Pinie ganz unörtlich hervorgewachsen zu sehen, und verbannte sie sogleich.

Glücklicher waren einige Dattelpflanzen, die ich aus Kernen gezogen hatte; wie ich denn überhaupt die Entwickelung derselben an mehreren Exemplaren beobachtete. Ich übergab sie einem römischen Freunde, der sie in einen Garten pflanzte, wo sie noch gedeihen, wie mir ein erhabener Reisender zu versichern die Gnade hatte. Sie sind bis zur Manneshöhe herangewachsen. Mögen sie dem Besitzer nicht unbequem werden und fernerhin fortwachsen und gedeihen.

Galt das Bisherige der Fortpflanzung durch Samen, so ward ich auf die Fortpflanzung durch Augen nicht weniger aufmerksam gemacht, und zwar durch Rat *Reiffenstein,* der auf allen Spaziergängen, hier und dort einen Zweig abreißend, bis zur Pedanterie behauptete: in die Erde gesteckt, müsse jeder sogleich fortwachsen. Zum entscheidenden Beweis zeigte er dergleichen Stecklinge gar wohl angeschlagen in seinem Garten. Und wie bedeutend ist nicht in der Folgezeit eine solche allgemein versuchte Vermehrung für die botanischmerkantile Gärtnerei geworden, die ich ihm wohl zu erleben gewünscht hätte.

Am auffallendsten war mir jedoch ein strauchartig in die Höhe gewachsener Nelkenstock. Man kennt die gewaltige Lebens- und Vermehrungskraft dieser Pflanze; Auge ist über Auge an ihren Zweigen gedrängt. Knoten in Knoten hineingetrichtert; dieses war nun hier durch Dauer gesteigert und die Augen aus unerforschlicher Enge zur höchstmöglichen Entwickelung getrieben, so daß selbst die vollendete Blume wieder vier vollendete Blumen aus ihrem Busen hervorbrachte.

Zu Aufbewahrung dieser Wundergestalt kein Mittel vor mir sehend, übernahm ich es, sie genau zu zeichnen, wobei ich immer zu mehrerer Einsicht in den Grundbegriff der Metamorphose gelangte. Allein die Zerstreuung durch so vielerlei Obliegenheiten ward nur desto hinderlicher und mein Aufenthalt in Rom, dessen Ende ich voraussah, immer peinlicher und belasteter.

Auf der Rückreise verfolgte ich unablässig diese Gedanken, ich ordnete mir im stillen Sinne einen annehmlichen Vortrag dieser meiner Ansichten, schrieb ihn bald nach meiner Rückkehr nieder und ließ ihn drucken. Er kam 1790 heraus, und ich hatte die Absicht, bald eine weitere Erläuterung mit den nötigen Abbildungen nachfolgen zu lassen. Das fortrauschende Leben jedoch unterbrach und hinderte meine guten Absichten, daher ich denn gegenwärtiger Veranlassung des Wiederabdrucks jenes Versuchs mich um so mehr zu erfreuen habe, als sie mich auffordert, mancher Teilnahme an diesen schönen Studien seit vierzig Jahren zu gedenken.

Nachdem ich im Vorstehenden, soviel nur möglich war, anschaulich zu machen gesucht habe, wie ich in meinen botanischen Studien verfahren, auf die ich, geleitet, getrieben, genötigt und durch Neigung daran festgehalten, einen bedeutenden Teil meiner Lebenstage verwendet, so möchte doch vielleicht der Fall eintreten, daß irgendein sonst wohlwollender Leser hiebei tadeln könnte, als habe ich mich zu viel und zu lange bei Kleinigkeiten und einzelnen Persönlichkeiten aufgehalten; deshalb wünsche ich denn hierzu erklären, daß dieses absichtlich und nicht ohne Vorbedacht geschehen sei, damit mir nach so vielem Besondern einiges Allgemeine beizubringen erlaubt sein möge.

Seit länger als einem halben Jahrhundert kennt man mich, im Vaterlande und auch wohl auswärts, als Dichter und läßt mich allenfalls für einen solchen gelten; daß ich aber mit großer Aufmerksamkeit mich um die Natur in ihren allgemeinen physischen und ihren organischen Phänomenen emsig bemüht und ernstlich angestellte Betrachtungen stetig und leidenschaftlich im stillen verfolgt, dieses ist nicht so allgemein bekannt, noch weniger mit Aufmerksamkeit bedacht worden.

Als daher mein seit vierzig Jahren in deutscher Sprache abgedruckter Versuch, wie man die *Gesetze der Pflanzenbildung* sich geistreich vorzustellen habe, nunmehr besonders in der Schweiz und Frankreich näher bekannt wurde, so konnte man sich nicht genug verwundern, wie ein Poet, der sich bloß mit sittlichen, dem Gefühl und der Einbildungskraft anheimgegebenen Phänomenen gewöhnlich befasse, sich einen Augenblick von seinem Wege abwenden und, in flüchtigem Vorübergehen, eine solche bedeutende Entdeckung habe gewinnen können.

Diesem Vorurteil zu begegnen, ist eigentlich vorstehender Aufsatz verfaßt; er soll anschaulich machen, wie ich Gelegenheit gefunden, einen großen Teil meines Lebens mit Neigung und Leidenschaft auf Naturstudien zu verwenden.

Nicht also durch eine außerordentliche Gabe des Geistes, nicht durch eine momentane Inspiration, noch unvermutet und auf einmal, sondern durch ein folgerechtes Bemühen bin ich endlich zu einem so erfreulichen Resultate gelangt.

Zwar hätte ich gar wohl der hohen Ehre, die man meiner Sagazität erweisen wollen, ruhig genießen und mich allenfalls damit brüsten können; da es aber im Verfolg wissenschaftlichen Bestrebens gleich schädlich ist, ausschließlich der Erfahrung als unbedingt der Idee zu gehorchen, so habe ich für meine Schuldigkeit gehalten, das Ereignis, wie es mir begegnet, historisch treu, obgleich nicht in aller Ausführlichkeit, ernsten Forschern darzulegen.

EINWIRKUNG DER NEUEREN PHILOSOPHIE

Für Philosophie im eigentlichen Sinne hatte ich kein Organ, nur die fortdauernde Gegenwirkung, womit ich der eindringenden Welt zu widerstehen und sie mir anzueignen genötigt war, mußte mich auf eine Methode führen, durch die ich die Meinungen der Philosophen, eben auch als wären es Gegenstände, zu fassen und mich daran auszubilden suchte. Bruckers „Geschichte der Philosophie“ liebte ich in meiner Jugend fleißig zu lesen; es ging mir aber dabei wie einem, der sein ganzes Leben den Sternhimmel über seinem Haupte drehen sieht, manches auffallende Sternbild unterscheidet, ohne etwas von der Astronomie zu verstehen, den Großen Bären kennt, nicht aber den Polarstern.

Über Kunst und ihre theoretischen Forderungen hatte ich mit *Moritz* in Rom viel verhandelt; eine kleine Druckschrift zeugt noch heute von unserer damaligen fruchtbaren Dunkelheit. Fernerhin bei Darstellung des Versuchs der Pflanzenmetamorphose mußte sich eine naturgemäße Methode entwikkeln; denn als die Vegetation mir Schritt für Schritt ihr Verfahren vorbildete, konnte ich nicht irren, sondern mußte, indem ich sie gewähren ließ, die Wege und Mittel anerkennen, wie sie den eingehülltesten Zustand zur Vollendung nach und nach zu befördern weiß. Bei physischen Untersuchungen drängte sich mir die Überzeugung auf, daß bei aller Betrachtung der Gegenstände die höchste Pflicht sei, jede Bedingung, unter welcher ein Phänomen erscheint, genau aufzusuchen und nach möglichster Vollständigkeit der Phänomene zu trachten, weil sie doch zuletzt sich aneinanderzureihen oder vielmehr übereinanderzugreifen genötigt werden und vor dem Anschauen des Forschers auch eine Art Organisation bilden, ihr inneres Gesamtleben manifestieren müssen. Indes war dieser Zustand immerfort nur dämmernd, nirgends fand ich Aufklärung nach meinem Sinne: denn am Ende kann doch nur ein jeder in seinem eignen Sinne aufgeklärt werden.

Kants „Kritik der reinen Vernunft“ war schon längst erschienen, sie lag aber völlig außerhalb meines Kreises. Ich wohnte jedoch manchem Gespräch darüber bei, und mit einiger Aufmerksamkeit konnte ich bemerken, daß die alte Hauptfrage sich erneuere, wieviel unser Selbst und wieviel die Außenwelt zu unserm geistigen Dasein beitrage. Ich hatte beide niemals gesondert, und wenn ich nach meiner Weise über Gegenstände philosophierte, so tat ich es mit unbewußter Naivetät und glaubte wirklich, ich sähe meine Meinungen vor Augen. Sobald aber jener Streit zur Sprache kam, mochte ich mich gern auf diejenige Seite stellen, welche dem Menschen am meisten Ehre macht, und gab allen Freunden vollkommen Beifall, die mit Kant behaupteten: wenngleich alle unsere Erkenntnis mit der Erfahrung angehe, so entspringe sie darum doch nicht eben alle aus der Erfahrung. Die Erkenntnisse a priori ließ ich mir auch gefallen, so wie die synthetischen Urteile a priori: denn hatte ich doch in meinem ganzen Leben, dichtend und beobachtend, synthetisch und dann wieder analytisch verfahren; die Systole und Diastole des menschlichen Geistes war mir, wie ein zweites Atemholen, niemals getrennt, immer pulsierend. Für alles dieses jedoch hatte ich keine Worte, noch weniger Phrasen, nun aber schien zum erstenmal eine Theorie mich anzulächlen. Der Eingang war es, der mir gefiel, ins Labyrinth selbst konnt ich mich nicht wagen: bald hinderte mich die Dichtungsgabe, bald der Menschenverstand, und ich fühlte mich nirgend gebessert.

Unglücklicherweise war Herder zwar ein Schüler, doch ein Gegner Kants, und nun befand ich mich noch schlimmer: mit Herdern konnt ich nicht übereinstimmen. Kanten aber auch nicht folgen. Indessen fuhr ich fort, der Bildung und Umbildung organischer Naturen ernstlich nachzuforschen, wobei mir die Methode, womit ich die Pflanzen behandelt, zuverlässig als Wegweiser diente. Mir entging nicht, die Natur beobachte stets analytisches Verfahren, eine Entwicklung aus einem lebendigen, geheimnisvollen Ganzen, und dann schien sie wieder synthetisch zu handeln, indem ja völlig fremd scheinende Verhältnisse einander angenähert und sie zusammen in *eins* verknüpft wurden. Aber und abermals kehrte ich daher zu der Kantischen Lehre zurück; einzelne Kapitel glaubt ich vor andern zu verstehen und gewann gar manches zu meinem Hausgebrauch.

Nun aber kam die *„Kritik der Urteilskraft“ mir* zuhanden, und dieser bin ich eine höchst frohe Lebensepoche schuldig. Hier sah ich meine disparatesten Beschäftigungen nebeneinandergestellt, Kunst- und Naturerzeugnisse eins behandelt wie das andere, ästhetische und teleologische Urteilskraft erleuchteten sich wechselsweise.

Wenn auch meiner Vorstellungsart nicht eben immer dem Verfasser sich zu fügen möglich werden konnte, wenn ich hie und da etwas zu vermissen schien, so waren doch die großen Hauptgedanken des Werks meinem bisherigen Schaffen, Tun und Denken ganz analog; das innere Leben der Kunst so wie der Natur, ihr beiderseitiges Wirken von innen heraus war im Buche deutlich ausgesprochen. Die Erzeugnisse dieser zwei unendlichen Welten sollten um ihrer selbst willen dasein, und was nebeneinander stand, wohl *für* einander, aber nicht absichtlich *wegen* einander.

Meine Abneigung gegen die Endursachen war nun geregelt und gerechtfertigt; ich konnte deutlich Zweck und Wirkung unterscheiden, ich begriff auch, warum der Menschenverstand beides oft verwechselt. Mich freute, daß Dichtkunst und vergleichende Naturkunde so nah miteinander verwandt seien, indem beide sich derselben Urteilskraft unterwerfen. Leidenschaftlich angeregt, ging ich auf meinen Wegen nur desto rascher fort, weil ich selbst nicht wußte, wohin sie führten, und für das, *was* und *wie* ich mir's zugeeignet hatte, bei den Kantianern wenig Anklang fand. Denn ich sprach nur aus, was in mir aufgeregt war, nicht aber, was ich gelesen hatte. Auf mich selbst zurückgewiesen, studierte ich das Buch immer hin und wider. Noch erfreuen mich in dem alten Exemplar die Stellen, die ich damals anstrich, so wie dergleichen in der „Kritik der Vernunft", in welche tiefer einzudringen mir auch zu gelingen schien: denn beide Werke, aus einem Geist entsprungen, deuten immer eins aufs andere. Nicht ebenso gelang es mir, mich den Kantischen anzunähern; sie hörten mich wohl, konnten mir aber nichts erwidern noch irgend förderlich sein. Mehr als einmal begegnete es mir, daß einer oder der andere mit lächelnder Verwunderung zugestand: es sei freilich ein Analogen Kantischer Vorstellungsart, aber ein seltsames.

Wie wunderlich es denn auch damit gewesen sei, trat erst hervor, als mein Verhältnis zu Schillern sich belebte. Unsere Gespräche waren durchaus produktiv oder theoretisch, gewöhnlich beides zugleich: er predigte das Evangelium der Freiheit, ich wollte die Rechte der Natur nicht verkürzt wissen. Aus freundschaftlicher Neigung gegen mich, vielleicht mehr als aus eigner Überzeugung, behandelte er in den „Ästhetischen Briefen" die gute Mutter nicht mit jenen harten Ausdrücken, die mir den Aufsatz „Über Anmut und Würde" so verhaßt gemacht hatten. Weil ich aber, von meiner Seite hartnäckig und eigensinnig, die Vorzüge der griechischen Dichtungsart, der darauf gegründeten und von dort herkömmlichen Poesie nicht allein hervorhob, sondern sogar ausschließlich diese Weise für die einzig rechte und wünschenswerte gelten ließ, so ward er zu schärferem Nachdenken genötigt, und eben diesem Konflikt verdanken wir die Aufsätze „Über naive und sentimentale Poesie". Beide Dichtungsweisen sollten sich bequemen, einander gegenüberstehend sich wechselsweise gleichen Rang zu vergönnen.

Er legte hierdurch den ersten Grund zur ganzen neuen Ästhetik: denn *hellenisch* und *romantisch,* und was sonst noch für Synonymen mochten aufgefunden werden, lassen sich alle dorthin zurückführen, wo vom Übergewicht reeller oder ideeller Behandlung zuerst die Rede war.

Und so gewöhnt ich mich nach und nach an eine Sprache, die mir völlig fremd gewesen und in die ich mich um desto leichter finden konnte, als ich durch die höhere Vorstellung von Kunst und Wissenschaft, welche sie begünstigte, mir selbst vornehmer und reicher dünken mochte, da wir andern vorher uns von den Popularphilosophen und von einer andern Art Philosophen, der ich keinen Namen zu geben weiß, gar unwürdig mußten behandeln lassen.

Weitere Fortschritte verdank ich besonders *Niethammern,* der mit freundlichster Beharrlichkeit mir die Haupträtsel zu entsiegeln, die einzelnen Begriffe und Ausdrücke zu entwickeln und zu erklären trachtete. Was ich gleichzeitig und späterhin *Fichten, Schellingen, Hegeln, den Gebrüdern von Humboldt und Schlegel* schuldig geworden, möchte künftig dankbar zu entwickeln sein, wenn mir gegönnt wäre, jene für mich so bedeutende Epoche, das letzte Zehent des vergangenen Jahrhunderts, von meinem Standpunkte aus wo nicht darzustellen, doch anzudeuten, zu entwerfen.

ANSCHAUENDE URTEILSKRAFT

Als ich die Kantische Lehre wo nicht zu durchdringen, doch möglichst zu nutzen suchte, wollte mir manchmal dünken, der köstliche Mann verfahre schalkhaft ironisch, indem er bald das Erkenntnisvermögen aufs engste einzuschränken bemüht schien, bald über die Grenzen, die er selbst gezogen hatte, mit einem Seitenwink hinausdeutete. Er mochte freilich bemerkt haben, wie anmaßend und naseweis der Mensch verfährt, wenn er behaglich, mit wenigen Erfahrungen ausgerüstet, sogleich unbesonnen abspricht und voreilig etwas festzusetzen, eine Grille, die ihm durchs Gehirn läuft, den Gegenständen aufzuheften trachtet. Deswegen beschränkt unser Meister seinen Denkenden auf eine reflektierende, diskursive Urteilskraft, untersagt ihm eine bestimmende ganz und gar. Sodann aber, nachdem er uns genugsam in die Enge getrieben, ja zur Verzweiflung gebracht, entschließt er sich zu den liberalsten Äußerungen und überläßt uns, welchen Gebrauch wir von der Freiheit machen wollen, die er einigermaßen zugesteht. In diesem Sinne war mir folgende Stelle höchst bedeutend:

„Wir können uns einen Verstand denken, der, weil er nicht wie der unsrige diskursiv, sondern intuitiv ist, vom *synthetisch Allgemeinen,* der Anschauung eines Ganzen als eines solchen, zum Besondern geht, das ist, von dem Ganzen zu den Teilen. — Hierbei ist gar nicht nötig zu beweisen, daß ein solcher intellectus archetypus möglich sei, sondern nur, daß wir in der Dagegenhaltung unseres diskursiven, der Bilder bedürftigen Verstandes (intellectus ectypus) und der Zufälligkeit einer solchen Beschaffenheit auf jene Idee eines intellectus archetypus geführt werden, diese auch keinen Widerspruch enthalte."

Zwar scheint der Verfasser hier auf einen göttlichen Verstand zu deuten, allein wenn wir ja im Sittlichen durch Glauben an Gott, Tugend und Unsterblichkeit uns in eine obere Region erheben und an das erste Wesen annähern sollen, so dürft es wohl im Intellektuellen derselbe Fall sein, daß wir uns durch das Anschauen einer immer schaffenden Natur zur geistigen Teilnahme an ihren Produktionen würdig machten. Hatte ich doch erst unbewußt und aus innerem Trieb auf jenes Urbildliche, Typische rastlos gedrungen, war es mir sogar geglückt, eine naturgemäße Darstellung aufzubauen, so konnte mich nunmehr nichts weiter verhindern, das „Abenteuer der Vernunft", wie es der Alte vom Königsberge selbst nennt, mutig zu bestehen.

BEDENKEN UND ERGEBUNG

Wir können bei Betrachtung des Weltgebäudes, in seiner weitesten Ausdehnung, in seiner letzten Teilbarkeit, uns der Vorstellung nicht erwehren, daß dem Ganzen eine Idee zum Grund liege, wornach Gott in der Natur, die Natur in Gott, von Ewigkeit zu Ewigkeit, schaffen und wirken möge. Anschauung, Betrachtung, Nachdenken führen uns näher an jene Geheimnisse. Wir erdreisten uns und wagen auch Ideen, wir bescheiden uns und bilden Begriffe, die analog jenen Uranfängen sein möchten.

Hier treffen wir nun auf die eigene Schwierigkeit, die nicht immer klar ins Bewußtsein tritt, daß zwischen Idee und Erfahrung eine gewisse Kluft befestigt scheint, die zu überschreiten unsere ganze Kraft sich vergeblich bemüht. Demohngeachtet bleibt unser ewiges Bestreben, diesen Hiatus mit Vernunft, Verstand, Einbildungskraft, Glauben, Gefühl, Wahn und, wenn wir sonst nichts vermögen, mit Albernheit zu überwinden.

Endlich finden wir, bei redlich fortgesetzten Bemühungen, daß der Philosoph wohl möchte recht haben, welcher behauptet, daß keine Idee der Erfahrung völlig kongruiere, aber wohl zugibt, daß Idee und Erfahrung analog sein können, ja müssen.

Die Schwierigkeit, Idee und Erfahrung miteinander zu verbinden, erscheint sehr hinderlich bei aller Naturforschung: die Idee ist unabhängig von Raum und Zeit, die Naturforschung ist in Raum und Zeit beschränkt, daher ist in der Idee Simultanes und Sukzessives innigst verbunden, auf dem Standpunkt der Erfahrung hingegen immer getrennt, und eine Naturwirkung, die wir der Idee gemäß als simultan und sukzessiv zugleich denken sollen, scheint uns in eine Art Wahnsinn zu versetzen. Der Verstand kann nicht vereinigt denken, was die Sinnlichkeit ihm gesondert überlieferte, und so bleibt der Widerstreit zwischen Aufgefaßtem und Ideiertem immerfort unaufgelöst.

Deshalb wir uns denn billig zu einiger Befriedigung in die Sphäre der Dichtkunst flüchten und ein altes Liedchen mit einiger Abwechselung erneuern:

So schauet mit bescheidnem Blick
Der ewigen Weberin Meisterstück,
Wie ein Tritt tausend Fäden regt,
Die Schifflein hinüber herüber schießen,
Die Fäden sich begegnend fließen,
Ein Schlag tausend Verbindungen schlägt.
Das hat sie nicht zusammengebettelt,
Sie hat's von Ewigkeit angezettelt;
Damit der ewige Meistermann
Getrost den Einschlag werfen kann.

BILDUNGSTRIEB

Über dasjenige, was in genannter wichtigen Angelegenheit getan sei, erklärt sich Kant in seiner „Kritik der Urteilskraft" folgendermaßen: „In Ansehung dieser Theorie der Epigenesis hat niemand mehr sowohl zum Beweise derselben als auch zur Gründung der echten Prinzipien ihrer Anwendung, zum Teil durch die Beschränkung eines zu vermessenen Gebrauchs derselben, geleistet als Herr *Blumenbach.*"

Ein solches Zeugnis des gewissenhaften Kants regte mich an, das Blumenbachische Werk wieder vorzunehmen, das ich zwar früher gelesen, aber nicht durchdrungen hatte. Hier fand ich nun meinen Kaspar Friedrich Wolff als Mittelglied zwischen Haller und Bonnet auf der einen und Blumenbach auf der andern Seite. Wolff mußte zum Behuf seiner Epigenese ein organisches Element voraussetzen, woraus alsdann die zum organischen Leben bestimmten Wesen sich ernährten. Er gab dieser Materie eine vim essentialem, die sich zu allem fügt, was sich selbst hervorbringen wollte, und sich dadurch zu dem Range eines Hervorbringenden selbst erhob.

Ausdrücke der Art ließen noch einiges zu wünschen übrig: denn an einer organischen Materie, und wenn sie noch so lebendig gedacht wird, bleibt immer etwas Stoffartiges kleben. Das Wort Kraft bezeichnet zunächst etwas nur Physisches, sogar Mechanisches, und das, was sich aus jener Materie organisieren soll, bleibt uns ein dunkler, unbegreiflicher Punkt. Nun gewann Blumenbach das Höchste und Letzte des Ausdrucks, er anthropomorphosierte das Wort des Rätsels und nannte das, wovon die Rede war, einen nisus formativus, einen Trieb, eine heftige Tätigkeit, wodurch die Bildung bewirkt werden sollte.

Betrachten wir das alles genauer, so hätten wir es kürzer, bequemer und vielleicht gründlicher, wenn wir eingestünden, daß wir, um das Vorhandene zu betrachten, eine vorhergegangene Tätigkeit zugeben müssen und daß, wenn wir uns eine Tätigkeit denken wollen, wir derselben ein schicklich Element unterlegen, worauf sie wirken konnte, und daß wir zuletzt diese Tätigkeit mit dieser Unterlage als immerfort zusammen bestehend und ewig gleichzeitig vorhanden denken müssen. Dieses Ungeheure personifiziert tritt uns als ein Gott entgegen, als Schöpfer und Erhalter, welchen anzubeten, zu verehren und zu preisen wir auf alle Weise aufgefordert sind.

Kehren wir in das Feld der Philosophie zurück und betrachten Evolution und Epigenese nochmals, so scheinen dies Worte zu sein, mit denen wir uns nur hinhalten. Die Einschachtelungslehre wird freilich einem Höhergebildeten gar bald widerlich, aber bei der Lehre eines Auf- und Annehmens wird doch immer ein Aufnehmendes und Aufzunehmendes vorausgesetzt, und wenn wir keine Präformation denken mögen, so kommen wir auf eine Prädelineation, Prädetermination, auf ein Prästabilieren, und wie das alles heißen mag, was vorausgehen müßte, bis wir etwas gewahr werden könnten.

So viel aber getraue ich mir zu behaupten, daß, wenn ein organisches Wesen in die Erscheinung hervortritt, Einheit und Freiheit des Bildungstriebes ohne den Begriff der Metamorphose nicht zu fassen sei.

Zum Schluß ein Schema, um weiteres Nachdenken aufzuregen:

Stoff.

Vermögen.
Kraft.
Gewalt.

Leben.

Streben.
Trieb.

Form.

VORSCHLAG ZUR GÜTE

Die Natur gehört sich selbst an, Wesen dem Wesen; der Mensch gehört ihr, sie dem Menschen. Wer mit gesunden, offnen, freien Sinnen sich hineinfühlt, übt sein Recht aus, ebenso das frische Kind als der ernsteste Betrachter. Wundersam ist es daher, wenn die Naturforscher sich im ungemessenen Felde den Platz untereinander bestreiten und eine grenzenlose Welt sich wechselsweise verengen möchten.

Erfahren, schauen, beobachten, betrachten, verknüpfen, entdecken, erfinden sind Geistestätigkeiten, welche tausendfältig, einzeln und zusammengenommen, von mehr oder weniger begabten Menschen ausgeübt werden. Bemerken, sondern, zählen, messen, wägen sind gleichfalls große Hülfsmittel, durch welche der Mensch die Natur umfaßt und über sie Herr zu werden sucht, damit er zuletzt alles zu seinem Nutzen verwende.

Von diesen genannten sämtlichen Wirksamkeiten und vielen andern verschwisterten hat die gütige Mutter niemanden ausgeschlossen. Ein Kind, ein Idiot macht wohl eine Bemerkung, die dem Gewandtesten entgeht, und eignet sich von dem großen Gemeingut, heiter unbewußt, sein beschieden Teil zu.

Bei der gegenwärtigen Lage der Naturwissenschaft muß daher immer wiederholt zur Sprache kommen, was sie fördern und was sie hindern kann, und nichts wird förderlicher sein, als wenn jeder an seinem Platze festhält, weiß, was er vermag, ausübt, was er kann, andern dagegen die gleiche Befugnis zugesteht, daß auch sie wirken und leisten. Leider aber geschieht, wie die Sachen stehen, dies nicht ohne Kampf und Streit, indem nach Welt- und Menschenweise feindselige Kräfte wirken, ausschließende Besitzungen sich festbilden und Verkümmerungen mancher Art nicht etwa im verborgenen, sondern öffentlich eintreten.

Auch in diesen unsern Blättern konnte Widerspruch und Widerstreit, ja sogar heftiger, nicht vermieden werden, doch wünsche nichts mehr, als daß die feindlichen Elemente sich nach und nach daraus immer mehr entfernen. Weil ich aber für mich und andere einen freiem Spielraum, als man uns bisher gegönnt, zu erringen wünsche, so darf man mir und den Gleichgesinnten keineswegs verargen, wenn wir dasjenige, was unsern rechtmäßigen Forderungen entgegensteht, scharf bezeichnen und uns nicht mehr gefallen lassen, was man seit so vielen Jahren herkömmlich gegen uns verübte.

Damit aber desto schneller alle widerwärtige Geistesaufregung verklinge, so geht unser Vorschlag zur Güte dahin, daß doch ein jeder, er sei auch, wer es wolle, sein Befugnis prüfen und sich fragen möge: was leistest du denn eigentlich an deiner Stelle und wozu bist du berufen? Wir tun es jeden Tag, und diese Hefte sind die Bekenntnisse darüber, die wir so klar und rein, als der Gegenstand und die Kräfte es erlauben, ungestört fortzusetzen gedenken.

DREI GÜNSTIGE REZENSIONEN

Um die Autorschaft ist es eine eigene Sache! Sich um das, was man geleistet hat, zuviel oder zuwenig bekümmern, eins möchte wohl ein Fehler wie das andere sein. Freilich will der lebendige Mensch aufs Leben wirken, und so wünscht er, daß seine Zeit nicht stumm gegen ihn bleibe. Ich habe mich bei ästhetischen Arbeiten über den Augenblick nicht zu beklagen, doch war ich mit mir selbst übereingekommen und fühlte wenig Genuß am Beifall und von der Mißbilligung wenig Ärger. Jugendlicher Leichtsinn, Stolz und Übermut halfen über alles weg, was einigermaßen unangenehm gewesen wäre. Und dann gibt, im höhern Sinne, das Gefühl, daß man das alles allein tue und tun müsse, daß bei diesen Produktionen uns niemand helfen kann, dem Geist eine solche Kraft, daß man sich über jedes Hindernis erhoben fühlt. Auch ist es eine freundliche Gabe der Natur, das Hervorbringen selbst ein Vergnügen und sein eigner Lohn, so daß man glaubt, keine weitere Anforderung machen zu dürfen.

Im Wissenschaftlichen hab ich es anders befunden: denn um hier zu irgendeiner Art von Grund und Besitz zu gelangen, erfordert's Fleiß, Mühe, Anstrengung, und was noch mehr ist, wir fühlen, daß hier der einzelne nicht hinreicht. Wir dürfen nur in die Geschichte sehen, so finden wir, daß es einer Folge von begabten Männern durch Jahrhunderte durch bedurfte, um der Natur und dem Menschenleben etwas abzugewinnen. Von Jahr zu Jahr sehen wir neue Entdeckungen und überzeugen uns, daß hier ein grenzenloses Feld sei.

Wie wir also hier mit Ernst arbeiten, nicht um unserer selbst, sondern um einer würdigen Sache willen, so verlangen wir, indem wir die Bemühungen anderer anerkennen, auch anerkannt zu sein; wir sehnen uns nach Hülfe, Teilnahme, Fördernis. Auch daran hätte es mir nicht gefehlt, wäre ich aufmerksamer gewesen auf das, was in der gelehrten Welt vorging; allein das rastlose Bestreben, mich nach allen Seiten auszubilden, das mich gerade in dem Moment überfiel, als die ungeheuren Weltbegebenheiten uns innerlich beunruhigten, äußerlich bedrängten, waren Ursache, daß ich gar nicht darnach fragen konnte, was man von meinen wissenschaftlichen Arbeiten halte. Daher mir denn der wundersame Fall begegnete, daß zwei der „Metamorphose der Pflanzen" sehr günstige Rezensionen, eine in der „Gothaischcn Gelehrten Zeitung" vom 23. April 1791, die andere in der „Allgemeinen Deutschen Bibliothek", Bd. 116, S. 477, mir erst sehr spät vor Augen kamen und, als hätte ein günstiges Geschick mir etwas Angenehmes aufsparen wollen, gerade zu der Zeit mir begegneten, als man in einem andern Felde, von allen Seiten her, gegen mich auf die schnödeste Weise zu verfahren sich erlaubte.

FREUNDLICHER ZURUF

Eine mir in diesen Tagen wiederholt sich zudringende Freude kann ich am Schlusse nicht verbergen. Ich fühle mich mit nahen und fernen, ernsten, tätigen Forschern glücklich im Einklang. Sie gestehen und behaupten: man solle ein Unerforschliches voraussetzen und zugeben, alsdann aber dem Forscher selbst keine Grenzlinie ziehen.

Muß ich mich denn nicht selbst zugeben und voraussetzen, ohne jemals zu wissen, wie es eigentlich mit mir beschaffen sei, studiere ich mich nicht immerfort, ohne mich jemals zu begreifen, mich und andere, und doch kommt man fröhlich immer weiter und weiter.

So auch mit der Welt! liege sie anfang- und endelos vor uns, unbegrenzt sei die Ferne, undurchdringlich die Nähe; es sei so; aber wie weit und wie tief der Menschengeist in seine und ihre Geheimnisse zu dringen vermöchte, werde nie bestimmt noch abgeschlossen.

Möge nachstehendes heitere Reimstück in diesem Sinne aufgenommen und gedeutet werden.

Unwilliger Ausruf
Ins Innre der Natur
Oh! du Philister!
Dringt kein erschaffner Geist.
Mich und Geschwister
Mögt ihr an solches Wort
Nur nicht erinnern:
Wir denken: Ort für Ort
Sind wir im Innern.
Glückselig! wem sie nur
Die äußere Schale weist!
Das hör ich sechzig Jahre wiederholen,
Und fluche drauf, aber verstohlen;
Sage mir tausend tausend Male:
Alles gibt sie reichlich und gern;
Natur hat weder Kern
Noch Schale,
Alles ist sie mit einem Male;
Dich prüfe du nur allermeist,
Ob du Kern oder Schale seist.

ZUR GEOLOGIE, BESONDERS DER BÖHMISCHEN

What is the inference? Only this, that geology partakes of the uncertainity with pervades every other department of science.

Gib mir, wo ich stehe!

Archimedes.

Nimm dir, wo du stehen kannst!

Nose.

Zu der Zeit, als der Erdkörper mich wissenschaftlich zu interessieren anfing und ich seine Gebirgsmassen im Ganzen wie in den Teilen innerlich und äußerlich kennenzulernen mich bestrebte, in jenen Tagen war uns ein fester Punkt gezeigt, wo wir stehen sollten und wie wir ihn nicht besser wünschten; wir waren auf den Granit als das Höchste und das Tiefste angewiesen, wir respektierten ihn in diesem Sinne, und man bemühte sich, ihn näher kennenzulernen. Da ergab sich denn bald, daß man, unter demselben Namen, mannigfaltiges, dem Ansehen nach höchst verschiedenes Gestein begreifen müsse; der Syenit wurde abgesondert, aber auch alsdann blieben noch unübersehbare Mannigfaltigkeiten übrig. Das Hauptkennzeichen jedoch ward festgehalten: daß er aus drei innig verbundenen, dem Gehalt nach verwandten, dem Ansehen nach verschiedenen Teilen bestehe, aus Quarz, Feldspat und Glimmer, welche gleiche Rechte des Beisammenseins ausübten; man konnte von keinem sagen, daß er das Enthaltende, von keinem, daß er das Enthaltene sei; doch ließ sich bemerken, daß, bei der großen Mannigfaltigkeit des Gebildes, ein Teil über den andern das Übergewicht gewinnen könne.

Bei meinem öftern Aufenthalt in Karlsbad mußte besonders auffallen, daß große Feldspatkristalle, die zwar selbst noch alle Teile des Granits enthielten, in der dortigen Gebirgsart überhäuft, den größten Bestandteil desselben ausmachten. Wir wollen nur des Bezirks Elbogen gedenken, wo man sagen kann, die Natur habe sich mit der kristallinischen Feldspatbildung übernommen und sich in diesem Anteile völlig ausgegeben. Sogleich erscheint aber auch, daß die beiden andern Teile sich von der Gemeinschaft lossagen. Der Glimmer besonders ballt sich in Kugeln, und man sieht, daß die Dreieinheit gefährdet sei. Nun fängt der Glimmer an, eine Hauptrolle zu spielen, er legt sich zu Blättern und nötigt die übrigen Anteile, sich gleichfalls zu dieser Lage zu bequemen. Die Scheidung geht jedoch immer weiter; wir finden auf dem Wege nach Schlaggenwald Glimmer und Quarz in großen Steinmassen vollkommen getrennt, bis wir endlich zu Felsmassen gelangen, die ganz aus Quarz bestehen, Flekken jedoch von einem dergestalt durchquarzten Glimmer enthalten, daß er als Glimmer kaum mehr zu erkennen ist.

Bei allen diesen Erscheinungen ist eine vollkommene Scheidung sichtbar. Jeder Teil maßt sich das Übergewicht an, wo und wie er kann, und wir sehen uns an der Schwelle der wichtigsten Ereignisse. Denn wenn man auch dem Granit in seinem vollkommensten Urzustande einen Eisengehalt nicht ableugnen wird, so erscheint doch in der von uns betretenen abgeleiteten Epoche zuerst das Zinn und eröffnet auf einmal den übrigen Metallen die Laufbahn.

Wundersam genug tritt, zugleich mit diesem Metall, so manches andere Mineral hervor: der Eisenglanz spielt eine große Rolle, der Wolfram, das Scheel, der Kalk, verschieden gesäuert, als Flußspat und Apatit, und was wäre nicht noch alles hinzuzufügen! Wenn nun in dem eigentlichen Granit kein Zinn gefunden worden, in welcher abgeleiteten Gebirgsart treffen wir denn auf diese wichtige Erscheinung? Zuerst also in Schlaggenwald in einem Gestein, welchem, um Granit zu sein, nur der Feldspat fehlt, wo aber Glimmer und Quarz sich nach Granitweise dergestalt verbunden, daß sie, friedlich gepaart, im Gleichgewicht stehen, keins für das Enthaltende, keins für das Enthaltene geachtet werden kann. Die Bergleute haben solches Gestein Greisen genannt, sehr glücklich, mit einer geringen Abweichung von Gneis. Denke man nun, daß man, über Schlaggenwald bei Einsiedeln, Serpentin anstehend findet, daß Zölestin sich in jener Gegend gezeigt, daß die feinkörnigen Granite sowie Gneis mit bedeutenden Almandinen sich bei Marienbad und gegen die Quellen der Tepel finden, so wird man gern gestehen, daß hier eine wichtige geognostische Epoche zu studieren sei.

Dies alles möge hier im besondern gesagt sein, um das Interesse zu legitimieren, welches ich an der Zinnformation genommen: denn wenn es bedeutend ist, irgendwo festen Fuß zu fassen, so ist es noch bedeutender, den ersten Schritt von da aus so zu tun, daß man auch wieder einen festen Fleck betrete, der abermals zum Grund- und Stützpunkt dienen könne. Deshalb habe die Zinnformation viele Jahre betrachtet. Da nun auf dem Thüringer Wald, wo ich meine Lehrjahre antrat, keine Spur davon zu finden ist, so begann ich von den Seifen auf dem Fichtelberge. In Schlaggenwald war ich mehrmals, Geyer und Ehrenfriedersdorf kannte ich durch Charpentier und sonstige genaue Beschreibung, die dort erzeugten Minern aufs genauste durch herrliche Stufen, die ich meinem verewigten Freunde Trebra verdanke. Von Graupen konnte ich mir genauere Kenntnis verschaffen, von Zinnwald und Altenberg flüchtig, Übersicht, und, in Gedanken, bis ans Riesengebirge, wo sich Spuren finden sollen, verfolgte ich die Vorkommenheiten. Von allen genannten Hauptorten bedeutende Stufenfolgen zu verschaffen, hatte das Glück. Der Mineralienhändler Herr Mawe in London versorgte mich mit einer vollkommen befriedigenden Sammlung aus Cornwallis, und Herrn Ritter von Giesecke bin ich, außer einem eingreifenden Nachtrag aus den englischen Zinnseifen, auch noch Malakka-Zinn schuldig geworden. Dies alles liegt wohlgeordnet und erfreulich beisammen; der Vorsatz aber, etwas Auslangendes hierüber zu liefern, erlosch in einem frommen Wunsche, wie so vieles, was ich für die Naturwissenschaft unternommen und so gerne geleistet hätte.

Soll nun nicht alles verlorengehn, so muß ich mich entschließen, in diesen Heften, wie es mit andern wissenschaftlichen Zweigen geschehen, das Vorhandene mitzuteilen, um es möglichst aneinanderzuknüpfen und vielleicht mit einigen Hauptgedanken zu beleben.

Und so gebe ich denn hier vorerst das wenige, was ich auf einem Ausflug von Teplitz nach Zinnwald notiert.

[VERHÄLTNIS ZUR WISSENSCHAFT, BESONDERS ZUR GEOLOGIE]

Man gewöhnt uns von Jugend auf, die Wissenschaften als Objekte anzusehen, die wir uns zueignen, nutzen, beherrschen können.

Ohne diesen Glauben würde niemand etwas lernen wollen.

Und doch behandelt jeder die Wissenschaften nach seinem Charakter.

Der junge Mann verlangt Gewißheit, verlangt didaktischen, dogmatischen Vortrag.

Kommt man tiefer in die Sache, so sieht man, wie eigentlich das Subjektive auch in den Wissenschaften waltet, und man prosperiert nicht eher, als bis man anfängt, sich selbst und seinen Charakter kennenzulernen.

Da nun aber unser Individuum, es sei so entschieden, als es wolle, doch von der Zeit abhängt, wohin es gesetzt, von dem Ort, wohin es gestellt ist, so haben diese Zufälligkeiten Einfluß auf das notwendig Gegebene.

Zu diesen Betrachtungen ward ich besonders aufgefordert, da ich aus Neigung und zu praktischen Zwecken mich in das wissenschaftliche Feld begeben, zu gewissen Überzeugungen gelangt, denselben nachgegangen bin, wodurch sich denn endlich eine gewisse Denkweise bei mir bildete und festsetzte, wonach ich die Gegenstände schätzte und beurteilte.

So nahm ich auf, was mir gemäß war, lehnte ab, was mich störte, und da ich öffentlich zu lehren nicht nötig hatte, belehrt ich mich auf meine eigene Weise, ohne mich nach irgend etwas Gegebenem oder Herkömmlichen zu richten.

Deswegen konnt ich jede neue Entdeckung freudig aufnehmen und, was ich selbst gewahr ward, ausbilden.

Das Vorteilhafte kam mir zugute, und das Widerwärtige brauchte ich nicht zu achten.

Nun aber ist in den Wissenschaften ein ewiger Kreislauf, nicht daß die Gegenstände sich änderten, sondern daß bei neuen Erfahrungen jeder einzelne in den Fall gesetzt wird, sich selbst geltend zu machen. Wissen und Wissenschaften nach seiner eigenen Weise zu behandeln.

Weil nun aber die menschlichen Denkweisen auch in einen gewissen Zirkel eingeschlossen sind, so kommen die Methoden bei der Umkehrung immer wieder auf die alte Seite, atomistische und dynamische Vorstellungen werden immer wechseln, aber nur a potiori, denn keine vertritt die andere ganz und gar, nicht einmal ein Individuum, denn der entschiedenste Dynamiker wird, ehe er sich's versieht, atomistisch reden, und so kann sich auch der Atomiste nicht dergestalt abschließen, daß er nicht hie und da dynamisch werden sollte.

Es ist wie mit der und ästhetischen Methode, wo eine nur das Umgekehrte der andern ist und bei lebendiger Behandlung der Gegenstände bald die eine, bald die andere sich zum Gebrauche darbietet.

Zur Darstellung meines geologischen Ganges werde veranlaßt, daß ich erlebe, wie eine der meinigen ganz entgegengesetzte Denkweise hervortritt, der ich mich nicht fügen kann, keineswegs sie jedoch zu bestreiten gedenke.

Alles, was wir aussprechen, sind Glaubensbekenntnisse, und so werde das meinige in diesem Fache begonnen.

Geologie

Interesse an natürlichen Gegenständen oder auch sonst sichtbaren.

Trieb, um Anschauungen andern mitzuteilen.

Bildliche Darstellung.

Auch von mir empfunden, sobald ich mich mit Naturgeschichte und Naturlehre abgegeben.

Osteologische Zeichnungen früher erwähnt, gegenwärtig von einem gleichen Unternehmen zu sprechen, welches dem Knochenbau der Erde, der Geologie, zugute kommen sollte.

Ilmenauer Bergbau.

Anlegung zum Studium des Innern der Erde, inwiefern es sich von außen manifestiert oder inwendig aufgeschlossen worden.

Erste Winterreise auf den Harz, wovon noch ein dithyrambisches Gedicht übrig ist.

Fortgesetzte Betrachtung der Felsengestalten.

Massen, die sich in Teile trennen.

Überzeugung, daß dieses Trennen nach gewissen Gesetzen geschehe.

Schwierigkeit, sich hierüber auszudrücken.

Versuch deshalb.

Vertikale oder dem Vertikalen sich nähernde Felsentrennungen.

Beziehen sich mehr oder weniger entschieden gegen die Hauptthimmelsgegenden und werden von andern sehr selten rechtwinklig, meist schiefwinklig durchschnitten, so daß rhombische Bruchstücke entstehen.

Um zu mehrerer Überzeugung zu gelangen, inwiefern die Richtung gedachter Ablösung sich auf die Hauptweltgegenden beziehe, hatte man viele Beobachtungen angestellt.

Man glaubte gefunden zu haben, daß bei der Solideszenz eine Richtung der Klüfte nach Norden stattgefunden; die Querklüfte aber, von Westen nach Osten nicht rechtwinklig kreuzend, die rhombischen Ablösungen verursachend.

Man hatte ein Modell im Sinne.

Dazu sollten Vorarbeiten an der Natur gemacht werden.

Deshalb genaue Zeichnungen aufzunehmen.

Reise im August 1784 auf den Harz, mit Rat Krausen.

Kurze Lebensgeschichte.

Künstlerisch-gesellige Eigenschaften dieses Mannes.

Alle Zeichnungen in dem Sinne, daß durchaus auf die Ablösungen, Trennung und Gestaltung der Gebirgs- und Felsenpartien Rücksicht genommen worden, wohin auch die leider allzu kurz gefaßten Bemerkungen des Tagebuchs gerichtet sind.

Es ist abzudrucken mit Noten, welche die Absicht deutlicher machen, zugleich aber die Zeichnungen für künftig klar und nützlich darzustellen.

Jena, den 7. Oktober 1820

KAMMERBERG BEI EGER

Man wird aus unserer früheren Darstellung des Kammerbergs bei Eger sich wieder ins Gedächtnis rufen, was wir in dem vorigen Hefte (Abteilung „Zur Naturwissenschaft“ von Seite 49 an) über einen so wichtigen Naturgegenstand gesprochen und wie wir diese Hügelerhöhung als einen reinen Vulkan angesehen, der sich unter dem Meere unmittelbar auf und aus Glimmerschiefer gebildet habe.

Als ich am 26. April dieses Jahres, auf meiner Reise nach Karlsbad, durch Eger ging, erfuhr ich von dem so unterrichteten als tätigen und gefälligen Herrn Polizeirat Grüner, daß man auf der Fläche des großen, zum Behuf der Chausseen ausgegrabenen Raumes des Kammerberger Vulkans mit einem Schacht niedergegangen, um zu sehen, was in der Tiefe zu finden sein möchte und ob man nicht vielleicht auf Steinkohlen treffen dürfte.

Auf meiner Rückkehr, den 28. Mai, ward ich von dem wakkern Manne aufs freundlichste empfangen; er legte mir die kurze Geschichte der Abteufung, welche doch schon sistiert worden, nicht weniger die gefundenen Mineralkörper vor. Man hatte beim Absinken von etwa 1½, Lachtern erst eine etwas festere Lava, dann die gewöhnliche, völlig verschlackte in größeren und kleineren Stücken gefunden, als man auf eine lose rötliche Masse traf, welche offenbar ein durchs Feuer veränderter feiner Glimmersand war. Dieser zeigte sich teils mit kleinen Lavatrümmern vermischt, teils mit Lavabrocken fest verbunden. Unter diesem, etwa zwei Lachtern Teufe vom Tage herab, traf man auf den feinsten weißen Glimmersand, dessen man eine gute Partie ausförderte, nachher aber, weil weiter nichts zu erwarten schien, die Untersuchung aufgab. Wäre man tiefer gegangen (wobei denn freilich der feine Sand eine genaue Zimmerung erfordert hätte), so würde man gewiß den Glimmerschiefer getroffen haben, wodurch denn unsere früher geäußerte Meinung Bestätigung gefunden hätte. Bei dem ganzen Unternehmen hatte sich nur etwa ein fingerlanges Stück gefunden, welches allenfalls für Steinkohle gelten könnte.

Man besprach die Sache weiter und gelangte bis zur Höhe des ehemaligen Lusthäuschens; hier konnte man, von oben herunterschauend, gar wohl bemerken, daß am Fuße des Hügels, an der Seite nach Franzenbrunn zu, der weiße Glimmersand, auf den man in dem Schacht getroffen, wirklich zu Tage ausgehe und man auf demselben schon zu irgendeinem Zwecke nachgegraben. Hieraus könnte man schließen, daß die vulkanische Höhe des Kammerbergs nur oberflächlich auf einem teils sandigen, teils staubartigen, teils schiefrig festen Glimmergrunde aufgebreitet sei. Wollte man nun etwas Bedeutendes zur Einsicht in diese Naturerscheinung mit einigem Kostenaufwand tun, so ginge man, auf der Spur des am Abhange sich manifestierenden Glimmersandes, mit einem Stollen gerade auf den Punkt des Hügels los, wo, gleich neben der höchsten Höhe des ehemaligen Sommerhauses, sich eine Vertiefung befindet, die man jederzeit für den Krater gehalten hat. Ein solcher Stollen hätte kein Wasser abzuleiten, und man würde die ganze vulkanische Werkstätte unterfahren und, was so selten geschehen kann, die ersten Berührungspunkte des älteren natürlichen Gebirges mit dem veränderten, geschmolzenen, aufgeblähten Gestein beobachten. Einzig in seiner Art wäre dieses Unternehmen, und wenn man zuletzt auf der hinteren Seite in der Gegend der festen Laven wieder ans Tageslicht käme, so müßte dies für den Naturforscher eine ganz unschätzbare Ansicht sein.

Hiezu macht man uns nun, eben als ich zu schließen gedenke, die beste Hoffnung, indem versichert wird, daß auf Anraten und Antrieb des Herrn Grafen Kaspar Sternberg, dem wir schon soviel schuldig geworden, ein solches Unternehmen wirklich ausgeführt werden solle. Überlege nunmehr jeder Forscher, was für Fragen er in diesem Falle an die Natur zu tun habe, welche Beantwortung zu wünschen sei.

WOLKENGESTALT NACH HOWARD

Vorwort

Indem man sich zu einem Vortrag über irgendeinen Gegenstand anschickt, so ist es wohlgetan, zu bedenken und sodann andern mitzuteilen, wie man auf die Betrachtung gerade dieses Gegenstandes gekommen und unter welchen Umständen man demselben nach und nach mehrere Aufmerksamkeit zu widmen angeregt worden.

Mit kindlichem, jugendlich-frischem Sinn, bei einer städtisch-häuslichen Erziehung, blieb dem sehnsuchtsvollen Blick kaum eine andere Ausflucht als gegen die Atmosphäre. Der Sonnenaufgang war durch Nachbarshäuser beschränkt, desto freier die Abendseite, wie denn auch der Spaziergang sich wohl eher in die Nacht verlängert, als daß er dem Tag zuvorkommen sollte. Das Abglimmen des Lichtes bei heiteren Abenden, der farbige Rückzug der nach und nach versinkenden Helle, das Andringen der Nacht beschäftigte gar oft den einsamen Müßiggänger. Bedeutende Gewitterregen und Hagelstürme, die auch meist von der Westseite heranziehen, erregten entschiedene Aufmerksamkeit, und es sind noch frühere Zeichnungen übrig in seltsamen Wolkengebilden verschiedener Jahreszeiten; weder dem Auge des Dichters noch des Malers können atmosphärische Erscheinungen jemals fremd werden, und auf Reisen und Wanderungen sind sie eine bedeutende Beschäftigung, weil von trocknem und klaren Wetter auf dem Lande, so wie zur See von einem günstigen Winde, das ganze Schicksal einer Ernst- oder Lustfahrt oft allein abhängt.

In meinen Tagebüchern bemerkte ich daher manchmal eine Folge von atmosphärischen Erscheinungen, dann auch wieder einzelne bedeutende Fälle; das Erfahrne jedoch zusammenzustellen, fehlten mir Umsicht und wissenschaftliche Verknüpfungszweige. Erst als Ihro Königliche Hoheit der Großherzog einen eigenen Apparat zur Meteorologie auf dem Rücken des Ettersberges errichten ließen, machten Höchstdieselben mich aufmerksam auf die von Howard bezeichneten und unter gewisse Rubriken eingeteilten Wolkengestaltungen. Ich verfehlte nicht, aus der Erinnerung, was mir früher bekannt geworden, hervorzurufen, und erneuerte meine Aufmerksamkeit auf alles, was in der Atmosphäre den Augen bemerkbar sein konnte. Ich ergriff die Howardische Terminologie mit Freuden, weil sie mir einen Faden darreichte, den ich bisher vermißt hatte. Den ganzen Komplex der Witterungskunde, wie er tabellarisch durch Zahlen und Zeichen aufgestellt wird, zu erfassen oder daran auf irgendeine Weise teilzunehmen war meiner Natur unmöglich; ich freute mich daher, einen integrierenden Teil derselben meiner Neigung und Lebensweise angemessen zu finden, und weil in diesem unendlichen All alles in ewiger, sicherer Beziehung steht, eins das andere hervorbringt oder wechselsweise hervorgebracht wird, so schärfte ich meinen Blick auf das dem Sinne der Augen Erfaßliche und gewöhnte mich, die Bezüge der atmosphärischen und irdischen Erscheinungen mit Barometer und Thermometer in Einklang zu setzen, ohne dergleichen Instrumente jederzeit bei der Hand zu haben.

Wenn ich nun die Howardische Terminologie und die von

ihm selbst ausgehende kurze belehrende Darstellung mir zu eigen machte, sogleich aber wieder an die Natur ging und die verschiedenen Wolkenformen auf dem Papier nachzubilden suchte, so erweckte ich auch jüngere Männer, welche von der Zeit an mit geschärfter Aufmerksamkeit das gleiche taten. Forsters Arbeiten durfte ich nicht vernachlässigen, und manches war daraus zu lernen; allein seine Figuren sind meistens nur den Howardischen nachgebildet, keineswegs charakteristisch noch naturgemäß; auch wendet er sich zu schnell gegen eine Theorie, die, nach meiner Ansicht, doch immer nur ein idem per idem ist.

Ich mußte daher bei meiner alten Art verbleiben, die mich nötigt, alle Naturphänomene in einer gewissen Folge der Entwickelung zu betrachten und die Übergänge vor- und rückwärts aufmerksam zu begleiten. Denn dadurch gelangte ich ganz allein zur lebendigen Übersicht, aus welcher ein Begriff sich bildet, der sodann in aufsteigender Linie der Idee begegnen wird.

Eine frische Aufmunterung genoß ich zuletzt durch Herrn Brandes und dessen Beiträge zur Witterungskunde. Hier zeigt sich, wie ein Mann, die Einzelnheiten ins Ganze verarbeitend, auch das Isolierteste zu nutzen weiß. Ich war dadurch angeregt, manches aus meinen Papieren mitzuteilen, das vielleicht, mit schon Vorhandenem zusammengeknüpft, von Wert sein könnte, da ich aber gleich darauf eine Badereise bei der glücklichsten, eine schöne Dauer versprechenden Witterung unternahm, so entschloß ich mich, die atmosphärischen Erscheinungen in der strengsten Folge zu beobachten und zu verzeichnen, um zu sehen und darzustellen, wie es sich mit dem Konflikt der obern und untern Region, der austrocknenden und anfeuchtenden, verhalte.

Sonntag, den 23. April 1820, bis Schleiz

Stand in Jena, früh des Morgens um 5 Uhr, das Barometer 28' 2" 5"'.

Am ganz reinen Himmel, vor Sonnenaufgang, einige Streifen im Osten, die sich, wie sie herankam, in Zirrus auflösten, ebenso die übrigen, im Norden und Zenit schwebenden Streifen. Die Nebel aus der Saale verflossen sogleich in die Luft, legten sich an die Berge, schlugen als Tau nieder; das Wenige, was emporkam, zeigte sich auch gleich als leichtere Streifen. Gegen Süden zu fahrend, sah man am Horizont, in der Gegend der

Böhmischen und Fichtelgebirge, gleiche Streifen, aber gedrängter übereinander.

Der Wind war Nord-Ost-Ost. Aufmerksamkeit verdiente nunmehr, daß alle diese Streifen die Neigung zeigten, in Zirrus überzugehen: denn sie lockerten und teilten sich in sich selbst, indem sie doch ihre horizontale Ausdehnung und Lage behielten. Bei wachsender Höhe des Sonnenstandes ließ sich ferner bemerken, daß sie eine Art von Annäherung gegeneinander ausübten, in Verbindung traten und Formen bildeten, die man für Stratus anzusprechen hatte. Diese, obgleich an ihrer Base ziemlich horizontal, als aufliegend auf einer Luftschicht, die sie trug, fingen doch an, ihren oberen Umriß aufzublähen, in verschiedene Erhöhungen zu gestalten und dadurch das Recht zu erlangen, für Kumulus zu gelten.

Hier sah man nun die drei Hauptbildungen gleichzeitig und konnte die Möglichkeit ihrer Koexistenz bei dem höchsten Barometerstand gar wohl begreifen.

Eine solche Schar von unten mehr oder weniger verflächten, oben ausgerundeten, geballten Luftkörpern hatte durchaus, vereinzelt und unzusammenhängend, gegen 12 Uhr den ganzen Himmel eingenommen und schien bei fortdauerndem Nordostwind, mit geringer Bewegung gegen Süden, nicht abzunehmen.

Gegen Abend jedoch ließ sich ganz deutlich bemerken, daß sie nach und nach von der Luft aufgezehrt wurden, und zwar, wie sie reihenweis sachte nach Süden zogen, entwickelte sich meist die unterhalb ziehende Wolke gegen die obere und verband sich mit ihr, indes diese nichts dabei gewann, indem auch sie von ihren oberen Teilen nach der höheren Luft, sich einzeln auflösend, abgab und sie sich endlich allesamt zerstreuten.

So war nach Sonnenuntergang gar bald der ganze Himmel rein und hatte diese bedeutende Feuchtigkeit sich in der Atmosphäre aufgelöst.

Es war der vierte Tag nach dem ersten Viertel des Mondes. Dieser Tag war auf der Fahrt bis Schleiz zugebracht.

Montag, den 24. April, bis Hof

War die Folge des gestrigen Tages und der vergangenen Nacht gar wohl zu beobachten.

Die Luft hatte alle Feuchtigkeit in sich aufgenommen, es entstand daher bei Sonnenaufgang eine Art von Höherauch, den man an entferntern Gegenständen, auch an einem blässern Himmelsblau gar wohl bemerken konnte. Es zeigen sich nach und nach zarte horizontale Streifen, in die sich der Höherauch zusammenzieht, sie überdecken den ganzen Himmel, zugleich manifestieren sie ihre zirröse Tendenz, sie lockern sich auseinander und zeigen sich als Reihen von Schäfchen. Ein Teil des Höherauchs ist als Tau niedergegangen. Der Nordostwind strömt heftig, schon löst sich der obere Umriß aller Streifen flammig auf, ja es steigen aus demselben einzelne Säulen wie Rauch aus den Essen hervor, die aber doch oben sich wieder zur Schicht legen, als wenn sie ihren vorigen Zustand wieder annehmen wollten. Alle diese Bemühungen gelten aber nicht gegen den Nordost, der mit Heftigkeit bläst; keine Wolke vermag sich mehr zu ballen, gegen Mittag schon ist der ganze Himmel rein. Im Gasthof zum Hirschen in Hof konnte man die bewegliche Wetterfahne, vom scharfen Ost stoßweise auf Norden deutend, beobachten. Der Mond stand am Himmel, nur wenige Wolken erschienen am Horizonte, und der Nacht blieb kaum übrig, das sie aufzulösen hätte.

Dienstag, den 25. April, bis Alexandersbad

Vor Sonnenaufgang leichte Streifen an dem ganzen Horizont hin, die sich erhoben und verflockten, sobald sie hervortrat. Die Fahne, vollkommen in Nord, stand unbeweglich, mit wachsendem Tag häuften sich die Wolken. In Alexandersbad stand das Barometer 28 Zoll weniger 1½ Linie, welches nach der Höhe des Orts schön Wetter andeutet. Nach Tische bewölkte sich der Himmel immer mehr, die Wolken schienen in tieferer Region zu schweben, Natur und Gestalt des Stratus anzunehmen, auch war das Barometer eine halbe Linie gefallen. Um 8 Uhr war der Himmel ziemlich klar; doch lag im Süden eine langgestreckte, dichte Wolke, die sich aber nach und nach aufzuzehren schien.

Mittwoch, den 26. April, bis Eger

Das Barometer war etwas gesunken, demohngeachtet war vor Sonnenaufgang der Himmel ganz rein, nur wenige Streifen am Horizont im Norden. Windstille vor und nach Sonnenaufgang, die Hähne krähten. Den ganzen Morgen bis zu Mittag der Himmel völlig rein. In Eger vernahmen wir, das Barometer sei gefallen, aber ohne nähere Bestimmung. Der Himmel blieb den ganzen Tag rein und so auch vollkommen in der Nacht, der Mond schien hell, und die Sterne funkelten, ein Nordostwind hatte den ganzen Tag fortgedauert. Jedoch bei wachsender Nacht zeigte sich eine große, obgleich nicht verdichtete Wolkenmasse, welche, von Osten heraufsteigend, den ganzen Himmel mit einzelnem Gewölk überzog.

Donnerstag, den 27. April, bis Marienbad

Ebenso verhielt es sich morgens bei Sonnenaufgang. Der ganze Himmel war mit einzelnem, einander berührendem Gewölk bedeckt, davon sich ein Teil in die obere Luft auflöste, ein anderer aber so zottig und grau herunterhing, daß man jeden Augenblick erwartete, ihn als Regen niederfallen zu sehn.

Auf dem Wege nach Sandau, wo wir gegen Südost fuhren, sahen wir die sämtlichen Wolkenphänomene in ihrer charakteristischen Mannigfaltigkeit, Abgesondertheit, Verbindung und Übergängen, als ich sie nie gesehen, und zwar in solcher Fülle, daß der ganze Himmel davon überdeckt war. Das leichteste Gespinst der Besenstriche des Zirrus stand ruhig am obersten Himmel, ganze Reihen von Kumulus zogen, doppelt und dreifach übereinander, parallel mit dem Horizonte dahin, einige drängten sich in ungeheure Körper zusammen, und indem sie an ihrem oberen Umriß immer abgezupft und der allgemeinen Atmosphäre zugeeignet wurden, so ward ihr unterer Teil immer schwerer, stratusartiger, grau und undurchscheinend, sich niedersenkend und Regen drohend. Eine solche Masse zog sich uns über das Haupt hin, und es fielen wirklich einige Tropfen. Da nun alles dieses in der mittlern Luft vorging, war uns die Aussicht auf den Horizont nicht versagt. Wir sahen auf dem ganzen Halbkreis der entferntesten böhmischen Gebirge ein übereinandergetürmtes Amphitheater von Kumulus liegen, davon die einzelnen wolligen Massen durch kräftigen Sonnenschein in Licht und Schatten gesetzt wurden. Der Wind hatte sich geändert, es war ein Südwest, der aber nun die untere Region zu affizieren schien. Und so dauerte der Konflikt zwischen der Atmosphäre und den Wolken den ganzen Tag über. Nach Sonnenuntergang jedoch und Aufgang des Mondes hatte sich der Himmel ganz aufgeklärt, so daß nur ganz leichte Zirrusstreifen zu sehen waren.

Freitag, den 28. April, bis Eger

Bei Sonnenaufgang ganz klarer Himmel, in Westen Nebelwand, die sich nach und nach heranzog, indem sich der Ostwind in Westwind umlegte, der ganze Himmel überzog sich wieder, aber leicht.

Auf dem Wege nach Eger sahen wir abermals ein herrliches, höchst unterrichtendes Schauspiel vor uns, zu dessen Erinnerung ich folgendes allgemeiner bezeichne.

Der Kumulus kann seiner Natur gemäß vorerst in einer mittlern Region schwebend angesehen werden, eine Menge desselben zieht in langen Reihen hintereinander hin, oben ausgezackt, in der Mitte bauchig, unten geradlinig, als wenn sie auf einer Luftschicht auflägen. Steigt nun der Kumulus, so wird er von der obern Luft ergriffen, die ihn auflöst und in die Region des Zirrus überführt, senkt er sich, so wird er schwerer, grauer, unempfänglicher dem Lichte, er ruht auf einer horizontalen, gestreckten Wolkenbase und verwandelt sich unten in Stratus. Diese Erscheinung sahen wir, in der größten Mannigfaltigkeit, an dem Halbkreise des westlichen Himmels vorgehen, bis die untere schwere Wolkenschicht, von der Erde angezogen, genötigt war, in Regenstrichen niederzugehn. Aber auch diese behielten einen leichten, luftigen Charakter, indem sie, schief und in sich selbst gekrümmt, nach der Erde gerichtet, bald abzuregnen schienen, bald eine Zeitlang in der Höhe schwebend verweilten, endlich aber strich- und streifenweise vertikal in die Höhe stiegen, sich mit oberen stratusartigen Wolken verbanden und wieder zu ihrem ersten Ursprung zurückkehrten.

Indessen sahen wir am ganzen westlichen Horizont unzählbare solche Regenschauer einzeln über Felder und Hüge niedergehn, wie uns denn auch ein solcher, dem Landmann höchst erwünschter Regenstrich vorüberstreifend benetzte.

Durch den Flor sowie durch die Zwischenräume dieser wässerigen Ergießungen sahen wir den Fichtelberg, mit allem, was ihm angehört, von einer schweren Masse festliegender Wolkenballen überlagert. Im Egerkreise war der Regen allgemein gewesen. Gegen Abend klärte sich's wieder auf.

Sonnabend, den 29. April, bis Karlsbad

War der ganze Himmel überzogen; es mußte im Elbogner Kreise gestern und die Nacht viel geregnet haben, wie man am Weg und Äckern sah, die Sonne zeigte sich im Mittag, der Wind war Nordwest, und sodann ereignete sich das aufsteigende Spiel, Stratus verwandelte sich in Kumulus, Kumulus in Zirrus, wie wir in vorigen Tagen das niedersteigende beobachtet hatten. Der Himmel war mit Wolken aller Art bedeckt, jedoch der Abend freundlich.

Sonntag, den 30. April, Karlsbad

Das alte Spiel vom Auflösen und Verkörpern der Wolken, ohne Resultat.

Montag, den l. Mai

Mit Nordwind zogen untere und obere Wolken, jede in ihrer Region, gegen Süden, die untern stratus — , die obern zirrusartig. Diesen kam vom südlichen Berge ein Wolkenzug in einer mittleren Region entgegen, welches Phänomen ich der Anziehungskraft der oberen Wolkenreihe zuschreibe; denn der südliche Zug war, sowie er in die mittlere Region trat, sogleich an dem obern Umriß aufgelöst, mit den höhern Wolken vereinigt und mußte, zu ihnen gesellt, nach Süden zurückkehren. Es war merkwürdig und seltsam anzuschauen. Dergleichen mag freilich nur in hohen Gebirgsgegenden vorkommen. Um Mittag leichter Schnee, gegen Abend gelinder Westwind.

Dienstag, den 2. Mai

Der Konflikt der obern und untern Luftregion, der Trockne und Feuchte, endigte sich in ein leichtes Schneegestöber, von Zeit zu Zeit wiederholt.

Mittwoch, den 3. Mai

Es hatte gegen Morgen geschneit. Früh um 5 Uhr war der Schnee auf den Straßen, Platten und sonst Steinen geschmolzen, er hatte sich aber gehalten auf Holzstämmen, Brettern, Schindeln und auf den Planen der Fuhrleute. Den Tag über fortdauernder Wolkenkonflikt, sich manchmal in Schnee auflösend.

Donnerstag, den 4. Mai

Im ganzen wie gestern, gegen Mittag starker, dichter Schneesturm, welcher wohl eine Stunde anhielt. Darauf wieder Sonnenblicke.

Freitag, den 5. Mai

Um die Phänomene des Wettstreits der obern und untern Luft in größerer Breite zu sehen, als die Karlsbader Himmelsenge erlaubt, erstieg ich den Schloßberg und ging sodann den Schlaggenwalder Weg hinauf, bis zu Findläters Monument.

Auf diesem Gange läßt sich der Elbogner Kreis bis gegen das Egerland westlich und das Erzgebirge nördlich übersehen.

Es graupelte stark, und der ganze Himmel war auf mannigfaltige ungleiche Weise überdeckt. Einherziehende Wolken, die man wohl mußte für Stratus gelten lassen, obgleich von denen im Spätsommer und Herbst bemerkten sehr unterschieden; sie waren viel leichter anzusehen und zogen in einer höhern Region daher, welche sich nach dem Maßstabe jener frühern Bemerkungen an Ort und Stelle gar wohl hätte bezeichnen lassen. Sie mochten in der Region schweben, in welcher sonst die Kumulus einhergehen; sie lösten sich, von Nordwest heranziehend, bald da, bald dort in Graupelschauer auf, welche Land und Gebirge wechselsweise bedeckten und frei ließen. Von Süden stiegen mächtige Kumulus auf, die sich aber, sobald sie sich jenem Zuge näherten, mit demselben sogleich vereint, offenbar mit fortzogen und als Graupelschauer mit niedergingen. Sonnenblicke erheiterten das Land. Sogleich aber waren bald von Westen, bald von Süden her ganze Himmelsgegenden bedeckt und solche graue, mehr Nebel- als Wolkenzüge in Anmarsch, wie ich solche vom Hammer her, das Tepeltal herunter, auf der Rückseite des Karlsbader Gebirgs kommen sah.

Alles dieses aber ging dem Augenschein nach in einer höhern Region vor, als wir den wässerigen Nimbus zu sehen gewohnt sind. Welches sich auch dadurch erweist, daß von ebendiesen nebelhaften Wolkenzügen immerfort Teile zirrusartig aufgenommen werden, woraus sich ergibt, daß das Barometer hoch stehen muß. Ich will nun sehen, ob meine Vermutung sich bestätigt, daß nämlich dieser Konflikt sich zugunsten der obern Luft und des trocknenden Prinzips entscheiden werde. Wie ich denn mich vielleicht hiezu verführen lasse, weil ich für meine übrige Badezeit schönes Wetter wünsche, zugleich aber auch das umgekehrte Phänomen von jenem, was ich vom 23. April bis zum 28. erlebet, rückwärts zu erleben hoffe. Welches denn auch abends 4½ Uhr geschah.

Denn als ich die Höhe des westlichen Berges bei Gottels Sommerwohnung erreicht hatte, erblickte ich in Westen über dem Erzgebirge eine Reihe Kumulus liegen, doch eher schwebend und von leichterer Natur. Im Nordosten über dem Gebirg eine von der Sonne beschienene Wolkenwand, weiß leuchtend und glänzend; graue Streifen, die an ihr herabgingen, zeigten, daß sie sich auch in Graupeln auflöste, so wie sie sich oben rauchartig in die Luft verlor. In Osten ragten bergartig hinter dem Horizont herauf einzelne und festgeballete Kumulus.

Von Süden zogen über den Scheitel hin charakterlose Wolken, an denen man teilweise die Gestalt der übrigen sehen konnte.

Alle das Gewölk jedoch, wie es oben beschrieben, verzog sich oder versank, so daß bei Sonnenuntergang der Himmel beinahe, zu Nacht aber völlig rein und wolkenlos war.

Sonnabend, den 6.

Mai Völlig klarer Himmel, aber nicht lange: denn der Wolkenzug von Norden her begann schon wieder und verbreitete sich nach und nach, jedoch in abgesonderten Partien, über den ganzen Himmel. Dergleichen den ganzen Tag über, Abend helle.

Sonntag, den 7. Mai

Prächtiger Windbaum vor der aufgehenden Sonne, bis in den Zenit sich erstreckend, nach oben und der Seite ast- und zweigartig verbreitete Schäfchen, flocken- und streifenartig über dem übrigen Himmel. Milde Luft, schöner Sonnenschein. Gegen Mittag, mit Südwestwind, schon der ganze Himmel mit Wolken überzogen. Nach Tische, auf dem Schlackenwerther Weg, einen kalten Westwind sehr unangenehm empfunden. Der Himmel war von Gebirg zu Gebirg überwölkt, aber hoch. Nachts um 11 Uhr gewaltsamer Regenguß, der wohl eine Stunde dauerte.

Montag, den 8. Mai

Luftbaum vor der Sonne. Der obere Himmel leicht bewölkt, der untere schwerer. Leichte Kumulus von Westen über den Dreikreuzberg herziehend. Der obere Himmel und die aufzehrende Gewalt der trocknenden Luft scheint die Übergewalt zu behalten.

Dienstag, den 9. Mai

Heller Himmel, jedoch mit leichten Streifen, höherauchartig, bedeckt; Sonne sehr heiß, die Atmosphäre sich nach und nach bewölkend.

Mittag Wind, unzusammenhängend bewölkte Atmosphäre, wenige Regentropfen, klare Nacht.

Mittwoch, den 10.Mai

Höherauch, Schäfchen, dann wieder aufgeklärter Himmel, die Sonne brannte heiß, der Himmel überwölkte sich. Streifregen, es donnerte um l Uhr, sodann von Zeit zu Zeit, der Himmel reinigte sich. Vollkommen klarer Himmel bei Sonnenuntergang, obschon Südwestwind.

Donnerstag, den 11. Mai. Himmelfahrtfest

Vollkommen heiterer Himmel, obschon Westwind. Einzelne Wolken, im ganzen aber der höhere Himmel leicht gestreift. Gegen Abend ein Phänomen, welches ich noch nicht bemerkt. Gegen Westen in der Höhe Zirrusstreifen, doch wahrscheinlich nicht so hoch als sonst gewöhnlich: denn kleine, leichte, wollige Wölkchen, vom östlichen Gebirge herziehend, wurden, wie sie sich jener Region näherten, aufgelöst und in vertikale Streifen verwandelt, doch konnte man bemerken, daß sie sich auch unverwandelt zwischen jene Streifen hineinzogen, ihre wollige Gestalt noch eine Weile behaltend. Wahrscheinlich ging dies auf der Grenze der obern und mittlern Region vor.

Mit einem so anhaltenden, aufmerksamen Beschauen des Himmels war auch bisher das Vergnügen an dem Zustand der Erde verbunden. Im ganzen tut einen sehr angenehm-bemerkbaren Effekt der bei einem so hohen Sonnenstande, unter dem funfzigsten Grad, weit zurückgehaltene Frühling. Es ist, als wenn bei ihrem Erwachen die Bäume verwundert wären und beschämt, sich schon so weit im Jahre zu finden und von ihrer Seite noch so sehr zurück zu sein. Mit jedem Tag eröffnen sich neue Knospen, und die eröffneten entwickeln sich weiter.

Sehr lieblich ist es daher, gegen Sonnenuntergang die Prager Straße hinabzugehen; alle unbelaubten Bäume, bisher unbemerkbar, wenigstens unbemerkt, kommen nach und nach zur Erscheinung, wie sie ihre Blätter entfalten und, vom Sonnenlichte vom Rücken her beschienen, als völlig durchscheinend in ihrer eigentümlichen Form dargestellt und kenntlich werden. Das junge gelbliche Grün scheint völlig durchsichtig, und an diesem stufenweis wachsenden Genusse kann man sich gewiß noch vierzehn Tage ergehn; denn vor Pfingsten wird das völlige Grün kaum entwickelt sein. Die Gemüsegärten beschäftigen sich gleichfalls noch mit Vorbereitungen, die Wintersaat steht schön, ob es gleich in vier Wochen nicht geregnet hat, der späte Schnee scheint ihr genutzt zu haben, und die Berge sind niemals ohne Tau. Der verlängerte Tag gibt auch eine höchst angenehme Empfindung, besonders in dieser Schlucht, die um 5 Uhr schon beschattet ist, wenn man auf der Höhe noch einige Stunden des freundlichen Sonnenscheins genießt.

Dem hiesigen Frühling gewährt auch noch ein ganz eigenes angenehmes Ansehen, daß Blüten und Blätter zugleich hervortreten; dadurch erscheint der Schwarzdorn, die Kirsche, der Apfel als ganz anderer, fremder Busch und Baum, die weißen Blüten nehmen sich zwischen dem munteren Laub gar anmutig aus.

Freitag, den 12. Mai

Mit Streifen leicht bedeckter Himmel, kein reines Blau in der ganzen Atmosphäre, Windstille, mit einer Andeutung auf

Südwind. Die gestrige Beobachtung war heute viel entschiedener. Die von Süden heranziehenden, mehr flockig als geballten Wolken wurden in Streifen und lang sich emporziehende Faden aufgelöst, und auch diesmal schien die Operation viel niedriger als sonst vorzugehn, auch sah man den hieraus entstehenden Zirrus von anderer Art als den gewöhnlichen hohen; denn die emporsteigenden Fäden und gekrümmte leichte Streifen verwandelten sich an ihrem obern Ende schon wieder in Wölkchen, bis sich denn der Himmel nach und nach überzog. Nach Tische, auf einer Fahrt über Hohdorf und Lessau, vermehrte sich, bei schwüler Luft, die Menge und Schwere der Wolken. Gegen Abend war in Westen, an dem Erzgebirge her, ein meilenlanger Nimbus, der in vielen Strömungen niederging. Ich habe davon sogleich einen Entwurf gemacht, welchem ich den Versuch einer beschreibenden Erklärung hinzufüge. Die Wetterwolke zog von Westen gegen Osten und zeigte an ihrem unteren Bauche deutliche kurze Streifen, welche in gleicher Richtung vorwärts den Strich führten. Die Wolke hingegen, wie sie vorrückte, unterlag im einzelnen der Erdanziehung, und es senkten sich ganz vertikale Gußstrahlen herunter, wie an dem Ende rechter Hand zu sehen. Diese schienen jedoch mit der Erde in solchen Kontakt und Verbindung zu kommen, daß sie mit ihrem untern Ende an dem Boden festhielten, der die Feuchtigkeit an sich saugte, indes die Wolke weiterzog und das obere Ende dieser Schläuche mit fortnahm, deshalb sie zu einer schiefen Richtung genötigt wurden, wie an den zwei folgenden nach der linken Hand hin zu sehen. Nun hatten aber andere solche, früher niedergegangene Strömungen durch das Fortziehen der Wolke ihren Zusammenhalt mit der Erde verloren und schwebten, losgelassen, hoch über dem Horizont, wie die Zeichnung angibt.

Das Merkwürdigste jedoch war ein solcher Schlauch, der, obgleich der letzte, doch der stärkste, mit dem untern Teil entschieden an der Erde festhielt, indes der obere fortgezogen wurde, wodurch ein gekrümmtes Aufsteigen, wie links neben dem Dörfchen zu sehen, bewirkt ward.

Sonnabend, den 13. Mai

Wie gestern, schwül heranziehende Wolken, aufgelöst und sich wieder vereinigend; fortdauernde Abwechselung.

Sonntag, den 14. Mai

Wie gestern, nur daß die Kumulus ihre eigentümliche geballte Gestalt mehr behielten. Nicht unangenehme Schwüle.

Montag, den 15. Mai

Ganz früh meist heiterer Himmel. Um 6 Uhr dichter, starker Nebelzug, der, über den ganzen Himmel hin, sich nach Norden bewegte, bald aber die Atmosphäre wieder völlig frei ließ. Leicht Gewölk, doppelter Wolkenzug. Abends in Westen Kumulus, Abendrot.

Dienstag, den 16. Mai

Der ganze Himmel leicht, aber grau überwölkt, weder Sonne noch Atmosphäre zu sehen; gegen 7 Uhr Nordwind, getrennte Wolken, ein unterer, von Süden herankommender Zug in die höhere Region aufgelöst. Abwechselnde Bedeckung und Aufklärung des Himmels; nach 6 Uhr Sprühregen; sodann bei Untergang der Sonne im Südosten purpurgraue Regenwolken, in denen man die Iris teilweise stehen sah.

Mittwoch, den 17. Mai

In der Nacht starker Regenguß, der Morgen bewölkt, von Zeit zu Zeit Streifregen. Wolkenzug nach Osten. Den Tag über mit Streifregen fortgesetzt, abends der Himmel völlig rein; doch war die Sonne mit Abendrot untergegangen. Venus und der Mond über dem Hirschsprung.

Donnerstag, den 18. Mai

Früh ganz klarer Himmel, nach und nach leichte Zirrus, um Mittag seltene, höchst auffallende Erscheinung, die mich aus der Enge auf eine freie Stätte rief. Von Westen herauf, mit entschiedenem Südwind, zogen lange, zarte Zirrusstreifen, einzeln und vereinigt; im Vorwärtsziehn krümmten sie das vordere Ende zu kleinen Wölkchen, etwas niedriger zogen unbestimmte weiße Wölkchen, die von jenen Streifen mit aufgenommen wurden, sonst standen noch alle Arten von Zirrus am bläulichen Himmel, Schäfchen, gegitterte Streifen, alles in Bewegung und Verwandlung.

Der Himmel überwölkte sich nach und nach. Von der Prager Straße angesehen, zeigten sich die Wolken in mancherlei Formen; doch immer Auflösung drohend. Abends 8 Uhr, unter Blitz und Donner Regengüsse.

Freitag, den 19. Mai

Klarer Morgen, doch bald wieder leicht bewölkt, fortgesetzte Bewölkung den ganzen Tag über. Abends, den Schlakkenwerther Weg herabfahrend, vielfache, Gewitter drohende

Wolkengestaltung. Um die untergehende Sonne trübe Atmosphäre und ein weißer, hie und da farbiger Kreis, teilweise deutlicher und undeutlicher zu bemerken. Nachts gewaltiger Regenguß, mit Donner und Blitz.

Sonnabend, den 20. Mai

Bedeckter Himmel, nach und nach gebrochen, Sonnenblikke, laue Luft.

Sonntag, den 21. Mai

In der Nacht stärkster Platzregen, des Morgens schwächer bis 9 Uhr; Regenwolken mit starkem Nordostwind vorüberziehend, desgleichen den ganzen Tag. Abends nach 7 Uhr gewaltsamer, allgemeiner Landregen, die ganze Nacht durch.

Montag, den 22. Mai

Früh um 9 Uhr Andeutung einer Aushellung, welche auch mit Absätzen erfolgte; die untere Atmosphäre ward durch vorüberziehende und aufsteigende Nebel immer getrübt. Bei durchbrochnen Momenten beobachtete man höhere Wolken, welche sich steter zeigten. Dasselbige abwechselnd bis zur Nacht.

Dienstag, den 23. Mai

Kumulus, weit und hoch stehend, hellweiß und geballt. Regenwolken drunter herziehend, selten Donner, wenig Regen.

Mittwoch, den 24. Mai

Wie gestern; doch mehr zum Regen geneigt und von Zeit zu Zeit Regen, mit Donner begleitet. So dauerte es über Mittag bis gegen 5 Uhr, wie wir auf einer Fahrt nach dem Horn erfuhren. Nun klärte es sich auf, und abends 8 Uhr stand der Mond hell am Himmel, später durch sehr leichte Wölkchen getrübt.

Donnerstag, den 25. Mai

Heiterer Morgen, leichtes Gewölke den Tag über. Starker Wolkenzug in der höhern Region von Südwest her. Sehr warm, ruhiger Abend. Herrliche Mondnacht.

Freitag, den 26. Mai

Heller Morgen. Windstöße. Mehr bewölkt. Um 3 Uhr sanfter Regen, Donner. Abwechselnd bis Abend. Schöne Mondnacht, nicht so klar wie gestern.

Sonnabend, den 27. Mai

Wolliger Kumulus in Zirrus aufgelöst, dieser sich aneinanderreihend und steigend, jener wieder sich ballend und sinkend. Diese Erscheinungen glaubte man in drei Etagen übereinander vorgehen zu sehen. Immer mehr zur Auflösung der Wolken und zur Heiterkeit geneigt.

Sonntag, den 28. Mai. Rückreise

Früh 4 Uhr allgemeiner Landregen; um 6 Uhr bricht sich der Himmel, ohne jedoch Blau sehen zu lassen. Der Regen pausiert. Starker Wolkenzug vom Erzgebirge her, desgleichen über den Horn in die Tepelregion. 9 Uhr; der Regen beginnt wieder, wird sehr stark mit Nordwest.

10 Uhr deckt er nebelartig ferne und, verhältnismäßig, auch nahe Gegenstände. 11 Uhr. Auf der Höhe von Maria-Kulm bemerkte man, daß die Himmelsgegend über dem Fichtel-gebirg sich aufhellt. Mittag. Unendliche Nebel- und Regenwolken ziehen, vom Nordwest herbeigebracht, am Erzgebirge hin, auch über den Horn in die Tepelregion. Ganz Böhmen überdeckt von Gewölk, niedrig schwebend, grau, flockig, zottig, ungestalt, in jedem Momente sich in Wassergüsse aufzulösen drohend. Indessen auf dem sich aufklärenden langgestreckten Rücken des Fichtelgebirges ruhen gelagert Kumulus, nicht ganz fest geballt. 3 Uhr. Im Nordwesten hellt sich's immer mehr auf, nach und nach klärt sich daselbst der Himmel; die Sonne tritt hervor. Auch im Süden wird's rein. Wenige Wölkchen, vom West getrieben, ziehn leise auf ihrer Bahn. Zirrus in der obern blauen Luft.

Von da an unerfreulicher West, bald gegen Norden, bald gegen Süden sich umsetzend, Regenschauer bringend, austrocknend, widerwärtig zu beobachten. Dieser Zustand dauerte bis den 24. Juni, da sich denn mit Nordost das Wetter bestätigte und der Himmel sich aufklärte.

Zu besserem Verständnis der in vorstehendem Aufsatz gebrauchten Ausdrücke wird nachträglich angezeigt: daß, in Übereinstimmung mit Männern, welche die Sache bisher bearbeitet, angenommen wird, es gebe drei Luftregionen, die obere, mittlere und untere, welcher man die vierte, die unterste, noch hinzufügen kann. Die Herrschaft der obern Region manifestiert sich durch trocknes, helles Wetter, die Atmosphäre ist in einem Zustande, daß sie Feuchtigkeit in sich aufnehmen, tragen, emporheben kann, es sei nun, daß sie das Wäßrige zerteilt in sich enthalte oder daß sie solches verändert, in seine Elemente getrennt in sich aufnehme. Dieser Zustand der Atmosphäre wird durch die größte Barometerhöhe offenbart, und wir erfreuen uns eines schönen, beständigen Wetters; der Himmel ist klar, in gewissen Weltgegenden ganz wolkenlos und hochblau. In diese

Region gehören alle Zirrusarten, die man mit verschiedenen Namen bezeichnen kann.

Die mittlere Region ist die des Kumulus; in ihr wird eigentlich der Konflikt bereitet, ob die obere Luft oder die Erde den Sieg erhalten soll; diese Region hat die Eigenschaft, daß sie zwar viel Feuchtes in sich aufnehmen kann, allein nicht in vollkommener Auflösung, es vereinigt sich zwar zu einer leichten, aber doch dichten Körperlichkeit und erscheint uns geballt, gehäuft und nach oben in bestimmten Formen ausgebogt und begrenzt, unterwärts haben diese Wolkenhaufen eine horizontale Grundlinie, wodurch eine dritte Region angedeutet wird, auf welcher sie wie auf einer Schicht auf einem Elemente ruhen und schweben.

Gewinnt nun die obere Region, ihre trocknende, Wasser auflösende, in sich aufnehmende Gewalt, die Oberhand, so werden diese geballten Massen an ihrem oberen Saum aufgelöst, aufgezupft, sie ziehen sich flockenweise in die Höhe und erscheinen als Zirrus und verschwinden zuletzt in dem unendlichen Raum. Überwindet nun aber die untere Region, welche die dichteste Feuchtigkeit an sich zu ziehen und in fühlbaren Tropfen darzustellen geneigt ist, so senkt sich die horizontale Basis des Kumulus nieder, die Wolke dehnt sich zum Stratus, sie steht und zieht schichtweise und stürzt endlich im Regen zu Boden, welche Erscheinung zusammen Nimbus genannt wird.

Wie wir nun von oben heruntergestiegen sind, so kann man wieder von unten hinaufsteigen, so daß sich dichte Nebel erheben und in der untern Luft schwere Schichten bilden, die sich aber doch wieder an ihrem oberen Teile ballen, höher dringen und zuletzt nach und nach in die obere Luft aufgelöst werden.

Man nimmt diese drei Regionen als Norm an, bemerkt aber dabei, daß die Disposition der obersten Luft, alle Feuchtigkeit in sich vollkommen aufzunehmen, auch bis zur Erde heruntersteigen könne, da denn jeder Dunst- und Nebelstreif sogleich in Zirrus aufgelöst und sodann verflüchtigt wird.

Und so mag sich auch der eigentliche Stratus, diese horizontal gebildete Masse, einmal höher erheben als das andere Mal, der Jahrszeit, der Polhöhe und der Bergeshöhe gemäß. Auch der Kumulus schwebt bald höher, bald tiefer; im ganzen bleiben aber diese Wolkengestalten immer stufenweise übereinander, wie man gar wohl sehen kann, wenn sich alle vier Erscheinungen dem Beobachter auf einmal darbieten.

Diese vier Hauptbestimmungen, Zirrus, Kumulus, Stratus und Nimbus, habe unverändert beibehalten, überzeugt, daß im Wissenschaftlichen überhaupt eine entschiedene lakonische Terminologie, wodurch die Gegenstände gestempelt werden, zum größten Vorteil gereiche. Denn wie ein Eigenname den Mann von einem jeden andern trennt, so trennen solche Termini technici das Bezeichnete ab von allem übrigen. Sind sie einmal gut gefunden, so soll man sie in alle Sprachen aufnehmen, man soll sie nicht übersetzen, weil man dadurch die erste Absicht des Erfinders und Begründers zerstört, der die Absicht hatte, etwas fertigzumachen und abzuschließen. Wenn ich Stratus höre, so weiß ich, daß wir in der wissenschaftlichen Wolkengestaltung versieren, und man unterhält sich darüber nur mit Wissenden. Ebenso erleichtert eine solche beibehaltene Terminologie den Verkehr mit fremden Nationen. Auch bedenke man, daß durch diesen patriotischen Purismus der Stil um nichts besser werde: denn da man ohnehin weiß, daß in solchen Aufsätzen diesmal nur von Wolken die Rede sei, so klingt es nicht gut. Haufenwolke etc. zu sagen und das Allgemeine beim Besondern immer zu wiederholen. In andern wissenschaftlichen Beschreibungen ist dies ausdrücklich verboten.

Die Zwischenerscheinungen dagegen, welche Howard durch Verbindung jener drei Benennungen bezeichnet, habe ich nicht gebraucht, auch nicht übersetzt, sondern sie nach ihrem Vorkommen und Erscheinen jedesmal angedeutet und beschrieben, weil die Mannigfaltigkeit so groß ist, daß solche zu bestimmen keine Terminologie vermag und nur die Einbildungskraft mehr verwirrt, als ihr nachzuhelfen. Wie man das gar oft bei meteorologischen Tabellen fühlt, bei denen eine Kolumne für die Wolkengestaltung angebracht ist. Der Einsichtige, dem es um Anschauung und nicht um Worte zu tun ist, wird die Schwierigkeit in der Praxis selbst gar leicht entdecken.

Schließlich bemerken wir noch den Hauptpunkt, daß der Sieg der oberen Region, die Herrschaft der Trocknis, durch den Ostwind und den ihm zugeteilten Nordwind, der Sieg der untern Region, der sich auf die Erde beziehenden Feuchte, durch den West- und den ihm verbündeten Südwind angedeutet, begleitet und bewirkt werde.

Und nun, da man von jeher die Poesie als wohlgeschickt zu summarischen Darstellungen gehalten, so folge noch zum Ehrengedächtnis unsers Meisters die Grundlehre, damit sie sich immer mehr verbreite, in wohlmeinende Reime verfaßt.

Howards Ehrengedächtnis

Stratus

Wenn von dem stillen Wasserspiegelplan
Ein Nebel hebt den flachen Teppich an,
Der Mond, dem Wallen des Erscheins vereint,
Als ein Gespenst Gespenster bildend scheint,
Dann sind wir alle, das gestehn wir nur,
Erquickt', erfreute Kinder, o Natur!
Dann hebt sich's wohl am Berge, sammlend breit
An Streife Streifen, so umdüstert's weit
Die Mittelhöhe, beidem gleich geneigt,
Ob's fallend wässert oder luftig steigt.

Kumulus

Und wenn darauf zu höhrer Atmosphäre
Der tüchtige Gehalt berufen wäre,
Steht Wolke hoch, zum herrlichsten geballt,
Verkündet, festgebildet. Machtgewalt,
Und was ihr fürchtet und auch wohl erlebt,
Wie's oben drohet, so es unten bebt.

Zirrus

Doch immer höher steigt der edle Drang!
Erlösung ist ein himmlisch leichter Zwang.
Ein Aufgehäuftes, flockig löst sich's auf,
Wie Schäflein tripplend, leicht gekämmt zu Hauf.
So fließt zuletzt, was unten leicht entstand,
Dem Vater oben still in Schoß und Hand.

Nimbus

Nun laßt auch niederwärts, durch Erdgewalt
Herabgezogen, was sich hoch geballt,
In Donnerwettern wütend sich ergehn,
Heerscharen gleich entrollen und verwehn! —
Der Erde tätig-leidendes Geschick! —
Doch mit dem Bilde hebet euren Blick:
Die Rede geht herab, denn sie beschreibt,
Der Geist will aufwärts, wo er ewig bleibt.

BEDEUTENDE FÖRDERNIS DURCH EIN EINZIGES GEISTREICHES WORT

Herr Dr. *Heinroth* in seiner „Anthropologie", einem Werke, zu dem wir mehrmals zurückkommen werden, spricht von meinem Wesen und Wirken günstig, ja er bezeichnet meine Verfahrungsart als eine eigentümliche: daß nämlich mein Denkvermögen *gegenständlich* tätig sei, womit er aussprechen will: daß mein Denken sich von den Gegenständen nicht sondere, daß die Elemente der Gegenstände, die Anschauungen in dasselbe eingehen und von ihm auf das innigste durchdrungen werden, daß mein Anschauen selbst ein Denken, mein Denken ein Anschauen sei; welchem Verfahren genannter Freund seinen Beifall nicht versagen will.

Zu was für Betrachtungen jenes einzige Wort, begleitet von solcher Billigung, mich angeregt, mögen folgende wenige Blätter aussprechen, die ich dem teilnehmenden Leser empfehle, wenn er vorher, Seite 387 genannten Buches, mit dem Ausführlichem sich bekannt gemacht hat.

In dem gegenwärtigen wie in den früheren Heften habe ich die Absicht verfolgt: auszusprechen, wie ich die Natur anschaue, zugleich aber gewissermaßen mich selbst, mein Inneres, meine Art zu sein, insofern es möglich wäre, zu offenbaren. Hiezu wird besonders ein älterer Aufsatz: „Der Versuch als Vermittler zwischen Subjekt und Objekt", dienlich gefunden werden.

Hiebei bekenn ich, daß mir von jeher die große und so bedeutend klingende Aufgabe: „Erkenne dich selbst!" immer verdächtig vorkam, als eine List geheim verbündeter Priester, die den Menschen durch unerreichbare Forderungen verwirren und von der Tätigkeit gegen die Außenwelt zu einer innern falschen Beschaulichkeit verleiten wollten. Der Mensch kennt nur sich selbst, insofern er die Welt kennt, die er nur in sich und sich nur in ihr gewahr wird. Jeder neue Gegenstand, wohl beschaut, schließt ein neues Organ in uns auf.

Am allerfördersamsten aber sind unsere Nebenmenschen, Fördernis durch ein einziges geistreiches Wort welche den Vorteil haben, uns mit der Welt aus ihrem Standpunkt zu vergleichen und daher nähere Kenntnis von uns zu erlangen, als wir selbst gewinnen mögen.

Ich habe daher in reiferen Jahren große Aufmerksamkeit gehegt, inwiefern andere mich wohl erkennen möchten, damit ich in und an ihnen, wie an so viel Spiegeln, über mich selbst und über mein Inneres deutlicher werden könnte.

Widersacher kommen nicht in Betracht, denn mein Dasein ist ihnen verhaßt, sie verwerfen die Zwecke, nach welchen mein Tun gerichtet ist, und die Mittel dazu achten sie für ebensoviel falsches Bestreben. Ich weise sie daher ab und ignoriere sie, denn sie können mich nicht fördern, und das ist's, worauf im Leben alles ankommt; von Freunden aber laß ich mich ebensogern bedingen als ins Unendliche hinweisen, stets merk ich auf sie mit reinem Zutrauen zu wahrhafter Erbauung.

Was nun von meinem *gegenständlichen Denken* gesagt ist, mag ich wohl auch ebenmäßig auf eine *gegenständliche Dichtung* beziehen. Mir drückten sich gewisse große Motive, Legenden, uraltgeschichtlich Überliefertes so tief in den Sinn, daß ich sie vierzig bis funfzig Jahre lebendig und wirksam im Innern erhielt; mir schien der schönste Besitz, solche werte Bilder oft in der Einbildungskraft erneut zu sehen, da sie sich denn zwar immer umgestalteten, doch, ohne sich zu verändern, einer reineren Form, einer entschiednern Darstellung entgegenreiften. Ich will hievon nur die „Braut von Korinth", den „Gott und die Bajadere", den „Grafen und die Zwerge", den „Sänger und die Kinder" und zuletzt noch den baldigst mitzuteilenden „Paria" nennen.

Aus obigem erklärt sich auch meine Neigung zu Gelegenheitsgedichten, wozu jedes Besondere irgendeines Zustandes mich unwiderstehlich aufregte. Und so bemerkt man denn auch an meinen Liedern, daß jedem etwas Eigenes zum Grunde liegt, daß ein gewisser Kern einer mehr oder weniger bedeutenden Frucht einwohne; deswegen sie auch mehrere Jahre nicht gesungen wurden, besonders die von entschiedenem Charakter, weil sie an den Vortragenden die Anforderung machen, er solle sich aus seinem allgemein-gleichgültigen Zustande in eine besondere, fremde Anschauung und Stimmung versetzen, die Worte deutlich artikulieren, damit man auch wisse, wovon die Rede sei. Strophen sehnsüchtigen Inhalts dagegen fanden eher Gnade, und sie sind auch mit andern deutschen Erzeugnissen ihrer Art in einigen Umlauf gekommen.

An ebendiese Betrachtung schließt sich die vieljährige Richtung meines Geistes gegen die Französische Revolution unmittelbar an, und es erklärt sich die grenzenlose Bemühung, dieses schrecklichste aller Ereignisse in seinen Ursachen und Folgen dichterisch zu gewältigen. Schau ich in die vielen Jahre zurück, so seh ich klar, wie die Anhänglichkeit an diesen unübersehlichen Gegenstand so lange Zeit her mein poetisches Vermögen fast unnützerweise aufgezehrt; und doch hat jener Eindruck so tief bei mir gewurzelt, daß ich nicht leugnen kann, wie ich noch immer an die Fortsetzung der „Natürlichen Tochter" denke, dieses wunderbare Erzeugnis in Gedanken ausbilde, ohne den Mut, mich im einzelnen der Ausführung zu widmen.

Wend ich mich nun zu dem *gegenständlichen Denken,* das man mir zugesteht, so find ich, daß ich ebendasselbe Verfahren auch bei naturhistorischen Gegenständen zu beobachten genötigt war. Welche Reihe von Anschauung und Nachdenken verfolgt ich nicht, bis die Idee der Pflanzenmetamorphose in mir aufging, wie solches meine„Italienische Reise" den Freunden vertraute.

Ebenso war es mit dem Begriff, daß der Schädel aus Wirbelknochen bestehe. Die drei hintersten erkannt ich bald, aber erst im Jahr 1790, als ich aus dem Sande des dünenhaften Judenkirchhofs von Venedig einen zerschlagenen Schöpsenkopf aufhob, gewahrt ich augenblicklich, daß die Gesichtsknochen gleichfalls aus Wirbeln abzuleiten seien, indem ich den Übergang vom ersten Flügelbeine zum Siebbeine und den Muscheln ganz deutlich vor Augen sah; da hatt ich denn das Ganze im Allgemeinsten beisammen. Soviel möge diesmal, das früher Geleistete aufzuklären, hinreichen. Wie aber jener Ausdruck des wohlwollenden, einsichtigen Mannes mich auch in der Gegenwart fördert, davon noch kurze vorläufige Worte.

Schon einige Jahre such ich meine geognostischen Studien zu revidieren, besonders in der Rücksicht, inwiefern ich sie und die daraus gewonnene Überzeugung der neuen, sich überall verbreitenden Feuerlehre nur einigermaßen annähern könnte, welches mir bisher unmöglich fallen wollte. Nun aber durch das Wort *gegenständlich* ward ich auf einmal aufgeklärt, indem ich deutlich vor Augen sah, daß alle Gegenstände, die ich seit funfzig Jahren betrachtet und untersucht hatte, gerade die Vorstellung und Überzeugung in mir erregen mußten, von denen ich jetzt nicht ablassen kann. Zwar vermag ich für kurze Zeit mich auf jenen Standpunkt zu versetzen, aber ich muß doch immer, wenn es mir einigermaßen behaglich werden soll, zu meiner alten Denkweise wieder zurückkehren.

Aufgeregt nun durch ebendiese Betrachtungen, fuhr ich fort, mich zu prüfen, und fand, daß mein ganzes Verfahren auf dem *Ableiten* beruhe; ich raste nicht, bis ich einen prägnanten Punkt finde, von dem sich vieles ableiten läßt oder, vielmehr, der vieles freiwillig aus sich hervorbringt und mir entgegenträgt, da ich denn im Bemühen und Empfangen vorsichtig und treu zu Werke gehe. Findet sich in der Erfahrung irgendeine Erscheinung, die ich nicht abzuleiten weiß, so laß ich sie als Problem liegen, und ich habe diese Verfahrungsart in einem langen Leben sehr vorteilhaft gefunden: denn wenn ich auch die Herkunft und Verknüpfung irgendeines Phänomens lange nicht enträtseln konnte, sondern es beiseite lassen mußte, so fand sich nach Jahren auf einmal alles aufgeklärt in dem schönsten Zusammenhange. Ich werde mir daher die Freiheit nehmen, meine bisherigen Erfahrungen und Bemerkungen und die daraus entspringende Sinnesweise fernerhin in diesen Blättern geschichtlich darzulegen; wenigstens ist dabei ein charakteristisches Glaubensbekenntnis zu erzwek-ken, Gegnern zur Einsicht, Gleichdenkenden zur Fördernis, der Nachwelt zur Kenntnis und, wenn es glückt, zu einiger Ausgleichung.

DIE LEPADEN

Die tiefgeschöpften und fruchtreichen Mitteilungen des Herrn Dr. *Carus* sind mir von dem größten Werte; eine Region nach der andern des grenzenlosen Naturreiches, in welchem ich zeit meines Lebens mehr im Glauben und Ahnen als im Schauen und Wissen mich bewege, klärt sich auf, und ich erblicke, was ich im allgemeinen gedacht und gehofft, nunmehr im einzelnen und gar manches über Denken und Hoffen. Hierin finde ich nun die größte Belohnung eines treuen Wirkens, und mich erheitert es gar öfters, wenn ich hie und da erinnert werde an Einzelnheiten, die ich wie im Fluge wegfing und sie niederlegte in Hoffnung, daß sie sich einmal irgendwo lebendig anschließen würden, und gerade diese Hefte sind geeignet, derselben nach und nach zu gedenken.

Einige Betrachtungen über die Lepaden bring ich dar, wie ich sie in meinen Papieren angedeutet finde.

Jede zweischalige Muschel, die sich in ihren Wänden von der übrigen Welt absondert, sehen wir billig als ein Individuum an; so lebt sie, so bewegt sie sich allenfalls, so nährt sie sich, pflanzt sich fort, und so wird sie verzehrt. Die Lepas anatifera, die sogenannte Entenmuschel, erinnert uns gleich mit ihren zwei Hauptdecken an eine Bivalve; allein schnell werden wir bedeutet, hier sei von einer Mehrheit die Rede; wir finden noch zwei Hülfsschalen, nötig, um das vielgliedrige Geschöpf zu bedecken; wir sehen an der Stelle des Schlosses eine fünfte Schale, um dem Ganzen rückgratsweise Halt und Zusammenhang zu geben. Das hier Gesagte wird jedem deutlich, der Cuviers Anatomie dieses Geschöpfs, „Mémoires du Muséum d'Histoire naturelle", tom. II, p. 100, vor sich nimmt.

Wir sehen aber hier kein isoliertes Wesen, sondern verbunden mit einem Stiele oder Schlauch, geschickt, sich irgendwo anzusaugen, dessen unteres Ende sich ausdehnt wie ein Uterus, welche Hülle des wachsenden Lebendigen sich sogleich von außen mit unerläßlichen Schaldecken zu schützen geeignet ist.

Auf der Haut dieses Schlauches also finden sich an regelmäßigen Stellen, die sich auf die innere Gestalt, auf bestimmte Teile des Tieres beziehen, prästabilierte fünf Schalenpunkte, welche, sobald sie in die Wirklichkeit eingetreten, sich bis auf einen bestimmten Grad zu vergrößern nicht ablassen.

Hierüber würde nun eine noch so lange Betrachtung der Lepas anatifera uns nicht weiter aufklären, da hingegen die Beschauung einer andern Art, die zu mir unter dem Namen Lepas polliceps gekommen, in uns die tiefsten, allgemeinsten Überzeugungen erweckt. Hier ist nämlich, bei derselben Hauptbildung, die Haut des Schlauches nicht glatt und etwa nur runzlig wie bei jener, sondern rauh, mit unzähligen kleinen erhabenen, sich berührenden, rundlichen Punkten dicht besäet. Wir aber nehmen uns die Freiheit zu behaupten, eine jede dieser kleinen Erhöhungen sei von der Natur mit Fähigkeit begabt, eine Schale zu bilden, und weil wir dies denken, so glauben wir es wirklich, bei mäßiger Vergrößerung, vor Augen zu sehen. Diese Punkte jedoch sind nur Schalen in der Möglichkeit, welche nicht wirklich werden, solange der Schlauch sein anfängliches natürliches Engenmaß behält. Sobald aber am untern Ende das wachsende Geschöpf seine nächste Umgebung ausdehnt, so erhalten sogleich die möglichen Schalen einen Antrieb, wirklich zu werden; bei Lepas anatifera in Regel und Zahl eingeschränkt.

Nun waltet zwar bei Lepas polliceps dieses Gesetz immer

noch vor, aber ohne Zahleinschränkung; denn hinter den fünf Hauptpunkten der Schalenwerdung entstehen abermals eilige Nachschalen, deren das innere wachsende Geschöpf, bei Unzulänglichkeit und allzufrüher Stockung der Hauptschalen, zu fernerer Hülfe des Zudeckens und Sicherns bedarf.

Hier bewundern wir die Geschäftigkeit der Natur, den Mangel der ausreichenden Kraft durch die Menge der Tätigkeiten zu ersetzen. Denn da, wo die fünf Hauptschalen nicht bis an die Verengerung reichen, entstehen sogleich in allen durch ihr Zusammenstoßen gebildeten Winkeln neue Schalreihen, die, stufenweise kleiner, zuletzt eine Art von winziger Perlenschnur um die Grenze der Ausdehnung bilden, wo sodann aller Übertritt aus der Möglichkeit in die Wirklichkeit durchaus versagt ist.

Wir erkennen daran, daß die Bedingung dieses Schalwerdens der freie Raum sei, welcher durch die Ausdehnung des untern Schlauchteils entsteht; und hier, bei genauer Betrachtung, scheint es, als wenn jeder Schalpunkt sich eile, die nächsten aufzuzehren, sich auf ihre Kosten zu vergrößern, und zwar in dem Augenblick, ehe sie zum Werden gelangen. Eine schon gewordene, noch so kleine Schale kann von einem herankommenden Nachbar nicht aufgespeist werden, alles Gewordene setzt sich miteinander ins Gleichgewicht. Und so sieht man das in der Entenmuschel regelmäßig gebundene, gesetzliche Wachstum in der andern zum freiem Nachrücken aufgefordert, wo mancher einzelne Punkt soviel Besitz und Raum sich anmaßt, als er nur gewinnen kann.

So viel aber ist auch bei diesem Naturprodukt mit Bewunderung zu bemerken: daß selbst die gewissermaßen aufgelöste Regel doch im ganzen keine Verwirrung zur Folge hat, sondern daß die in Lepas anatifera so löblich und gesetzlich entschiedenen Hauptpunkte des Werdens und Wirkens sich auch im polliceps genau nachweisen lassen, nur daß man sodann oberwärts von Stelle zu Stelle kleine Welten sieht, die sich gegeneinander ausdehnen, ohne hindern zu können, daß nach ihnen sich ihresgleichen, obgleich beengt und im geringeren Maßstabe, bilden und entwickeln.

Wer das Glück hätte, diese Geschöpfe im Augenblick, wenn das Ende des Schlauches sich ausdehnt und die Schalenwerdung beginnt, mikroskopisch zu betrachten, dem müßte eins der herrlichsten Schauspiele werden, die der Naturfreund sich wünschen kann. Da ich, nach meiner Art zu forschen, zu wissen und zu genießen, mich nur an Symbole halten darf, so gehören diese Geschöpfe zu den Heiligtümern, welche fetischartig immer vor mir stehen und, durch ihr seltsames Gebilde, die nach dem Regellosen strebende, sich selbst immer reglende und so im kleinsten wie im größten durchaus gott- und menschenähnliche Natur sinnlich vergegenwärtigen.

DIE SKELETTE DER NAGETIERE, ABGEBILDET UND VERGLICHEN VON D'ALTON

Erste Abteilung: Zehn Tafeln,
Zweite: Acht Tafeln
Bonn. 1823 und 24

Die erste Absicht meiner morphologischen Hefte war, von älteren Papieren einiges aufzubewahren, wo nicht zum Nutzen der Gegenwart und Zukunft, doch zum Andenken eines redlichen Strebens in Betrachtung der Natur. Diesem Sinne zufolge nahm ich vor kurzem abermals gewisse osteologische Fragmente zur Hand und fühlte, besonders bei Revision des Abdrucks, wo uns gewöhnlich alles klarer vorkommt, auf das lebhafteste, daß es nur Vorahnungen, nicht Vorarbeiten gewesen.

In ebendem Augenblick gelangte nun obgemeldetes Werk zu mir und versetzte mich aus der ernsten Region des Staunens und Glaubens in die behaglichen Gegenden des Schauens und Begreifens.

Überdenk ich nun das Nagergeschlecht, dessen Knochengestalt, mit angedeuteter äußerer Hülle, meisterhaft auf das mannigfaltigste gebildet vor mir liegt, so erkenn ich, daß es zwar generisch von innen determiniert und festgehalten sei, nach außen aber, zügellos sich ergehend, durch Um- und Umgestaltung sich spezifizierend, auf das allervielfachste verändert werde.

Woran die Natur das Geschöpf eigentlich fesselt, ist sein Gebiß; was es ergreifen kann und muß, soll es zermalmen vor allen Dingen. Der unbeholfene Zustand der Wiederkäuer entspringt aus der Unvollkommenheit des Kauens, aus der Notwendigkeit wiederholten Zermalmens des schon halb Gekochten.

Die Nager dagegen sind in diesem Betracht höchst merkwürdig gebildet. Scharfes, aber geringes Erfassen, eilige Sättigung, auch nachher wiederholtes Abraspeln der Gegenstände, fortgesetztes, fast krampfhaft leidenschaftliches, absichtslos zerstörendes Knuspern, welches denn doch wieder in den Zweck, sich Lager und Wohnungen aufzubauen und einzurichten, unmittelbar eingreift und dadurch abermals bewährt: daß im organischen Leben selbst das Unnütze, ja das Schädliche selbst, in den notwendigen Kreis des Daseins aufgenommen, ins Ganze zu wirken und als wesentliches Bindemittel disparater Einzelnheiten gefördert wird.

Im ganzen hat das Nagergeschlecht eine wohlproportionierte erste Anlage; das Maß, in welchem es sich bewegt, ist nicht allzugroß; die ganze Organisation ist Eindrücken aller Art geöffnet und zu einer nach allen Seiten hin richtungsfähigen Versatilität vorbereitet und geeignet.

Wir möchten dieses unstete Schwanken von einer mangelhaften, relativ-schwächlichen, wenn auch sonst in sich kräftigen Zahnung ableiten, wodurch dieses Geschlecht sich einer gewissen Willkür der Bildung bis zur Unform hinzugeben in Lockerheit gelassen ist, wenn dagegen bei Raubtieren, die mit sechs Schneidezähnen abgeschlossen und einem Eckzahn begünstigt sind, alle Monstrosität unmöglich wird.

Wer aber, der sich mit solchen Untersuchungen ernstlich abgab, hat nicht erfahren, daß ebendieses Schwanken von Form zu Unform, von Unform zu Form den redlichen Beschauer in eine Art von Wahnsinn versetzt? denn für uns beschränkte Geschöpfe möchte es fast besser sein, den Irrtum zu fixieren als im Wahren zu schwanken.

Versuchen wir jedoch, in diesem weiten und breiten Felde ein und den andern Pfahl einzuschlagen! Ein paar Kapitaltiere, der Löwe, der Elefant, erreichen durch das Übergewicht der vordem Extremitäten einen besonders hohen, eigentlichen Bestiencharakter; denn sonst bemerkt man überhaupt an den vierfüßigen Tieren eine Tendenz der hintern Extremitäten,, sich über die vordern zu erheben, und wir glauben hierin die Grundlage zum reinen, aufrechten Stande des Menschen zu erblicken. Wie sich solches Bestreben jedoch nach und nach zur Disproportion steigern könne, ist bei dem Geschlecht der Nager in die Augen fallend.

Wollen wir aber diese Gestaltsveränderungen gründlich beurteilen und ihren eigentlichen Anlaß zunächst erkennen, so gestehen wir den vier Elementen, nach guter alter Weise, den besondern Einfluß zu. Suchen wir nun das Geschöpf in der Region des Wassers, so zeigt es sich schweinartig im Ufersumpfe, als Biber sich an frischen Gewässern anbauend; alsdann, immer noch einige Feuchtigkeit bedürfend, gräbt sich's in die Erde und liebt wenigstens das Verborgene, furchtsam-neckisch vor der Gegenwart der Menschen und anderer Geschöpfe sich verstekkend. Gelangt endlich das Geschöpf auf die Oberfläche, so ist es hupf- und sprunglustig, so daß sie aufgerichtet ihr Wesen treiben und sogar zweifüßig, mit wundersamer Schnelle, sich hin und her bewegen.

Ins völlig Trockne gebracht, finden wir zuletzt den Einfluß der Lufthöhe und des alles belebenden Lichtes ganz entscheidend. Die leichteste Beweglichkeit wird ihnen zuteil, sie handeln und wirken auf das behendeste, bis sogar ein vogelartiger Sprung in einen scheinbaren Flug übergeht.

Warum gibt uns die Betrachtung unseres einheimischen Eichhörnchens soviel Vergnügen? weil es als die höchste Ausbildung seines Geschlechtes eine ganz besondere Geschicklichkeit vor Augen bringt. Gar zierlich behandelt es ergreiflich kleine appetitliche Gegenstände, mit denen es mutwillig zu spielen scheint, indem es sich doch nur eigentlich den Genuß dadurch vorbereitet und erleichtert. Dies Geschöpfchen, eine Nuß eröffnend, besonders aber einen reifen Fichtenzapfen abspeisend, ist höchst grazios und liebenswürdig anzuschauen.

Nicht aber nur die Grundgestalt verändert sich bis zum Unkenntlichen, auch die äußere Haut verhüllt diese Geschöpfe auf das verschiedenste. Am Schwanze zeigen sich schuppen- und knorpelartige Ringe, am Körper Borsten und Stacheln, sich zum zartesten, sanftesten Felle mit bemerklichen Übergängen endlich ausgleichend.

Bemüht man sich nun, die ferneren Ursachen solcher Erscheinungen zu entdecken, so sagt man sich: nicht allein sind es jene elementaren Einflüsse, die eine durchdringende Gewalt hier ausüben, man wird auch auf andere bedeutende Anlässe gar bald hingewiesen.

Diese Geschöpfe haben einen lebhaften Nahrungstrieb. Das Organ des Ergreifens, die zwei Vorderzähne im Ober- und Unterkiefer, nahmen schon früher unsere Aufmerksamkeit in Anspruch, sie sind alles und jedes anzukneipen geschickt; daher denn auch dieses Geschöpf auf die verschiedenste Weise und Wege für seine Erhaltung besorgt ist. Ihr Genuß ist vielfach, einige sind auf animalische Nahrung begierig, auf vegetabilische die meisten, wobei das Nagen als ein schnoperndes Verkosten und außer dem eigentlichen Sättigungsgeschäft in gar mancher Rücksicht zu betrachten ist. Es befördert ein überflüssiges Aneignen der Nahrung zu materieller Anfüllung des Magens und kann auch wohl als fortgesetzte Übung, als unruhiger Beschäftigungstrieb, der zuletzt in Zerstörungskrampf ausartet, angesehen werden.

Nach Befriedigung des nächsten Bedürfnisses haschen sie demnach sehr lebhaft, aber sie möchten dennoch gern in sicherer Fülle wohnen; daher der Sammlertrieb und zunächst gar manche Handlung, die einer überlegten Kunstfertigkeit ganz ähnlich sehen möchte.

Wie sich nun das Gebilde der Nagetiere hin und her wiegt und keine Grenzen zu kennen scheint, so findet es zuletzt sich doch eingeschlossen in der allgemeinen Animalität und muß diesem oder jenem Tiergeschlecht sich annähern; wie es sich denn sowohl gegen die Raubtiere als gegen die Wiederkäuer hinneigt, gegen den Affen wie gegen die Fledermaus, und noch gar andern dazwischenliegenden Geschlechtern sich anähnelt.

Wie könnten wir aber solche weitumsichtige Betrachtungen mit Bequemlichkeit anstellen, wären uns nicht Herrn *d'Altons* Blätter vorgelegt, bei deren Anblick Bewunderung und Benutzung immerfort einander die Hände bieten. Und wie sollen wir Lob und Dank genugsam ausdrücken, wenn diese durch soviel bedeutende Geschlechter nunmehr durchgeführte, an Reinheit und Richtigkeit sich immer gleichbleibende, an hervortretender Kraft und Ausführlichkeit sich immer steigernde Darstellung so große Dienste leistet. Sie enthebt uns auf einmal aus dem sinneverwirrenden Zustande, in den uns frühere Bemühungen gar oft versetzten, wenn wir Gerippe im ganzen oder einzelnen zu vergleichen suchten. Es sei nun, daß wir sie auf Reisen mehr oder weniger flüchtig oder durch ein sukzessives Ansammeln bedächtig um uns gestellt ansahen, immer mußten wir unser Bestreben in bezug auf ein Ganzes als unzulänglich und unbefriedigend bedauern.

Jetzo hängt es von uns ab, so große Reihen, als wir nur

wünschen, vor uns zu legen, das Gemeinsame wie das Widersprechende nebeneinander zu betrachten und so die Fähigkeit unseres Anschauens, die Fertigkeit unserer Kombinationen und Urteile mit Gemächlichkeit und Ruhe zu prüfen, auch insofern es dem Menschen gegeben ist, uns mit der Natur wie mit uns selbst mehr und mehr in Einklang zu setzen.

Aber jene bildlichen Darstellungen überlassen uns nicht etwa nur einem einsamen Nachdenken, sondern ein genugsamer Text dient uns zugleich als geistreiches Gespräch; wie wir denn ohne solche Mitwirkung das Vorstehende nicht mit einer gewissen Leichtigkeit und Zeitersparnis würden gewonnen haben.

Und so möchte es überflüssig sein, die wichtigen hinzugefügten Druckblätter den Freunden der Natur noch besonders zu empfehlen. Sie enthalten eine *allgemeine Vergleichung der* Nagetiergerippe und sodann *allgemeine Bemerkungen* über die äußeren Einflüsse auf die organische Entwicklung der Tiere. Wir haben sie oben bei unserer flüchtigen Darstellung treulich genutzt, aber lange nicht erschöpft und fügen nur noch folgende Resultate hinzu.

Eine innere und ursprüngliche Gemeinschaft aller Organisation liegt zum Grunde; die Verschiedenheit der Gestalten dagegen entspringt aus den notwendigen Beziehungsverhältnissen zur Außenwelt, und man darf daher eine ursprüngliche, gleichzeitige Verschiedenheit und eine unaufhaltsam fortschreitende Umbildung mit Recht annehmen, um die ebenso konstanten als abweichenden Erscheinungen begreifen zu können.

Ein beigelegter Schmutztitel läßt uns vermuten, daß hier eine Abteilung des Ganzen gemeint sei, eine Vorrede spricht deutlich aus, daß nichts Überflüssiges aufgenommen, daß das Werk nicht über Gebühr und Vermögen der Naturfreunde solle ausgedehnt werden: eine Zusage, die durch das bisher Geleistete schon vollkommen erfüllt ist.

Nun aber finden wir dieser Sendung noch einige Druckblätter beigelegt, welche allerdings voranzusetzen sind, indem wir derselben zuletzt erwähnen, sie enthalten die Dedikation an Ihro des Königs von Preußen Majestät.

Hier ist mit schuldigstem Dank anerkannt, daß diese Unternehmung vom Throne her sich bedeutender Unterstützung zu erfreuen habe, ohne welche sie kaum denkbar gewesen wäre. Deshalb vereinigen sich denn auch alle Naturfreunde in ein solches dankbares Anerkennen. Und wenn wir schon lobenswert und nützlich finden, daß die Großen der Erde dasjenige, was ein Privatmann mit Neigung und Sorgfalt gesammelt, nicht zerstreuen lassen, sondern weislich zusammengehalten dem öffentlichen widmen; wenn mit höchstem Dank erkannt werden muß, Anstalten gegründet zu sehen, wo die Talente erforscht, die Fähigem gefördert und zum Zwecke geführt werden können: so ist es doch vielleicht am preiswürdigsten, wenn eine vorkommende seltene Gelegenheit genutzt wird; wenn die Leistungen des einzelnen, der sein ganzes Leben mühsam, vielleicht oft mühselig zubrachte, um das ihm eingeborne Talent auszubilden, um etwas als einzelner zu schaffen, was mehreren unmöglich gewesen wäre, gerade im rechten Augenblick der kräftigen Tat Anerkennung finden; wenn sogleich die höchsten Oberen und die ihnen nachgesetzten hohen Beamten die beneidenswerte Pflicht ausüben, zur dringenden Zeit den entscheidenden Moment zu begünstigen und eine schon im Beschränkten so weit gediehene Frucht mit einer allersprießlichen Reife zu beglücken.

DAS SEHEN IN SUBJEKTIVER HINSICHT, VON PURKINJE

1819

Den löblichen Gebrauch, bedeutende Schriften gleich zum erstenmal in Gegenwart eines Schreibenden zu lesen und sogleich Auszüge mit Bemerkungen, wie sie im Geiste erregt wurden, flüchtig zu diktieren, unterließ ich nicht bei obgenanntem Hefte und brachte kursorisch diese Angelegenheit bis gegen das Ende.

Meinem ersten Vorhaben, ausführlicher hierüber zu werden, muß ich zwar entsagen, den weitläufigen Auszug aus einer Schrift, die gegenwärtig in allen Händen ist, leg ich beiseite und führe vom Text nur an, was Veranlassung zu den nächsten Bemerkungen gab, indes ich noch gar manche, welche noch bedeutende Nacharbeiten gefordert hätten, gleichfalls zurücklasse, in Hoffnung, daß das gegenwärtig Mitgeteilte nicht ohne Wirkung bleiben werde.

Noch ist zu bemerken: daß die Seitenzahl immer eine Stelle des Textes ankündige, in Klammern aber meine Bemerkungen eingeschlossen sind.

S. 7. „Jeder Sinn kann durch Beobachtung und Experimente sowohl in seinem Eigenleben als in seiner eigentümlichen Reaktion gegen die Außenwelt aufgefaßt und dargestellt werden, jeder ist gewissermaßen ein Individuum; daher die Spezifizität, das zugleich Fremde und Eigene in den Empfindungen."

(Das Anerkennen eines Neben-, Mit- und Ineinander-Seins und -Wirkens verwandter lebendiger Wesen leitet uns bei jeder Betrachtung des Organismus und erleuchtet den Stufenweg vom Unvollkommenen zum Vollkommenen.

Die wundersame Erfahrung, daß ein Sinn an die Stelle des andern einrücken und den entbehrten vertreten könne, wird uns eine naturgemäße Erscheinung, und das innigste Geflecht der verschiedensten Systeme hört auf, als Labyrinth den Geist zu verwirren.)

„Der einzige Weg in dieser Forschung ist strenge sinnliche Abstraktion und Experimente am eigenen Organismus. Beide sind wichtige Zweige der physikalischen Kunst überhaupt und fordern eine eigene Richtung der Aufmerksamkeit, eine eigene und methodische Folge von Abhärtungen, Übungen und Fertigkeiten. Es gibt Gegenstände der Naturforschung, die nur auf diesem Wege eruiert werden können, von denen wir außerdem kaum eine Ahnung hätten."

(Wir wünschen dem Verfasser Glück, daß er die Disposition, dieses Geschäft zu unternehmen und auf den hohen Grad durchzuführen, von der Natur empfangen, und erfreuen uns an der Versicherung, daß diese anhaltenden und bedenklichen Versuche seinem Organ keineswegs geschadet und daß er auch im ethischen Sinne sich auf alle Weise diesem Unternehmen gewachsen erzeigt. „Man muß tüchtig geboren sein, um ohne Kränklichkeit auf sein Inneres zurückzugehen." Gesundes Hineinblicken in sich selbst, ohne sich zu untergraben; nicht mit Wahn und Fabelei, sondern mit reinem Schauen in die unerforschte Tiefe sich wagen ist eine seltene Gabe, aber auch die Resultate solcher Forschung für Welt und Wissenschaft ein seltenes Glück.

Wir danken dem Verfasser für seine kühne und wichtige Arbeit, eben wie wir das Verdienst trefflicher Reisenden anerkennen, welche jede Art von Entbehrung und Not übernehmen, um uns dadurch einer gleichen Mühe und Qual zu überheben. Nicht ein jeder hat nötig, diese Versuche persönlich zu wiederholen, wie sich der wunderliche Wahn gerade im Physischen eingeschlichen hat, daß man alles mit eignen Augen sehen müsse, wobei man nicht bedenkt, daß man die Gegenstände auch mit eignen Vorurteilen sieht. Nichts aber ist nötiger, als daß man lerne, eigenes Tun und Vollbringen an das anzuschließen, was andere getan und vollbracht haben: das Produktive mit dem Historischen zu verbinden.

Damit nun gerade dieses Büchlein um so mehr Zutrauen finde, so wollen wir, ohne die Anmaßung, des Verfassers Arbeiten eigner Prüfung zu unterwerfen, vielmehr das, worin wir, durch identische und analoge Erfahrungen geleitet, mit ihm völlig übereinstimmen, auf eine Weise hinzufügen, welche wir dem Zweck am vorteilhaftesten glauben.)

S. 9. „Ich habe einiges hierher Gehörige gefunden, was mir neu scheint oder was wenigstens von mir mehr als anderswo ins einzelne verfolgt wurde."

S. 10. „Für jetzt beschränke ich mich nur auf den Gesichtssinn."

(Indem ein Naturfreund, der sich um alle Sinne bekümmert, sich auf einen Sinn beschränkt, wird er sich aufklärender Andeutungen ins allgemeine nicht enthalten können, er wird nach mehreren Seiten hinweisen und das Entferntscheinende zu verknüpfen suchen. Daß er zuerst aus dem Gesichtssinne herauswirkt und ihn für diesmal zum Mittelpunkt der übrigen macht, ist mir um so viel erfreulicher, weil es auch gerade derjenige Sinn ist, durch welchen ich die Außenwelt am vorzüglichsten ergreife.)

S. 10. „Die Licht-Schatten-Figur des Auges." (Hier gleich beim Eintritt begrüßen wir den Verfasser aufs freundlichste, beteurend vollkommene Übereinstimmung mit seinen Ansichten, Einklang mit seiner Methode, Zusammentreffen mit Ziel und Zweck.

Auch wir betrachten Licht und Finsternis als den Grund aller Chroagenesie, sind überzeugt, daß alles, was innen ist, auch außen sei und daß nur ein Zusammentreffen beider Wesenheiten als Wahrheit gelten dürfe.)

S. 11. „Ich stelle mich mit geschlossenen Augen in hellen Sonnenschein, das Angesicht senkrecht gegen die Sonne. Nun fahre ich mit gestreckten, etwas auseinandergehaltenen Fingern vor den Augen hin und her, daß sie abwechselnd beschattet und beleuchtet werden. Auf dem sonst bei der bloßen Schließung der Augenlider vorhandenen, gleichmäßig gelbroten Gesichtsfelde erscheint nun eine schöne regelmäßige Figur, die sich jedoch anfangs sehr schwer fixieren und näher bestimmen läßt, bis man sich nach und nach in ihr mehr orientiert."

(Da ich bei vieljähriger Forschung über die innigste Entstehung und über das ausgebreitete Erscheinen der Farbenwelt meine Augen nicht geschont, so sind mir manche Phänomene, welche der Verfasser deutlich entwickelt und in Ordnung aufstellt, jedoch nur zufällig und wankend vorgekommen. Auch gegenwärtig, da ich diesem edlen Sinn nichts Außerordentliches mehr zumuten darf, finde ich mich keineswegs berufen, dergleichen Versuche abermals vorzunehmen und durch eigne Erfahrungen zu bestätigen, sondern beruhige mich gern bei seinem glaubwürdigen zusammenhängenden Vortrag. Da jedoch, wie er selbst versichert und ich auch überzeugt bin, diese Phänomene als allgemeine Bedingung des Sehens zu betrachten sind, so wird es an Personen nicht fehlen, die, dergleichen entweder schon gewahr geworden oder in der Folge sie zufällig, vielleicht auch vorsätzlich, gewahr werdend, diese so schön sich ausbildende Lehre immer mehr sicherstellen.

Und so können wir denn auch vorläufig gedenken, daß der rühmlich bekannte Hofkupferstecher Herr Schwerdgeburth gleichfalls ein empfängliches Auge hat, dergleichen Erscheinungen leicht und öfters gewahr zu werden. Sie setzten ihn sonst in Furcht, als ob das einem jeden und ihm besonders höchst werte Organ dadurch gefährdet sei. Nun aber nahm er teil an den beruhigenden Purkinjeschen Erfahrungen, er zeichnete die Phänomene, wie sie ihm gewöhnlich vorschweben. Ich habe das Blatt zu gelegentlicher Vergleichung der Purkinjeschen Tafel beigestellt.)

S. 37. „Nun sei mir erlaubt, die Analogie der dargestellten Phänomene mit anderen Naturerscheinungen aufzuzeigen. Solange eine Beobachtung im Reiche der Naturkunde isoliert steht, solange sie nicht in mehrfache Beziehungen zu andern mehr oder weniger wichtigen Erfahrungen und Anwendungen gekommen ist und durch Einwirken in das übrige System eine Art Charakter und Rang erworben hat, ist sie immer in Gefahr, längere Zeit ganz unbeachtet zu bleiben oder, wenn sie sich anfangs durch eine neue Erscheinungsweise aufgedrungen hat, wieder in Vergessenheit zu geraten. Nur wenn im ununterbrochenen Entwicklungsgange des Wissens die ihr nächst verwandten Gegenstände mehrfach auf sie deuten und sie endlich in die ihr gebührende Stelle aufnehmen, erst dann wird sie in dem ihr zukommenden Lichte der Wissenschaft stehen, um nie wieder in die Finsternis der Verborgenheit zurückzukehren."

(Wir sagen dem Verfasser aufrichtigsten Dank, daß er diese köstlichen Worte so frei und treulich ausspricht; ohne Befolgung des Sinnes derselben blüht kein Heil in unserer Wissenschaft.

Zwei Behandlungsarten dagegen sind zu Hindernis und Verspätung die traurigsten Werkzeuge; entweder man nähert und verknüpft himmelweit entfernte Dinge, in düsterer Phantasie und witziger Mystik; oder man vereinzelt das Zusammengehörige, durch zersplitternden Unverstand, bemüht sich, nah verwandte Erscheinungen zu sondern, jeder ein eigen Gesetz unterzulegen, woraus sie zu erklären sein soll.

Fern bleibe von uns dieses falsche Beginnen, halten wir aber um desto mehr zusammen, weil wir es andern keineswegs untersagen können.)

S. 38. „Die beschriebenen Figuren im Inneren des Auges wecken in mir unwiderstehlich die Erinnerung an die Chladnischen Klangfiguren, und zwar vorzüglich an ihre primäre Form. Ich unterscheide nämlich bei diesen, ebenso wie ich oben die verschiedenen Ordnungen der Würfelfelder als primäre, die aus ihrer wechselseitigen Beschränkung entstehenden Linien als sekundäre Formen unterschied, auch bei den Chladnischen Figuren primäre und sekundäre Gestaltungen. Die ersteren werden durch die bewegten Stellen des tönenden Körpers, die anderen durch die ruhenden konstituiert. Mit letzteren hat sich vorzüglich Chladni beschäftigt."

(Wenn wir vorher im allgemeinen mit dem Verfasser vollkommen übereinstimmten, so freuen wir uns gar sehr, in besonderer Anwendung gleichfalls mit ihm zusammenzutreffen.

Im dritten Hefte unserer Mitteilungen zur Naturlehre, Seite 167, konnten wir, bei Behandlung der entoptischen Erscheinungen, uns nicht enthalten, sie den Chladnischen Tonfiguren zu vergleichen. Da wir nun die große Ähnlichkeit beider ausgesprochen, so geben wir gern zu: daß im Auge ein Analogen vorgehe, und wir drücken uns darüber folgendermaßen aus: Alles, was den Raum füllt, nimmt, insofern es solidesziert, sogleich eine Gestalt an, diese regelt sich mehr oder weniger und hat gegen die

Umgebung gleiche Bezüge mit andern gleichgestalteten Wesen. Wenn nun die Chladnischen Figuren nach eingewirkter Bewegung erst schweben, beben, oszillieren und dann sich beruhigen, so zeigt der entoptische Kubus gleiche Empfindlichkeit gegen die Wirkung des Lichts und die atmosphärische Gegenwirkung.

Wagen wir noch einen Schritt und sprechen: das entoptische Glas, welches wir ja auch als Linse darstellen können, vergleicht sich dem Auge, es ist ein fein-getrübtes Wesen, sensibel für direkten und obliquen Widerschein und zugleich für die zartesten Übergänge empfindlich. Die Acht-Figur im Auge deutet auf das Ähnliche; sie zeigt ein organisches Kreuz, welches hervorzubringen Hell und Dunkel abwechseln müssen. Noch nähere Verhältnisse werden sich entdecken.)

S. 43. „Überall, wo entgegengesetzte, kontinuierlich wirkende Kräfte einander beschränken, entsteht im Wechselsiege der einen über die andere Periodismus in der Zeit, Oszillation im Raume; jener als Vorherrschen der einen Kraft über die andere in verschiedenen Momenten, diese wegen Überwiegen der einen und Zurücktreten der andern an verschiedenen Orten, so daß auch bei einer scheinbaren äußeren Ruhe dennoch die innigste Bewegung in und zwischen den Begrenzungspunkten stattfinden kann."

S. 92. „Die Blendungsbilder.

Es ist ein unabweisbarer Glaube des Naturforschers, daß einer jeden Modifikation des Subjektiven innerhalb der Sinnensphäre jedesmal eine im Objektiven entspreche. Gewiß sind die Sinne die feinsten und erregbarsten Messer und Reagenten der ihnen gehörigen Qualitäten und Verhältnisse der Materie (Hört!), und wir müssen innerhalb des individuellen Kreises des Organismus ebenso die Gesetze der materiellen Welt erforschen wie der Physiker äußerlich durch mannigfaltigen Apparat.

Könnte das Subjektive alle Materie so innig oder noch inniger durchdringen, wie es die Nervenmasse durchdrungen hält, so würden wahrscheinlich unzählbare neue, höchst zarte Modifikationen derselben zur Erscheinung kommen, von denen man es jetzt kaum wagen möchte, eine Ahnung zu fassen."

S. 103. „Das Blendungsgebild verhält sich gegen das äußere Licht wie ein trübes Mittel, was aber in gehöriger Finsternis selbst leuchtend ist."

(Hier, wo die Blendungsbilder zur Sprache kommen, ist

wohl billig, dessen zu gedenken, was hierüber *Goethe,* in seinem *Entwurf der Farbenlehre,* und zwar in dessen erster Abteilung durchaus, besonders aber § 23 usf. von gesunden Augen, § 121 usw. aber von krankhaften umständlich angezeigt hat.)

S. 145. „Einheit beider Gesichtsfelder. Doppelsehen."

(Aus eigner Erfahrung kann ich folgendes anführen und vorschlagen. Man nehme irgendein Rohr vor das eine Auge und schaue damit, indem man das andere offen behält, gegen einen Stern, so wird man ihn nur einfach erblicken. Nun wende man das Rohr von dem Stern ab, so wird derselbe dem freien Auge gleichfalls einfach erscheinen. Nun führe man das Rohr sachte gegen den Stern zu, und es wird derselbe auch am Rande des Gesichtsfeldes abermals und also doppelt erscheinen. Wenn man diese Operation vorsichtig macht, so kann man das doppelte Bild ziemlich weit voneinander bringen und in das Gesichtsfeld des Rohres auffassen, wobei man in dem Wahne steht, man sehe sie beide wirklich durch das Rohr. Es dauert aber nicht lange, so ziehen sie gegeneinander und decken sich. Schließt man zur Zeit, wo man den Stern doppelt durchs Rohr zu sehen glaubt, das äußere Auge, so verschwindet ganz natürlich die Doppelerscheinung, und nur der eine Stern ist sichtbar.

Da ich von Jugend auf meine Augen sehr leicht in den Zustand des Schielens versetzen kann, so ergötzte ich mich manchmal an folgendem Phänomen. Ich stellte eine Kerze vor mich hin, und die Augen ins Schielen gewendet, sah ich zwei, welche ich, solange mir beliebte, auseinanderhalten konnte. Nun aber nahm ich zwei Kerzen und sah daher, sie anschielend, vier. Diese konnte ich jedoch nicht auseinanderhalten, denn die zwei mittlern bewegten sich gegeneinander und deckten sich gar bald, so daß ich nunmehr drei sah, deren Beschauung ich nach Belieben verlängern konnte.)

S. 149. „Ich denke mir die Möglichkeit dieser Erscheinung auf folgende Weise. Jedes Auge kann, solange das Bewußtsein ganz in dessen besondere Begrenztheit versunken ist, als ein eigenes Individuum genommen werden, welches, in Beziehung auf die Außenwelt, sein Vornen, Oben und Unten, sein Links und Rechts hat. Dasselbe gilt von dem Tastsinne. Alle diese Begriffe aber sind relativ und gelten nur in Rücksicht des Subjekts und seines räumlichen Verhältnisses zum Objekte."

(Das räumliche Verhältnis des Subjekts zum Objekte ist

durchaus von der größten Bedeutung. Hierher gehört das Phänomen, daß eine Erbse zwischen kreuzweis gelegten Fingern einer Hand doppelt empfunden wird, und fällt diese Erscheinung mit dem Schielen völlig zusammen. Nun hat jeder Finger sein Rechts und Links, sein Hüben und Drüben, welches zugleich der ganzen Hand angehört. Wenn also der eine Finger die Kugel an der linken Seite fühlt, der andere aber an der rechten Seite, so ist es keine Täuschung, sondern es deutet ganz eigentlich konsequente Bildung des Subjekts zum Objekt an, ohne welche das erstere letzteres keineswegs fassen noch mit ihm in Verbindung treten könnte.

Eine unnatürliche Richtung gegen die Außenwelt anderer Art ist auch hier, da besonders vom subjektiven Sehen die Rede ist, zu bemerken. Wenn man, auf einer Höhe stehend, bei klarem Himmel einen weiten Gesichtskreis übersieht, so blicke man alsdann niedergebückt durch die Füße oder lehne sich über irgendeine Erderhöhung hinterwärts und schaue so, in beiden Fällen gleichsam auf dem Kopf stehend, nach der Gegend, so wird man sie in der allerhöchsten Farbenpracht erblicken, wie nur auf dem schönsten Bilde des geübtesten, trefflichsten Malers, übrigens nicht etwa umgekehrt, sondern völlig wie beim aufrechten Stande, nur, glaub ich mich zu erinnern, etwas in die Breite gezogen.)

S. 166. „Das Nachbild. Imagination, Gedächtnis des Gesichtsinnes."

S. 167. „Das Nachbild ist genau von dem Blendungsbilde zu unterscheiden. Das Nachbild wird nur durch freie Tätigkeit längere Zeit festgehalten und verschwindet, sobald der Wille nachläßt, kann aber von demselben wieder hervorgerufen werden; das Blendungsbild schwebt unwillkürlich dem Sinne vor, verschwindet und erscheint wieder aus objektiven Gründen."

S. 168. „Besonders lebhaft ist das Nachbild bei erhöhter Seelentätigkeit, das Blendungsbild hingegen pflegt bei nervöser Stimmung in asthenischem Zustande länger nachzuhalten und verschwindet desto schneller, je energischer das Organ vom Leben durchströmt wird."

S. 169. „Ich glaube, daß man durch Übung, indem man nach ergreifender Anschauung des Gegenstandes das Nachbild immer länger und inniger festhielte, dasselbe wohl der den Sinn befangenden Realität des Urbildes nahebringen könnte, welche Übung als Vorbildung des Gedächtnisses und der Einbildungskraft nicht unwichtig sein dürfte."

S. 170. „Zunächst diesem ließe sich behaupten, daß Gedächtnis und Einbildungskraft in den Sinnesorganen selbsttätig sind und daß jeder Sinn sein ihm eigentümlich zukommendes Gedächtnis und Einbildungskraft besitze, die, als einzelne begrenzte Kräfte, der allgemeinen Seelenkraft unterworfen sind."

(Von der Produktivität solcher innern, vor die Augen gerufenen Bilder bliebe mir manches zu erzählen. Ich hatte die Gabe, wenn ich die Augen schloß und mit niedergesenktem Haupte mir in der Mitte des Sehorgans eine Blume dachte, so verharrte sie nicht einen Augenblick in ihrer ersten Gestalt, sondern sie legte sich auseinander, und aus ihrem Innern entfalteten sich wieder neue Blumen aus farbigen, auch wohl grünen Blättern; es waren keine natürliche Blumen, sondern phantastische, jedoch regelmäßig wie die Rosetten der Bildhauer. Es war unmöglich, die hervorquellende Schöpfung zu fixieren, hingegen dauerte sie so lange, als mir beliebte, ermattete nicht und verstärkte sich nicht. Dasselbe konnt ich hervorbringen, wenn ich mir den Zierat einer buntgemalten Scheibe dachte, welcher denn ebenfalls aus der Mitte gegen die Peripherie sich immerfort veränderte, völlig wie die in unsern Tagen erst erfundenen Kaleidoskope. Ich erinnere mich nicht, inwiefern bei dieser regelmäßigen Bewegung eine Zahl zu bemerken gewesen, vermutlich aber bezog sie sich auf den *Acht-Strahl,* denn nicht weniger Blätter hatten die oben gemeldeten Blumen. Mit andern Gegenständen fiel mir nicht ein, den Versuch zu machen; warum aber diese bereitwillig von selbst hervortraten, mochte darin liegen, daß die vieljährige Betrachtung der Pflanzenmetamorphose sowie nachheriges Studium der gemalten Scheiben mich mit diesen Gegenständen ganz durchdrungen hatte; und hier tritt hervor, was Herr Purkinje so bedeutend anregt. Hier ist die Erscheinung des Nachbildes, Gedächtnis, produktive Einbildungskraft, Begriff und Idee alles auf einmal im Spiel und manifestiert sich in der eignen Lebendigkeit des Organs mit vollkommener Freiheit ohne Vorsatz und Leitung.

Hier darf nun unmittelbar die höhere Betrachtung aller bildenden Kunst eintreten; man sieht deutlicher ein, was es heißen wolle, daß Dichter und alle eigentliche Künstler geboren sein müssen. Es muß nämlich ihre innere produktive Kraft jene Nachbilder, die im Organ, in der Erinnerung, in der Einbildungskraft zurückgebliebenen Idole freiwillig ohne Vorsatz und Wollen lebendig hervortun, sie müssen sich entfalten, wachsen, sich ausdehnen und zusammenziehn, um aus flüchtigen Schemen wahrhaft gegenständliche Wesen zu werden.

„Wie besonders die Alten mit diesen Idolen begabt gewesen sein müssen, läßt sich aus Demokrits Lehre von den Idolen schließen. Er kann nur aus der eigenen lebendigen Erfahrung seiner Phantasie darauf gekommen sein."

Je größer das Talent, je entschiedener bildet sich gleich anfangs das zu produzierende Bild. Man sehe Zeichnungen von Raffael und Michelangelo, wo auf der Stelle ein strenger Umriß das, was dargestellt werden soll, vom Grunde loslöst und körperlich einfaßt. Dagegen werden spätere, obgleich treffliche Künstler auf einer Art von Tasten ertappt; es ist öfters, als wenn sie erst durch leichte, aber gleichgültige Züge aufs Papier ein Element erschaffen wollen, woraus nachher Kopf und Haar, Gestalt und Gewand und was sonst noch, wie aus dem Ei das Hühnchen, sich bilden solle. Von noch späteren Künstlern finden sich wunderbare Beispiele. Ich besitze eine verdienstvolle Federzeichnung, wo, bei Anbetung der Hirten, Mutter und Kind, Joseph und die Schäfer, ja Ochs und Esel doppelt und dreifach durcheinanderspielen. Doch muß man gestehen, daß ein geistreicher Künstler mit Geschmack bei dieser Gelegenheit verfahren und den vorschwebenden Traum so gut als möglich zu fixieren gesucht. Und so wird sich immer die Entschiedenheit des eingebornen Talents gegen die Velleität eines Dilettanten beweisen, und man sieht daher, wie höchst recht jene Kunstlehrer haben, welche das Skizzieren verwerfen und den scharfen Federumriß einer weichlichen Kreidezeichnung vorziehen. Alles kommt darauf an, das Eigenleben des Auges und der korrespondierenden Finger zu der entschiedensten verbündeten Wirksamkeit heranzusteigern.)

ERNST STIEDENROTH, „PSYCHOLOGIE ZUR ERKLÄRUNG DER SEELENERSCHEINUNGEN"

Erster Teil. Berlin 1824

Von jeher zählte ich unter die glücklichen Ereignisse meines Lebens, wenn ein bedeutendes Werk gerade zu der Zeit mir in die Hand kam, wo es mit meinem gegenwärtigen Bestreben übereinstimmte, mich in meinem Tun bestärkte und also auch förderte. Oft fanden sich dergleichen aus höherem Altertume; gleichzeitige jedoch waren die wirksamsten, denn das Allernächste bleibt doch immer das Lebendigste.

Nun begegnet mir dieser angenehme Fall mit obgenanntem Buche. Es langt bei mir, durch die Geneigtheit des Verfassers, zeitig an und trifft mich gerade in dem Augenblick, da ich die Bemerkungen über Purkinje, die schon mehrere Jahre bei mir gelegen, endlich zum Druck absende.

Die Philosophen vom Fach werden das Werk beurteilen und würdigen, ich zeige nur kürzlich an, wie es mir damit ergangen.

Wenn man sich einen Zweig denkt, der, einem sanft hinabgleitenden Bache überlassen, seinen Weg so genötigt als willig verfolgt, vielleicht von einem Stein augenblicklich aufgehalten, vielleicht in irgendeiner Krümmung einige Zeit verweilend, sodann aber von der lebendigen Welle fortgetragen, immer wieder unaufhaltsam im Zuge bleibt, so vergegenwärtigt man sich die Art und Weise, wie die folgerechte und folgenreiche Schrift auf mich gewirkt.

Der Verfasser wird am besten einsehen, was ich eigentlich damit sagen wollte: denn schon früher habe ich an mancher Stelle den Unmut geäußert, den mir in jüngeren Jahren die Lehre von den *untern* und *obern* Seelenkräften erregte. In dem menschlichen Geiste so wie im Universum ist nichts oben noch unten, alles fordert gleiche Rechte an einen gemeinsamen Mittelpunkt, der sein geheimes Dasein eben durch das harmonische Verhältnis aller Teile zu ihm manifestiert. Alle Streitigkeiten der Ältern und Neuern bis zur neusten Zeit entspringen aus der Trennung dessen, was Gott in seiner Natur vereint hervorgebracht. Recht gut wissen wir, daß in einzelnen menschlichen Naturen gewöhnlich ein Übergewicht irgendeines Vermögens, einer Fähigkeit sich hervortut und daß daraus Einseitigkeiten der Vorstellungsart notwendig entspringen, indem der Mensch die Welt nur durch sich kennt und also, naiv anmaßlich, die Welt durch ihn und um seinetwillen aufgebaut glaubt. Daher kommt denn, daß er seine Hauptfähigkeiten an die Spitze des Ganzen setzt und, was an ihm das Mindere sich findet, ganz und gar ableugnen und aus seiner eignen Totalität hinausstoßen möchte. Wer nicht überzeugt ist, daß er alle Manifestationen des menschlichen Wesens, *Sinnlichkeit* und *Vernunft, Einbildungskraft* und *Verstand,* zu einer entschiedenen Einheit ausbilden müsse, welche von diesen Eigenschaften auch bei ihm die vorwaltende sei, der wird sich in einer unerfreulichen Beschränkung immerfort abquälen und niemals begreifen, warum er so viele hartnäckige Gegner hat und warum er sich selbst sogar manchmal als augenblicklicher Gegner aufstößt.

So wird ein Mann, zu den sogenannten exakten Wissenschaften geboren und gebildet, auf der Höhe seiner Verstandesvernunft nicht leicht begreifen, daß es auch eine exakte sinnliche Phantasie geben könne, ohne welche doch eigentlich keine Kunst denkbar ist. Auch um denselben Punkt streiten sich die Schüler einer Gefühls- und Vernunftsreligion; wenn die letzteren nicht eingestehen wollen, daß die Religion vom Gefühl anfange, so wollen die ersten nicht zugeben, daß sie sich zur Vernünftigkeit ausbilden müsse.

Dies und dergleichen ward bei mir durch obgemeldetes Werk erregt. Jeder, der es liest, wird auf seine Weise Vorteil davon haben, und ich kann erwarten, daß bei näherer Betrachtung es noch oft mir als Text zu mancher glücklichen Note Gelegenheit geben werde.

Hier eine Stelle, wo sich das Gebiet des Denkens unmittelbar an das Feld des Dichtens und Bildens anschließt, wohin wir oben einige Blicke gewagt haben:

„Es geht aus dem Bisherigen hervor, daß das Denken Reproduktion voraussetzt. Die Reproduktion richtet sich nach der jedesmaligen Bestimmtheit der Vorstellung. Auf der einen Seite wird daher für ein tüchtiges Denken eine hinreichend scharfe Bestimmtheit der gegenwärtigen Vorstellung vorausgesetzt, auf der andern Reichtum und angemessene Verbindung des zu Reproduzierenden. Diese Verbindung des zu Reproduzierenden, wie sie für das Denken taugt, wird selbst großenteils erst im Denken gestiftet, wiefern aus mehrerem das Entsprechende eine besondere Verbindung durch das nähere Verhältnis seines Inhalts eingeht. Das tüchtige Denken in jeder Weise wird daher ganz abhängen von der Zweckmäßigkeit der Reproduktion, deren man fähig ist. Wer in dieser Hinsicht nichts Rechtes vorrätig hat, der wird nichts Rechtes leisten. Wessen Reproduktionen dürftig sind, der wird Geistesarmut zeigen; wessen Reproduktionen einseitig sind, der wird einseitig denken; wessen Reproduktionen ungeordnet und verworren sind, der wird den hellen Kopf vermissen lassen, und so im übrigen. Das Denken also macht sich nicht etwa aus Nichts, sondern es setzt eine hinreichende Vorbildung, Vorverbindung und da, wo es Denken im engern Sinn ist, eine der Sache entsprechende Verbindung und Ordnung der Vorstellungen voraus, wobei sich die erforderliche Vollständigkeit von selbst versteht." (Stiedenroth, „Psychologie", S. 140.)

VERSUCH EINER WITTERUNGSLEHRE

1825

Einleitendes und Allgemeines

Das Wahre, mit dem Göttlichen identisch, läßt sich niemals von uns direkt erkennen, wir schauen es nur im Abglanz, im Beispiel, Symbol, in einzelnen und verwandten Erscheinungen; wir werden es gewahr als unbegreifliches Leben und können dem Wunsch nicht entsagen, es dennoch zu begreifen.

Dieses gilt von allen Phänomenen der faßlichen Welt, wir aber wollen diesmal nur von der schwer zu fassenden Witterungslehre sprechen.

Die Witterung offenbart sich uns insofern wir handelnde, wirkende Menschen sind, vorzüglich durch Wärme und Kälte, durch Feuchte und Trockne, durch Maß und Übermaß solcher Zustände, und das alles empfinden wir unmittelbar ohne weiteres Nachdenken und Untersuchen.

Nun hat man manches Instrument ersonnen, um ebenjene uns täglich anfechtende Wirkungen dem Grade nach zu versinnlichen, das Thermometer beschäftiget jedermann, und wenn er schmachtet oder friert, so scheint er in gewissem Sinne beruhigt, wenn er nur sein Leiden nach Reaumur oder Fahrenheit dem Grade nach aussprechen kann.

Nach dem Hygrometer wird weniger gesehen. Nässe und Dürre nehmen wir täglich und monatlich auf, wie sie eintreten, aber der Wind beschäftiget jedermann, die vielen aufgesteckten Fahnen lassen einen jeden wissen, woher er komme und wohin er gehe, jedoch was es eigentlich im ganzen heißen solle, bleibt hier wie bei den übrigen Erscheinungen ungewiß.

Merkwürdig ist es aber, daß gerade die wichtigste Bestimmung der atmosphärischen Zustände von dem Tagesmenschen am allerwenigsten bemerkt wird, denn es gehört eine kränkliche Natur dazu, um gewahr zu werden, es gehört schon eine höhere Bildung dazu, um zu beobachten, diejenige atmosphärische Veränderung, die uns das Barometer anzeigt.

Diejenige Eigenschaft der Atmosphäre daher, die uns so lange verborgen blieb, da sie bald schwerer, bald leichter, in einer Folgezeit an demselbigen Ort oder zu gleicher Zeit an verschiedenen Orten, und zwar in verschiedenen Höhen sich manifestiert, ist es, die wir denn doch in neuerer Zeit immer an der Spitze aller Witterungsbeobachtungen sehen und der auch wir einen besonderen Vorzug einräumen.

Hier ist nun vor allen Dingen der Hauptpunkt zu beachten, daß alles, was ist oder erscheint, dauert oder vorübergeht, nicht ganz isoliert, nicht ganz nackt gedacht werden dürfe; eines wird immer noch von einem anderen durchdrungen, begleitet, umkleidet, umhüllt; es verursacht und erleidet Einwirkungen, und wenn so viele Wesen durcheinanderarbeiten, wo soll am Ende die Einsicht, die Entscheidung herkommen, was das Herrschende, was das Dienende sei, was voranzugehen bestimmt, was zu folgen genötigt ist? Dieses ist's, was die große Schwierigkeit alles theoretischen Behauptens mit sich führt, hier liegt die Gefahr, Ursache und Wirkung, Krankheit und Symptom, Tat und Charakter zu verwechseln.

Hier aber bleibt für den ernst Betrachtenden nichts übrig, als daß er sich entschließe, irgendwo den Mittelpunkt hinzusetzen und alsdann zu sehen und zu suchen, wie er das übrige peripherisch behandle. Ein solches haben auch wir gewagt, wie sich aus dem Folgenden weiter zeigen wird.

Eigentlich ist es denn die Atmosphäre, in der und mit der wir uns gegenwärtig beschäftigen. Wir leben darin als Bewohner der Meeresufer, wir steigen nach und nach hinauf bis auf die höchsten Gebirge, wo es zu leben schwer wird; allein mit Gedanken steigen wir weiter, wir wagten den Mond, die Mitplaneten und ihre Monde, zuletzt die gegeneinander unbeweglichen Gestirne als mitwirkend zu betrachten, und der Mensch, der alles notwendig auf sich bezieht, unterläßt nicht, sich mit dem Wahne zu schmeicheln, daß wirklich das All, dessen Teil er freilich ausmacht, auch einen besondern merklichen Einfluß auf ihn ausübe.

Daher wenn man auch die astrologischen Grillen, als regiere der gestirnte Himmel die Schicksale der Menschen, verständig aufgab, so wollte er doch die Überzeugung nicht fahrenlassen, daß wo nicht die Fixsterne, doch die Planeten, wo nicht die Planeten, doch der Mond die Witterung bedinge, bestimme und auf dieselbe einen regelmäßigen Einfluß ausübe.

Alle dergleichen Einwirkungen aber lehnen wir ab; die Witterungserscheinungen auf der Erde halten wir weder für kosmisch noch planetarisch, sondern wir müssen sie nach unseren Prämissen für rein tellurisch erklären.

Barometer

Bei allen meteorologischen Beobachtungen wird der Barometerstand als Hauptphänomen, als Grund aller Wetterbetrachtungen angesehen. Auch ich bin der Überzeugung, daß man darin ganz richtig verfahre.

Das Quecksilber, in der luftleeren, heberförmigen Glasröhre auf einer gewissen Höhe gehalten, überzeugt uns längst von einem entschiedenen Druck, von einer Schwere, Elastizität, oder wie man es nennen will, der durchsichtigen, durchscheinenden Materie, welche den uns umgebenden Raum erfüllt.

An dem Meeresufer steht das Quecksilber am höchsten; wie wir uns aber berganwärts bewegen, wird es nach und nach fallen; in jeder Region aber, wo wir eine Zeitlang verweilen, ist ein temporäres Steigen und Fallen bemerklich; dieses beschränkt sich in einen kleinen Höheraum, welcher am Meeresufer etwa 30 Linien und auf hohen Gebirgen etwa 20 Linien beträgt. Dieses geringe Steigen und Fallen ist nun an jedem Orte der Gegenstand unserer unausgesetzten Beobachtungen, deren unzählige angestellt und sorgfältig aufgezeichnet worden; womit man denn tagtäglich auf das fleißigste fortfährt; dabei ist allgemein bekannt, daß bei unveränderter Örtlichkeit das Steigen des Merkurs klares, heiteres, trockenes, das Sinken trübes, feuchtes, stürmisches Wetter andeute.

Nach so vielen sorgfältigen Bemühungen aber ist man doch nicht dazu gelangt, etwas Regelmäßiges in diesem Ab- und Aufsteigen zu bemerken; es geschieht zwar genau innerhalb der bestimmten Raumeshöhe, aber Zeit und Augenblick der Wiederkehr auf denselbigen Punkt ist nicht vorauszusehen.

Um aber hierin etwas festsetzen, ja vorhersagen zu können, hat man sich nach allen Seiten umgetan, Mond und Planeten,

Tag und Nacht, Jahreszeiten und Jahreszirkel zu Hülfe gerufen und sich dadurch nur immer in größere Labyrinthe verwickelt; man spricht von Ebbe und Flut in der Atmosphäre, welche an den barometrischen Bewegungen mit Ursache sein sollen.

Nun hat sich aber erst neuerlich, bei genauer Betrachtung der auf der jenaischen Sternwarte gefertigten vergleichenden Darstellungen, bemerken lassen, daß gedachtes Steigen und Fallen an verschiedenen, näher und ferner, nicht weniger in unterschiedenen Längen, Breiten und Höhen gelegenen Beobachtungsorten *einen fast parallelen Gang habe.*

(Fr. Daniell, „Meteorological Essays", London 1823, S. 112.„Barometers, situated at great distances from each other, often rise and fall together with great regularity. — It has been observed that this unison of action extends further in the direction of the latitude, than in that of the longitude.")

Man nehme, um sich hievon zu überzeugen, die beigefügte, von Dr. Schrön ausgearbeitete graphische Darstellung vor Augen, wo die mittleren Barometerstände von Jena, Weimar, Schöndorf, Wartburg und Ilmenau vom Jahre 1823 übereinander gezeichnet sind, und es wird alsobald die Gleichheit solcher Bewegung augenfällig sein.

Ebenso haben wir später gefunden, daß die Bewegungslinien von Frankenhain und Ilmenau einander vollkommen decken, obgleich jenes 700 Fuß höher über der Meeresfläche liegt und die eine sich einen Zoll höher als die andere bewegt. Ja die Bewegungslinie des Bernhardsberges ist mit den unsrigen gleichmäßig und gleichzeitig gefunden worden; auf diese Übereinstimmung ist nun im allgemeinen hinzuarbeiten, da selbst unter den verschiedensten Meridianen wie unter den verschiedensten Breiten die größte Übereinstimmung herrscht.

Wenn nun die Barometerstände der verschiedensten Orte das Ähnliche, wo nicht das Gleiche besagen, so scheinen wir dadurch berechtigt, allen außerirdischen Einfluß auf die Quecksilberbewegung abzulehnen, und wir wagen auszusprechen, daß hier keine kosmische, keine atmosphärische, sondern eine tellurische Ursache obwalte.

Denn es ist anerkannt und bestätigt, daß alle Schwere von der Anziehungskraft der Erde abhängig sei; übt nun die Luft, insofern sie körperlich ist, eine Schwerkraft, einen vertikalen Druck aus, so geschieht es vermöge dieser allgemeinen Attraktion; vermindert und vermehrt sich daher der Druck, diese Schwere, so folgt daraus, daß die allgemeine Anziehungskraft sich vermehre, sich vermindere.

Nehmen wir also mit den Physikern an, daß die Anziehungskraft der ganzen Erdmasse von der uns unerforschten Tiefe bis zu dem Meeresufer und von dieser Grenze der uns bekannten Erdoberfläche bis zu den höchsten Berggipfeln und darüber hinaus erfahrungsgemäß nach und nach abnehme, wobei aber ein gewisses Auf- und Absteigen, Aus- und Einatmen sich ergebe, welches denn zuletzt vielleicht nur durch ein geringes Pulsieren ihre Lebendigkeit andeuten werde.

Thermometer

Obgedachte Schrönische Tabelle legt uns vor Augen, wie der Thermometer seinen eigenen Gang geht, ohne mit dem Barometerstande auch nur die mindeste Gemeinschaft anzudeuten. Vom Januar bis in den August steigt er und senkt sich wieder bis in den Dezember, ohne daß man mit dem Barometerstand irgendeine Spur von Wechselwirkung entdecken könnte.

Wird nun das Barometer durch die Schwere der Atmosphäre bedingt, das Thermometer hingegen durch den fernern oder nähern Bezug der Erde zur Sonne, leugnen wir, daß beide Wirksamkeiten unmittelbar aufeinander einfließen, so müssen wir doch zugestehen, daß wir sie bei Witterungserscheinungen nicht ohne Verhältnis denken können; dieses aber suchen wir darin, daß jedes von seiner Seite auf ein drittes wirkt, auf die materielle, gleichfalls für sich bestehende Atmosphäre, und hier liegt nun das Wichtigste, das Schwerstein Beurteilung der Wetterbeobachtung.

Manometer

Dieses Instrument, schon von Otto von Guericke erfunden, nachher auf mannigfache Weise verändert und verbessert, ward erst in seinen Wirkungen dem Barometer gleich geachtet, nachher von demselben getrennt und wird bei atmosphärischen Beobachtungen nicht mehr zu Rate gezogen.

Außer dem vertikalen sogenannten Druck der Luft, wovon das Barometer uns Kenntnis gibt, kann dieselbe auch in einem verdichtetem oder verdünntem Zustande existieren. Auf das Barometer hat dieses keinen merklichen Einfluß, ob man gleich denken sollte, daß eine verdünnte Luftsäule weniger lasten sollte als eine verdichtete; man müßte sich denn die eine sehr viel höher und die andere sehr viel niedriger denken. So scheint mir, daß nach meinen Prämissen die Sache folgendergestalt angesehen werden könnte:

Das Steigen und Fallen des Barometers, verursacht durch die vermehrte oder verminderte Anziehungskraft der Erde, hat eine allgemeine tellurische Ursache; dahingegen die Verdünnung und Verdichtung der Luft, durch Erwärmung bewirkt, nur lokal ist und, in bezug aufs große Ganze, von keiner Bedeutung.

Da jedoch auch bei uns die Verdunstung, so wie der Niederschlag, Wasserverneinung und Wasserbildung, von der höchsten Bedeutung bleibt, so beruhigt sich der Beobachter dabei, daß Thermometer und Hygrometer diesen Forschungen völlig genugtun, weil die Wärme als Ursache der Verdunstung, das Feuchte hingegen als die entgegengesetzte zu betrachten ist; also dasjenige, was durch das Manometer gesucht wird, hierdurch genugsam offenbart wird.

Das Barometer gibt uns eine unmittelbare Andeutung von einer großen Naturerscheinung, von der ab- und zunehmenden Schwere der atmosphärischen Masse, daher darf dieses, was wir hier vor Augen sehen, ein Grundphänomen genannt werden; dagegen sind die Erscheinungen des Manometers als kompliziert und abgeleitet zu betrachten, weshalb über seine Andeutungen immerfort Zweifel entstehen.

Die möglichst luftfreie Kugel denke man sich in einem gewissen Gleichgewicht auf der atmosphärischen Masse ruhend und schwebend; sie hebt sich und senkt sich, je nachdem das Element schwerer und leichter wird. Ihre Bewegung entspringt aus derselbigen Ursache wie die des Barometers, aber als abgeleitet kann sie mit dem Originalphänomen nicht Schritt halten und wird also mit dem Barometer gradweise nicht zu vergleichen sein.

Es sinkt mit dem sinkenden Barometer, aber es ist nicht sensibel genug, um gleich wieder mit ihm zu steigen. Es steigt und besinnt sich erst wieder, ehe es jenem nachsinkt.

Merken wir ja darauf, unter den Phänomenen ist ein großer Unterschied: das Urphänomen, das reinste, widerspricht sich nie in seiner ewigen Einfalt; das abgeleitete erduldet Stockungen, Friktionen und überliefert uns nur Undeutlichkeiten.

Die Windfahne

In diesem Sinne ist die Windfahne gleichfalls ein unsicheres und sehr wenig die augenblicklichste Luftbewegung andeutendes Instrument. Wie man auch die Friktion vermindern mag, so bleibt eine mechanische Reibung immer übrig. Das Schlimmste aber ist, daß sie dem Westwinde immer mehr gehorcht als den übrigen Winden; denn er ist der stärkste, und mit den Jahren biegt sich endlich durch die Gewalt die Spindel, wenn die Fahne groß und schwer ist; sie senkt sich deswegen nach Osten, und der Wind kann sich schon eine Weile umgelegt haben, ehe sie sich entschließt, ihre Stellung zu verändern.

Den Wolkenzug anstatt der Windfahne zu beobachten, wird immer das Sicherste bleiben; denn man erfährt nicht allein, welcher Wind in der untern Region herrscht, sondern man wird zugleich aufmerksam auf das, was in der obern vorgeht, wo man denn oft Ruhe und Stille bemerkt, wenn unterwärts Zug und Bewegung sich spüren läßt.

Atmosphäre

Der aufmerksame Beobachter der Witterungsbegebenheiten wird von vielen Seiten her auf den Gedanken getrieben, die den Erdball umgebende Atmosphäre nehme nicht nur, wie das Barometer ausweist, von der Meeresfläche aufwärts an Dichtigkeit, Schwere, Elastizität in stetiger Folge nach und nach ab, hinunterwärts aber zu, sondern es seien eben in diesem atmosphärischen Raume gewisse geheime, konzentrische Kreise abgeschlossen, die sich, als besonders geeigenschaftet, gelegentlich manifestieren. Was und wie es auch damit sei, wir bemerken folgendes:

Und zwar suchen wir Gelegenheit, zuerst vor die große Wilbrandisch-Ritgenische Karte zu treten, indem diese solchen allgemeinen Betrachtungen besonders günstig ist; wir sehen darauf die Schneelinie bezeichnet, wie sie sich von ihrer Höhe unter dem Äquator nach Norden und Süden aufs Meer legt und so über und neben sich das Eis ungeschmolzen bewahrt. Hier sehen wir also eine entschiedene Zone, in welcher die auf dem höchstmöglichen Punkt am Erdkreis wachsende Wärme die Solideszenz des Wassers nicht hindern kann, und wir werden darauf geführt, unter und über derselben noch mehrere dergleichen Luftgürtel aufzusuchen.

Betrachten wir nun zu diesem Zwecke das Verhältnis lebendiger Wesen zu derselben, so finden wir, daß Geschöpfe bis an sie herangehen und deshalb aber auch Verkünder werden, wenn dieselbe nach Anlaß der Jahrszeiten herabsteigt. Ich nehme das Beispiel von den Finken und erinnere mich, als wir im September 1797 auf Maria Einsiedeln verweilten und ein in der Nacht gefallener Schnee in einer gewissen mittleren Höhe des Gebirges liegengeblieben war, sogleich jene zarten Vögel, um so viel herabweichend, den Vogelstellern unzählig in die Netze fielen und Pilgern sowie Reisenden als eine schmackhafte Speise zugute kamen.

Und so manifestiert sich an allen gebirgigen Orten dem aufmerksamen Beobachter eine mit der Jahrszeit nach und nach niedersinkende Schneelinie, die nach eintretenden Umständen eine gewisse Linearhöhe beobachtet. Eine dergleichen zieht sich am Großen Ettersberg über Weimar her, läßt Lützendorf unter sich, die Marke in Obeliskenform über sich und wird am Kleinen Ettersberge unscheinbar. Hier bleibt der erste Schnee eine Zeitlang liegen, obgleich die Lage des Berghanges gegen Mittag gesenkt ist.

Dieses Phänomen wiederholte sich mehrere Jahre, und mir wurden aus Thüringen andere Beispiele bekannt, wobei freilich zur Sprache kam: daß außer der barometrischen Höhe noch die Lage gegen diese oder jene Himmelsgegend, die Nachbarschaft zu andern Bergen, sonstige Expositionen, vielleicht die Gebirgsart, in Betracht zu ziehen sei.

Ohne diese Bemerkungen abzulehnen, fand ich doch Ursache, auf jene erste Lehre von den konzentrischen Kreisen der Atmosphäre gar manches Phänomen zu beziehen.

So sei noch eins bemerkt: die gewaltsamen Stürme, die im letzten Dezember nah an der Erde wüteten, wurden dem Beobachter zu Frankenhain auf der Rhön, welcher über zweitausend Fuß über der Meeresfläche gestellt ist, keineswegs in dem Grade fühlbar, wie seine eingereichten genauen Tabellen beweisen. Und gerade mag der Sturm deshalb so fürchterlich wüten, weil er sich an die Oberfläche des Meeres und der Erde schmiegt und in geringer Höhe allerwärts erzeugt, während er von weitem herzukommen und in undenkbarer Eile heranzuwüten scheint.

Dergleichen atmosphärische Kreise lassen sich auch aus der Wolkengestaltung vermuten; sehr selten wird ein Kumulus bei uns an seinem untern Rande geballt oder in einiger Auszackung gebildet erscheinen, vielmehr legt er sich gewöhnlich flach und ruht mit einer stratusähnlichen Basis gleichsam auf einem fremdartigen schwereren Elemente, das ihn zu einer horizontalen Gestaltung nötigt, so wie umgekehrt in einer gewissen Höhe, etwa zweitausend Fuß über der Meeresfläche, der Kumulus unten wie oben ausgezackt ist, auch bei steigendem Barometer sogleich an allen Enden in Zirrus aufgelockert wird.

Wie dem auch sei, so geht daraus hervor, daß die verschiedenen atmosphärischen Etagen auf Wasserbildung und- verneinung, auf Wolkengestaltung, auf das Niedergehen derselben als Regen oder ihre Auflösung zu Schäfchen einen verschiedenen Bezug haben.

Sowenig man sich nun anmaßen darf, die jedesmalige Höhe des Kreises über diesem oder jenem Ort zu bestimmen, so tragen wir doch kein Bedenken, solche relative Atmosphären anzunehmen, wenn wir uns in dem Labyrinthe der Witterungsbeobachtung mit einigem vernünftigen Behagen ergehen wollen.

Als einwirkend auf diese Atmosphäre und deren vermutliche Kreise werden nun die beiden großen Mächte gegeneinander übergestellt, die sich uns durch das Barometer und Thermometer offenbaren, sie werden, nach jener oben ausgesprochenen Maxime, als voneinander vollkommen unabhängig erklärt, um desto reiner zu fassen, wie durch sie die atmosphärischen Zustände bestimmt werden.

Man verzeihe Wiederholungen; diese sind in solchem Falle unerläßlich, wo man am einfachen Grunde festhalten und die Mannigfaltigkeit der Erscheinung darauf zurückführen will.

Indessen stehe hier eine allgemeine Warnung, welche für alle Kapitel der Naturforschung gilt, hier aber besonders beherzigt zu werden verdient: man hüte sich, Ursache und Wirkung zu verwechseln, besonders aber das Barometer von atmosphärischen Ereignissen abhängig zu machen: worauf man aber höchst aufmerksam zu sein Ursache hat, das sind die Korrelate, die Bezüge, die sich als Resultate neben- und zusammenwirkender Tätigkeiten hervortun.

Wasserbildung

In der Atmosphäre schwebt immerfort durch Verdunstung und sonst erzeugtes Wasser, es wird selbst bei den heitersten Tagen als Dunst gleichmäßig ausgeteilt, in dem ätherischen Raume getragen, in den untern Regionen dichter, in den obern klarer, wie uns in den tiefern Lokalitäten das weißliche Himmelblau überzeugt, welche Farbe denn immer dunkler und gesättigter wird, je höher wir bergan steigen.

Diese fortdauernde Tendenz der Wasserbildung verschafft uns einen respirablen Luftraum; der niedere Barometerstand begünstigt sie, der höhere verneint sie; hier ist die erste, am meisten in die Sinne fallende Erscheinung, auf die wir bei Wetterbeobachtungen zu merken pflegen.

Wolkenbildung

Durch Howards glücklichen Gedanken, die Wolkenbildungen zu sondern, zu charakterisieren, zu benennen, sind wir mehr, als man glauben könnte, gefördert; *Zirrus* deutet auf hohen Barometerstand, *Kumulus* auf mittleren, *Stratus* auf niedern, *Nimbus* auf den niedrigsten Zustand; wobei zugleich zu bemerken ist, daß die atmosphärische Höhe zugleich mit wirksam ist, wie denn wohl der Fall vorkommen kann, daß der Kumulus oben sich in Zirrus auflöst, unten zum Stratus sich verflächt und dieser näher an der Erde zum Nimbus übergeht.

Elektrizität

Diese darf man wohl und im höchsten Sinne problematisch ansprechen. Wir betrachten sie daher vorerst unabhängig von allen übrigen Erscheinungen; sie ist das durchgehende allgegenwärtige Element, das alles materielle Dasein begleitet und ebenso das atmosphärische; man kann sie sich unbefangen als Weltseele denken. Inwiefern sie sich nun ruhig verbirgt, sodann aber durch den geringsten Anlaß gestimmt wird, sich bald von dieser, bald von jener Seite zu zeigen, einen oder den andern Pol herauszukehren, sich anzuhäufen und von da sich unbemerkt wieder zu zerstreuen oder aber wohl mit den gewaltsamsten und wunderbarsten Explosionen sich zu manifestieren, darüber möchte wohl schwer sein, durch Erfahrung nachzukommen, ob sich schon nicht leugnen läßt, daß Barometer- und Thermometerstände darauf bedeutend einfließen mögen.

Winderzeugung

Ist gleichfalls vorerst als von dem Barometerstand abhängig zu achten; Ost und Nord haben Bezug auf hohen, West und Süd auf niedern Quecksilberstand.

Ebendiese Hauptverhältnisse erscheinen oft in einem unerklärlichen Schwanken, aber auch hier muß uns das früher

Festgesetzte als Regel zu Hülfe kommen, um uns durch die Irrwege der Erfahrung zu begleiten.

Der Wolkenzug läßt uns alle Windfahnen entbehren, und

bei demselben kommt vorerst wieder der Zustand verschiedener atmosphärischer Regionen in Betracht.

Der Westwind ist der untern Region besonders angehörig; bezeichnen wir einen Fall statt vieler.

Bei niederem Barometerstand sei der Himmel zum großen Teil überzogen, graue Regenwolken ziehen mit gelindem Westwind langsam einher, dieses kann bei gleich tiefem Barometerstande mehrere Tage anhalten; das Barometer steigt, der Wolkenzug von Westen nach Osten dauert langsam fort, doch bleibt von den oberen Wolkensäumen nach und nach etwas zurück, löst sich auf und begibt sich in höhere Regionen; endlich stocken ganze Massen, verharren als Kumulus, lehnen sich als Wand an die Gebirge. Überdeckt auch manchmal eine Wolkenmasse den Himmel, so bleibt sie getrennt, die Nacht ist mondenklar, die Wolken stehen beinahe still, sie bewegen sich nur ganz gelind untereinander.

Jahreszeiten

Diese muß man von seinem Standpunkte aus besonders beobachtet haben, um genugsame Prämissen zu künftiger Dijudikatur vorkommender Fälle sich zu erwerben.

Sosehr auch zu jeder Jahrszeit Verdunstung des Meeres und der Erdoberfläche, insofern sie beeist oder frei ist, vor sich geht, so ist sie doch im Sommer bei uns stärker als im Winter, daher denn an langen Tagen das Phänomen nicht selten ist, daß, beim höchsten Barometerstande, sich allmählich nach Aufgang der Sonne die Atmosphäre mit Dünsten füllt, die sich zu Wolkengestalten zusammengeben, welche man als leichte, schwebende, ringsum ausgezackte Kumulus ansprechen möchte. Ich habe sie um Mittag den ganzen Himmel einnehmen sehen, allein sie schweben jede für sich, und obgleich mit geringen Zwischenräumen, verschmelzen sie nicht ineinander; bald nach Sonnenuntergang aber ist alles verschwunden; es sei nun, daß sie als Tau niedergegangen oder sich physisch, vielleicht chemisch, in der Atmosphäre aufgelöst, um nach kurzer Nacht, bei frühem Morgen das vorige Spiel wieder anzufangen, welches die herrlichsten Ansichten kurz vor und gleich nach Sonnenaufgang gewährt. Man sieht leichte Nebelstreifen emporsteigen, sich bald in Zirrus auflösen oder auch wohl einen Gebirgsrücken als Kumulus übertürmen, wozu das geringste Niedergehen des Barometers sogleich Anlaß geben kann.

Noch ein Beispiel ist nötig, um zu zeigen, wie verschiedene Jahrszeiten verschiedene Phänomene bei immer fortdauerndem Grundgesetz zum Vorschein bringen.

Wir pflegen bei feuchten und unfreundlichen Sommermonaten uns gewöhnlich mit dem Herbst zu trösten; auch gibt die Erfahrung, daß wir im September und Oktober die meisten wo nicht schönen, doch regenlosen, für den Reisenden, Ackerbemühten, Spaziergänger und andere im Offenen beschäftigte Personen leidliche Tage haben. Schreiben wir nun dem Barometerstand auf die Witterung einen immer gleichen Einfluß zu, so scheint es wunderbar, daß, obschon in gedachten Monaten das Quecksilber wie in den übrigen sich über und unter der Mittellinie bewegt, doch die Witterung immer schön, gut und wenigstens leidlich bleibt.

Hier müssen wir nun mit unsern Betrachtungen gerade wieder zur untern Atmosphäre unsere Aufmerksamkeit wenden und aussprechen: sie selbst steht in verschiedenem Verhältnis zu den verschiedenen Jahrszeiten. Oben ist dargestellt, wie im Sommer bei langen Tagen eine große überschwengliche Ausdünstung vor sich gehe, worüber selbst die höchst elastische Luft kaum Herr werden kann.

Werden hingegen die Tage kürzer, wird die Ausdünstung, durch Sonnenwärme verursacht, immer geringer, so kämpft eine mehr oder weniger elastische Luft mit besserem Geschick gegen die in der Atmosphäre schwebenden Dünste. Steht das Barometer über der Mittellinie, so ist die Luft alsobald rein, steigt es höher, so haben wir die schönsten Tage; steigt es wieder herab unter die Mittellinie, so gehen die Wolken nicht gleich in Regen über, sie ziehen vorbei, es zeigen sich abwechselnd freundliche Sonnenblicke; eine belebende Wärme, die mit dem niederen Barometerstande sich wohl verträgt, kann sich verbreiten, und man ist in freier Luft noch immer behäglich, steigt aber das Barometer glücklicherweise, so ist mit dem Ostwind ein heiterer Himmel unverzüglich da, und wer im Freien lebt, genießt der schönsten Tage, die sich an vergangene, mäßig heitere und immer genießbare Stundenwohltätigkeit anschließen.

Mittellinie

Aus vorgemeldeten, gar verschiedenen auf die Witterung einfließenden Umständen, welche noch mit vielen andern Bedenklichkeiten vermehrt werden könnten, ist ersichtlich, daß alle diejenigen, welche zu stillem Hausgebrauch sich das Barometer beschauen und dadurch von der nächsten Witterung einige Kenntnis zu erlangen wünschen, gar oft in Verworrenheit und Unsicherheit geraten möchten; bemerken wir folgendes:

Auf Barometern früherer Zeit, wie solche die sogenannten Italiener herumtrugen und wie sie noch an manchen Orten gefunden werden, sehen wir auf dem Zolltäfelchen eine gewisse Linie gezogen, wo neben geschrieben steht: *unbeständig.* Über derselben finden wir stufenweis *schön* und sodann *beständig* Wetter angezeigt, unterhalb ist *trüb. Regen* und *Sturm* angemerkt. Diese Bestimmungen sämtlich hat man auf neuern Barometern als empirisch, unzuverlässig und unwürdig weggelassen. Wenn man hieran im höhern Sinne auch wohl recht haben kann, so ist doch gerade für den Tagsgebrauch solcher Personen, die einige allgemeine Kunde des nächst bevorstehenden Wetters zu erlangen wünschen oder welche sich von der schon eingetretenen Witterung Rechenschaft zu geben gedenken, zweckmäßig, daß wenigstens die *Mittellinie* auf ihren Barometern wiederhergestellt werde.

Es bezeichnet aber diese Linie die aus mehrjährigem höchstem und niedrigstem Barometerstand eines Ortes gezogene Mitte; deswegen sie denn auch den Indifferenzpunkt gewissermaßen darstellt, von wo alle Veränderungen ausgehen.

Wenn nun für jede höhere und tiefere Orteslage ein solcher Mittelstand erst auszuforschen ist, so gibt die Berechnung sowohl als auch die Erfahrung die Auskunft, daß bei uns in Weimar 27 Zoll, 6 Linien ohngefähr diese Grenze zu ziehen ist.

Sie kann mit Recht als den veränderlichen Zustand andeutend angesehen werden; denn da man nie voraus wissen kann, ob das Quecksilber darüber steigen oder darunter fallen werde, so kann man sich doch versichert halten, daß das Quecksilber im Steigen auf einen klaren, heitern, im Sinken auf einen bewölkten Zustand hindeute. Steht das Barometer sehr hoch, so hat man beständig Wetter angenommen, wenn schon Beständigkeit vom Barometer auf keiner Stufe zu erwarten steht; da jedoch von dieser Höhe (bei uns 28 Zoll) das Quecksilber mehrere Tage sich niedersenken und wieder steigen kann, ohne daß es sich unter die Mittellinie herunterläßt, so ist das heitere Wetter im gewissen Sinne beständig; aber es ist nicht beständiger als das trübe, regnerische, stürmische Wetter, wenn das Quecksilber *unter* gedachter Linie sich auf und ab bewegt, ohne sie zu überschreiten.

Es ist leicht einzusehen, welche Vorteile ein solcher Fingerzeig dem harmlosen Beobachter bringt, der keine Ansprüche an höhere wissenschaftliche Mitteilungen zu machen denkt, sondern sich nur in diesem Labyrinthe nach einem Leitfaden und nach einem festen Punkte umsieht, woran er denselben heften kann.

Auf wohlgearbeiteten Barometern zu Ende des vorigen Jahrhunderts findet sich die Mittellinie noch und wird an jedem Orte gar leicht wiederherzustellen sein, worüber folgendes zu sagen wäre:

„Am einfachsten gelangt man zum Zweck, wenn man, bei unbekanntem Höhenunterschied zweier Orte, sich mit einem andern Beobachter in Rapport setzt, welcher die Mittellinie für sein Instrument schon besitzt. Bei dem bemerkten parallelen Gang des Barometers würden schon wenige während einiger Tage an verabredeten Stunden zu machende Beobachtungen genügen, um zu erkennen, um wieviel dort unter oder über der bekannten Mittellinie das Quecksilber stand, wonach man denn hier die Mittellinie um *eben so viel unter oder über den* hier beobachteten Ständen ziehen würde.

Ist aber der Höhenunterschied beider Orte bekannt und zeigen beide Barometer nebeneinander hangend gleiche Stände, so ist die neue Mittellinie nach der bereits bekannten unmittelbar zu bestimmen. Denn läge der Ort, wo die Mittellinie gesucht wird, etwa 80 Pariser Fuß höher als der andere Ort, wo man diese Linie bereits ausgemittelt hat, so würde die neue Mittellinie um 1 Pariser Linie tiefer zu bestimmen sein. Und so nach Verhältnis an allen übrigen Orten.

In Ermangelung dieser Hülfsmittel wird der Durchschnitt regelmäßiger Beobachtungen die Mittellinie ergeben, und zwar um so genauer, je länger man beobachtet; denn während nur *eines* Jahres kann man sich bei drei täglichen Beobachtungen freilich um 1 Pariser Linie und mehr irren."

Haben wir nun das Vorgesagte gemerkt, wissen wir uns an die Mittellinie zu halten, haben wir beobachtet, wie hoch und wie tief auf unserm Barometer das Quecksilber zu steigen und dann auch auf eine Reihe von Zeit wieder zu fallen pflegt, so müssen wir folgendes im Auge behalten.

Das Steigen und Fallen des Barometers deutet auf eine Ursache, deren Wirkung erst später hervortritt; wie denn vieljährige, in ein und demselben Lokal bei unverrücktem Barometer täglich und stündlich angestellte Beobachtungen zur Überzeugung hinführen, daß man vierundzwanzig Stunden vorher die Witterung voraussagen könne.

Nimmt man dieses auch nicht für so ganz entschieden an, da in der täglichen Erscheinung auch irgendein Schwanken gar wohl zum Vorschein kommen könnte, so kann man doch versichert sein, daß es in der Hauptsache nie trügen werde.

Wir haben am 11. Februar erlebt, daß, ohngeachtet das Barometer so hoch stand, als es bei uns nur stehen kann, doch ein ganz überzogener Himmel, niedergehender nebelartiger Regen, Westwind und vollkommenes Tauwetter stattfand; aber in etwa vierundzwanzig Stunden darauf erfüllte sich die angedeutete Wirkung vollkommen. Der Himmel ward klar bis auf wenige leichte Wolken, die sich gleichfalls zur Auflösung hinzuneigen schienen.

Gleichfalls sehr merkwürdig ist ein anderer eintretender Zeitmoment, welchen entdeckt zu haben die weimarische Anstalt sich wohl rühmen dürfte.

Auf der Schrönischen Tafel, wo die mittleren Barometerstände von fünf übereinanderliegenden Orten parallelisiert sind, zeigt sich, daß bei den höher liegenden Orten der Eintritt des Sinkens und Fallens sich später als bei den niedrigen ereignet, da man dann nach unserer Ableitungsweise dem Ein- und Ausatmen der Erde eine gewisse berechenbare Zeitbewegung zuschreiben dürfte, welche, vom niedrigsten zum höchsten Beobachtungspunkt steigend und eben auch so heruntersinkend, nicht in einer stetigen, sondern in einer sukzessiven Folge sich wirksam bewiesen.

Sogenannte Oszillation

Außer der bisher behandelten, weder an Jahres- noch Tageszeit gebundenen Bewegung des Merkurs in der Glasröhre ist uns in der neueren Zeit durch mannigfache Beobachtungen eine andere Bewegung des Quecksilbers in der Röhre bekannt geworden, welche ihre Bestimmung in vierundzwanzig Stunden durchläuft.

Die verschiedenen in Europa angestellten Beobachtungen zeigen diese Bewegung nicht unmittelbar, wir übergehen sie jetzt und halten uns an Beobachtungen, die unter dem Äquator auf dem Meere angestellt worden, wo das Phänomen aufs deutlichste hervorzutreten scheint.

Wir legen eine Stelle aus *Simonows* Beschreibung einer Entdeckungsreise, Wien 1824, zum Grunde, welche folgendermaßen lautet:

S. 33. „Die Erscheinungen, die sich nach diesen Beobachtungen auf dem Barometer zeigten und die bisher selten untersucht wurden, bestehen darin, daß das Quecksilber an jedem Tage allmählich bis zum höchsten Grade des Barometers steigt und von diesem wieder langsam zu fallen anfängt. Dieses Steigen und Fallen des Quecksilbers im Barometer geschieht zweimal in vierundzwanzig Stunden. Nämlich um 9 Uhr in der Früh und abends um dieselbe Stunde (steht es am höchsten), nach Mitternacht und um Mittag auf dem niedrigsten Punkte."

(„Voyage d'Alexandre de Humboldt", tom. III, p. 2, 3. — „Les oscillations du Mercure dans le barométre indiquent l'heure presque comme une horloge." p. 310.„Les deux minima barométriques coincident presque avec les époques les plus chaudes et les plus froides du jour et de la nuit.")

Auch hier gedenken wir uns nach gewohnter Art an das Gewisseste zu halten, um nach und nach dem Ungewissen desto eher beizukommen.

Ganz deutlich ist in Vorstehendem ausgesprochen, daß um Mittag und Mitternacht das Barometer auf dem niedrigsten Punkte stehe; daß um 9 Uhr früh und abends es am höchsten stehe, mußten wir durch eine Parenthese aussprechen, da es uns nur zufällig ausgelassen scheint.

Hierauf nun fußend, lehnen wir alle äußern Einflüsse abermals ab und sagen, diese Erscheinung ist tellurisch; wir stellen uns vor, daß innerhalb der Erde eine rotierende Bewegung sei, welche den ungeheuren Ball in vierundzwanzig Stunden um sich selbst herumnötigt und die man sich als lebendige Schraube ohne Ende versinnlichen mag.

Aber dieses ist nicht genug, diese Bewegung hat ein gewisses Pulsieren, ein Zu- und Abnehmen, ohne welches keine Lebendigkeit zu denken wäre, es ist gleichfalls ein regelmäßiges Ausdehnen und Zusammenziehen, das sich in vierundzwanzig Stunden wiederholt, am schwächsten zu Mittag und zu Mitternacht wirkt.

Daß aber um 9 Uhr früh und abends das Barometer am höchsten stehe, will uns nicht eingänglich sein, denn überzeugt man sich, daß diese Erscheinung mit der täglichen Umdrehung der Erde in Bezug stehe, so müßten wir, wenn nach dem russischen Beobachter der niedrigste Stand um Mittag und Mitternacht gefunden wird, schließen, daß der höchste morgens und abends um 6 Uhr sich einstelle, denn wenn diese Wirkung zweimal beschleunigt und zweimal retardiert würde, so müßte bei Umwälzung der Erde ein Schleudern entstehen, welches weder beobachtet wird noch, als der Würde der Natur widersprechend, angenommen werden kann.

Da nun aber die Wirkung auf die Atmosphäre, das Übergewicht der Wasserbildung und Wasserverneinung von dem Barometer als abhängig betrachtet werden kann, so treffen die köstlichen Beobachtungen des Herrn von Martius ganz nahe mit unserer Voraussetzung überein, wie wir denn aus dessen gefällig mitgeteilter Notiz dasjenige, was sich unmittelbar auf unsern Zweck bezieht, gegenwärtig herausheben.

Der Standpunkt, aus welchem derselbe die Wolkenbildung und also die Physiognomik der Atmosphäre den Tag und die Nacht über beschreibt, ist *Pará,* wenig Minuten südlich vom Äquator: Morgens um 4 Uhr bei klarem Himmel glimmern die Sterne feierlich, um 5 Uhr dämmert der Morgen. Nach halb sechse, beim Aufgang der Sonne, kein Wölkchen am Himmel, der sich ungetrübt blau über die Erde wölbt. (Diese absolute Heiterkeit möchte uns wohl von dem höchsten Barometerstand Versicherung geben.) Um 7 Uhr erscheinen kleine weiße flockige Wolken niedrig am Horizont gegen Westen, spitzen sich gegen die Sonne zu (hier ist also schon zirrusartig der Anfang der Wasserbildung zu bemerken, die nunmehr steigen soll). Gegen 10 Uhr wölben sich die Wolken aufwärts und gruppieren sich zu großen Ballen, dann senken sie sich zu großen Schichtwolken. Auf einmal überzieht sich der ganze Himmel mit Grau, an einzelnen Stellen blickt der blaue Himmel hindurch (der niedrigste Barometerstand ist eingetreten.) Die Wirkung folgt der Ursache auf dem Fuße nach.

Der Mittag ist vorüber, und der Zustand wird immer schwerer und lästiger, die Winde stürmen, es blitzt, es donnert; Tropfen fallen, und Wasserströme gießt darauf der erschütterte Himmel aus; die Wolken entleeren sich allmählich, sie nehmen ihre geballte Gestalt wieder an, um 3 Uhr ist fast keine Spur des Sturms geblieben. Gegen Abend erscheinen neue Wolken (welche nicht von Bedeutung sein können, denn) gegen die Nacht zu verrinnen sie wieder im reinen Äther.

Sie türmen sich von neuem gegen Mitternacht und lagern sich in großen rundartigen Formen um die Mondscheibe, die sie gleichsam nicht zu überwältigen vermag.

Diese Erscheinungen trafen unter dem Äquator Tag für Tag zu.

Wiederaufnahme

Hiernach werden also zwei Grundbewegungen des lebendigen Erdkörpers angenommen und sämtliche barometrische Erscheinungen als symbolische Äußerung derselben betrachtet.

Zuerst deutet uns die sogenannte Oszillation auf eine gesetzmäßige Bewegung um die Achse, wodurch die Umdrehung der Erde hervorgebracht wird, woraus denn Tag und Nacht erfolgt. Dieses Bewegende senkt sich in vierundzwanzig Stunden zweimal und erhebt sich zweimal, wie solches aus mannigfaltigen bisherigen Beobachtungen hervorgeht; wir versinnlichen sie uns als lebendige Spirale, als belebte Schraube ohne Ende; sie bewirkt, als anziehend und nachlassend, das tägliche Steigen und Fallen des Barometers unter der Linie, dort, wo die größte Erdmasse sich umrollt, muß sie am bemerklichsten sein, gegen die Pole sich vermindern, ja Null werden, wie auch schon von Beobachtern ausgesprochen ist. Diese Rotation hat auf die Atmosphäre entschiedenen Einfluß, Klarheit und Regen erscheinen tagtäglich abwechselnd, wie das oben Mitgeteilte beweisen kann.

Die zweite allgemein bekannte Bewegung, die wir einer vermehrten oder verminderten Schwerkraft gleichfalls zuschreiben und sie einem Ein- und Ausatmen vom Mittelpunkte gegen die Peripherie vergleichen, diese darzutun, haben wir das Steigen und Fallen des Barometers als Symptom betrachtet.

Bändigen und Entlassen der Elemente

Indem wir nun Vorstehendes unablässig durchzudenken, anzuwenden und zu prüfen bemüht sind, werden wir durch manches eintretende Ereignis immer weitergeführt; man lasse uns daher in Betracht des Gesagten und Ausgeführten noch folgendes vortragen.

Es ist offenbar, daß das, was wir Elemente nennen, seinen eigenen wilden, wüsten Gang zu nehmen immerhin den Trieb hat. Insofern sich nun der Mensch den Besitz der Erde ergriffen und ihn zu erhalten Pflicht hat, muß er sich zum Widerstand bereiten und wachsam erhalten. Aber einzelne Vorsichtsmaßregeln sind keineswegs so wirksam, als wenn man dem Regellosen das Gesetz entgegenzustellen vermöchte, und hier hat uns die Natur aufs herrlichste vorgearbeitet, und zwar indem sie ein gestaltetes Leben dem Gestaltlosen entgegensetzt.

Die Elemente daher sind als kolossale Gegner zu betrachten, mit denen wir ewig zu kämpfen haben und sie nur durch die höchste Kraft des Geistes, durch Mut und List im einzelnen Fall bewältigen.

Die Elemente sind die Willkür selbst zu nennen; die Erde möchte sich des Wassers immerfort bemächtigen und es zur Solideszenz zwingen, als Erde, Fels oder Eis in ihren Umfang nötigen.

Ebenso unruhig möchte das Wasser die Erde, die es ungern verließ, wieder in seinen Abgrund reißen, die Luft, die uns freundlich umhüllen und beleben sollte, rast auf einmal als Sturm daher, uns niederzuschmettern und zu ersticken; das Feuer ergreift unaufhaltsam, was von Brennbarem, Schmelzbarem zu erreichen ist. Diese Betrachtungen schlagen uns nieder, indem wir solche so oft bei großem unersetzlichen Unheil anzustellen haben. Herz und Geist erhebend ist dagegen, wenn man zu schauen kommt, was der Mensch dagegen getan hat, sich zu waffnen, zu wehren, ja seinen Feind als Sklaven zu benutzen.

Das Höchste jedoch, was in solchen Fällen dem Gedanken gelingt, ist, gewahr zu werden, was die Natur in sich selbst als Gesetz und Regel trägt, jenem ungezügelten, gesetzlosen Wesen zu imponieren. Wieviel ist nicht davon zu unserer Kenntnis gekommen, hier dürfen wir nur des Nächsten gedenken.

Die erhöhte Anziehungskraft der Erde, von der wir durch das Steigen des Barometers in Kenntnis gesetzt sind, ist die Gewalt, die den Zustand der Atmosphäre regelt und den Elementen ein Ziel setzt; sie widersteht der übermäßigen Wasserbildung, den gewaltsamsten Luftbewegungen; ja die Elektrizität scheint dadurch in der eigentlichsten Indifferenz gehalten zu werden.

Niederer Barometerstand hingegen entläßt die Elemente, und hier ist vor allen Dingen zu bemerken, daß die untere Region der Kontinentalatmosphäre Neigung habe, von Westen nach Osten zu strömen; Feuchtigkeit, Regengüsse, Wellen, Wogen, alles zieht milder oder stürmischer ostwärts, und wo diese Phänomene unterwegs auch entspringen mögen, so werden sie schon mit der Tendenz, nach Osten zu dringen, geboren.

Hiebei deuten wir noch auf einen bedeutenden bedenklichen Punkt: wenn nämlich das Barometer lange tief gestanden hat und die Elemente des Gehorsams ganz entwöhnt sind, so kehren sie nicht alsobald bei erhöhter Barometerbewegung in ihre Grenzen zurück, sie verfolgen vielmehr noch einige Zeit das vorige Gleis, und erst nach und nach, wenn der obere Himmel schon längst zu ruhiger Entschiedenheit gekommen, gibt sich das in den untern Räumen Aufgeregte in das erwünschte Gleichgewicht. Leider werden wir auch von dieser letzten Periode zunächst betroffen und haben besonders als Meeranwohner und Schiffahrende großen Schaden davon. Der Schluß des Jahres 1824, der Anfang des gegenwärtigen gibt davon die traurigste Kunde; West und Südwest erregen, begleiten die traurigsten Meeres- und Küstenereignisse.

Ist man nun einmal auf dem Wege, seine Gedanken ins Allgemeine zu richten, so findet sich kaum eine Grenze; gar geneigt wären wir daher, das Erdbeben als entbundene tellurische Elektrizität, die Vulkane als erregtes Elementarfeuer anzusehen und solche mit den barometrischen Erscheinungen im Verhältnis zu denken. Hiemit aber trifft die Erfahrung nicht überein, diese Bewegungen und Ereignisse scheinen besondern Lokalitäten, mit mehr oder minderer Wirkung in die Ferne, ganz eigens anzugehören.

Analogie

Hat man sich vermessen, wie man wohl gelegentlich verführt wird, ein größeres oder kleineres wissenschaftliches Gebäude aufzuführen, so tut man wohl, zu Prüfung desselben sich nach Analogien umzusehen; befolg ich aber diesen Rat im gegenwärtigen Falle, so finde ich, daß die vorstehende Ausführung derjenigen ähnelt, welche ich bei dem Vortrag der Farbenlehre gebraucht.

In der Chromatik nämlich setze ich Licht und Finsternis einander gegenüber; diese würden zueinander in Ewigkeit keinen Bezug haben, stellte sich nicht die Materie zwischen beide; diese sei nun undurchsichtig, durchsichtig oder gar belebt, so wird Helles und Dunkles an ihr sich manifestieren und die Farbe sogleich in tausend Bedingungen an ihr entstehen.

Ebenso haben wir nun *Anziehungskraft* und deren Erscheinung, *Schwere,* an der einen Seite, dagegen an der andern *Er-*

wärmungskraft und deren Erscheinen, *Ausdehnung,* als unabhängig gegeneinander übergestellt; zwischen beide hinein setzten wir die *Atmosphäre,* den von eigentlich sogenannten Körperlichkeiten leeren Raum, und wir sehen, je nachdem obgenannte beide Kräfte auf die feine Luftmaterialität wirken, das, was wir Witterung nennen, entstehen und so das Element, in dem und von dem wir leben, aufs mannigfaltigste und zugleich gesetzlichste bestimmt.

Anerkennung des Gesetzlichen

Bei dieser, wie man sieht, höchst komplizierten Sache glauben wir daher ganz richtig zu verfahren, daß wir uns erst am Gewissesten halten; dies ist nun dasjenige, was in der Erscheinung in gleichmäßigem Bezug sich öfters wiederholt und auf eine ewige Regel hindeutet. Dabei dürfen wir uns nur nicht irremachen lassen, daß das, was wir als zusammenwirkend, als übereinstimmend betrachtet haben, auch zuzeiten abzuweichen und sich zu widersprechen scheint. Besonders ist es nötig in Fällen wie dieser, wo man bei vielfältiger Verwickelung Ursache und Wirkung so leicht verwechselt, wo man Korrelate als wechselseitig bestimmend und bedingend ansieht. Wir nehmen zwar ein Witterungsgrundgesetz an, achten aber desto genauer auf die unendlichen physischen, geologischen, topographischen Verschiedenheiten, um uns die Abweichungen der Erscheinung womöglich deuten zu können. Hält man fest an der Regel, so findet man sich auch immer in der Erfahrung zu derselben zurückgeführt; wer das Gesetz verkennt, verzweifelt an der Erfahrung, denn im allerhöchsten Sinne ist jede Ausnahme schon in der Regel begriffen.

Selbstprüfung

Während man mit dem Wagestück, wie vorstehender Aufsatz, beschäftigt ist, kann man nicht unterlassen, sich auf mancherlei Weise selbst zu prüfen, und es geschieht dies am allerbesten und sichersten, wenn man in die Geschichte zurücksieht.

Alle Forscher, wenn man auch nur bei denenjenigen stehenbleibt, welche nach der Wiederherstellung der Wissenschaften gearbeitet haben, fanden sich genötigt, mit demjenigen, was die Erfahrung ihnen dargebracht, so gut als möglich zu gebaren. Die Summe des wahrhaft Bekannten ließ in ihrer Breite gar manche Lücken, welche denn, weil jeder zum Ganzen strebt, bald mit

Verstand, bald mit Einbildungskraft auszufüllen dieser und jener bemüht war. Wie die Erfahrung wuchs, wurde das, was die Einbildungskraft gefabelt, was der Verstand voreilig geschlossen hatte, sogleich beseitigt; ein reines Faktum setzte sich an die Stelle, und die Erscheinungen zeigten sich nach und nach immer mehr wirklich und zu gleicher Zeit harmonischer. Ein einziges Beispiel stehe hier statt aller.

Von dem frühsten Unterricht meiner Lehrjahre bis auf die neueren Zeiten erinnere ich mich gar wohl, daß der große und unproportionierte Raum zwischen Mars und Jupiter jedermann auffallend gewesen und zu gar mancherlei Auslegungen Gelegenheit gegeben. Man sehe unseres herrlichen Kants *Bemühungen, sich* über dieses Phänomen einigermaßen *zu beruhigen.*

Hier lag also ein Problem, man darf sagen, am Tage, denn der Tag selbst verbarg, daß sich hier mehrere kleine Gestirne um sich selbst bewegten und die Stelle eines größeren, dem Raum angehörigen Gestirns auf die wundersamste Weise eingenommen hatten.

Dergleichen Probleme liegen zu Tausenden innerhalb des Kreises der Naturforschung, und sie würden sich früher auflösen, wenn man nicht zu schnell verführe, um sie durch Meinungen zu beseitigen und zu verdüstern.

Indessen behauptet alles, was man Hypothese nennt, ihr altes Recht, wenn sie nur das Problem, besonders wenn es gar keiner Auflösung fähig scheint, einigermaßen von der Stelle schiebt und es dahin versetzt, wo das Beschauen erleichtert wird. Ein solches Verdienst hatte die antiphlogistische Chemie, es waren dieselben Gegenstände, von denen gehandelt wurde, aber sie waren in andere Stellen, in andere Reihen gerückt, so daß man ihnen auf neue Weise von andern Seiten beikommen konnte.

Was meinen Versuch betrifft, die Hauptbedingungen der Witterungslehre für tellurisch zu erklären und einer veränderlichen pulsierenden Schwerkraft der Erde die atmosphärischen Erscheinungen in gewissem Sinne zuzuschreiben, ist von derselben Art. Die völlige Unzulänglichkeit, so konstante Phänomene den Planeten, dem Monde, einer unbekannten Ebbe und Flut des Luftkreises zuzuschreiben, ließ sich Tag für Tag mehr empfinden, und wenn ich die Vorstellung darüber nunmehr vereinfacht habe, so kann man dem eigentlichen Grund der Sache sich um soviel näher glauben.

Denn ob ich gleich mir nicht einbilde, daß hiemit alles gefunden und abgetan sei, so bin ich doch überzeugt, wenn man auf diesem Wege die Forschungen fortsetzt und die sich hervortuenden näheren Bedingungen und Bestimmungen genau beachtet, so wird man auf etwas kommen, was ich selbst weder denke noch denken kann, was aber sowohl die Auflösung dieses Problems als mehrerer verwandten mit sich führen wird.

NATURPHILOSOPHIE

Eine Stelle in d'Alemberts Einleitung in das große französische enzyklopädische Werk, deren Übersetzung hier einzurücken der Platz verbietet, war uns von großer Wichtigkeit; sie beginnt, Seite X der Quartausgabe, mit den Worten: „A l'égard des sciences mathématiques", und endigt Seite XI: „étendu son domaine". Ihr Ende, sich an den Anfang anschließend, umfaßt die große Wahrheit: daß auf Inhalt, Gehalt und Tüchtigkeit eines zuerst aufgestellten Grundsatzes und auf der Reinheit des Vorsatzes alles in den Wissenschaften beruhe. Auch wir sind überzeugt, daß dieses große Erfordernis nicht bloß in mathematischen Fällen, sondern überall in Wissenschaften, Künsten wie im Leben stattfinden müsse.

Man kann nicht genug wiederholen: der Dichter so wie der bildende Künstler solle zuerst aufmerken, ob der Gegenstand, den er zu behandlen unternimmt, von der Art sei, daß sich ein mannigfaltiges, vollständiges, hinreichendes Werk daraus entwickeln könne. Wird dieses versäumt, so ist alles übrige Bestreben völlig vergebens: Silbenfuß und Reimwort, Pinselstrich und Meißelhieb sind umsonst verschwendet; und wenn sogar eine meisterhafte Ausführung den geistreichen Beschauer auch einige Augenblicke bestechen könnte, so wird er doch das Geistlose, woran alles Falsche krankt, gar bald empfinden.

Also kommt wie bei der künstlerischen, so bei der naturwissenschaftlichen, auch bei der mathematischen Behandlung alles an auf das Grundwahre, dessen Entwickelung sich nicht so leicht in der Spekulation als in der Praxis zeigt; denn diese ist der Prüfstein des vom Geist Empfangenen, des von dem innern Sinn für wahr Gehaltenen. Wenn der Mann, überzeugt von dem Gehalt seiner Vorsätze, sich nach außen wendet und von der Welt verlangt, nicht etwa nur, daß sie mit seinen Vorstellungen übereinkommen solle, sondern daß sie sich nach ihm bequemen, ihnen gehorchen, sie realisieren müsse, dann ergibt sich erst für ihn die wichtige Erfahrung, ob er sich in seinem Unternehmen geirrt oder ob seine Zeit das Wahre nicht erkennen mag.

Durchaus aber bleibt ein Hauptkennzeichen, woran das Wahre vom Blendwerk am sichersten zu unterscheiden ist: jenes wirkt immer fruchtbar und begünstigt den, der es besitzt und hegt; da hingegen das Falsche an und für sich tot und fruchtlos daliegt, ja sogar wie eine Nekrose anzusehen ist, wo der absterbende Teil den lebendigen hindert, die Heilung zu vollbringen.

[HAUSMANNS VORLESUNG]

Daß ganz Schweden sich in die Höhe hebe. Desparates Mittel. Das Eis spielt eine größere Rolle, als man denkt.

Hausmanns Vorlesung in der königlichen Sozietät der Wissenschaften zu Göttingen: „De origine saxorum, per Germaniae septemtrionalis regiones arcnosas dispersorum", kommt uns zu diesen Betrachtungen sehr erwünscht. Es ist eine vorzügliche Darstellung der von ihrer Stelle enthobenen, an manchen entfernten Stellen teils abgekanteten, teils abgerundeten abgesetzten Niedergebirgstrümmer, woran sich obiges Heft gar belehrend anschließt. Setze ich nun bekannt voraus, was jene beiden Männer uns umständlich dargestellt, so bekenne ich mich zu der längst ausgesprochenen, wieder bestrittenen Meinung, daß wir diese Erscheinung einem hohen Frostzustande des Erdbodens zu danken haben. Anstatt zu fürchterlich undenkbaren Aufstürzungen aus den tiefsten Abgründen (Aufstürzungen, wir müssen ein so seltsames Wort bilden, da die Franzosen bei dieser Gelegenheit das Wort refoulement brauchen) und bei Umhersprengung die Einbildungskraft zu nötigen, so lasse ich bei noch hohem Wasserstand der Erde die Gletscher noch weiter nach dem Lande und dem Genfer See sich ausdehnen.

Auf dieses Eismeer stürzen noch täglich große Felsmassen herunter; diese werden noch täglich von dem vorschiebenden Eise fortgeschoben und gelangen endlich auf einen Boden, weit entfernt von ihrem Ursprunge. Auf diese Weise konnten sie im Tal der Arve recht gut heruntergelangen, sich im Rhonetal südwestlich ausbreiten und endlich bei erwärmter Atmosphäre an dem Ufer des Genfer See niedersinken.

Was die ähnlichen Erscheinungen in Norddeutschland betrifft, so trete ich, wie schon gesagt, auf die Seite derer, welche sie durch ein aufgetautes Eis herüberführen lassen.

Hierin bestärkte mich die mir vor mehrern Jahren zugekommene Nachricht, daß bei eintretendem Frühjahr große Granitmassen auf Eisschollen in den Sund geführt worden. Der mecklenburgische Kammerherr Herr von Preen gab mir diese Nachricht in einem Briefe, der sich noch unter meinen Heften finden wird.

Sein frühzeitiger, unglücklicher Tod unterbrach das schöne fruchtbare Verhältnis. Zerstreut durch andere Neigungen und Sorgen, versäumt ich weitere Erkundigung. Ob hievon schon etwas öffentlich bekannt geworden, weiß ich nicht, aber ein so höchst interessantes Faktum möchte wohl von den Anwohnern jener Gegenden leichter zu verifizieren sein, als daß das Königreich Schweden sachte sich aus dem Meere noch immer hervorhebe.

GEOLOGISCHE PROBLEME UND VERSUCH IHRER AUFLÖSUNG

Fragment über die Erdbildung

untereinander betrachte darf ich nicht beteuern, da ich eine solche Aufklärung mein ganzes Leben gewünscht.

Von manchem andern, was ich im stillen hege, mitzuteilen, find ich wohl Fassung und Sammlung.

Die Sache mag sein, wie sie will, so muß geschrieben stehen, daß ich diese vermaledeite Polterkammer der neuen Weltschöpfung verfluche, und es wird gewiß irgendein junger geistreicher Mann aufstehen, der sich diesem allgemeinen verrückten Konsens zu widersetzen Mut hat.

Einiges will ich näher ausführen, 1. Wie es mit den Flözen aussieht, welche ihrer der Perpendikel sich nähernden Lage wegen sollten aus der Tiefe gehoben sein, und 2. , wie man die umherliegenden Granitblöcke allenfalls zu denken habe.

Im ganzen denkt kein Mensch, daß wir als sehr beschränkte, schwache Personen uns ums Ungeheure beschäftigen, ohne zu fragen, wie man ihm gewachsen sei. Denn was ist die ganze Heberei der Gebirge zuletzt, als ein mechanisches Mittel, ohne dem Verstand irgendeine Möglichkeit, der Einbildungskraft irgendeine Tulichkeit zu verleihen. Es sind bloß Worte, schlechte Worte, die weder Begriff noch Bild geben. Hiemit sei genug gesagt, wo nicht zuviel.

Das Schrecklichste, was man hören muß, ist die wiederholte Versicherung, die sämtlichen Naturforscher seien hierin derselben Überzeugung. Wer aber die Menschen kennt, der weiß, wie das zugeht; gute, tüchtige, kühne Köpfe putzen durch Wahrscheinlichkeiten sich eine solche Meinung heraus; sie machen sich Anhänger und Schüler, eine solche Masse gewinnt eine literarische Gewalt, man steigert die Meinung, übertreibt sie und führt sie, mit einer gewissen leidenschaftlichen Bewegung, durch. Hundert und aber hundert wohldenkende, vernünftige Männer, die in andern Fächern arbeiten, die auch ihren Kreis wollen lebendig, wirksam, geehrt und respektiert sehen, was haben sie Bessers und Klügers zu tun, als jenen ihr Feld zu lassen und ihre Zustimmung zu dem zu geben, was sie nichts angeht. Das heißt man alsdann: allgemeine Übereinstimmung der Forscher.

Ich habe dieses, was ich hier sage, in concreto an ganz würdigen Männern gesehen; ihre Sache war: im Felde der Naturlehre ihr Fach, ihr Geschäft, ihre Erfahrungen und Wissen zu innigen, zu isolieren, zu vervollständigen und durchzuarbeiten. Hier waren sie vortrefflich, durch Unterscheiden und Ordnen belehrend, ihr Urteil sicher, genug, höchst schätzenswert. In andern Fächern aber waren sie ganz gemein. Was der Tag hatte, was der Tag brachte, was allenfalls in Kompendien und Zeitschriften stand, das wußten sie, das billigten sie; nahmen aber auch nicht den geringsten weiteren Teil daran.

1. Horizontal liegende Flöze, welche sich an steilen Felswänden oberhalb fortsetzen, werden durch Hebung einer solchen Bergwand erklärt.

Wir sagen: in frühster Zeit jener Entstehungen war alles Dynamische kräftiger als späterhin, die Anziehungskraft der Teile größer. Die niedergehenden Elemente des Flözes senkten sich zwar nieder und belegten die Fläche, aber in gleicher Maße wurden sie angezogen von den Seitenwänden der nahe stehenden Berge, so daß sie nicht allein an sehr steilen Flächen, sondern sogar an überhängenden sich festsetzen und weitere Füllung des Raums abwarten konnten.

2. Die auf großen Flächen weit entfernten Granitmassen haben auch zu vielem Nachdenken Gelegenheit gegeben.

Wir halten dafür, daß die Erklärung des Phänomens auf

mehr als *eine* Weise geschehen müsse.

Die besonders an der savoyischen Seite, an dem Genfer See sich befindenden Blöcke, die nicht abgerundet, sondern scharfkantig sind, wie sie vom höchsten Gebirg losgerissen worden, erklärt man, daß sie bei dem tumultuarischen Aufstand der weit rückwärts im Land gelegenen Gebirge seien dahin geschleudert worden.

Wir sagen: es habe eine Zeit gegeben, wo die Gletscher weit tiefer herabgingen, ja bis an den Genfer See reichten; da denn die von dem Gebirg sich ablösenden Felsblöcke ganz bequem bis an den See herunterrutschen konnten. Dergleichen Prozessionen von Felsstücken ziehen noch bis auf den heutigen Tag von den Gletschern herunter; sie haben einen besondern Namen. (Dieses alles sowie die Lage der Täler, in welchen die alten Gletscher bis an den See herunterführten, ist auszuführen.)

3. Die im nördlichen Deutschland umherliegenden Granit- und andere Urgebirgsblöcke haben einen verschiedenen Ursprung.

Der nunmehr zu einem bedeutenden Kunstwerk verarbeitete Landgrafenstein gibt uns das sicherste Zeugnis, daß es dem nördlichen Deutschland am Urgebirg nicht fehlte.

Wir behaupten: daß teils zusammenhängende, teils einzeln stehende Klippen in dieser weiten und breiten Landschaft wahrscheinlich aus dem Wasser hervorragten, daß besonders der Heilige Damm die Überreste anzeigt einer solchen Urgebirgsreihe, welche, so wie das übrige, weiter ins Land hinein, zum größeren Teil auflöslich, nur in ihren festesten Teilen den zerstörenden Jahrtausenden entgangen ist. Daher sind die dort gefundenen, seit geraumer Zeit bearbeiteten Steine von so großer Schönheit und Wert, weil sie uns das Festeste und Edelste geognostischer Gegenstände seit Jahrtausenden vorlegen.

4. Wenn ich nun schon bisher zu meinen Ableitungen oder, wenn man will, Erklärungen hohen Wasserstand und starke Kälte bedurfte, so sieht man wohl, daß ich geneigt bin, den Einfluß zuzugestehen, den man den nordischen Gewässern und Gewaltstürmen auf diese Phänomene bisher auszusprechen schon geneigt war.

Wenn eine große Kälte bei tausend Fuß Höhe des allgemeinen Wasserstandes einen großen Teil des nördlichen Deutschlands durch eine Eisfläche verband, so läßt sich denken, was beim Auftauen die durcheinandergetriebenen Eisschollen für eine Zerstörung anrichten und bei nördlichen, nordwest- und östlichen Stürmen die auf die Schollen niedergestürzten Granitblöcke weiter gegen Süden führen mußten.

Wenn nun zuerst diese erste Urgebirgsmasse im nördlichen Deutschland gerettet ist (welches vorzüglich durch die ägyptischen Verwitterungen, welche bis auf den heutigen Tag fortgehen und die Fläche immer mehr zur Fläche, die Wüste immer mehr zur Wüste machen, geschehen muß), so wird man sich zu erklären haben, daß man jenem Herüberführen auch aus den überbasaltischen Regionen durch das Eis nicht abgeneigt ist; denn es gehen noch bis auf den heutigen Tag große Eismassen in den Sund ein, welche die von dem felsigen Ufer abgerissenen Urgebirgsmassen mit sich heranbringen.

Allein diese Wirkung ist nur als sekundär anzusehen. Indem wir im nördlichen Deutschland die Urgebirgsarten der nördlichsten Reiche erkennen, so folgt noch nicht, daß sie dort hergekommen; denn dieselbigen Arten des Urgebirgs können so hüben wie drüben zu Tage ausgegangen sein. Ist doch das Urgebirg eben deshalb so respektabel, weil es sich überall gleichsieht und Granit und Gneis aus Brasilien, wie mir die Exemplare zuhanden gekommen sind, von den europäischnördlichen nicht zu unterscheiden sein möchten.

Wunderliche Art der Erklärungslustigen! Was fest und unerschütterlich ist, soll erst werden und sich bewegen, was ewig fort sich bewegt und verändert, soll stationär sein und bleiben, und das alles bloß, damit etwas gesagt werde!

„PRINCIPES DE PHILOSOPHIE ZOOLOGIQUE DISCUTÉS EN MARS 1830 AU SEIN DE L'ACADÉMIE ROYALE DES SCIENCES PAR MR. GEOFFROY DE SAINT-HILAIRE"

Paris 1830

1. Abschnitt

Bei einer Sitzung der Französischen Akademie, am 22. Februar dieses Jahrs, begab sich ein wichtiger Vorfall, der nicht ohne höchst bedeutende Folgen bleiben kann. In diesem Heiligtum der Wissenschaften, wo alles, in Gegenwart eines zahlreichen Publikums, auf das anständigste vorzugehen pflegt, wo man mit der Mäßigung, ja der Verstellung wohlerzogener Personen sich begegnet, bei Verschiedenheit der Meinungen nur mit Maß erwidert, das Zweifelhafte eher beseitigt als bestreitet, hier ereignet sich über einen wissenschaftlichen Punkt ein Streit, der persönlich zu werden droht, aber, genau besehen, weit mehr bedeuten will.

Es offenbart sich hier der immerfort währende Konflikt zwischen den zwei Denkweisen, in die sich die wissenschaftliche Welt schon lange trennt, der sich auch zwischen unsern nachbarlichen Naturforschern immerfort hinschlich, nun aber diesmal merkwürdig heftig sich hervortut und ausbricht.

Zwei vorzügliche Männer, der perpetuierliche Sekretär der Akademie, Baron Cuvier, und ein würdiges Mitglied, Geoffroy de Saint-Hilaire, treten gegeneinander auf; der erste aller Welt, der zweite den Naturforschern rühmlichst bekannt; seit dreißig Jahren Kollegen an *einer* Anstalt, lehren sie Naturgeschichte am Jardin des Plantes, in dem unübersehbaren Felde beide eifrigst beschäftigt, erst gemeinschaftlich arbeitend, aber nach und nach durch Verschiedenheit der Ansichten getrennt und sich eher ausweichend.

Cuvier arbeitet unermüdlich als Unterscheidender, das Vorliegende genau Beschreibender und gewinnt sich eine Herrschaft über eine unermeßliche Breite. Geoffroy de Saint-Hilaire hingegen ist im stillen um die Analogien der Geschöpfe und ihre geheimnisvollen Verwandtschaften bemüht; jener geht aus dem Einzelnen in ein Ganzes, welches zwar vorausgesetzt, aber als nie erkennbar betrachtet wird; dieser hegt das Ganze im innern Sinne und lebt in der Überzeugung fort, das Einzelne könne daraus nach und nach entwickelt werden. Wichtig aber ist zu bemerken, daß manches, was diesem in der Erfahrung klar und deutlich nachzuweisen gelingt, von jenem dankbar aufgenommen wird; ebenso verschmäht dieser keineswegs, was ihm von dorther einzeln Entschiedenes zukommt; und so treffen sie auf mehreren Punkten zusammen, ohne daß sie sich deshalb eine Wechselwirkung zugestehen. Denn eine Voranschauung, Vorahnung des Einzelnen im Ganzen will der Trennende, Unterscheidende, auf der Erfahrung Beruhende, von ihr Ausgehende nicht zugeben. Dasjenige erkennen und kennen zu wollen, was man nicht mit Augen sieht, was man nicht greifbar darstellen kann, erklärt er nicht undeutlich für eine Anmaßung. Der andere jedoch, auf gewisse Grundsätze haltend, einer hohen Leitung sich überlassend, will die Autorität jener Behandlungsweise nicht gelten lassen.

Nach diesem einleitenden Vortrag wird uns nunmehr wohl niemand verargen, wenn wir das oben Gesagte wiederholen:hier sind zwei verschiedene Denkweisen im Spiele, welche sich in dem menschlichen Geschlecht meistens getrennt und dergestalt verteilt finden, daß sie, wie überall, so auch im Wissenschaftlichen schwer zusammen verbunden angetroffen werden und, wie sie getrennt sind, sich nicht wohl vereinigen mögen. Ja es geht so weit, daß, wenn ein Teil von dem andern auch etwas nutzen kann, er es doch gewissermaßen widerwillig aufnimmt. Haben wir die Geschichte der Wissenschaften und eine eigne lange Erfahrung vor Augen, so möchte man befürchten, die menschliche Natur werde sich von diesem Zwiespalt kaum jemals retten können. Wir führen das vorher Gesagte noch weiter aus.

Der Unterscheidende wendet soviel Scharfsichtigkeit an, er bedarf einer ununterbrochenen Aufmerksamkeit, einer bis ins kleinste durchdringenden Gewandtheit, die Abweichungen der Gestalten zu bemerken, und zuletzt gleichfalls der entschiedenen Geistesgabe, diese Differenzen zu benennen, daß man ihm nicht wohl verargen kann, wenn er hierauf stolz ist, wenn er diese Behandlungsweise als die einzig gründliche und richtige schätzen mag.

Sieht er nun gar den Ruhm, der ihm deshalb zuteil ward, darauf beruhen, so möchte er nicht leicht über sich gewinnen, die anerkannten Vorzüge mit einem andern zu teilen, der sich, wie es scheint, die Arbeit leichter gemacht hat, ein Ziel zu erreichen, wo eigentlich nur für Fleiß, Mühe, Anhaltsamkeit der Kranz dargeboten werden sollte.

Freilich glaubt derjenige, der von der Idee ausgeht, sich auch etwas einbilden zu dürfen, er, der einen Hauptbegriff zu fassen weiß, dem sich die Erfahrung nach und nach unterordnet, der in sicherer Zuversicht lebt, er werde das, was er hie und da gefunden und schon im ganzen ausgesprochen hat, gewiß in einzelnen Fällen wieder antreffen. Einem so gestellten Manne haben wir wohl auch eine Art von Stolz, ein gewisses inneres Gefühl seiner Vorzüge nachzusehen, wenn er von seiner Seite nicht nachgibt, am wenigsten aber eine gewisse Geringschätzung ertragen kann, die ihm von der Gegenseite öfters, wenn auch auf eine leise, mäßige Art, erzeigt wird.

Was aber den Zwiespalt unheilbar macht, dürfte wohl folgendes sein. Da der Unterscheidende durchaus sich mit dem Faßlichen abgibt, das, was er leistet, belegen kann, keine ungewöhnlichen Ansichten fordert, niemals, was paradox erscheinen möchte, vorträgt, so muß er sich ein größeres, ja ein allgemeines Publikum erwerben; dagegen jener sich, mehr oder weniger, als Eremiten findet, der selbst mit denjenigen, die ihm beipflichten, sich nicht immer zu vereinigen weiß. Schon oft ist in der Wissenschaft dieser Antagonismus hervorgetreten, und es muß sich das Phänomen immer wieder erneuern, da, wie wir eben gesehen, die Elemente hiezu sich immer getrennt nebeneinander fortbilden und, wo sie sich berühren, jederzeit eine Explosion verursachen.

Meist geschieht dies nun, wenn Individuen verschiedener Nationen, verschiedenen Alters oder in sonstiger Entfernung der Zustände aufeinander wirken. In gegenwärtigem Falle erscheint jedoch der merkwürdige Umstand, daß zwei Männer, im Alter gleich vorgerückt, seit achtunddreißig Jahren Kollegen an einer Anstalt, so lange Zeit auf einem Felde, in verschiedenen Richtungen verkehrend, sich einander ausweichend, sich duldend, jeder für sich fortwirkend, die feinste Lebensart ausübend, doch zuletzt einem Ausbruch, einer endlichen öffentlichen Widerwärtigkeit ausgesetzt und unterworfen werden.

Nachdem wir nun eine Zeitlang im Allgemeinen verweilt, so ist es nun sachgemäß, dem Werke, dessen Titel wir oben angezeigt haben, näherzutreten.

Seit Anfang März unterhalten uns schon die Pariser Tagesblätter von einem solchen Vorfall, indem sie sich dieser oder jener Seite mit Beifall zuneigen. In einigen folgenden Sessionen dauerte der Widerstreit fort, bis endlich Geoffroy de Saint-Hilaire den Umständen angemessen findet, diese Diskussionen aus jenem Kreise zu entfernen und durch eine eigene Druckschrift vor das größere Publikum zu bringen.

Wir haben gedachtes Heft durchgelesen und studiert, dabei aber manche Schwierigkeit zu überwinden gehabt und uns deshalb zu gegenwärtigem Aufsatz entschlossen, damit uns mancher, der gedachte Schrift in die Hand nimmt, freundlich danken möge, daß wir ihm zu einiger Einleitung verhelfen. Deshalb stehe denn hier, als Inhalt des fraglichen Werks, die Chronik dieser neusten französischen akademischen Streitigkeiten.

Den 15. Februar 1830 (S. 35)

trägt Geoffroy de Saint-Hilaire einen Rapport vor, über einen Aufsatz, worin einige junge Leute Betrachtungen anstellen, die Organisation der Mollusken betreffend; freilich mit besonderer Vorliebe für die Behandlungsart, die man a priori nennt und wo die „unité de composition organique“ als der wahre Schlüssel zu den Naturbetrachtungen gerühmt wird.

Den 22. Februar (S. 53)

tritt Baron Cuvier mit seiner Gegenrede auf und streitet gegen das anmaßliche einzige Prinzip, erklärt es für ein untergeordnetes und spricht ein anderes aus, welches er für höher und für fruchtbarer erklärt.

In derselben Sitzung (S. 73) improvisiert Geoffroy de Saint-Hilaire eine Beantwortung, worin er sein Glaubensbekenntnis noch unbewundener ausdruckt.

Sitzung vom l. März (S. 81).

Geoffroy de Saint-Hilaire liest einen Aufsatz vor in demselben Sinne, worin er die Theorie der Analogien als neu und höchst brauchbar darzustellen sucht.

Sitzung vom 22. März (S. 109).

Derselbe unternimmt, die Theorie der Analogien auf die Organisation der Fische nützlich anzuwenden.

In derselben Session (S. 139)

sucht Baron Cuvier die Argumente seines Gegners zu entkräften, indem er an das Os hyoides, welches zur Sprache gekommen war, seine Behauptungen anknüpft.

Sitzung vom 29. März (S. 163).

Geoffroy de Saint-Hilaire verteidigt seine Ansichten des Os hyoides und fügt einige Schlußbetrachtungen hinzu.

Die Zeitschrift „Le Temps“ in der No. vom 5. März gibt ein für Geoffroy de Saint-Hilaire günstiges Resumé aus, unter der Rubrik: „Auf die Lehre von der philosophischen Übereinstimmung der Wesen bezüglich“. Der „National“ tut in der No. vom 22. März das gleiche.

Geoffroy de Saint-Hilaire entschließt sich, die Sache aus dem Kreise der Akademie herauszunehmen, läßt das bisher Vorgefallene zusammen drucken und schreibt dazu einen Vorbericht: „Über die Theorie der Analogien“, und datiert. solchen vom 15. April.

Hierdurch nun setzt er seine Überzeugung hinlänglich ins klare, so daß er unsern Wünschen, die Angelegenheit möglichst allgemeinverständlich vorzurühren, glücklich entgegenkommt, wie er auch in einem Nachtrag (S. 27) die Notwendigkeit der Verhandlung in Druckschriften behauptet, da bei mündlichen Diskussionen das Recht wie das Unrecht zu verhallen pflege.

Ganz geneigt aber den Ausländern, erwähnt er, mit Zufriedenheit und Beistimmung, dessen, was die Deutschen und die Edinburgher in diesem Fache geleistet, und bekennt sich als ihren Alliierten, woher denn die wissenschaftliche Welt sich bedeutende Vorteile zu versprechen hat.

Hier aber lassen wir zunächst einige, nach unsrer Weise aus dem Allgemeinen ins Besondere wechselnde Bemerkungen folgen, damit für uns der möglichste Gewinn sich daraus ergebe.

Wenn uns in der Staaten — , so auch in der Gelehrtengeschichte gar manche Beispiele begegnen, daß irgendein besonderes, oft geringes und zufälliges Ereignis eintritt, das die bisher verhüllten Parteien offen einander gegenüberstellt, so finden wir hier denselben Fall, welcher aber unglücklicherweise das Eigne hat, daß gerade der Anlaß, der diese Kontestationen hervorgerufen, ganz spezieller Art ist und die Angelegenheit auf Wege leitet, wo sie von einer grenzenlosen Verwirrung bedroht wird, indem die wissenschaftlichen Punkte, die zur Sprache kommen, an und für sich weder ein bedeutendes Interesse erregen noch dem größten Teile des Publikums klar werden können; daher es denn wohl verdienstlich sein müßte, den Streit auf seine ersten Elemente zurückzuführen.

Da aber alles, was sich unter Menschen im höheren Sinne ereignet, aus dem ethischen Standpunkte betrachtet, beschaut und beurteilt werden muß, zunächst aber die Persönlichkeit, die Individualität der fraglichen Personen vorzüglich zu beachten ist, so wollen wir uns vor allen Dingen mit der Lebensgeschichte der beiden genannten Männer, wenn auch nur im allgemeinsten, bekannt machen.

Geoffroy de Saint-Hilaire, geb. 1772, wird als Professor der Zoologie im Jahre 1793 angestellt, und zwar als man den Jardin du Roi zu einer öffentlichen Lehrschule bestimmt. Bald nachher wird Cuvier gleichfalls zu dieser Anstalt berufen, beide arbeiten zutraulich zusammen, wie es wohlmeinende Jünglinge pflegen, unbewußt ihrer innern Differenz.

Geoffroy de Saint-Hilaire gesellt sich im Jahre 1798 zu der ungeheuer-problematischen Expedition nach Ägypten und wird dadurch seinem Lehrgeschäft gewissermaßen entfremdet; aber die ihm inwohnende Gesinnung, aus dem Allgemeinen ins Besondere zu gehen, befestigt sich nur immermehr, und nach seiner Rückkunft, bei dem Anteil an dem großen ägyptischen Werke, findet er die erwünschteste Gelegenheit, seine Methode anzuwenden und zu nutzen.

Das Vertrauen, das seine Einsichten sowie sein Charakter erworben, beweist sich in der Folge abermals dadurch, daß ihn das Gouvernement im Jahr 1810 nach Portugal sendet, um dort, wie man sich ausdrückt, die Studien zu organisieren; er kommt von dieser ephemeren Unternehmung zurück und bereichert das Pariser Museum durch manches Bedeutende.

Wie er nun in seinem Fache unermüdet zu arbeiten fortfährt, so wird er auch von der Nation als Biedermann anerkannt und im Jahr 1815 zum Deputierten erwählt. Dies war aber der Schauplatz nicht, auf welchem er glänzen sollte, niemals bestieg er die Tribüne.

Die Grundsätze, nach welchen er die Natur betrachtet, spricht er endlich in einem 1818 herausgegebenen Werke deutlich aus und erklärt seinen Hauptgedanken: „Die Organisation der Tiere sei einem allgemeinen, nur hie und da modifizierten Plan, woher die Unterscheidung derselben abzuleiten sei, unterworfen.“

Wenden wir uns nun zu seinem Gegner.

Georg-Leopold Cuvier, geboren 1769 in dem damals noch württembergischen Mömpelgard; er gewinnt hiebei genauere Kenntnis der deutschen Sprache und Literatur; seine entschiedene Neigung zur Naturgeschichte gibt ihm ein Verhältnis zu dem trefflichen Kielmeyer, welches auch nachher aus der Ferne fortgesetzt wird. Wir erinnern uns, im Jahr 1797 frühere Briefe Cuviers an den genannten Naturforscher gesehen zu haben, merkwürdig durch die in den Text charakteristisch und meisterhaft eingezeichneten Anatomien von durchforschten niedern Organisationen.

Bei seinem Aufenthalt in der Normandie bearbeitet er die Linnéische Klasse der Würmer, bleibt den Pariser Naturfreunden nicht unbekannt, und Geoffroy de Saint-Hilaire bestimmt ihn, nach der Hauptstadt zu kommen. Sie verbinden sich zu der Herausgabe mehrerer Werke zu didaktischen Zwecken, besonders suchen sie eine Anordnung der Säugetiere zu gewinnen.

Die Vorzüge eines solchen Mannes bleiben ferner nicht unbeachtet, er wird 1795 bei der Zentralschule zu Paris angestellt und als Mitglied des Instituts in dessen erste Klasse aufgenommen. Für den Bedarf jener Schule gibt er im Jahre 1798 heraus: „Tableaux élémentaires de l'histoire naturelle des animaux", 8.

Er erhält die Stelle eines Professors der vergleichenden Anatomie und gewinnt sich durch seinen Scharfblick die weite, klare Übersicht, durch einen hellen, glänzenden Vortrag den allgemeinsten und lautesten Beifall. Nach Daubentons Abgang wird ihm dessen Platz beim College de France, und von Napoleon anerkannt, tritt er zum Departement des öffentlichen Unterrichts. Als ein Mitglied desselben reist er durch Holland und einen Teil von Deutschland, durch die als Departemente dem Kaisertum damals einverleibten Provinzen, die Lehr-und Schulanstalten zu untersuchen; sein erstatteter Bericht ist beizuschaffen. Vorläufig ward mir bekannt, er habe darin die Vorzüge deutscher Schulen vor den französischen herauszusetzen nicht unterlassen.

Seit 1813 wird er zu höhern Staatsverhältnissen berufen, in welchen er nach der Bourbonen Rückkehr bestätigt wird und bis auf den heutigen Tag in öffentlicher sowohl als wissenschaftlicher Wirksamkeit fortfährt.

Seine Arbeiten sind unübersehbar, sie umfassen das ganze Naturreich, und seine Darlegungen dienen auch uns zur

Kenntnis der Gegenstände und zum Muster der Behandlung. Nicht allein das grenzenlose Reich der lebendigen Organisationen hat er zu erforschen und zu ordnen getrachtet, auch die längst ausgestorbenen Geschlechter danken ihm ihre wissenschaftliche Wiederauferstehung.

Wie genau er denn auch das ganze menschliche Weltwesen kenne und in die Charaktere der vorzüglich Mitwirkenden einzudringen vermöge, gewahrt man in den Ehrendenkmälern, die er verstorbenen Gliedern des Instituts aufzurichten weiß; wo denn zugleich seine so ausgebreiteten Übersichten aller wissenschaftlichen Regionen zu erkennen sind.

Verziehen sei das Skizzenhafte dieser biographischen Versuche, hier war nicht die Rede, die allenfalls Teilnehmenden zu unterrichten, ihnen etwas Neues vorzulegen, sondern sie nur an dasjenige zu erinnern, was ihnen von beiden würdigen Männern längst bekannt sein mußte.

Nun aber möchte man wohl fragen: welche Ursache, welche Befugnis hat der Deutsche, von diesem Streit nähere Kenntnis zu nehmen? ja vielleicht als Partei sich zu irgendeiner Seite zu gesellen? Darf man aber wohl behaupten, daß jede wissenschaftliche Frage, wo sie auch zur Sprache komme, jede gebildete Nation interessiere, wie man denn auch wohl die szientifische Welt als einen einzigen Körper betrachten darf, so ist hier nachzuweisen, daß wir diesmal besonders aufgerufen sind.

Geoffroy de Saint-Hilaire nennt mehrere deutsche Männer als mit ihm in gleicher Gesinnung begriffen; Baron Cuvier dagegen scheint von unsern deutschen Bemühungen in diesem Felde die ungünstigsten Begriffe sich gebildet zu haben, es äußert sich derselbe in einer Eingabe vom 5. April (Seite 24 in der Note) folgendermaßen: „Ich weiß wohl, ich weiß, daß für gewisse Geister hinter dieser Theorie der Analogien, wenigstens verworrenerweise, eine andere sehr alte Theorie sich verbergen mag, die, schon längst widerlegt, von einigen Deutschen wieder hervorgesucht worden, um das pantheistische System zu begünstigen, welches sie *Naturphilosophie* nennen." Diese Äußerung Wort für Wort zu kommentieren, den Sinn derselben deutlich zu machen, die fromme Unschuld deutscher Naturdenker klar hinzulegen, bedürfte es wohl auch eines Oktavbändchens; wir wollen in der Folge suchen, auf die kürzeste Weise unsern Zweck zu erreichen.

Die Lage eines Naturforschers wie Geoffroy de Saint-Hilaire ist freilich von der Art, daß es ihm Vergnügen machen muß, von den Bemühungen deutscher Forscher einigermaßen unterrichtet zu sein, sich zu überzeugen, daß sie ähnliche Gesinnungen hegen wie er, daß sie auf demselben Wege sich bemühen und daß er also von ihrer Seite sich einsichtigen Beifall und, wenn er es verlangt, hinreichenden Beistand zu erwarten hat. Wie denn überhaupt in der neuern Zeit es unsern westlichen Nachbarn niemals zu Schaden gedieh, wenn sie von deutschem Forschen und Bestreben einige Kenntnis nahmen.

Die deutschen Naturforscher, welche bei dieser Gelegenheit genannt werden, sind: Kielmeyer, Meckel, Oken, Spix, Tiedemann, und zugleich werden unsrer Teilnahme an diesen Studien dreißig Jahre zugestanden. Allein ich darf wohl behaupten, daß es über funfzig sind, die uns schon mit wahrhafter Neigung an solche Untersuchungen gekettet sehen. Kaum erinnert sich noch jemand außer mir jener Anfänge, und mir sei gegönnt, hier jener treuen Jugendforschungen zu erwähnen, wodurch sogar einiges Licht auf gegenwärtige Streitigkeiten fallen könnte.

„Ich lehre nicht, ich erzähle." (Montaigne.)

2. Abschnitt

„Ich lehre nicht, ich erzähle", damit schloß ich den ersten Abschnitt meiner Betrachtungen über das genannte Werk; nun aber find ich, um den Standpunkt, woraus ich beurteilt werden möchte, noch näher zu bestimmen, ratsam, die Worte eines Franzosen hier vorzusetzen, welche besser als irgend etwas anderes die Art, womit ich mich verständlich zu machen suche, kürzlich aussprechen möchten.

„Es gibt geistreiche Männer, die eine eigne Art des Vortrags haben; nach ihrer Weise fangen sie an, sprechen zuerst von sich selbst und machen sich nur ungern von ihrer Persönlichkeit los. Ehe sie euch die Resultate ihres Nachdenkens vorlegen, fühlen sie ein Bedürfnis, erst aufzuzählen, wo und wie dergleichen Betrachtungen ihnen zukamen."

Werde mir deshalb in diesem Sinne zugegeben, den Gang der Geschichte jener Wissenschaften, denen ich meine Jahre gewidmet, ohne weitere Anmaßung, synchronistisch mit meinem Leben, freilich nur im allgemeinsten zu behandeln.

Hiernach also wäre zu erwähnen, wie früh ein Anklang der Naturgeschichte, unbestimmt, aber eindringlich, auf mich gewirkt hat. Graf Buffon gab, gerade in meinem Geburtsjahr 1749, den ersten Teil seiner „Histoire naturelle" heraus und erregte großen Anteil unter den damals französischer Einwirkung sehr zugänglichen Deutschen. Die Bände folgten jahrweise, und so begleitete das Interesse einer gebildeten Gesellschaft mein Wachstum, ohne daß ich mehr als den Namen dieses bedeutenden Mannes, so wie die Namen seiner eminenten Zeitgenossen, wäre gewahr worden.

Graf Buffon, geboren 1707. Dieser vorzügliche Mann hatte eine heitere, freie Übersicht, Lust am Leben und Freude am Lebendigen des Daseins; froh interessiert er sich für alles, was da ist. Lebemann, Weltmann, hat er durchaus den Wunsch, im Belehren zu gefallen, im Unterrichten sich einzuschmeicheln. Seine

Darstellungen sind mehr Schilderungen als Beschreibungen; er führt die Kreatur in ihrer Ganzheit vor, besonders gern in bezug auf den Menschen, deswegen er diesem die Haustiere gleich folgen läßt. Er bemächtigt sich alles Bekannten; die Naturforscher nicht allein weiß er zu nutzen, der Resultate aller Reisenden versteht er sich zu bedienen. Man sieht ihn in Paris, dem großen Mittelpunkte der Wissenschaften, als Intendanten des schon bedeutenden Königlichen Kabinetts, begünstigt im Äußern, wohlhabend, in den Grafenstand erhoben und sich auch so vornehm als anmutig gegen seine Leser betragend.

Auf diesem Standpunkt weiß er sich aus dem Einzelnen das Umfassende zu bilden, und wenn er auch, was uns hier zunächst berührt, in dem zweiten Band, Seite 544, niederschreibt: „Die Arme des Menschen gleichen auf keine Weise den Vorderfüßen der Tiere, sowenig als den Flügeln der Vögel", so spricht er im Sinne der natürlich hinblickenden, die Gegenstände, wie sie sind aufnehmenden Menge. Aber in seinem Innern entwickelt sich's besser, denn im vierten Bande, S. 379, sagt er: „Es gibt eine ursprüngliche und allgemeine Vorzeichnung, die man sehr weit verfolgen kann"; und somit hat er die Grundmaxime der vergleichenden Naturlehre ein für allemal festgesetzt.

Man verzeihe diese flüchtigen, fast frevelhaft eilenden Worte, womit wir einen so verdienten Mann vorüberführen; es ist genug, uns zu überzeugen, daß, ohngeachtet der grenzenlosen Einzelnheiten, denen er sich hingibt, er nicht verfehlte, ein Umfassendes anzuerkennen. Gewiß ist, wenn wir jetzt seine Werke durchgehen, so finden wir, daß er aller Hauptprobleme sich bewußt war, mit welchen die Naturlehre sich beschäftigt, ernstlich bemüht, sie, wenn auch nicht immer glücklich, aufzulösen; dabei leidet die Ehrfurcht, die wir für ihn empfinden, nicht im mindesten, wenn man einsieht, daß wir Späteren, als hätten wir manche der dort aufgeworfenen Fragen schon vollkommen gelöst, nur allzu frühzeitig triumphieren. Dem allen ungeachtet müssen wir gestehen, daß, wenn er sich eine höhere Ansicht zu gewinnen suchte, er die Hülfe der Einbildungskraft nicht verschmähte; wodurch denn freilich der Beifall der Welt merklich zunahm, er aber sich von dem eigentlichen Element, woraus die Wissenschaft gebildet werden soll, einigermaßen entfernte und diese Angelegenheit in das Feld der Rhetorik und Dialektik hinüberzuführen schien.

Suchen wir in einer so bedeutenden Sache immer deutlicher zu werden:

Graf Buffon wird als Oberaufseher des Jardin du Roi angestellt; er soll eine Ausarbeitung der Naturgeschichte darauf gründen. Seine Tendenz geht in das Ganze, insofern es lebt, ineinanderwirkt und sich besonders auf den Menschen bezieht.

Für das Detail bedarf er eines Gehülfen und beruft Daubenton, einen Landsmann.

Dieser faßt die Angelegenheit von der entgegengesetzten Seite, ist ein genauer, scharfer Anatomiker. Dieses Fach wird ihm viel schuldig, allein er hält sich dergestalt am Einzelnen, daß er auch das Nächstverwandte nicht aneinanderfügen mag.

Leider veranlaßt diese ganz verschiedene Behandlungsart auch zwischen diesen beiden Männern eine nicht herzustellende Trennung. Wie sie sich auch mag entschieden haben, genug, Daubenton nimmt seit dem Jahre 1768 keinen Teil mehr an der Buffonschen „Naturgeschichte“, arbeitet aber emsig für sich allein fort; und nachdem Buffon im hohen Alter abgegangen, bleibt der gleichfalls bejahrte Daubenton an seiner Stelle und zieht sich in Geoffroy de Saint-Hilaire einen jüngern Mitarbeiter heran. Dieser wünscht sich einen Gesellen und findet ihn in Cuvier. Sonderbar genug, daß sich in diesen beiden, gleichfalls höchst verdienten Männern im stillen die gleiche Differenz entwickelt, nur auf einer höheren Stufe. Cuvier hält sich entschieden und in einem systematisch ordnenden Sinne ans Einzelne; denn eine größere Übersicht leitet schon und nötigt zu einer Methode der Aufstellung. Geoffroy, seiner Denkart gemäß, sucht ins Ganze zu dringen, aber nicht wie Buffon ins Vorhandene, Bestehende, Ausgebildete, sondern ins Wirkende, Werdende, sich Entwickelnde. Und so nährt sich heimlich der abermalige Widerstreit und bleibt länger verborgen als der ältere, indem höhere gesellige Bildung, gewisse Konvenienzen, schweigende Schonungen den Ausbruch ein Jahr nach dem andern hinhalten, bis denn doch endlich eine geringe Veranlassung, die nach außen und innen künstlich getrennte Elektrizität der Leidner Flasche, den geheimen Zwiespalt durch eine gewaltige Explosion offenbart.

Fahren wir jedoch fort, über jene vier so oft genannten und in der Naturwissenschaft immer wieder zu nennenden Männer unsre Betrachtungen anzustellen, wenn wir uns auch einigermaßen wiederholen sollten; denn sie sind es, die, allen übrigen unbeschadet, als Stifter und Beförderer der französischen Naturgeschichte vorleuchten und den Kern bilden, aus welchem sich so manches Wünschenswerte glücklich hervortut, seit fast einem Jahrhunderte der wichtigen Anstalt vorgesetzt, dieselbe vermehrend, benutzend und auf alle Weise die Naturgeschichte fördernd, die synthetische und analytische Behandlungsweise der Wissenschaft repräsentierend. Buffon nimmt die Außenwelt, wie er sie findet, in ihrer Mannigfaltigkeit als ein zusammengehörendes, bestehendes, in wechselseitigen Bezügen sich begegnendes Ganze. Daubenton, als Anatom fortwährend im Trennen und Sondern begriffen, hütet sich, irgend das, was er einzeln gefunden, mit einem andern zusammenzufügen, sorgfältig stellt er alles nebeneinander hin, mißt und beschreibt ein jedes für sich.

In demselben Sinne, nur mit mehr Freiheit und Umsicht, arbeitet Cuvier; ihm ist die Gabe verliehen, grenzenlose Einzelnheiten zu bemerken, zu unterscheiden, untereinander zu vergleichen, sie zu stellen, zu ordnen und sich dergestalt großes Verdienst zu erwerben.

Aber auch er hat eine gewisse Apprehension gegen eine höhere Methode, die er denn doch selbst nicht entbehrt und, obgleich unbewußt, dennoch anwendet; und so stellt er in einem höheren Sinne die Eigenschaften Daubentons wieder dar. Ebenso möchten wir sagen, daß Geoffroy einigermaßen auf Buffon zurückweist. Denn wenn dieser die große Synthese der empirischen Welt gelten läßt und in sich aufnimmt, sich aber zugleich mit allen Merkmalen, die sich ihm zum Behuf der Unterscheidung darbieten, bekannt macht und sie benutzt, so tritt Geoffroy bereits der großen, abstrakten, von jenem nur geahneten Einheit näher, erschrickt nicht vor ihr und weiß, indem er sie auffaßt, ihre Ableitungen zu seinem Vorteil zu nutzen.

Vielleicht kommt der Fall in der Geschichte des Wissens und der Wissenschaft nicht wieder vor, daß an dem gleichen Ort, auf ebenderselben Stelle, in bezug auf dieselben Gegenstände, Amt und Pflicht gemäß, durch so lange Zeit eine Wissenschaft im beständigen Gegensatze von so höchst bedeutenden Männern wäre gefördert worden, welche, anstatt durch die Einheit der ihnen vorgelegten Aufgabe sich zu einer gemeinsamen Bearbeitung, wenn auch aus verschiedenen Gesichtspunkten, einladen zu lassen, nicht durch den Gegenstand, sondern durch die Art, ihn anzusehen, bis zu feindseligem Widerstreit hingerissen, gegeneinander auftreten. Ein so merkwürdiger Fall aber muß uns allen, muß der Wissenschaft selbst zum Besten gereichen! Möge doch jeder von uns bei dieser Gelegenheit sagen, daß *Sondern* und *Verknüpfen* zwei unzertrennliche Lebensakte sind. Vielleicht ist es besser gesagt, daß es unerläßlich ist, man möge wollen oder nicht, aus dem Ganzen ins Einzelne, aus dem Einzelnen ins Ganze zu gehen, und je lebendiger diese Funktionen des Geistes, wie Aus- und Einatmen, sich zusammen verhalten, desto besser wird für die Wissenschaften und ihre Freunde gesorgt sein.

Wir verlassen diesen Punkt, um darauf wieder zurückzukehren, wenn wir nur erst von denjenigen Männern gesprochen haben, die in den siebziger und achtziger Jährendes vorigen Hunderts uns auf dem eigens eingeschlagenen Wege förderten.

Petrus Camper, ein Mann von ganz eignem Beobachtungs- und Verknüpfungsgeiste, der mit dem aufmerksamen Beschauen zugleich eine glückliche Nachbildungsgabe verband und so, durch Reproduktion des Erfahrenen, dieses in sich selbst belebte und sein Nachdenken durch Selbsttätigkeit zu schärfen wußte.

Seine großen Verdienste sind allgemein anerkannt; ich erwähne hier nur seiner Faziallinie, wodurch das Vorrücken der Stirn, als Gefäß des geistigen Organs, über die untere, mehr tierische Bildung anschaulicher und dem Nachdenken angeeigneter worden.

Geoffroy gibt ihm das herrliche Zeugnis, S. 149, in der Note: „Ein weitumfassender Geist, hochgebildet und immerfort nachdenkend; er hatte von der Übereinstimmung organischer Systeme so ein lebhaftes und tiefes Gefühl, daß er mit Vorliebe alle außerordentlichen Fälle aufsuchte, wo er einen Anlaß fände, sich mit Problemen zu beschäftigen, eine Gelegenheit, Scharfsinn zu üben, um sogenannte Anomalien auf die Regel zurückzuführen." Und was ließe sich nicht alles hinzufügen, wenn hier mehr als Andeutung sollte geliefert werden.

Hier möchte nun der Ort sein zu bemerken, daß der Naturforscher auf diesem Wege am ersten und leichtesten den Wert, die Würde des Gesetzes, der Regel erkennen lernt. Sehen wir immerfort nur das Geregelte, so denken wir, es müsse so sein, von jeher sei es also bestimmt und deswegen stationär. Sehen wir aber die Abweichungen, Mißbildungen, ungeheure Mißgestalten, so erkennen wir, daß die Regel zwar fest und ewig, aber zugleich lebendig sei, daß die Wesen zwar nicht aus derselben heraus, aber doch innerhalb derselben sich ins Unförmliche umbilden können, jederzeit aber, wie mit Zügeln zurückgehalten, die unausweichliche Herrschaft des Gesetzes anerkennen müssen.

Samuel Thomas Sömmerring, ward durch Camper angeregt. Ein höchst fähiger, zum Schauen, Bemerken, Denken aufgeweckter, lebendiger Geist. Seine Arbeit über das Gehirn und der höchst sinnige Ausspruch: der Mensch unterscheide sich von den Tieren hauptsächlich dadurch, daß die Masse seines Gehirns den Komplex der übrigen Nerven in einem hohen Grad überwiege, welches bei den übrigen Tieren nicht statthabe, war höchst folgereich.

Und was gewann nicht, in jener empfänglichen Zeit, der gelbe Fleck im Mittelpunkte der Retina für eine Teilnahme! Wieviel wurden, in der Folge, die Sinnesorgane, das Auge, das Ohr, seinem Einblick, seiner nachbildenden Hand schuldig?

Sein Umgang, ein briefliches Verhältnis zu ihm war durchaus erweckend und fördernd. Ein neues Faktum, eine frische Ansicht, eine tiefere Erwägung wurden mitgeteilt und jede Wirksamkeit aufgeregt. Alles Aufkeimende entwickelte sich schnell, und eine frische Jugend ahnete die Hindernisse nicht, die sich ihr entgegenzustellen auf dem Wege waren.

Johann Heinrich Merck, als Kriegszahlmeister im Hessen-Darmstädtischen angestellt, verdient auf alle Weise hier genannt zu werden. Er war ein Mann von unermüdeter geistiger Tätigkeit, die sich nur deswegen nicht durch bedeutende Wirkungen auszeichnete, weil er, als talentvoller Dilettant, nach allen Seiten hingezogen und getrieben wurde. Auch er ergab sich der vergleichenden Anatomie mit Lebhaftigkeit, wo ihm denn auch ein zeichnerisches Talent, das sich leicht und bestimmt auszudrükken wußte, glücklich zu Hülfe kam.

Die eigentliche Veranlassung jedoch hierzu gaben die merkwürdigen Fossilien, auf die man in jener Zeit erst eine wissenschaftliche Aufmerksamkeit richtete und welche mannigfaltig und wiederholt in der Flußregion des Rheins ausgegraben wurden. Mit habsüchtiger Liebhaberei bemächtigte er sich mancher vorzüglichen Exemplare, deren Sammlung nach seinem Ableben in das Großherzoglich Hessische Museum geschafft und eingeordnet und auch daselbst durch den einsichtigen Kustos von

Schleiermacher sorgfältig verwahrt und vermehrt werden.

Mein inniges Verhältnis zu beiden Männern steigerte zuerst bei persönlicher Bekanntschaft, sodann durch fortgesetzte Korrespondenz meine Neigung zu diesen Studien; deshalb suchte ich, meiner angebornen Anlage gemäß, vor allen Dingen nach einem Leitfaden oder, wie man es auch nennen möchte, nach einem Punkt, wovon man ausginge, eine Maxime, an der man sich halten, einen Kreis, aus welchem nicht abzuirren wäre.

Ergeben sich nun heutigestags in unserem Felde auffallende Differenzen, so ist nichts natürlicher, als daß diese damals sich noch mehr und öfter hervortun mußten, weil jeder, von seinem Standpunkt ausgehend, jedes zu seinen Zwecken, alles zu allem nützlich anzuwenden bemüht war.

Bei der vergleichenden Anatomie im weitesten Sinne, insofern sie eine Morphologie begründen sollte, war man denn doch immerfort so mit den Unterschieden wie mit den Übereinstimmungen beschäftigt. Aber ich bemerkte gar bald, daß man sich bisher ohne Methode nur in die Breite bemüht habe; man verglich, wie es gerade vorkam, Tier mit Tier, Tiere mit Tieren, Tiere mit Menschen; woraus eine unübersehbare Weitläuftigkeit und eine sinnebetäubende Verworrenheit entstand, indem es teils allenfalls paßte, teils aber ganz und gar sich nicht fügen wollte.

Nun legt ich die Bücher beiseite und ging unmittelbar an die Natur, an ein übersehbares Tierskelett; die Stellung auf vier Füßen war die entschiedenste, und ich fing an, von vorne nach hinten, der Ordnung nach, zu untersuchen.

Hier fiel der Zwischenknochen vor allen als der vorderste in die Augen, und ich betrachtete ihn daher durch die verschiedensten Tiergeschlechter.

Aber ganz andere Betrachtungen wurden eben dazumal rege. Die nahe Verwandtschaft des Affen zu den Menschen nötigte den Naturforscher zu peinlichen Überlegungen, und der vortreffliche Camper glaubte den Unterschied zwischen Affen und Menschen darin gefunden zu haben, daß jenem ein Zwischenknochen der oberen Kinnlade zugeteilt sei, diesem aber ein solcher fehle.

Ich kann nicht ausdrücken, welche schmerzliche Empfindung es mir war, mit demjenigen in entschiedenem Gegensatz zu stehen, dem ich soviel schuldig geworden, dem ich mich zu nähern, mich als seinen Schüler zu bekennen, von dem ich alles zu lernen hoffte.

Wer sich meine damaligen Bemühungen zu vergegenwärtigen die Absicht hätte, findet, was schriftlich verfaßt worden, in dem ersten Bande dessen, was ich zur Morphologie geliefert habe, und welche Mühe man sich gegeben, auch bildlich, worauf doch alles ankommt, die verschiedenen abweichenden Gestalten jenes Knochens zu verzeichnen, läßt sich nunmehr aus den Verhandlungen der Kaiserlich Leopoldinisch-Carolinischen Akademie der Naturforscher ersehen, wo sowohl der Text wieder abgedruckt als die dazugehörigen, lange Jahre im verborgenen gebliebenen Tafeln freundlichst aufgenommen worden. Beides findet sich in der ersten Abteilung des funfzehnten Bandes.

Doch ehe wir jenen Band aufschlagen, hab ich noch etwas zu erzählen, zu bemerken und zu bekennen, welches, wenn es auch nicht von großer Bedeutung wäre, doch unseren strebenden Nachkommen zum Vorteil gereichen kann.

Nicht allein die ganz frische Jugend, sondern auch der schon herangebildete Mann wird, sobald ihm ein prägnanter folgerechter Gedanke aufgegangen, sich mitteilen, bei andern eine gleiche Denkweise aufregen wollen.

Ich merkte daher den Mißgriff nicht, da ich die Abhandlung, die man soeben finden wird, ins Lateinische übersetzt, mit teils umrissenen, teils ausgeführten Zeichnungen ausgestattet, an Peter Camper zu übersenden die unbesonnene Gutmütigkeit hatte. Ich erhielt darauf eine sehr ausführliche, wohlwollende Antwort, worin er die Aufmerksamkeit, die ich diesen Gegenständen geschenkt, höchlich lobte, die Zeichnungen zwar nicht mißbilligte, wie aber solche Gegenstände besser von der Natur abzunehmen seien, guten Rat erteilte und einige Vorteile zu beachten gab. Er schien sogar über diese Bemühungen etwas verwundert, fragte, ob ich dieses Heft etwa abgedruckt haben wollte, zeigte die Schwierigkeiten wegen der Kupfer umständlich an, auch die Mittel, sie zu überwinden. Genug, er nahm als Vater und Gönner allen billigen Anteil an der Sache.

Aber davon war nicht die geringste Spur, daß er meinen Zweck bemerkt habe, seiner Meinung entgegenzutreten und irgend etwas anderes als ein Programm zu beabsichtigen. Ich erwiderte bescheiden und erhielt noch einige ausführliche wohlwollende Schreiben, genau besehen nur materiellen Inhalts, die sich aber keineswegs auf meinen Zweck bezogen, dergestalt, daß ich zuletzt, da diese eingeleitete Verbindung nichts fördern konnte, sie ruhig fallenließ, ohne jedoch daraus, wie ich hätte sollen, die bedeutende Erfahrung zu schöpfen, daß man einen Meister nicht von seinem Irrtum überzeugen könne, weil er ja in seine Meisterschaft aufgenommen und dadurch legitimiert ward.

Verloren sind leider, mit so vielen andern Dokumenten, jene Briefe, welche den tüchtigen Zustand jenes hohen Mannes und zugleich meine glaubige jüngerhafte Deferenz sehr lebhaft vergegenwärtigen müßten.

Aber noch ein anderes Mißgeschick betraf mich; ein ausgezeichneter Mann, Johann Friedrich Blumenbach, der sich mit Glück der Naturwissenschaft gewidmet, auch besonders die vergleichende Anatomie durchzuarbeiten begonnen, trat in seinem Kompendium derselben auf Campers Seite und sprach dem Menschen den Zwischenknochen ab. Meine Verlegenheit wurde dadurch aufs höchste gesteigert, indem ein schätzbares Lehrbuch, ein vertrauenswürdiger Lehrer meine Gesinnungen, meine Absichten durchaus beseitigen sollte.

Aber ein so geistreicher, fortuntersuchender und- denkender Mann konnte nicht immer bei einer vorgefaßten Meinung verharren, und ich bin ihm, bei traulichen Verhältnissen, über diesen Punkt, wie über viele andere, eine teilnehmende Belehrung schuldig geworden, indem er mich benachrichtigte, daß der Zwischenknochen bei wasserköpfigen Kindern von der obern Kinnlade getrennt, auch bei dem doppelten Wolfsrachen als krankhaft abgesondert sich manifestiere.

Nun aber kann ich jene, damals mit Protest zurückgewiesenen Arbeiten, welche so viele Jahre im stillen geruht, hervorrufen und für dieselben mir einige Aufmerksamkeit erbitten.

Auf die erwähnten Abbildungen habe ich mich zunächst, vollkommener Deutlichkeit wegen, zu berufen, noch mehr aber auf das d'Altonische große osteologische Werk hinzudeuten, wo eine weit größere, freiere, ins Ganze gehende Übersicht zu gewinnen ist.

Bei allem diesem aber hab ich Ursache, den Leser zu ersuchen, sämtliches bisher Gesagte und noch zu Sagende als mittelbar oder unmittelbar bezüglich auf den Streit jener beiden trefflichen französischen Naturforscher, von welchem gegenwärtig immer die Rede bleibt, durchaus anzusehn.

Sodann darf ich voraussetzen, man werde jene soeben bezeichnete Tafeln vor sich zu nehmen und sie mit uns durchzugehen geneigt sein.

Sobald man von Abbildungen spricht, versteht sich, daß eigentlich von Gestalt gehandelt werde; im gegenwärtigen Falle aber sind wir unmittelbar auf die Funktion der Teile hingewiesen; denn die Gestalt steht in Bezug auf die ganze Organisation, wozu der Teil gehört, und somit auch auf die Außenwelt, von welcher das vollständig organisierte Wesen als ein Teil betrachtet werden muß. In diesem Sinne also gehen wir ohne Bedenken weiter zu Werke.

Auf der ersten Tafel sehen wir diesen Knochen, welchen wir als den vordersten des ganzen Tierbaues erkennen, auf verschiedene Weise gestaltet; eine nähere Betrachtung läßt uns bemerken, daß durch ihn die nötigste Nahrung dem Tiere zugeeignet werde: so verschieden daher die Nahrung, so verschieden wird auch dieses Organ gestaltet sein. Bei dem Reh finden wir einen leichten, zahnlosen knöchernen Bügel, um Grashalmen und Blattzweige mäßig abzurupfen. An dem Ochsen sehen wir ohngefähr dieselbige Gestalt, nur breiter, plumper, kräftiger, nach Maßgabe der Bedürfnisse des Geschöpfes. In der dritten Figur haben wir das Kamel, welches schafartig eine gewisse beinah monstrose Unentschiedenheit zeigt, so daß der Zwischenknochen von der obern Kinnlade, Schneidezahn vom Eckzahn kaum zu unterscheiden sind.

Auf der zweiten Tafel zeigt sich das Pferd mit einem bedeutenden Zwischenknochen, sechs abgestumpfte Schneidezähne enthaltend; der hier, bei einem jungen Subjekt, unentwickelte Eckzahn ist der obern Kinnlade vollkommen zugeeignet.

Bemerkenswert ist an der zweiten Figur derselben Tafel die obere Kinnlade des Sus babirussa, von der Seite betrachtet; hier sieht man in der obern Kinnlade den wunderbaren Eckzahn ganz eigentlich enthalten, indem dessen Alveole an den schweinartig bezahnten Zwischenkiefer kaum anstreift und nicht die mindeste Einwirkung auf denselben bemerken läßt.

Auf der dritten Tafel schenken wir unsre Aufmerksamkeit der dritten Figur, dem Wolfsgebiß. Der vorgeschobene, mit sechs tüchtigen scharfen Schneidezähnen versehene Zwischenknochen unterscheidet sich an Figura b durch eine Sutur sehr deutlich von der obern Kinnlade und läßt, obgleich sehr vorgeschoben, die genaue Nachbarschaft mit dem Eckzahne ersehen. Das Löwengebiß, mehr zusammengezogen, zahnkräftiger und gewaltsamer, zeigt jene Unterscheidung und Nachbarschaft noch genauer. Des Eisbärs gleiches Vordergebiß, mächtig, aber unbehülflich, plump, eine charakterlose Bildung, auf alle Fälle weniger zum Ergreifen als zum Zerknirschen fähig; die Canales palatini breit und offen; von jener Sutur aber keine Spur, die man jedoch im Geiste zeichnen und ihr den Lauf anweisen wird.

Auf der vierten Tafel Trichechus rosmarus gibt zu mancherlei Betrachtungen Anlaß. Das große Übergewicht der Eckzähne gebietet dem Zwischenknochen zurückzutreten, und das widerwärtige Geschöpf erhält dadurch ein menschenähnliches Ansehn. Fig. 1, eines schon erwachsenen Tieres verkleinerte Abzeichnung, läßt den abgesonderten Zwischenknochen deutlich sehen; auch beobachtet man, wie die mächtige, in der obern Kinnlade gegründete Wurzel, bei fortwachsendem Hinaufstreben, eine Art Geschwulst auf der Wangenfläche hervorbrachte. Die Figuren 2 und 3 sind nach einem jungen Tiere gleicher Größe gebildet. Bei diesem Exemplar ließ sich der Zwischenknochen völlig von der obern Kinnlade sondern, da alsdann der Eckzahn in seiner, der obern Kinnlade ganz allein angehörigen Alveole ungestört zurückbleibt.

Nach allem diesem dürfen wir kühnlich behaupten, daß der große Elefantenzahn gleichfalls in der obern Kinnlade wurzele, wobei wir zu bedenken haben, daß bei der ungeheuren Forderung, die hier an die obere Kinnlade geschieht, der benachbarte Zwischenknochen wo nicht zur Bildung der ungeheuren Alveolen, doch zu deren Verstärkung eine Lamelle hergeben sollte.

Soviel haben wir bei sorgfältiger Untersuchung mehrer Exemplare auszufinden geglaubt, wenn auch schon die im 12. Bande vorgestellten Schädelabbildungen hierin keine Entscheidung herbeiführen.

Denn hier ist es, wo uns der Genius der Analogie als Schutzengel zur Seite stehen möge, damit wir eine an vielen Beispielen erprobte Wahrheit nicht in einem einzigen, zweifelhaften Fall verkennen, sondern auch da dem Gesetz gebührende Ehre erweisen, wo es sich uns in der Erscheinung entziehen möchte.

Auf der fünften Tafel ist Affe und Mensch einander entgegengestellt. Was den letzteren betrifft, so ist, nach einem besondern Präparat, Trennung und Verschmelzung des gedachten Knochens deutlich genug angegeben. Vielleicht wären beide Gestalten, als Ziel der ganzen Abhandlung, mannigfaltiger und klarer abzubilden und gegeneinanderzustellen gewesen. Aber gerade zuletzt, in der prägnantesten Zeit, stockte Neigung und Tätigkeit in jenem Fache, so daß wir schon dankbar anerkennen müssen, wenn eine hochzuverehrende Sozietät der Naturforscher diese Fragmente ihrer Aufmerksamkeit würdigen und das Andenken redlicher Bemühungen in dem unzerstörbaren Körper ihrer Akten aufbewahren wollen.

Noch aber müssen wir unsre Leser um fortgesetzte Aufmerksamkeit bitten, denn, von Herrn Geoffroy selbst veranlaßt, haben wir noch ein anderes Organ in ebendiesem Sinne zu betrachten.

Die Natur bleibt ewig respektabel, ewig bis auf einen gewissen Punkt erkennbar, ewig dem Verständigen brauchbar. Sie wendet uns gar mannigfaltige Seiten zu; was sie verbirgt, deutet sie wenigstens an; dem Beobachter wie dem Denker gibt sie vielfältigen Anlaß, und wir haben Ursache, kein Mittel zu verschmähen, wodurch ihr Äußeres schärfer zu bemerken und ihr Inneres gründlich zu erforschen ist. Wir nehmen daher zu unsern Zwecken ohne weiteres die *Funktion* in Schutz.

Funktion, recht begriffen, ist das Dasein in Tätigkeit gedacht, und so beschäftigen wir uns, von Geoffroy selbst aufgerufen, mit dem Arme des Menschen, mit den Vorderfüßen des Tieres.

Ohne gelehrt scheinen zu wollen, beginnen wir von Aristoteles, Hippokrates und Galen, nach dem Bericht des letzteren. Die heiteren Griechen schrieben der Natur einen allerliebsten Verstand zu. Habe sie doch alles so artig eingerichtet, daß man das Ganze immer vollkommen finden müsse. Den kräftigen Tieren verleihe sie Klauen und Hörner, den schwächeren leichte Beine. Der Mensch aber sei besonders versorgt durch seine vieltätige Hand, wodurch er statt Hörner und Klauen sich Schwert und Spieß anzuschaffen wisse. Ebenso ist der Zweck, warum der Mittelfinger länger sei als die übrigen, recht lustig zu vernehmen.

Wollen wir jedoch nach unsrer Art weiter fortschreiten, müssen wir das große d'Altonische Werk vor uns legen und aus dessen Reichtum die Belege zu unsern Betrachtungen entnehmen.

Den Vorderarm des Menschen, die Verbindung desselben mit der Hand und welche Wunder hier geleistet werden, nehmen wir als allgemein bekannt an. Es ist nichts Geistiges, was nicht in diesen Bereich fiele.

Betrachte man hiernach die reißenden Tiere, wie ihre Klauen und Krallen nur zum Aneignen der Nahrung geschickt und geschäftig sind und wie sie, außer einigem Spieltrieb, dem Zwischenknochen untergeordnet und die Knechte des Freßwerkzeugs bleiben.

Die fünf Finger sind bei dem Pferde in einen Huf geschlossen, wir sehen dies in geistiger Anschauung, wenn uns nicht auch einmal, durch irgendeine Monstrosität, die Teilbarkeit des Hufes in Finger davon überzeugte. Dieses edle Geschöpf bedarf keines gewaltsamen Ansichreißens seiner Nahrung; eine luftige, nicht allzufeuchte Weide befördert sein freies Dasein, welches eigentlich nur einer grenzenlosen Bewegung von hin und her schwärmendem behäglichen Mutwillen geeignet zu sein scheint, welche Naturbestimmung denn auch der Mensch zu nützlichen und leidenschaftlichen Zwecken gar wohl zu gebrauchen weiß.

Betrachten wir nun diesen Teil aufmerksam durch die verschiedensten Tiergattungen, so finden wir, daß die Vollkommenheit desselben und seiner Funktionen zunimmt und abnimmt, je nachdem *Pronation* und *Supination* mehr oder weniger leicht und vollständig ausgeübt werden kann. Solchen Vorteil besitzen, in mehr oder minderem Grade, gar viele Tiere; da sie aber den Vorderarm notwendig zum Stehen und Fortschreiten benutzen, so existieren sie die meiste Zeit in der Pronation, und da auf diese Weise der Radius mit dem Daumen, welchem er organisch verbunden ist, nach innen gekehrt wird, so wird derselbe, als den eigentlichen Schwerpunkt bezeichnend, nach Beschaffenheit der Umstände bedeutender, ja zuletzt fast alleinig an seiner Stelle.

Zu den beweglichsten Vorderarmen und den geschicktesten Händen können wir wohl die des Eichhörnchens und verwandter Nagetiere zählen. Ihr leichter Körper, insofern er zur aufrechten Stellung mehr oder weniger gelangt, und die hüpfende Bewegung lassen die Vorderhände nicht plump werden. Es ist nichts anmutiger anzusehn als das Eichhörnchen, das einen Tannzapfen abschält; die mittlere Säule wird ganz rein weggeworfen, und es wäre wohl der Beobachtung wert, ob diese Geschöpfe nicht die Samenkörner in der Spiralfolge, wie sie sich entwickelt haben, abknuspern und sich zueignen.

Hier können wir schicklich der beiden vorstehenden Nagezähne dieser Familie gedenken, die, im Zwischenknochen enthalten, auf unsern Tafeln nicht dargestellt worden, aber desto mannigfaltiger in den d'Altonischen Heften vorgeführt sind. Höchst merkwürdig scheint es zu sein, daß, durch eine geheimnisvolle Übereinstimmung, bei vollkommener Tätigkeit der Hand auch zugleich die Vorderzähne eine höhere Kultur bekommen. Denn während diese bei andern Tieren die Nahrung ergreifen, so wird sie hier von den Händen auf geschickte Weise zum Mund gebracht, wodurch nunmehr die Zähne bloß zum Nagen determiniert werden und so dieses einigermaßen technisch wird.

Hier aber werden wir in Versuchung geführt, jenes oben ausgesprochene griechische Diktum nicht sowohl zu wiederholen als weiterschreitend abzuändern. „Die Tiere werden von ihren Gliedern tyrannisiert", möchten wir sagen, indem sie sich zwar derselben zu Verlängerung und Fortpflanzung ihres Daseins ohne weiteres bedienen, da jedoch die Tätigkeit einer jeden solchen Bestimmung, auch ohne Bedürfnis, immer fortwährt, so müssen deshalb die Nagetiere, wenn sie gesättigt sind, zu zerstören anfangen, bis endlich diese Tendenz durch den Biber ein Analogon vernünftiger Architektonik hervorbringt.

Doch auf diese Weise dürfen wir nicht fortfahren, weil wir uns ins Grenzenlose verlieren müßten, deswegen wir uns kurz zusammenfassen.

Wie das Tier sich immer weiter zum Stehen und Gehen bestimmt fühlt, desto mehr wird der Radius an Kraft zunehmen, dem Körper der Ulna von seiner Masse abziehen, so daß diese zuletzt fast verschwindet und nur das Olekranon als notwendigste Artikulation mit dem Oberarme übrigbleibt. Gehe man die vorliegenden d'Altonischen Bildnisse durch, so wird man hierüber gründliche Betrachtungen anstellen und immer zuletzt an diesem Teil und anderen das Dasein, das sich durch die Gestalt hervortut, in lebendiger, verhältnismäßiger Funktion erblicken.

Nun aber haben wir des Falles zu gedenken, wo noch hinreichende Andeutung des Organs übrig ist, auch da, wo alle Funktion völlig aufhört, welches uns auf einer neuen Seite in die Geheimnisse der Natur zu dringen befähigt.

Man nehme das Heft d'Altons d. J., die straußartigen Vögel vorstellend, zur Hand und betrachte von der ersten bis zur vierten Tafel, vom Skelette des Straußes bis zu dem des neuholländischen Kasuars, und bemerke, wie sich der Vorderarm stufenweise zusammenzieht und vereinfacht.

Ob nun gleich dieses Organ, welches den Menschen eigentlich zum Menschen, den Vogel zum Vogel macht, zuletzt auf das sonderbarste abbreviert erscheint, daß man dasselbe als eine zufällige Mißbildung ansprechen könnte, so sind doch die sämtlichen einzelnen Gliedmaßen daran gar wohl zu unterscheiden; das Analogen ihrer Gestalt ist nicht zu verkennen, ebensowenig, wie weit sie sich erstrecken, wo sie sich einfügen und, obgleich die vordersten sich an Zahl verringern, die überbleibenden ihre bestimmte Nachbarschaft nicht aufgeben.

Diesen wichtigen Punkt, den man bei Untersuchung der höheren tierischen Osteologie ins Auge fassen muß, hat Geoffroy vollkommen richtig eingesehen und entschieden ausgedrückt: daß man irgendeinen besondern Knochen, der sich uns zu verbergen scheint, am sichersten innerhalb der Grenzen seiner *Nachbarschaft* entdecken könne.

Von einer andern Hauptwahrheit, die sich hier unmittelbar anschließt, ist er gleichfalls durchdrungen: daß nämlich die haushältische Natur sich einen Etat, ein Budget vorgeschrieben, in dessen einzelnen Kapiteln sie sich die vollkommenste Willkür vorbehält, in der Hauptsumme jedoch sich völlig treu bleibt, indem, wenn an der einen Seite zuviel ausgegeben worden, sie es der andern abzieht und auf die entschiedenste Weise sich ins Gleiche stellt. Diese beiden sichern Wegweiser, denen unsre Deutschen seit so manchen Jahren soviel verdanken, sind von Herrn Geoffroy dergestalt anerkannt, daß sie ihm auf seinem wissenschaftlichen Lebensgange jederzeit die besten Dienste leisten; wie sie denn überhaupt den traurigen Behelf der Endursachen völlig beseitigen werden.

Soviel sei genug, um anzudeuten, daß wir keine Art der Manifestation des labyrinthischen Organismus außer acht lassen dürfen, wenn wir durch Anschauung des Äußeren zur Einsicht in das Innerste gelangen wollen.

Aus dem bisher Verhandelten ist ersichtlich, daß Geoffroy zu einer hohen, der Idee gemäßen Denkweise gelangt sei. Leider bietet ihm seine Sprache auf manchen Punkten nicht den richtigen Ausdruck, und da sein Gegner sich im gleichen Falle befindet, so wird dadurch der Streit unklar und verworren. Wir wollen suchen, diesen Umstand bescheidentlich aufzuklären. Denn wir möchten diese Gelegenheit nicht versäumen, bemerklich zu machen, wie ein bedenklicher Wortgebrauch bei französischen Vorträgen, ja bei Streitigkeiten vortrefflicher Männer zu bedeutenden Irrungen Veranlassung gibt. Man glaubt in reiner Prosa zu reden, und man spricht schon tropisch; den Tropen wendet einer anders an als der andere, führt ihn in verwandtem Sinne weiter, und so wird der Streit unendlich und das Rätsel unauflöslich.

Matériaux: dieses Wortes bedient man sich, um die Teile eines organischen Wesens auszudrücken, die zusammen entweder ein Ganzes oder einen untergeordneten Teil des Ganzen ausmachen. In diesem Sinne würde man den Zwischenknochen, die obere Kinnlade, das Gaumenbein *Materialien* nennen, woraus das Gewölbe des Rachens zusammengesetzt ist, ebenso den Knochen des Oberarms, die beiden des Vorderarms und die mannigfaltigen der Hand als Materialien betrachten, woraus der Arm des Menschen, der Vorderfuß des Tieres zusammengesetzt ist.

Im allgemeinsten Sinne bezeichnen wir aber durch das Wort Materialien unzusammenhängende, wohl auch nicht zusammengehörige, ihre Bezüge durch willkürliche Bestimmung erhaltende Körper. Balken, Bretter, Latten sind Materialien *einer* Art, aus denen man gar mancherlei Gebäude und so denn auch z. B. ein Dach zusammenfügen kann. Ziegeln, Kupfer, Blei, Zink haben mit jenen gar nichts gemein und werden doch nach Umständen, das Dach abzuschließen, nötig.

Wir müssen daher dem französischen Wort matériaux einen viel höheren Sinn unterlegen, als ihm zukommt, ob es gleich ungern geschieht, weil wir die Folgen voraussehen.

Composition, ein gleichfalls unglückliches Wort, mechanisch mit dem vorigen mechanischen verwandt. Die Franzosen haben solches, als sie über Künste zu denken und zu schreiben anfingen, in unsre Kunstlehren eingeführt; denn so heißt es: der Maler komponiere sein Gemälde, der Musikus wird sogar ein für allemal Komponist genannt, und doch, wenn beide den wahren Namen eines Künstlers verdienen wollen, so setzen sie ihre Werke nicht zusammen, sondern sie entwickeln irgendein inwohnendes Bild, einen höhern Anklang natur- und kunstgemäß.

Ebenso wie in der Kunst ist, wenn von der Natur gesprochen wird, dieser Ausdruck herabwürdigend. Die Organe komponieren sich nicht als vorher fertig, sie entwickeln sich aus- und aneinander zu einem notwendigen, ins Ganze greifenden Dasein. Da mag denn von Funktion, Gestalt, Farbe, Maß, Masse, Gewicht oder von andern Bestimmungen, wie sie heißen mögen, die Rede sein, alles ist beim Betrachten und Forschen zulässig; das Lebendige geht ungestört seinen Gang, pflanzt sich weiter, schwebt, schwankt und erreicht zuletzt seine Vollendung.

Embranchement ist gleichfalls ein technisches Wort des Zimmerhandwerks und drückt aus, die Balken und Sparren in- und aneinanderzufügen. Ein Fall, wo dieses Wort zulässig und ausdrücklich erscheint, ist, wenn es gebraucht wird, um die Verzweigung einer Straße in mehrere zu bezeichnen.

Wir glauben hier im einzelnen sowie im ganzen die Nachwirkung jener Epoche zu sehen, wo die Nation dem Sensualism hingegeben war, gewohnt, sich materieller, mechanischer, atomistischer Ausdrücke zu bedienen; da denn der forterbende Sprachgebrauch zwar im gemeinen Dialog hinreicht, sobald aber die Unterhaltung sich ins Geistige erhebt, den höheren Ansichten vorzüglicher Männer offenbar widerstrebt.

Noch ein Wort führen wir an, das Wort: Plan. Weil sich, um die Materialien wohl zu komponieren, eine gewisse voraus überdachte Anordnung nötig macht, so bedienen jene sich des Wortes Plan, werden aber sogleich dadurch auf den Begriff eines Hauses, einer Stadt geleitet, welche, noch so vernünftig angelegt, immer noch keine Analogie zu einem organischen Wesen darbieten können. Dennoch brauchen sie, unbedacht, Gebäude und Straßen als Gleichnis; da denn zugleich der Ausdruck Unité du Plan zum Mißverständnisse, zum Hin- und Widersprechen Anlaß gibt und die Frage, worauf alles ankommt, durchaus verdüstert wird.

Unité du Type würde die Sache schon näher auf den rechten Weg geleitet haben, und dies lag so nahe, indem sie das Wort Type im Kontext der Rede gar wohl zu brauchen wissen, da es eigentlich obenan stehen und zur Ausgleichung des Streites beitragen sollte.

Wiederholen wir zunächst nur, daß Graf Buffon schon im Jahre 1753 drucken läßt, er bekenne sich zu einem „dessin primitif et général — qu'on peut suivre très loin — sur lequel tout semble avoir été concu", tome IV, p. 379.

„Was bedarf es weiter Zeugnis?"

Hier aber möchte es der Ort sein, zu der Streitigkeit, von der wir ausgingen, wieder zurückzukehren und ihre Folgen nach der Zeitreihe, insofern es uns möglich ward, vorzutragen.

Erinnern wird man sich, daß dasjenige Heft, welches unser Vorstehendes veranlaßte, vom 15. April 1830 datiert ist. Die sämtlichen Tagesblätter nehmen sogleich Kenntnis von der Sache und sprechen sich für und dawider aus.

Im Monat Juni bringen die Herausgeber der „Revue encyclopédique“ die Angelegenheit zur Sprache, nicht ohne Gunst für Geoffroy. Sie erklären dieselbe für europäisch, d. h. in- und außerhalb des wissenschaftlichen Kreises bedeutend. Sie rücken einen Aufsatz des vorzüglichen Mannes in extenso ein, welcher allgemein gekannt zu sein verdient, da er, kurz und zusammengefaßt, wie es eigentlich gemeint sei, ausspricht.

Wie leidenschaftlich der Streit behandelt werde, sieht man daraus, daß am 19. Juli, wo die politische Gärung schon einen hohen Grad erreicht hatte, diese weit abliegende wissenschaftlich-theoretische Frage solche Geister beschäftigt und aufregt.

Dem sei nun, wie ihm sei, wir werden durch diese Kontrovers auf die innern besondern Verhältnisse der Französischen Akademie der Wissenschaften hingewiesen: denn daß diese innere Mißhelligkeit nicht eher laut geworden, davon mag Folgendes wohl die Ursache gewesen sein.

In den früheren Zeiten waren die Sitzungen der Akademie geschlossen, nur die Mitglieder fanden sich ein und diskutierten über Erfahrungen und Meinungen. Nach und nach ließ man Freunde der Wissenschaften als Zuhörer freundlich herein, andere Zudringende konnten in der Folge nicht wohl abgehalten werden, und so sah man sich endlich in Gegenwart eines bedeutenden Publikums.

Wenn wir den Weltlauf mit Sorgfalt betrachten, so erfahren wir, daß alle öffentliche Verhandlungen, sie mögen religiös, politisch oder wissenschaftlich sein, früher oder später durchaus formell werden.

Die Französischen Akademisten enthielten sich deshalb, wie in guter Gesellschaft herkömmlich, aller gründlichen und zugleich heftigen Kontrovers, man diskutierte nicht über die Vorträge, sie wurden an Kommissionen zur Untersuchung gegeben und nach deren Gutachten behandelt, worauf denn einem oder dem andern Aufsatz die Ehre widerfuhr, in die Memoiren der

Akademie aufgenommen zu werden. Soviel ist es, was uns im allgemeinen bekannt geworden.

Nun aber wird in unserem Falle gemeldet, die einmal ausgebrochene Streitigkeit werde auch auf ein solches Herkommen bedeutenden Einfluß haben.

In der Akademiesitzung vom 19. Juli vernehmen wir einen Nachklang jener Differenzen, und nun kommen sogar die beiden perpetuierlichen Sekretäre Cuvier und Arago in Konflikt.

Bisher war, wie wir vernommen haben, die Gewohnheit, in einer jeden folgenden Session nur die Rubriken der vorhergehenden vorgetragenen Nummern zu referieren und freilich dadurch alles zu beseitigen.

Der andere perpetuierliche Sekretär Arago macht jedoch gerade diesmal eine unerwartete Ausnahme und trägt die von Cuvier eingelegte Protestation umständlich vor. Dieser reprotestiert jedoch gegen solche Neuerungen, welche großen Zeitaufwand nach sich ziehen müßten, indem er sich zugleich über die Unvollständigkeit des eben vorgetragenen Resumes beklagt.

Geoffroy de Saint-Hilaire widerspricht, es werden die Beispiele anderer Institute angeführt, wo dergleichen mit Nutzen geschehe.

Dem wird abermals widersprochen, und man hält es zuletzt für nötig, diese Angelegenheit weiterer Überlegung anheimzugeben.

In einer Sitzung vom 11. Oktober liest Geoffroy einen Aufsatz über die besonderen Formen des Hinterhaupts der Krokodile und des Teleosaurus; hier wirft er nun Herrn Cuvier eine Versäumnis in Beobachtung dieser Teile vor; der letztere steht auf, sehr wider seinen Willen, wie er versichert, aber durch diese Vorwürfe genötigt, um solche nicht stillschweigend zuzugeben. Und ist dieses ein merkwürdiges Beispiel, welchen großen Schaden es bringe, wenn der Streit um höhere Ansichten bei Einzelnheiten zur Sprache kommt.

Bald darauf erfolgt eine Session, deren wir mit den eignen Worten des Herrn Geoffroy hier gedenken wollen, wie er sich darüber in der „Gazette Medicale“ vom 23. Oktober vernehmen läßt.

„Gegenwärtige Zeitung und andere öffentlichen Blätter hatten die Neuigkeit verbreitet, jene zwischen Herrn Cuvier und mir entsponnene Streitigkeit sollte in der nächsten akademischen

Sitzung wiederaufgenommen werden. Man eilte herbei, um die Entwicklungen meines Gegners zu vernehmen, welche er über das Felsbein der Krokodile vorläufig angekündigt hatte.

Der Saal war mehr als gewöhnlich angefüllt, und man glaubte unter den Zuhörern nicht nur solche zu sehen, welche, von reinem Interesse beseelt, aus den wissenschaftlichen Gärten herankommen; man hatte vielmehr Neugierige zu bemerken und Äußerungen eines atheniensischen Parterres von ganz abweichenden Gesinnungen zu vernehmen.

Dieser Umstand, Herrn Cuvier mitgeteilt, bewog ihn, den Vortrag seines Aufsatzes auf eine andere Sitzung zu verschieben.

Von seinem anfänglichen Vorhaben in Kenntnis gesetzt, hielt ich mich zu antworten bereit, war es aber nun sehr zufrieden, diese Sache dergestalt sich auflösen zu sehen. Denn einem wissenschaftlichen Wettkampfe zieh ich vor, meine Folgerungen und Schlüsse bei der Akademie zu hinterlegen.

Meinen Aufsatz hatte ich niedergeschrieben, in der Absicht, wenn ich aus dem Stegreife über die Angelegenheit gesprochen hätte, denselben zur Aufbewahrung dem akademischen Archiv anzuvertrauen, mit der Bedingung: ne varietur."

Seit jenen Ereignissen ist nun schon ein Jahr vorüber, und man überzeugt sich aus dem Gesagten, daß wir auf die Folge einer so bedeutenden wissenschaftlichen Explosion, selbst nach der großen politischen, aufmerksam geblieben. Jetzt aber, damit das Vorstehende nicht ganz veralte, wollen wir nur so viel erklären, daß wir glauben bemerkt zu haben: es werden die wissenschaftlichen Untersuchungen in diesem Felde zeither bei unsern Nachbarn mit mehr Freiheit und auf eine geistreichere Weise behandelt.

Von unsern deutschen Teilnehmenden haben wir folgende Namen erwähnt gefunden: Bojanus, Carus, Kielmeyer, Meckel, Oken, Spix, Tiedemann. Darf man nun voraussetzen, daß die Verdienste dieser Männer anerkannt und genutzt werden, daß die genetische Denkweise, deren sich der Deutsche nun einmal nicht entschlagen kann, mehr Kredit gewinne, so können wir uns gewiß von jener Seite einer fortgesetzten teilnehmenden Mitarbeit erfreuen.

Made in United States
Troutdale, OR
11/03/2026

56844524R00186